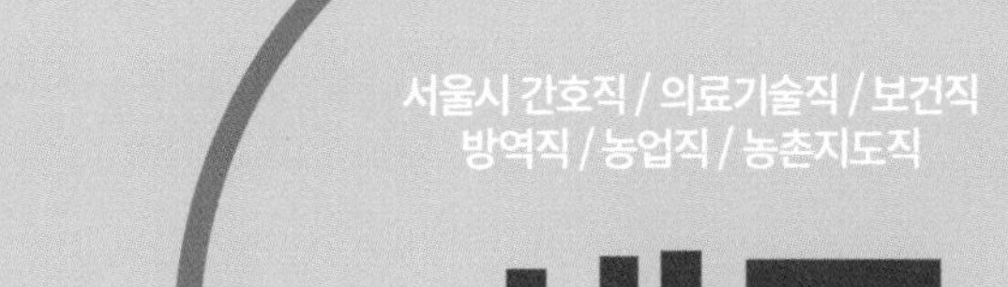
서울시 간호직 / 의료기술직 / 보건직
방역직 / 농업직 / 농촌지도직

생물

합격선언

생물

초판 인쇄 2022년 1월 5일
초판 발행 2022년 1월 7일

편 저 자 | 공무원시험연구소
발 행 처 | ㈜서원각
등록번호 | 1999-1A-107호
주 소 | 경기도 고양시 일산서구 덕산로 88-45(가좌동)
교재주문 | 031-923-2051
팩 스 | 031-923-3815
교재문의 | 카카오톡 플러스 친구[서원각]
영상문의 | 070-4233-2505
홈페이지 | www.goseowon.com
책임편집 | 김수진
디 자 인 | 이규희

▷ ISBN과 가격은 표지 뒷면에 있습니다.
▷ 파본은 구입하신 곳에서 교환해드립니다.

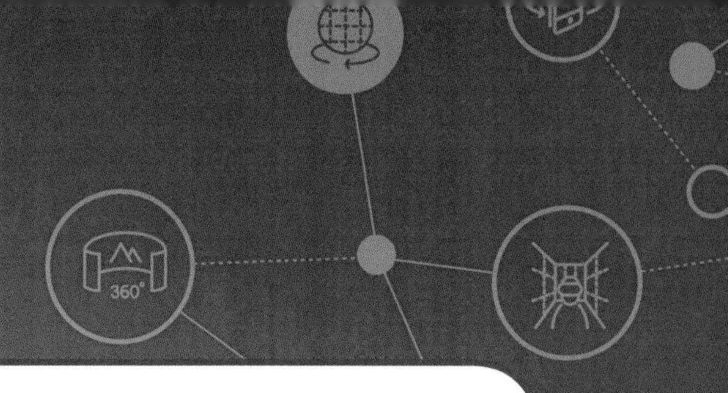

PREFACE

'정보사회', '제3의 물결'이라는 단어가 낯설지 않은 오늘날, 과학기술의 중요성이 날로 증대되고 있음은 더 이상 말할 것도 없습니다. 이러한 사회적 분위기는 기업뿐만 아니라 정부에서도 나타났습니다.

기술직공무원의 수요가 점점 늘어나고 그들의 활동영역이 확대되면서 기술직에 대한 관심이 높아져 기술직공무원 임용시험은 일반직 못지않게 높은 경쟁률을 보이고 있습니다.

기술직공무원 합격선언 시리즈는 기술직공무원 임용시험에 도전하려는 수험생들에게 도움이 되고자 발행되었습니다.

본서는 방대한 양의 이론 중 필수적으로 알아야 할 핵심이론을 정리하고, 출제가 예상되는 문제만을 엄선하여 수록하였습니다. 또한 최신출제경향을 파악할 수 있도록 최근기출문제를 상세한 해설과 함께 구성하였습니다.

신념을 가지고 도전하는 사람은 반드시 그 꿈을 이룰 수 있습니다. 서원각이 수험생 여러분의 꿈을 응원합니다.

STRUCTURE

핵심이론정리

생물 전반에 대해 체계적으로 편장을 구분한 후 해당 단원에서 필수적으로 알아야 할 내용을 정리하여 수록했습니다. 출제가 예상되는 핵심적인 내용만을 학습함으로써 단기간에 학습 효율을 높일 수 있습니다.

1 생명과학

(1) 생명과학의 분야

① 생명과학 … 생명체와 생명

② 분야

01 생명의 특성

01 생명의 탐구

1 생명과학

(1) 생명과학의 분야

① 생명과학 … 생명체와 생명현상의 본질을 연구하는 자연과학의 한 분야이다.

② 분야

㉠ 분류학 : 생물의 형태 · 생태 · 발생 · 유전 등을 조사하여 종을 구별하고 학명을 결정하며, 분류상의 위치를 정하여 계통적으로 정리하는 학문이다.

㉡ 발생학 : 개체의 발생을 연구하는 학문으로 생물의 생장과 세포증가, 분화, 형태형성, 생식 등을 그 연구

[illegible] 한다.

[illegible] 여러 형질들이 어떻게 자손으로 전달되는지를 연구하는 학문이다.

[illegible] 화학적 방법으로 연구하는 학문이다.

[illegible] 연구하는 학문이다.

[illegible] 생물과 생물의 상호관계를 연구하는 학문이다.

[illegible] 기술을 유전자나 특정 생물의 전체 게놈에 대한 DNA 염기서열화에

[illegible] 하는 학문이다.

[illegible] wson Swift, 1920 ~ 2004)는 각 생물 종(species)이 갖는 유전체 한 세트(일배체, [illegible] 정하다는 것을 발견하고 이를 C-값(C-value)이라고 했다. 이후 유전체의 크기를 비교 [illegible] 핵생물의 유전체의 크기는 ~10Mb(메가베이스, 백만(10^6) 개 염기쌍)으로 작은 편인데 [illegible] 는 단순한 단세포의 경우 50 ~ 200Mb 정도, 복잡한 다세포 진핵생물은 수천 ~ 수십만 [illegible] 진다. 유전체의 크기가 클수록 대체로 생명체가 복잡한 경향은 있으나 그 비례 관계가 [illegible] 아니다. 즉, 아주 복잡하게 보이는 생명체의 DNA 양(C-Value)이 간단하게 보이는 생명 [illegible] e)보다 훨씬 적은 경우가 종종 있다. 예를 들면, 간단한 단세포생물의 대명사인 아메바 [illegible] 사람보다 무려 200배 이상 더 많은 DNA를 가지고 있다. 이렇게 역설적으로 보이는 현상을 [illegible] lue Paradox)'이라고 한다. 이러한 역설적 현상은 이후 유전체의 크기와 암호화할 수 있는 [illegible] 는 것은 아니라는 것을 발견하면서 어느 정도 설명할 수 있게 되었다.

이론팁

과년도 기출문제를 분석하여 반드시 알아야 할 내용을 한눈에 파악할 수 있도록 Tip으로 정리하였습니다. 문제 출제의 포인트가 될 수 있는 사항이므로 반드시 암기하는 것이 좋습니다.

02 생명체의 구성

TIP 세포의 신호전달

㉠ 신호전달의 특징

- 수용체는 효소와 달리 리간드를 변형시키지 않는
- 수용체는 특정 리간드와 특이적인 유도 작용을 가
- 신호는 다양한 단백질과 2차 전달자를 거치면서
- 서로 다른 신호는 공통의 단백질, 2차 전달자를
- 리간드를 확산시키고, 과도하게 반응하지 않기 위

㉡ G단백질 결합수용체(G protein-coupled recepto
족(superfamily) 수용체 군으로 세포 바깥으로
인간 유전체에는 현재까지 약 800여 종의 G
간의 몸 안팎에 존재하는 다양한 리간드(li
감각 수용체 그룹(olfactory/gustatory G
수용체 그룹(transmitter GPCR)으로
발견되고 있으며, 이들은 인간

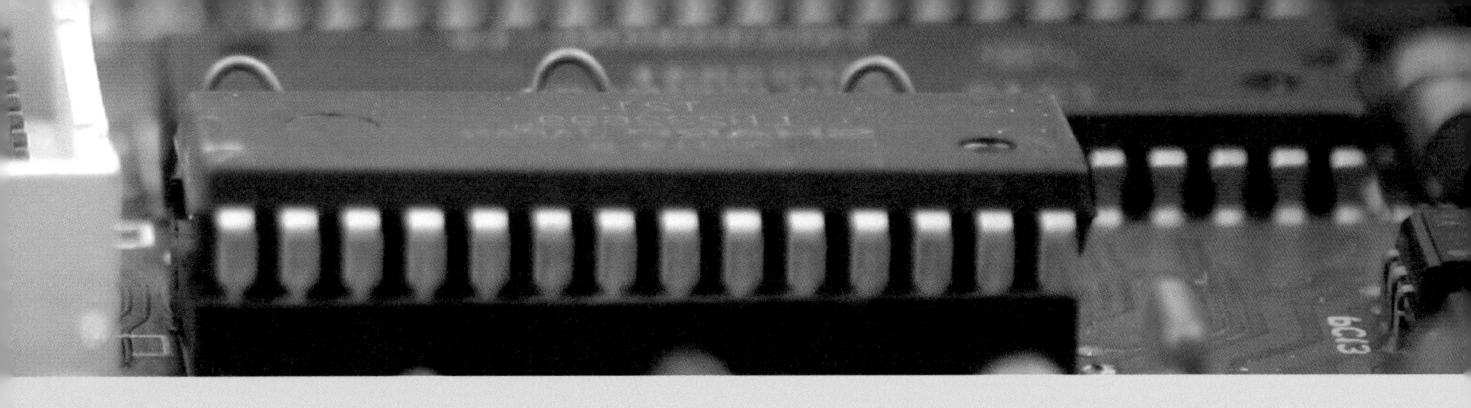

(2) 생명과학의 탐구

① 발달

㉠ 생물학의 창시자 : 아리스토텔레스

㉡ 그리스 ~ 18세기 : 분류학, 형태학 등이 발달하였다.

㉢ 18세기 ~ 19세기 : 생리학, 유전학 등이 발달하였고, 진화론이 대두되고 현대과학이 확립된 시기이다.

㉣ 19세기 ~ 20세기 초 : 유전학이 발전을 이룬 시기로, 멘델의 유전법칙이 재발견된 이후로 유전학이 급속도로 발전하였다.

㉤ 20세기 : 전자현미경이 발명되어 생물학 연구에 큰 발전을 가져왔으며, 분자생물학과 환경생물학 분야가 발달하였다.

② 발달성과

㉠ 의학의 발달로 인간의 수명이 연장되었다.

㉡ 유전공학에 응용되어 생물자원을 개발하고 활용하게 되었다.

㉢ 농업과 축산업, 수산업이 발달함으로 인간의 생활을 윤택하게 하는데 도움이 되었다.

③ 탐구과정

㉠ 관찰과 문제제기 : 관찰대상의 성질과 상태를 빠짐없이 객관적으로 관찰하고 관찰로 알게 된 사실들을 그대로 나타낸다. 관찰결과에 대해서 우리가 아는 지식으로 설명할 수 없을 때 문제를 제기한다.

㉡ 가설의 설정 : 관찰된 사실과 문제점을 설명하기 위해서 가설을 설정한다. 가설은 문제에 대한 해답을 줄 수 있어야 하며, 문제의 설명과 새로운 사실까지 예측할 수 있어야 한다.

㉢ 가설의 검증 : 가설이 옳은지 그른지에 대한 검증은 반드시

때는 실험구와 함께 대조구를 설정하여 실험결과를 비교하는

• 실험구 : 요인을 변경 또는 제거하여 실험하는 것

• 대조구 : 요인을 변경하지 않고 실험하는 것으로 실험구의 결과

㉣ 가설의 일반화 : 실험을 통해서 가설의 옳고 그름을 가려내어

를 검증한다. 검증된 가설이 일반화되면 하나의 학설로 성립되

되는 것이다.

(3) 생명과학의 발달

① 의학분야 … 생명과학의 발달은 인간의 수명연장과 불치병 치료를 통해

에 공헌하고 있다.

2020. 10. 17. 제2회 지방직(고졸

1 어떤 학생이 수행한 탐구

[가설 설정]

파인애플즙에는 단백질을

[탐구 설계 및 수행]

표와 같이 실험을 구

단원별 기출문제

최근 시행된 기출문제를 수록하여 시험 출제경향을 파악할 수 있도록 하였습니다. 기출문제를 풀어봄으로써 실전에 보다 철저하게 대비할 수 있습니다.

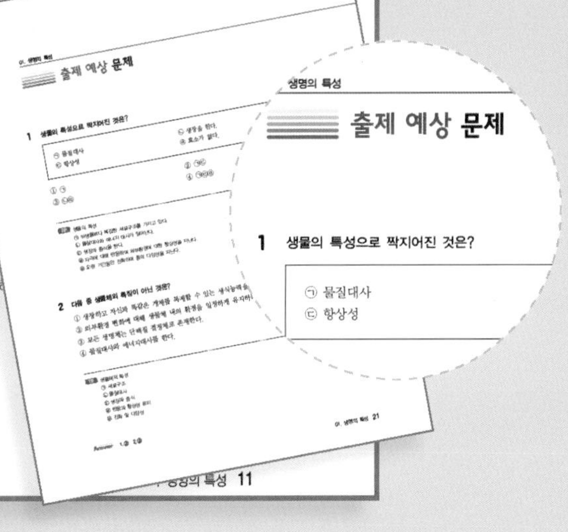

상세한 해설

매 문제마다 상세한 해설을 달아 문제풀이만으로도 개념학습이 가능하도록 하였습니다. 문제풀이와 함께 이론정리를 함으로써 완벽하게 학습할 수 있습니다.

CONTENTS

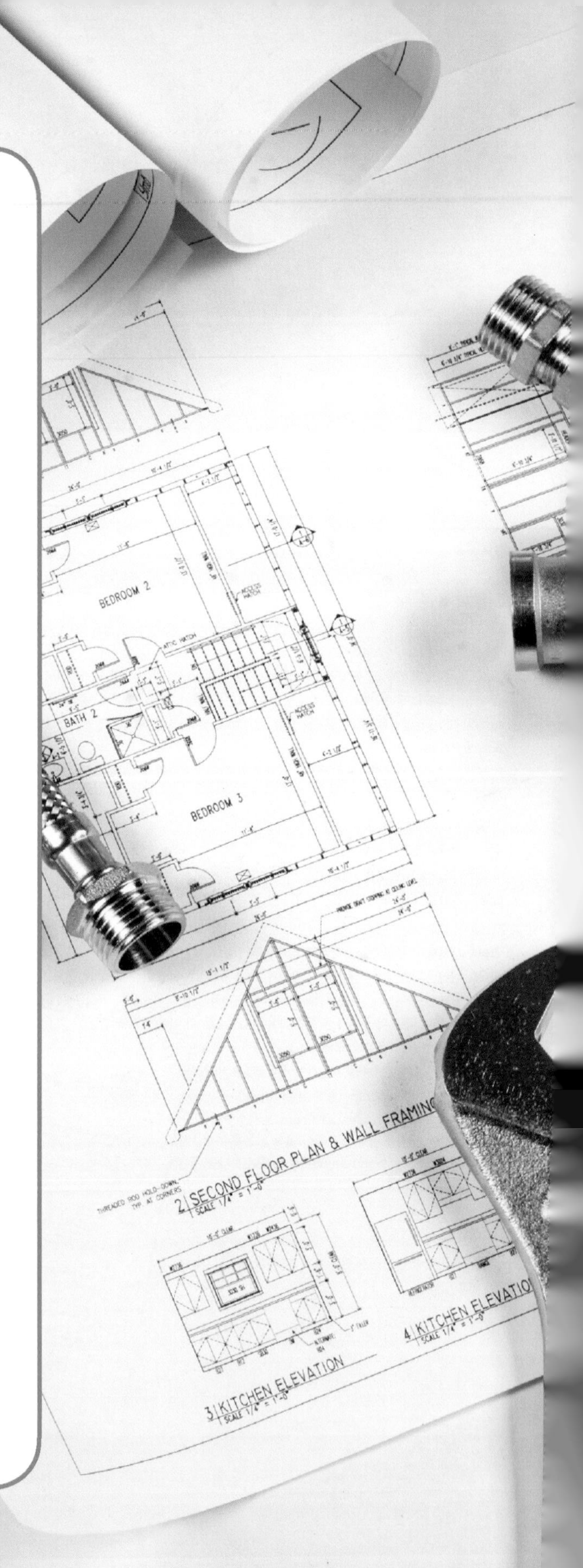

BEDROOM 2
BATH 2
BEDROOM 3
2 SECOND FLOOR PLAN & WALL FRAMING
3 KITCHEN ELEVATION
4 KITCHEN ELEVATION

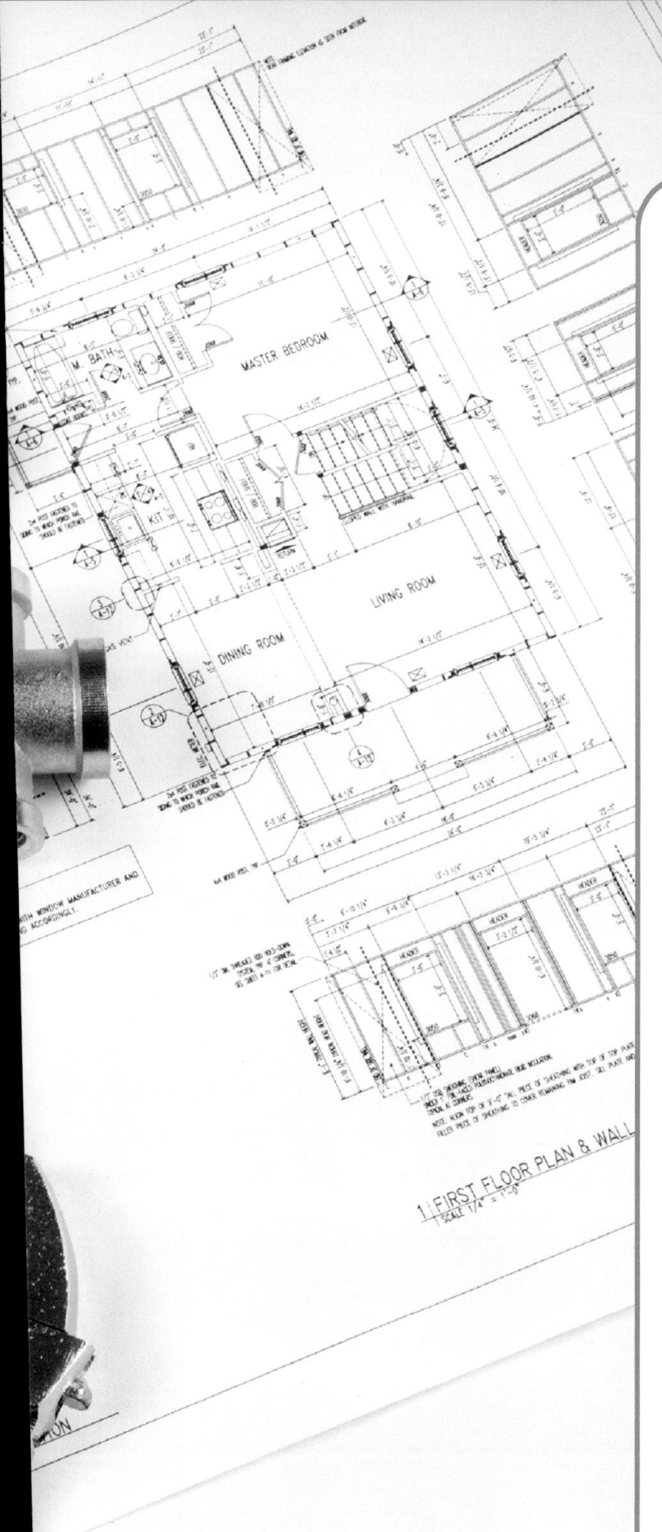

CONTENTS

생명의 특성

01 생명의 특성

01 생명의 탐구

❶ 생명과학

(1) 생명과학의 분야

① 생명과학 … 생명체와 생명현상의 본질을 연구하는 자연과학의 한 분야이다.

② 분야

㉠ **분류학** : 생물의 형태 · 생태 · 발생 · 유전 등을 조사하여 종을 구별하고 학명을 결정하며, 분류상의 위치를 정하여 계통적으로 정리하는 학문이다.

㉡ **발생학** : 개체의 발생을 연구하는 학문으로 생물의 생장과 세포증가, 분화, 형태형성, 생식 등을 그 연구 대상으로 한다.

㉢ **유전학** : 생물이 가지고 있는 여러 형질들이 어떻게 자손으로 전달되는지를 연구하는 학문이다.

㉣ **생리학** : 생명현상의 작용들을 물리적 · 화학적 방법으로 연구하는 학문이다.

㉤ **형태학** : 생물의 외부 및 내부형태를 연구하는 학문이다.

㉥ **생태학** : 생물과 환경의 상호관계 또는 생물과 생물의 상호관계를 연구하는 학문이다.

㉦ **유전체학** : 유전학 및 분자생물학의 기술을 유전자나 특정 생물의 전체 게놈에 대한 DNA 염기서열화에 적용하여 데이터를 분석하고 정립하는 학문이다.

TIP 유전체의 크기

1950년 휴슨 스위프트(Hewson Swift, 1920 ~ 2004)는 각 생물 종(species)이 갖는 유전체 한 세트(일배체, haploid)의 DNA 양은 일정하다는 것을 발견하고 이를 C-값(C-value)이라고 했다. 이후 유전체의 크기를 비교해보니 대장균과 같은 원핵생물의 유전체의 크기는 ~10Mb(메가베이스, 백만(10^6) 개 염기쌍)으로 작은 편인데 비해, 진핵생물의 유전체는 단순한 단세포의 경우 50 ~ 200Mb 정도, 복잡한 다세포 진핵생물은 수천 ~ 수십만 Mb 크기의 유전체를 가진다. 유전체의 크기가 클수록 대체로 생명체가 복잡한 경향은 있으나 그 비례 관계가 반드시 성립하는 것은 아니다. 즉, 아주 복잡하게 보이는 생명체의 DNA 양(C-Value)이 간단하게 보이는 생명체의 DNA 양(C-Value)보다 훨씬 적은 경우가 종종 있다. 예를 들면, 간단한 단세포생물의 대명사인 아메바(Amoeba dubia)는 사람보다 무려 200배 이상 더 많은 DNA를 가지고 있다. 이렇게 역설적으로 보이는 현상을 'C-값의 역설(C-Value Paradox)'이라고 한다. 이러한 역설적 현상은 이후 유전체의 크기와 암호화할 수 있는 유전자 수가 비례하는 것은 아니라는 것을 발견하면서 어느 정도 설명할 수 있게 되었다.

(2) 생명과학의 탐구

① 발달

㉠ 생물학의 창시자 : 아리스토텔레스

㉡ 그리스 ~ 18세기 : 분류학, 형태학 등이 발달하였다.

㉢ 18세기 ~ 19세기 : 생리학, 유전학 등이 발달하였고, 진화론이 대두되고 현대과학이 확립된 시기이다.

㉣ 19세기 ~ 20세기 초 : 유전학이 발전을 이룬 시기로, 멘델의 유전법칙이 재발견된 이후로 유전학이 급속도로 발전하였다.

㉤ 20세기 : 전자현미경이 발명되어 생물학 연구에 큰 발전을 가져왔으며, 분자생물학과 환경생물학 분야가 발달하였다.

② 발달성과

㉠ 의학의 발달로 인간의 수명이 연장되었다.

㉡ 유전공학에 응용되어 생물자원을 개발하고 활용하게 되었다.

㉢ 농업과 축산업, 수산업이 발달함으로 인간의 생활을 윤택하게 하는데 도움이 되었다.

③ 탐구과정

㉠ **관찰과 문제제기** : 관찰대상의 성질과 상태를 빠짐없이 객관적으로 관찰하고 관찰로 알게 된 사실들을 그대로 나타낸다. 관찰결과에 대해서 우리가 아는 지식으로 설명할 수 없을 때 문제를 제기한다.

㉡ **가설의 설정** : 관찰된 사실과 문제점을 설명하기 위해서 가설을 설정한다. 가설은 문제에 대한 해답을 줄 수 있어야 하며, 문제의 설명과 새로운 사실까지 예측할 수 있어야 한다.

㉢ **가설의 검증** : 가설이 옳은지 그른지에 대한 검증은 반드시 실험을 통해서 이루어져야 한다. 실험을 할 때는 실험구와 함께 대조구를 설정하여 실험결과를 비교하는 기준으로 삼아야 한다.

- 실험구 : 요인을 변경 또는 제거하여 실험하는 것
- 대조구 : 요인을 변경하지 않고 실험하는 것으로 실험구의 결과와 비교할 수 있는 기준이 되는 것

㉣ **가설의 일반화** : 실험을 통해서 가설의 옳고 그름을 가려내어 성립된 가설이 일반화될 수 있는가의 여부를 검증한다. 검증된 가설이 일반화되면 하나의 학설로 성립되고, 학설에 예외가 없으면 원리나 법칙이 되는 것이다.

(3) 생명과학의 발달

① 의학분야 … 생명과학의 발달은 인간의 수명연장과 불치병 치료를 통해 생명연장의 꿈을 실현시켜 인류발전에 공헌하고 있다.

㉠ 형질전환을 통한 치료제 개발
- 보람이 : 인간의 모유와 닮은 우유를 생산하는 유전자를 가진 젖소
- 새롬이 : 빈혈 치료제를 생산하는 유전자를 가진 돼지
- 메디 : 백혈병 치료제를 만들어 내는 흑염소

㉡ **의약품의 대량생산 · 공급** : 생명공학은 생물체에서 생산되는 인슐린과 단백질 의약품들을 유전공학적인 방법을 통해 대량생산이 가능하게 하였다. 이로써 저렴한 가격으로 당뇨병 환자들에게 인슐린을 공급할 수 있게 되었다.

㉢ **유전자 치료법** : 정상적인 유전자나 치료효과가 있는 유전자를 환자의 몸에 직접 투입하거나 바이러스와 같은 유전자 운반체를 이용하여 투입한 후 유전자를 발현시켜 암, AIDS, 유전병 등의 불치병을 유전자 수준에서 치료하는 방법이다.

㉣ **인공장기** : 질병으로 손상된 장기를 대체해 장기의 기능을 유지시켜 수명을 연장시키는 방법이다.

예 인공 심장, 인공 뼈, 인공 귀, 인공 눈, 인공 판막, 인공 혈관, 인공 피부 등이 계속해서 개발되고 있다.

② 농업분야

㉠ **슈퍼 옥수수의 개발** : 김순권 박사는 아프리카 풍토병에 안전한 150여 종의 슈퍼 옥수수 개발로 4억 인구의 기아를 해결하였다.

㉡ **신종 벼의 개발** : 김주곤 교수는 잡초의 유전자를 벼의 유전자에 삽입하여 냉해와 가뭄 등 악조건에 대한 저항력을 크게 높인 신종 벼를 개발하여 벼의 수확량을 획기적으로 증가시켰다.

(4) 생명과학과 환경오염

① 환경오염 방지 · 처리 기술

㉠ 생물학적 방법
- 미생물을 이용해 하수와 폐수에 들어 있는 오염물질을 처리하는 방법이 있다.
- 유전자 재조합 기술을 통해 선박사고로 유출된 기름이 바다를 오염시키기 전에 미생물로 기름을 분해하는 방법이 연구 중이다.

㉡ 생물공학적 방법
- 미생물을 이용해 플라스틱을 분해하거나 중금속을 흡착처리하여 분해하기 어려운 오염물질들을 제거한다.

  예 **포플러 나무의 효용**(1998.4.3) … 포플러 나무에 유전공학기술을 응용한 결과 잎에서 간염치료용 백신의 원료 생물체를 생산하게 되었고, 줄기와 잎 조직의 연구결과 토양의 중금속 오염을 정화할 수 있는 수종을 개발하였다.

- 썩는 플라스틱, 무공해 생물농약, 분해가 쉬운 세제 등의 친환경 제품을 개발한다.
- 생명공학기술을 이용해 무공해 청정 에너지를 개발하는 방법이 있다.
- 미생물을 이용하여 쓰레기에서 메탄가스를 대량 생산하는 방법이 있다.
- 미생물을 이용하여 알코올과 수소를 대량으로 생산하는 방법이 있다.

② **생명과학의 응용분야** … 유전공학, 세포공학, 발효공학, 생체공학 등 여러 분야에서 응용되어 사회발전에 기여할 것이다.

(5) 생명공학의 윤리성 및 발전가능성

① **생명과학의 윤리성(생명 윤리)** … 생명과학은 인류의 복지증진에 기여하는 면이 큰 반면, 연구과정 및 실행 단계에서 사회 · 윤리적인 문제점이 발생된다. 이에 대한 올바른 대책 또한 생명과학의 중요한 과제이다.

② **생명과학의 발전가능성** … 인류가 현재 직면하고 있는 질병문제, 노화문제, 식량문제, 환경오염문제 등의 각종 사회문제를 생명과학의 발전을 통해 원만하게 해결할 수 있는 가능성을 찾을 수 있다.

❷ 생명의 특성

(1) 생명체의 특성

① **유기물** … 생명체는 유기물로 이루어져 있으며 탄수화물, 지방, 단백질, 핵산 등의 고분자 물질의 화학결합으로 구성되어 있다.

② **세포** … 세포를 기본단위로 하는 특정한 구조를 가지고 있다. 생물체는 세포를 기능적 · 형태적 단위로 하여 이루어져 있으며, 다세포생물은 세포가 모여서 조직을, 조직이 모여 기관을 이루고 기관들이 모여 하나의 개체를 구성한다.

③ **물질대사** … 생물체는 외부로부터 물질을 받아들여서, 그 물질을 바탕으로 새로운 물질을 합성하는 동화작용과 영양물질을 분해하여 생명유지와 생활에 필요한 에너지를 얻는 이화작용을 한다.

④ **조절과 항상성** … 생물체는 외부환경의 변화를 감지하고 환경의 변화에 적절한 반응을 하여 자신의 내부환경을 변화시키는 조절의 기능을 가지고 있어서, 외부환경이 변하더라도 신체 내부의 환경을 일정하게 유지할 수 있는 항상성을 가진다.

⑤ **세포분열** … 생물체는 세포분열을 통하여 그 크기를 성장시키는 능력이 있다.

⑥ **생식능력** … 생물체는 자신이 가진 유전정보를 물려받은 자신과 같은 개체를 탄생시키는 생식능력을 가지고 있어 종족을 유지해 간다.

⑦ **진화와 종의 다양성** … 생물체가 가진 유전정보는 환경의 변화에 적응하면서, 또 생식을 통해 다음 세대로 전달되면서 변화하게 되어, 오랜 시간이 지나면 새로운 형질을 가진 새로운 생물체가 출현하는 진화의 과정을 겪는다. 또한 진화가 거듭되면서 생물체의 종이 다양해지게 된다.

(2) 생명체의 구성

① **기본구조** … 생명체는 복잡한 유기물질로 구성되어 있으며, 세포를 구조적 · 기능적 기본단위로 한다.

㉠ **단세포생물** : 세포 자체가 개체이다.

㉡ **다세포생물** : 세포가 모여 조직을, 조직이 모여 기관을 이루고, 기관이 모여 개체가 된다.

TIP 인체를 구성하는 주요 원소

원소	함량	원소	함량
O	65.5%	Na	0.15%
C	18.0%	Cl	0.15%
H	10.0%	Mg	0.05%
N	3.0%	Fe	0.004%
Ca	1.5%	Mn	0.0003%
P	1.0%	Cu	0.0002%
K	0.35%	I	0.00004%
S	0.25%		

② 물질대사와 에너지대사

㉠ 물질대사 : 생명체 내에서 물질이 효소의 도움을 받아 다른 물질로 전환되는 것을 말한다.

- 동화작용(합성) : 작은 물질이 큰 물질로 만들어지는 작용
- 이화작용(분해) : 큰 물질이 작은 물질로 나누어지는 작용

㉡ 에너지대사 : 물질대사는 화학변화의 결과 나타나는 현상으로 이러한 화학변화에는 반드시 에너지의 출입이 동반하게 되는데, 이러한 에너지의 출입을 에너지대사라고 한다.

02 생물과 무생물

❶ 생물과 무생물의 구분

(1) 생물

① 생명체는 탄수화물, 단백질, 지방, 핵산 등의 유기물질로 이루어져 있다.

② 무생물과는 달리 물질대사나 자극에 대한 반응, 생식, 생장 등의 생명현상이 나타난다.

③ 하등동물로 내려가면 생물과 무생물의 구별이 쉽지 않은 것도 있다.

(2) 무생물

크기와 모양은 다양하나 기본구조가 간단하며 생물에서 나타나는 생명현상이 일어나지 않는다.

❷ 바이러스

(1) 바이러스의 발견

1892년 구 소련의 이바노프스키가 발견한 담배모자이크 바이러스가 최초로 발견된 바이러스이다. 바이러스는 생물과 무생물의 특성을 모두 가지고 있다.

(2) 생물적 · 무생물적 특성

① 생물적 특성

㉠ 핵산과 단백질로 구성되어 있다. 핵산과 단백질은 모든 생명체의 공통적인 구성성분이다.

㉡ 살아 있는 세포 내에서는 자가증식(생식작용)을 하며, 돌연변이(유전현상)를 일으키기도 한다.

② 무생물적 특성

㉠ 세포기관이 없는 비세포성 구조이다.

㉡ 효소가 없으므로 물질대사를 하지 않는다.

㉢ 세포의 밖에 존재할 때는 생명활동을 하지 못하는 단백질 덩어리로 존재한다.

03 생명공학의 발달

❶ 생명공학기술

(1) 생명공학의 의의

생명공학은 생물학의 원리를 의학, 농학, 약학 등 다양한 분야에 응용함으로써 새로운 식품과 의약품, 치료법의 개발과 작물 · 가축을 품종개량 등을 통해 인류의 생활수준을 높이고 있다.

(2) 생명공학기술의 활용

① 유전자 재조합

㉠ 의의 : 생명공학분야 중 유전공학이 가장 주목받고 있으며 유전공학의 가장 핵심적인 기술은 유전자 재조합이다. 유전자 재조합은 생물로부터 특정 유전자를 뽑아내어 다른 생물의 유전자와 결합시키는 기술이다.

예 인슐린 생성 … 유전자 재조합을 통해, 즉 사람의 유전자에서 인슐린 생성을 지배하는 유전자를 잘라내어 대장균에 이식시켜 인슐린을 대량생산한다.

ⓛ 유전자 재조합에 필요한 요소

• 재조합할 외래 유전자

• 숙주세포 : 재조합될 유전자를 받아들일 세포로, 대체로 대장균을 사용한다.

• 유전자 운반체 : 유전자 조각을 숙주세포로 운반하는 역할을 하며, 파지의 DNA, 세균의 플라스미드, 바이러스 등을 이용한다.

• 제한효소

–유전자의 특정 염기서열을 인식하여 DNA를 절단하는 역할을 한다.

–한 종류의 제한효소에 의해 잘린 부위의 염기서열은 모두 동일하다.

–재조합할 외래 유전자와 유전자 운반체인 플라스미드를 동일한 제한효소로 처리해야 재조합과정에서 말단부위가 서로 결합하게 된다.

• 라이게이스(연결효소) : DNA를 결합시킬 연결효소이다.

ⓒ 유전자 재조합 과정

• 외래 유전자와 운반체의 절단 : DNA의 특정 염기서열을 절단하는 제한효소를 이용하여 재조합할 외래 유전자와 운반체를 절단하여 DNA의 말단을 노출시킨다.

• 재조합 DNA의 제조 : 연결효소(라이게이스)를 이용하여 외래 유전자와 운반체를 결합시켜 재조합 DNA를 만든다.

• DNA나 형질의 채취 : 재조합 DNA를 숙주세포에 넣고 숙주세포를 대량 배양하여 필요로 하는 DNA나 형질을 얻는다.

ⓔ 효용 : 인슐린, 생장 호르몬, 인터페론 등 생물체에서 소량만 생산되는 의약품의 대량이 가능해졌다.

② 세포융합

ⓖ 의의 : 서로 다른 두 세포를 합쳐서 두 세포의 특성을 가진 잡종 세포 하나를 만드는 생명공학 기술을 말한다.

ⓛ 단일클론항체

• 의의 : 생체 밖에서도 증식하는 암세포와 항체를 생산하는 림프구를 융합시켜 얻은 잡종세포로부터 생산되는 항체로, 주로 병의 진단과 치료에 많이 이용된다.

• 생성과정

–생물체 내에 항원이 침입하면 여러 종류의 B림프구에서 항체를 생산하여 혈액에 여러 항체가 섞여 있으나 B림프구를 종류별로 분리하여 배양하면 1가지 항체를 얻을 수 있다.

–B림프구는 생물체 밖에서 배양되지 않으므로 세포분열능력이 뛰어난 암세포와 B림프구를 융합시키면 지속적으로 증식하면서 1가지 항체를 생산하는 잡종세포가 얻어지고, 여기서 단일클론항체가 형성된다.

• 효용

–병의 진단 · 치료 : 단일클론항체는 암세포나 간염세포 등 1가지 세포만을 찾아 결합하는 특성상 병의 진단이나 치료에 주로 이용된다.

–임신진단 : 임신진단시약은 임신시에 분비되는 HCG(인간 융모성 생식샘 자극호르몬)에 대한 단일클론항체를 이용한 것이다.

–식물의 품종개량 : 가자(가지 + 감자), 무추(무 + 배추), 감자토마토 등이 있다.

TIP 세포융합 촉진제

㉠ 세포융합과정에서 융합이 잘 일어나도록 특정 바이러스, 폴리에틸렌글리콜 등의 세포융합 촉진제를 이용해 잡종세포를 만든다.

㉡ 식물세포의 융합시에는 세포벽을 분해하는 셀룰라아제(효소)로 세포를 처리한 후 융합촉진제를 처리해 잡종세포를 만든다.

③ 핵 치환(핵 이식)

㉠ 의의 : 핵을 제거한 난자에 어떤 세포의 핵을 이식하여 발생시키는 생명공학 기술로서 복제 양 돌리의 탄생원리가 되었다.

㉡ 효용 : 체세포의 핵 속에는 개체를 형성할 수 있는 유전정보가 모두 들어 있으므로 핵 치환을 이용해 우수한 형질을 가진 가축의 대량복제가 가능하다.

㉢ 핵 치환의 사례

- 복제 양 돌리 : 1997년, 영국 로슬린 연구소의 이언 윌머트 박사는 6년생의 성숙한 양의 젖샘세포에서 추출한 핵을 핵이 제거된 난자에 이식한 후 전기자극으로 젖샘세포와 핵이 제거된 난자를 융합시켜 복제 양 돌리를 탄생시켰다.
- 복제 개구리 : 1962년, 영국의 거든은 개구리의 난자에 자외선 처리를 하여 핵을 제거하고 이 난자에 다른 올챙이의 소장 상피세포의 핵을 이식한 후 발생시켜 복제 개구리를 탄생시켰다.
- 복제 소 영롱이 : 우리나라의 황우석 박사는 돌리와 같은 방식을 적용하여 우리나라 최초로 복제 소 영롱이를 탄생시켰다.

2 생명공학과 생명윤리

(1) 생명공학의 문제점

① 의의 … 생명공학은 식량문제, 환경오염문제, 생명연장을 실현시킬 수 있는 방법이지만 생태계의 파괴와 생명의 존엄성을 해쳐 인류에 치명적인 피해를 줄 수도 있다.

② 생명공학의 과제

㉠ 인간의 배아복제의 장 · 단점

- 장점 : 배아에는 우리 몸의 모든 조직으로 분화할 수 있는 간세포(줄기세포)가 들어 있으므로, 불치병 환자의 세포에서 추출한 핵을 이식하여 줄기세포를 만들면 환자의 병든 장기를 대체할 줄기세포를 얻을 수 있다. 이로써 고혈압, 알츠하이머 병, 심잘질환 등 각종 난치병을 치료할 수 있는 방법을 제시할 수 있다.

TIP 배아 … 정자와 난자가 수정된 뒤 조직과 기관이 분화되는 8주까지의 단계를 가리킨다.

• 난점

－배아의 생명체 인정여부 및 치료수단으로의 이용여부가 문제된다.

－인간의 생명을 상업화하여 인간차별의 방법으로 전락할 수 있다.

－치료목적이 아닌 다른 목적으로 유전자가 조작된 인간을 복제해 사회에 악영향을 미칠 수 있다.

㉡ 유전자 조직의 장 · 단점

• 장점

－유전자 조작을 통해 저렴한 비용으로 값비싼 의약품을 대량 생산할 수 있다.

－해충을 죽이는 미생물의 유전자를 식물체에 도입해 농약없이 병충해를 방지할 수 있다.

• 단점 : 유전자 조작식품이 알레르기 등의 부작용을 일으켜 사람에게 해를 끼칠 가능성이 있다.

(2) 생명윤리

① 생명윤리의 파괴

㉠ 유전자 조작을 통해 생물학적 무기를 개발하거나 기업의 이익만 내세워 인류에 해로운 상품개발에 주력할 수 있다.

㉡ 생명공학기술로 개발한 작물이나 가축에 대한 특허권이 개발국가에 주어지면 다른 나라의 통제수단으로 작용할 수 있다. 따라서, 인간을 비롯한 생명을 함부로 조작하는 생명경시풍조가 만연될 수 있다.

② 대책

㉠ **생명윤리의 확립** : 모든 생명은 존귀하며 수단이 아닌 그 자체로서의 목적성을 가진다는 것을 인식하고 인간과 자연의 동반자적 관계를 인식하는 확고한 생명윤리의 확립이 우선되어야 할 것이다.

㉡ **생명윤리기본법의 제정** : 생명경시풍조를 막기 위해 생명과학 기술개발의 한계를 법적으로 규정하여 생명과학 기술이 생명의 존엄성을 확보하고 신장시키면서 건전한 발전을 하도록 돕는 것을 근본 목적으로 하는 생명윤리기본법을 제정하였다.

최근 기출문제 분석

2020. 10. 17. 제2회 지방직(고졸경채)

1 어떤 학생이 수행한 탐구 과정의 일부이다. 이에 대한 설명으로 옳은 것은?

[가설 설정]
파인애플즙에는 단백질을 분해하는 물질이 들어 있다.

[탐구 설계 및 수행]
표와 같이 실험을 구성하고, 일정한 시간이 지난 후 아미노산 검출 반응을 실시하였다.

구분	첨가물	온도
시험관 Ⅰ	파인애플즙 + 소고기	㉠
시험관 Ⅱ	증류수 + 소고기	25℃

① 조작 변인은 파인애플즙의 첨가 여부이다.
② 시험관 Ⅰ은 대조군이다.
③ 변인 통제를 위해 ㉠은 25℃보다 낮은 온도로 설정한다.
④ 시험관 Ⅰ에서 더 많은 아미노산이 검출되면 가설을 기각한다.

TIP ② 파인애플즙에 단백질을 분해하는 물질이 있을 것이라는 가설을 세우고 실험한 것이므로 파인애플즙의 유무는 조작 변인이 되고 파인애플즙이 없고 증류수가 있는 시험관Ⅱ가 대조군이 된다.
③ 변인 통제를 위해 파인애플즙 첨가 여부를 제외하고 모든 조건은 동일하게 해줘야 한다.
④ 시험관 Ⅰ에서 더 많은 아미노산이 검출되었다는 것은 많은 단백질이 분해된 것을 뜻하므로 가설이 인정되는 것이다.

2020. 6. 13. 제1 · 2회 서울특별시

2 생명체는 다양한 원소로 이루어져 있으며, 이 중에서 탄소(C), 수소(H), 산소(O), 질소(N)는 생명체의 95% 이상을 차지한다. 이 4가지 원소들을 인간의 체중에서 차지하는 비율이 높은 순서대로 바르게 나열한 것은?

① O > C > H > N
② C > H > O > N
③ H > C > O > N
④ N > O > C > H

TIP 생명체에는 산소 65.5%, 탄소 18%, 수소 10%, 질소 3%, 칼슘 1.5% 기타 등등으로 구성되어 있다.

Answer 1.① 2.①

2019. 2. 23. 제1회 서울특별시

3 유전체학(genomics)에 대한 설명으로 가장 옳지 않은 것은?

① 효모(*S. cerevisiae*)는 염기서열이 완전히 결정된 최초의 진핵생물이다.

② 염기서열이 완전히 결정된 최초의 다세포생물은 꼬마선충(*C. elegans*)이다.

③ 유전체의 크기는 생물 개체의 크기, 복잡성, 외형 등과 연관성이 크다.

④ 인간 유전체 사업(human genome project)에 의해 인간 유전체의 대부분이 유전자로 이뤄져 있지 않다는 것이 밝혀졌다.

TIP 유전체의 크기는 생물 개체의 크기, 복잡성, 외형 등과는 연관성이 멀다.

Answer 3.③

출제 예상 문제

1 생물의 특성으로 짝지어진 것은?

㉠ 물질대사	㉡ 생장을 한다.
㉢ 항상성	㉣ 효소가 없다.

① ㉠ ② ㉠㉢
③ ㉡㉣ ④ ㉠㉢㉣

TIP 생물의 특성
㉠ 비생물보다 복잡한 세포구조를 가지고 있다.
㉡ 물질대사와 에너지 대사가 일어난다.
㉢ 생장과 증식을 한다.
㉣ 자극에 대해 반응하며 외부환경에 대한 항상성을 지닌다.
㉤ 오랜 기간동안 진화하며 종의 다양성을 지닌다.

2 다음 중 생물체의 특징이 아닌 것은?

① 생장하고 자신과 똑같은 개체를 복제할 수 있는 생식능력을 가진다.
② 외부환경 변화에 대해 생물체 내의 환경을 일정하게 유지하려는 특성을 지니고 있다.
③ 모든 생명체는 단백질 결정체로 존재한다.
④ 물질대사와 에너지대사를 한다.

TIP 생물체의 특성
㉠ 세포구조
㉡ 물질대사
㉢ 생장과 증식
㉣ 반응과 항상성 유지
㉤ 진화 및 다양성

Answer 1.② 2.③

3 **다음 중 생물의 기능으로 옳지 않은 것은?**

① DNA 복제 ② 물질대사
③ 생장과 생식 ④ 조직이 생명체의 구조적 · 기능적 단위

TIP 생물의 특성
㉠ 생물의 구조적 기능적 단위는 세포이다.
㉡ 물질대사와 에너지대사를 한다.
㉢ DNA의 복제, 생장과 증식을 한다.
㉣ 반응과 항상성 유지를 한다.
㉤ 진화를 하여 종의 다양성을 지니게 된다.

4 **다음 중 미토콘드리아의 기능으로 옳은 것은?**

① 독자적 단백질 합성과 자기복제가 가능하다.
② ATP를 생성하며 세포활동에 필요한 에너지를 제공한다.
③ 단백질 합성의 장소이며 소포체에 붙어 있다.
④ 세포 내의 외부물질이나 노폐물을 분해하여 소화를 담당한다.

TIP ① 엽록체에 대한 설명이다.
③ 리보솜에 대한 설명이다.
④ 리소좀에 대한 설명이다.

5 **바이러스가 생명체가 아닌 증거로 옳은 것은?**

① 핵산과 단백질로 구성되어 있다.
② 숙주의 세포 기관을 이용하여 물질을 합성하고 증식한다.
③ 효소가 없어 물질대사가 일어나지 않는다.
④ 돌연변이가 발생하기도 한다.

Answer 3.④ 4.② 5.③

TIP 바이러스 … 생물의 특성과 비생물의 특성을 모두 지니고 있다.
㉠ 생물적 특성
- 핵산과 단백질로 이루어져 있다.
- 숙주의 세포 기관을 이용하여 물질을 합성하고 증식한다.
- 유전물질로 증식하는 과정에서 돌연변이가 나타나기도 한다.

㉡ 비생물적 특성
- 세포 기관이 없고 효소가 없어 물질대사가 일어나지 않는다.
- 세포 외에서는 단백질의 결정체로 존재한다.

6 **생명의 특성에 대한 설명으로 옳지 않은 것은?**

① 모든 생명체가 공통적으로 지니고 있는 유기물은 핵산이다.
② 모든 물질대사에는 효소가 관여한다.
③ 크기가 커지는 것은 생명체만의 특성이다.
④ 환경의 변화에 적응하여 항상성을 유지한다.

TIP 무생물도 물질이 쌓여서 크기가 커질 수 있다. 그 대표적인 예로 석회동굴에서 석순이 자라는 현상을 들 수 있다.

7 **생명과학의 탐구과정 중 가설을 인정하는 이유에 해당하는 것은?**

① 논증실험을 피하기 위해서
② 실험에 정확성을 기하기 위해서
③ 고찰된 사실을 설명하기 위해서
④ 한 번의 실험으로 결론을 내리기 위해서

TIP 생명탐구의 과정은 문제를 제기하고 그 문제에 대한 가설을 설정한 후에 그 가설의 검증을 위한 실험을 하는 순서를 거친다. 실험에 의해서 증명된 가설은 하나의 학설로 인정되고, 그렇지 못한 가설은 잘못된 가설이 되는 것이다.

Answer 6.③ 7.③

8 **다음은 생명과학의 탐구방법을 나열한 것이다. 이를 순서대로 바르게 나열한 것은?**

㉠ 가설의 설정	㉡ 자료의 수집
㉢ 자연현상의 관찰	㉣ 실험계획의 수립 및 실행
㉤ 정확한 결론의 도출	

① ㉠ – ㉡ – ㉢ – ㉣ – ㉤
② ㉡ – ㉢ – ㉠ – ㉤ – ㉣
③ ㉢ – ㉠ – ㉡ – ㉣ – ㉤
④ ㉢ – ㉡ – ㉣ – ㉠ – ㉤

TIP 생명과학의 탐구과정 … 관찰 → 문제의 제기 → 가설의 설정 → 실험과 검증 → 일반화

9 **유전자 조작의 효용과 문제점에 관한 설명 중 옳지 않은 것은?**

① 값비싼 의약품을 저렴한 비용으로 대량 생산할 수 있다.
② 고혈압, 알츠하이머 병, 심장질환 등 난치병의 치료에 유용하다.
③ 해충을 죽이는 미생물의 유전자를 통해 농약없이 병충해 방제가 가능해진다.
④ 유전자 조작 식품은 사람에게 알레르기 등의 부작용을 일으킬 수 있다.

TIP ② 인간의 배아복제를 통해 가능하다.

Answer 8.③ 9.②

10 **다음 중 유전자 재조합에 필요한 요소가 아닌 것은?**

① 숙주세포
② 제한효소
③ 연결효소
④ 단일클론항체

TIP 유전자 재조합에 필요한 5요소
㉠ 재조합할 외래 유전자
㉡ 숙주세포
㉢ 유전자 운반체
㉣ 제한효소
㉤ 연결효소(라이게이스)

11 **생물학이 다른 자연과학과 구분되는 가장 큰 특징으로 볼 수 있는 것은?**

① 연구의 대상
② 연구의 방법
③ 연구의 중요성
④ 연구의 응용가능성

TIP 생물학은 다른 자연과학과 달리 살아 있는 생명체를 그 연구대상으로 한다.

12 **다음 중 생명탐구의 과정에서 가장 중요한 것은?**

① 관찰은 주관적으로 판단한다.
② 실험에 앞서서 가설을 설정한다.
③ 실험에는 반드시 실험군과 함께 대조군을 설정해야 한다.
④ 실험결과는 반드시 학설로 인정해야 한다.

TIP 가설을 증명하기 위한 실험을 할 때는 실험의 결과를 비교할 수 있도록 반드시 대조군을 설정해야 한다.

Answer 10.④ 11.① 12.③

13 다음 중 유전자의 특정 염기서열을 인식하여 DNA를 절단하는 역할을 하는 것은?

① 제한효소
② 라이게이스
③ 유전자 운반체
④ 숙주세포

TIP 제한효소
㉠ 유전자의 특정 염기서열을 인식하여 DNA를 절단하는 역할을 한다.
㉡ 한 종류의 제한효소에 의해 잘린 부위의 염기서열은 모두 동일하다.
㉢ 재조합할 외래 유전자와 유전자 운반체인 플라스미드를 동일한 제한효소를 처리해야 재조합 과정에서 말단부위가 서로 결합하게 된다.

14 생명과학의 탐구과정에서 가설을 검증하기 위하여 실험을 하였는데 실험결과가 가설과 일치하지 않았다면 어떻게 해야 하는가?

① 실험재료를 바꾸어서 다시 실험을 진행한다.
② 가설에 맞도록 결과를 주관적으로 해석한다.
③ 기존의 가설을 버리고 새로운 가설을 세운다.
④ 실험의 결과가 가설에 일치할 때까지 실험을 반복한다.

TIP 실험을 통해서 검증되지 않은 가설은 잘못 세워진 가설일 수 있으므로 가설을 다시 세우고, 새로운 가설을 실험을 통해 검증해야 한다.

15 자연과학의 연구과정 중 실험을 할 때 대조군을 설정해야 하는 이유로 옳은 것은?

① 실험군과 비교하여 실험결과에 대한 타당성을 높이기 위해서
② 다양한 실험결과를 얻기 위해서
③ 실험과정상의 실수로 실험군을 훼손시켰을 때 대체하기 위해서
④ 실험결과가 가설과 일치하지 않아서 새로운 가설을 세울 때를 대비해 미리 다른 실험결과를 만들어 놓기 위해서

TIP 실험시에 반드시 실험구와 대조구를 설정하여 대조실험을 하여야 하는 것은 실험결과를 비교할 수 있는 기준이 되기 때문이다.

Answer 13.① 14.③ 15.①

02 생명체의 구성

01 세포

1 세포의 발견

(1) 세포의 발견

① **세포** … 1665년 영국의 로버트 훅이 얇게 자른 코르크의 절편을 관찰하여 발견한 밀집 모양의 작은 구획으로 되어 있는 것을 세포라고 명명하였다. 그러나 훅이 관찰한 것은 살아 있는 세포가 아니라, 코르크세포를 둘러싸고 있는 세포벽이었다.

② **핵** … 1831년 영국의 로버트 브라운이 난초 잎의 표피에서 세포 중앙에 있는 불투명한 구형에 가까운 구조물을 발견하였다. 이 발견을 시작으로 하여 대부분의 생물에서 핵이 발견되었다.

③ **원형질** … 1846년 독일의 폰 몰이 세포 내의 점액성 물질을 발견하여 원형질이라고 명명하였다.

④ **세포기관의 발견** … 영국의 브라운이 핵을(1831), 독일의 알트만이 미토콘드리아를(1886), 이탈리아의 골지가 골지체를 관찰하였다(1898).

⑤ **세포분열의 관찰** … 독일의 플레밍은 동물세포의 유사분열을, 독일의 슈트라스부르거는 식물세포의 유사분열을 관찰하였고, 발디어는 염색체를 발견하였다.

⑥ **세균의 발견** … 레벤후크는 혈액, 빗물, 자신의 치아 사이의 찌꺼기에서 '눈으로 보이지 않는 미소동물'을 발견하였는데, 후에 세균의 한 종으로 밝혀졌다.

(2) 세포설

① **발표** … 1838년 슐라이덴이 식물세포설을, 1839년에 슈반이 동물세포설을 발표하였다.

② **내용**

㉠ 세포는 생명체의 구조적 · 기능적 단위이다.

㉡ 세포는 생명현상의 기본단위이다(모든 생명체는 세포로 구성되어 있다).

㉢ 세포는 살아 있는 세포에서만 만들어질 수 있다(독일의 피르호 – 세포는 세포로부터 유래한다).

❷ 세포의 관찰

(1) 세포의 관찰방법

① **고정법** … 유동하는 내부를 정지시키고, 세포가 살아 있을 때와 같은 상태를 유지하도록 고정시키기 위한 방법으로, 포르말린이나 아세트산 등의 고정액에 넣어서 세포의 움직임을 줄이거나 정지시킨다.

② **염색법** … 대체로 무색투명한 세포내 물질 중 관찰하고자 하는 부분을 염색해서 투명한 다른 부분과 구별되게 하는 방법으로, 아세트산카민용액이나 메틸렌블루, 야누스그린B 등의 염색약을 사용하며 주로 핵을 염색한다.

③ **검경법** … 현미경을 사용하여 크기가 작은 세포를 크게 보는 방법으로, 현미경이 발명된 이후로 세포에 대한 연구는 급속도로 발전하게 되었다.

④ **세포분획법** … 세포 내의 핵, 미토콘드리아, 소포체, 색소체 등 세포기관의 화학조성 및 효소활동 등을 조사하기 위해 세포 또는 조직을 균질기로 파괴한 다음 원심분리기에 넣어 개개의 요소를 분리하는 방법이다.

⑤ **조직배양법** … 동식물의 조직을 떼어내어 무균상태에서 무기염류를 비롯하여 포도당, 아미노산, 지방, 비타민 등을 적절히 배합한 배지에 넣어 배양하는 방법으로, 세포의 분열과 분화과정에 대한 화학물질의 영향, 세포의 성분 등을 쉽게 알아낼 수 있다.

⑥ **자기방사법** … 방사성 동위원소가 포함된 화합물을 동식물에 주입시킨 뒤 시간이 경과함에 따라 이 방사성 동위원소의 행방을 추적하는 방법으로, 세포 내에서의 물질의 이동과 변화를 알 수 있다.

(2) 현미경

① 종류

㉠ **광학현미경** : 광학현미경에 의한 해상력은 파장이 가장 짧은 가시광선을 이용할 때 0.2μm까지 구별한다.

- 보통현미경 : 보통 흔히 쓰이고 있는 복합현미경이다.
- 위상차현미경 : 명암이 잘 나타나기 때문에 살아 있는 세포의 관찰에 용이하다.
- 해부현미경 : 배율은 낮지만 상이 똑바로 보이기 때문에 작은 동물의 해부에 이용한다.

㉡ **전자현미경** : 가시광선 대신 전자선을 이용하여 해상력을 더 향상시킨 현미경으로, 0.002μm까지 구별한다.

- 투사전자현미경 : 세포 미세구조의 단면을 관찰한다.
- 주사전자현미경 : 세포 미세구조의 입체적 구조를 관찰한다.

② 광학현미경의 조작

㉠ **배율** : 접안렌즈의 배율과 대물렌즈의 배율을 곱한 것이 현미경의 배율이 되며, 배율이 높을수록 상이 크게 보이는 대신 시야가 좁고 상이 어두워 보인다.

㉡ **상** : 실물의 상하좌우가 바뀌어 보이는 도립허상이 관찰된다.

㉢ **조작** : 프레파라트를 고정시킨다 → 반사경을 고정한다 → 원하는 배율에 맞게 대물렌즈를 맞춘다 → 옆을 보면서 경통을 최대로 내린다 → 경통을 올리며 조동나사로 상을 찾는다 → 미동나사로 정확한 초점을 맞춘다.

(3) 세포의 관찰

① **다세포 생물의 조직세포 관찰** … 일반적으로 프레파라트를 만들어 광학현미경으로 관찰한다.

② **양파세포의 프레파라트 제작순서**

㉠ 양파의 비늘 잎 안쪽의 표피세포를 벗긴다.

㉡ 슬라이드글라스 위에 물을 한 방울 떨어뜨린다.

㉢ 떼어낸 양파의 표피를 물방울 위에 놓고, 커버글라스를 덮는다.

㉣ 아세트산카민 용액을 커버글라스 한 쪽 가장자리에 한두 방울 떨어뜨리고, 반대쪽에 거름종이를 대어 염색액이 커버글라스 안으로 스며들게 한다.

㉤ 제작된 프레파라트를 5분 정도 지난 후 현미경으로 저배율에서 고배율으로 관찰한다.

③ **세포의 염색** … 세포는 무색이기 때문에 염색약을 통해 특정 부분을 염색하면 관찰이 더 용이하다.

㉠ **식물세포** : 아세트산카민 용액으로 염색하면 핵이 붉게 보인다

㉡ **동물세포** : 메틸렌블루 용액으로 염색하면 핵이 푸르게 보인다.

④ **세포의 고정** … 세포가 살아 있을 때와 같은 상태를 유지하기 위해서 포르말린이나 아세트산 용액에 넣어서 고정시키면 관찰하고자 하는 세포의 형태를 비교적 오래 유지할 수 있다.

❸ 세포의 구조와 기능

(1) 세포의 구조와 기능

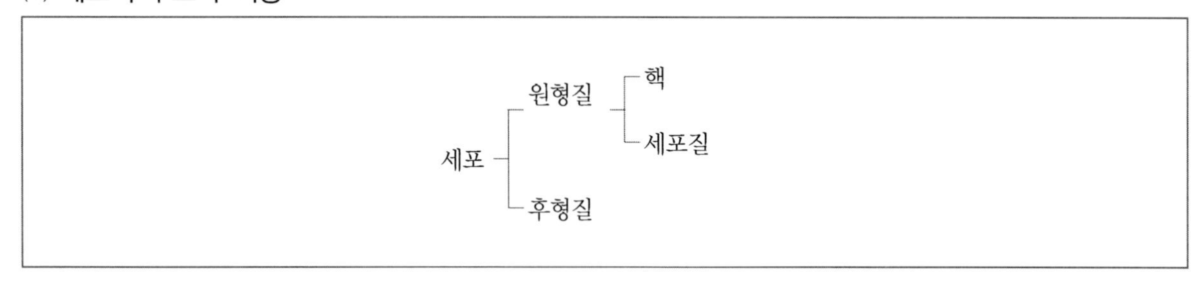

① **원형질** … 생명활동을 영위하는 부분으로 핵, 세포질로 구성되어 있다.

[세포의 구조]

㉠ **핵**

- 생명활동의 중심부로 유전물질인 DNA를 함유하고 있다.
- 핵막 : 2중막 구조로 되어 있고, 많은 수의 핵공이 있어서 핵과 세포질 사이로 물질교환이 이루어진다.
- 인 : 막이 없는 구조로 RNA와 단백질로 구성되어 있다.
- 염색사 : 단백질과 DNA로 구성되어 있으며, 핵분열시 염색체가 되어 새로운 세포 속으로 유전자를 전달하는 기능을 한다.

㉡ **세포질**

- 세포막
  - 두 층의 인지질에 단백질이 불규칙하게 배열되어 있는 유동모자이크 구조이다.
  - 세포를 둘러싸고 있는 반투과성 막이며, 세포의 안과 밖으로 물질의 출입(확산, 삼투능동수송)을 조절하는 선택적 투과성 막이다.

TIP 세포의 신호전달

㉠ 신호전달의 특징

- 수용체는 효소와 달리 리간드를 변형시키지 않는다.
- 수용체는 특정 리간드와 특이적인 유도 작용을 가진다.
- 신호는 다양한 단백질과 2차 전달자를 거치면서 기하급수적으로 증폭된다.
- 서로 다른 신호는 공통의 단백질, 2차 전달자를 통해 통합될 수 있다.
- 리간드를 확산시키고, 과도하게 반응하지 않기 위해 불응기가 존재한다.

㉡ G단백질 결합수용체(G protein-coupled receptor, GPCR)는 세포막에 존재하는 단백질 중 가장 큰 대가족(superfamily) 수용체 군으로 세포 바깥으로부터 오는 신호를 세포 안으로 전달시켜주는 역할을 한다. 인간 유전체에는 현재까지 약 800여 종의 GPCR 유전자가 존재하는 것으로 알려지고 있다. GPCR은 인간의 몸 안팎에 존재하는 다양한 리간드(ligand)의 표적 단백질로 크게 후각 및 미각, 자극에 반응하는 감각 수용체 그룹(olfactory/gustatory GPCR)과 신경전달물질, 호르몬 등 각종 신경전달물질에 반응하는 수용체 그룹(transmitter GPCR)으로 분류할 수 있다. 인간 유전체에는 약 367종의 transmitter GPCR이 발견되고 있으며, 이들은 인간의 생식, 대사, 면역, 운동, 소화, 호흡, 순환, 수면, 심리작용 등 대부분의 생리적 기능 조절에 중요한 역할을 수행한다. GPCR 작용 리간드는 다양한 질병, 질환과 관계되어 있어 GPCR은 제약 시장에서 가장 주목받는 약물 작용점으로 여겨지고 있다.

㉢ 2차 신호전달자

- cAMP(고리형 아데노신 일인산) : 아드레날린, 글루카곤, 황체형성호르몬(LH)

-아데닐산 고리화효소에 의해 ATP로부터 합성된다.

-단백질 인산화효소A를 활성화시킴으로서 각종 세포내 단백을 인산화시켜 생리 활성을 변동시킨다.

- cGMP(고리형 구아노신 일인산)

-구아닐릴 사이클라아제(Guanylyl cyclase)라는 효소의 작용에 의해 GTP로부터 합성된다.

-단백질 인산화효소 G(PKG)를 통하여 세포 내의 표적단백질을 인산화 시킴으로써 작용한다.

- Ca^{2+}

-IP_3, DAG의 기능이 나타날 때 같이 2차 신호전달자로 작용한다.

-칼슘농도는 아주 낮지만 세포막의 칼슘통로 또는 세포 내 저장부위(소포체, 미토콘드리아)로부터 유리되어 농도가 조절된다.

-정상적으로 세포내액이 외액에 비해 1/10,000 정도 낮게 유지되고 있다. 그러므로 세포 내 저장소로부터 유리 또는 유입에 의해 세포내 칼슘농도를 증폭시키기 매우 용이하다.

- DAG

-세포막의 안쪽 면에 남게 되며 칼슘 의존성 인산화효소인 단백질 인산화효소(PKG)를 불러들인다.

-PKG는 세포 내에 변화를 일으키는 다른 많은 단백질들을 인산화시킨다. (PKG의 활성화에는 칼슘이온이 필요한데 칼슘이온은 IP_3로부터 공급된다)

- IP_3

-물에 녹기 쉬운 분자, 세포질을 통해 확산되어 소포체의 수용체에 결합하게 된다.

-칼슘이온을 세포질로 유리시키게 된다.

• 리보솜
–단백질과 rRNA로 된 2개의 입자로 구성되어 있으며, 막이 없는 구조이다.
–인에서 형성된다.
–DNA의 유전정보를 받은 mRNA가 부착되며, 단백질을 합성한다.
• 소포체
–미세한 관이나 얇은 주머니 모양이다.
–물질의 이동통로가 되고, 표면에 리보솜이 부착되기도 한다.
–지질의 합성 및 핵막과 세포막의 형성에 관여한다.
• 골지체
–막으로 된 납작한 주머니가 여러 개 겹쳐진 구조이다.
–분비기능이 왕성한 샘조직에서 많이 발견된다.
–리보솜에서 만들어진 단백질을 저장하거나, 저장된 단백질에 탄수화물을 첨가시켜서 당단백질을 합성한다.
• 리소좀
–골지체에서 유래된 둥근 구조물이다.
–세포 내 소화와 자가분해의 기능을 갖는다.
–가수분해효소를 함유하고 있다.
• 미토콘드리아
–2중막으로 싸여 있고, 내막은 크리스타를 형성하여 표면적이 확대되어 있다.
–에너지(ATP) 생성의 장소이며 세포호흡을 담당한다.
–고유의 DNA, RNA, 리보솜을 함유하고 있으며 자기복제를 할 수 있다.
–TCA회로(산소호흡과정)가 미토콘드리아의 기질에서 일어난다.
• 엽록체
–2중막으로 싸여 있고, 틸라코이드가 쌓여진 그라나(엽록소를 함유하고 있는 부분)와 기질인 스트로마로 구성되어 있다.
–광합성을 통해 포도당을 합성한다.
–고유의 DNA, RNA, 리보솜을 함유하고 있으며, 자기복제능력을 갖는다.
• 중심립
–3개의 미세소관으로 된 9개의 다발이 원형으로 배열되어 있는 9 + 0의 구조이다.
–동물세포와 하등식물세포에 존재한다.
–세포분열 전에 복제되어 반대쪽으로 이동하여 성상체를 형성한다.
–핵 주위에 한 쌍이 직각방향으로 배열되어 중심체를 형성하며, 편모나 섬모의 기저체가 된다.
• 편모 · 섬모 : 중앙에 한 쌍의 미세소관이 위치하고 쌍으로 된 9개의 미세소관이 원형으로 배열되어 있는 9 + 2의 구조이다.

② **후형질** … 생명활동의 결과 생겨나는 부분이다.

㉠ **세포벽**

- 식물세포의 세포막 바깥쪽에 형성되어 있는 두터운 벽이다.
- 중층과 1차벽, 2차벽으로 구성된다.

–중층 : 세포판에서 유래된 것으로 펙틴이라고 하는 성분으로 되어 있다.

–1차벽 : 셀룰로스로 되어 있다.

–2차벽 : 셀룰로스 벽에 리그닌이나 수베린, 큐틴 등이 함유된 것으로 리그닌이 함유되면 목질화가 일어나고, 수베린이 함유되면 코르크화가, 큐틴이 함유되면 큐티클화가 일어난다.

- 물과 수용성 물질이 쉽게 통과할 수 있다.
- 세포의 보호와 지지, 식물체의 형태 유지 등의 기능을 갖는다.

㉡ **액포**

- 성숙한 식물세포에서 주로 발견되는 세포구조이다.
- 세포액의 생성물이나 노폐물을 저장하며, 큰 액포는 팽압을 통해서 지지작용을 하기도 한다.

(2) 구조에 따른 세포의 종류

① **식물세포와 동물세포** … 식물세포와 동물세포는 진핵세포로서, 공통적으로 핵과 미토콘드리아 · 리보솜 · 소포체 · 세포막 등을 가지고 있지만 각 세포에 특징적인 구조물들도 있다.

㉠ **식물세포에만 있는 구조** : 세포벽, 색소체, 액포

㉡ **동물세포에만 있는 구조** : 중심체

② **원핵세포와 진핵세포**

㉠ **원핵세포** : 핵막이 없는 세포이다.

- 세포질 내에 골지체, 리소좀, 미토콘드리아 등과 같은 막성 구조물이 없다.
- 액포 속에는 물이 차 있으며 당, 유기산, 무기염류 등이 녹아 있어 세포의 삼투압을 유지하고 안토시아닌과 같은 색소가 들어 있다.
- 세균이나 남조류와 같은 하등생물을 구성하는 세포들이다.

㉡ **진핵세포** : 핵이 핵막으로 둘러싸여 있는 세포로 세포 내에 여러 가지 기능을 분담하는 막성 구조물들이 발달되어 있다.

02 조직과 기관

❶ 동물의 조직 · 기관 · 기관계

(1) 동물의 조직

① **상피조직** … 동물의 몸의 표면, 체내기관의 내면을 둘러싸는 조직으로 세포간 물질이 적고, 여러 층의 세포가 빽빽하게 늘어서 있는 것이 특징이다.

TIP 조직 … 유사한 구조와 기능을 갖는 세포가 모여서 특정한 작용을 하는 것을 조직이라고 한다.

㉠ 기능에 따른 분류
- 보호상피 : 몸의 내면, 외면을 싸서 보호하는 역할을 한다. 피부나 혈관벽, 장기의 표면 등이 여기에 속하고 손톱이나 발톱, 새의 깃털 등은 보호상피가 변형된 것이다.
- 감각상피 : 감각기를 구성하는 상피이다. 눈의 망막이나 코의 냄새상피 등이 여기에 해당되는데, 원추형의 상피세포 사이에 감각세포가 섞여 있다.
- 샘상피(분비상피) : 소화액이나 호르몬 등을 분비하는 상피로, 소화샘이나 땀샘, 젖샘과 같은 외분비샘과 호르몬샘과 같은 내분비샘이 있다.
- 생식상피 : 생식샘의 표면을 덮고 있는 상피이다.

㉡ 모양에 따른 분류
- 단층상피 : 한 층의 세포로 된 상피로 무척추동물의 피부는 단층상피이다.
- 다층상피 : 여러 층의 세포가 쌓여 있는 상피로 척추동물의 피부는 다층상피이다.

② **결합조직**(지지조직) … 척추동물의 몸 곳곳에 분포하며 조직과 조직을 연결하고 지지하는 역할을 하는 조직으로, 세포와 세포 사이에는 여러 가지 세포간 물질들이 가득 차 있다.

㉠ **결합조직** : 조직이나 기관을 서로 연결하거나 싸서 보호하는 조직이다.

㉡ **연골조직** : 탄력성이 강한 세포간 물질 속에 연골세포가 흩어져 있다. 연골은 사람의 귓바퀴나 콧등에서 볼 수 있다.

㉢ **골조직** : 연골조직과 구분하여 경골조직이라고도 한다. 척추동물에서만 볼 수 있는 특유의 조직이다. 세포간 물질은 골질로 되어서 단단하며, 골질 속에 혈관과 신경이 통하는 하버스관이 있다.

③ **근육조직** … 근육이나 내장기관을 형성하고 있는 조직으로, 가늘고 긴 형태의 근세포들로 이루어져 있다.

㉠ **가로무늬근** : 수의근(맘대로근)이며 다핵세포로 이루어져 있고, 골격근을 이룬다.

㉡ **민무늬근** : 불수의근(제대로근)이며 단핵세포로 이루어져 있고, 내장근을 이룬다.

㉢ **심장근** : 가로무늬근이면서 불수의근이다.

④ 신경조직 … 신경세포인 뉴런으로 구성되어 있고, 뉴턴은 신경세포의 본체인 신경세포체와 여기에서 나온 많은 신결돌기들로 이루어져 있다. 강장동물 이상의 고등동물에 많이 발달해 있다.

㉠ 신경세포체 : 신경의 중추로서 뉴런 전체에 영양을 공급한다.

㉡ 수상돌기 : 여러 개의 작은 돌기로 자극을 받아들인다.

㉢ 축삭돌기 : 흥분을 전달한다.

(2) 동물의 기관과 기관계

① 기관

㉠ 소화기관 : 입, 식도, 위, 창자, 간, 이자, 항문 등

㉡ 호흡기관 : 폐, 기관지 등

㉢ 순환기관 : 심장, 혈관, 혈액, 림프관, 지라 등

㉣ 배설기관 : 신장, 수뇨관, 방광, 요도 등

㉤ 감각기관 : 눈, 코, 귀, 피부 등

㉥ 신경기관 : 뇌, 척수, 말초신경, 자율신경 등

㉦ 생식기관 : 정소, 난소, 자궁 등

㉧ 내분비기관 : 뇌하수체, 갑상샘, 생식샘 등

② 기관계

㉠ 소화계 : 먹이의 소화와 양분의 흡수와 관련된 기관들의 모임

㉡ 호흡계 : 산소와 이산화탄소의 교환에 관계하는 기관들의 모임

㉢ 순환계 : 양분이나 산소, 이산화탄소, 노폐물의 운반에 관여하는 기관들의 모임

㉣ 배설계 : 노폐물의 배출에 관계하는 기관들의 모임

㉤ 감각계 : 자극의 수용에 관계하는 기관들의 모임

㉥ 신경계 : 자극의 전달과 각 기관의 작용에 관계하는 기관들의 모임

㉦ 생식계 : 생식세포의 형성과 증식, 발생에 관여하는 기관들의 모임

㉧ 내분비계 : 호르몬의 분비에 관여하는 기관들의 모임

② 식물의 조직 · 조직계 · 기관

(1) 식물의 조직

① **분열조직** … 세포분열이 왕성하게 이루어지는 조직으로, 이 부분의 세포들은 세포벽이 얇고 원형질로 충만해 있으며 액포가 거의 없다.

㉠ **초생분열조직** : 식물체가 발생초기부터 분열능력을 가지고 있는 조직으로, 줄기나 뿌리 끝의 생장점을 말하며 길이생장이 이루어지는 부분이다.

㉡ **후생분열조직** : 분열능력을 잃고 영구조직으로 되어 있던 것이 다시 분열능력을 갖게 된 조직으로, 부피생장이 이루어지는 부분이다.

- 부름켜(형성층) : 쌍떡잎식물의 줄기와 뿌리의 내부에서 부피생장을 담당한다.
- 코르크 형성층 : 줄기의 비대생장 결과 표피가 터지면 그 안쪽의 피층세포가 분열능력을 회복하여 코르크층을 형성하는 형성층이 된다. 이 코르크층은 식물의 내부를 보호하는 기능을 한다.
- 상처조직 : 영구조직인 나무표피의 일부가 갈라지거나 상처를 입었을 때 상처부위의 세포들이 영구조직에서 분열조직으로 변하여 손상된 부분을 스스로 복구한다.

② **영구조직** … 분열조직에서 만들어진 세포가 더 이상 분열하지 않고 특수한 기능을 담당하는 조직으로, 세포가 크고 세포벽이 두꺼우며 죽은 세포들로 이루어진 것도 있다.

㉠ **표피조직** : 식물체의 표면을 싸서 보호하는 조직이다.

- 표피세포가 변형되어 털, 뿌리털, 공변세포를 형성한다.
- 일반적으로 엽록체가 존재하지 않으며, 표피의 일부분인 공변세포에만 엽록체가 존재한다.

㉡ **유조직** : 식물체의 대부분을 차지하는 조직으로 동화, 분비, 저장 등의 작용을 한다. 세포의 형태가 분열조직의 세포와 비슷하며, 원형질이 많아서 물질대사가 왕성한 유세포로 되어 있다.

- 동화조직 : 광합성작용을 하는 조직으로 잎 속의 울타리조직, 해면조직과 줄기의 피층에 발달되어 있다.
- 저장조직 : 광합성 결과 만들어지는 양분을 저장하는 조직으로 뿌리나 종자, 열매 등이 여기에 해당된다.
- 저수조직 : 수분을 저장하는 조직이며, 선인장 줄기나 다육식물의 줄기와 잎 등에 있다.
- 통기조직 : 공기가 이동 또는 저장되는 조직이며, 주로 수생식물의 줄기에 발달되어 있다.

㉢ **기계조직** : 세포벽이 두껍고 단단하여 식물체의 형태를 유지하고 식물체를 지지하는 기능을 가지는 조직이다.

- 후막조직 : 세포벽의 전면이 두꺼워진 조직으로, 성숙해가면서 원형질이 없어지므로 생활능력이 거의 없다(배의 석세포, 나무껍질의 인피섬유).
- 후각조직 : 세포벽의 일부분이 두꺼워진 조직으로, 생활능력이 있다(봉숭아 줄기).

㉣ **통도조직** : 수분과 양분의 이동통로가 되는 조직이다.

- 물관

  −속씨식물에 존재하는 물의 이동통로로 죽은 세포로 이루어져 있다.

  −세포벽은 두껍게 목질화되어 있다.

–세포가 긴 관 모양으로 되어 있고, 세포의 위아래로 격막이 뚫려 있어서 물이 통할 수 있게 되어 있다.

• 헛물관

–양치식물과 겉씨식물에 존재하는 이동통로로 죽은 세포로 이루어져 있다.

–세포벽에 막공이 뚫려 있어서 물과 양분이 이동된다.

• 체관

–광합성 산물인 양분의 이동통로이며 살아 있는 세포로 되어 있다.

–위아래로 연결되는 부분에 많은 체공들이 뚫려진 체판이 있다.

–속씨식물의 체관 옆에는 반세포가 있어서 체관의 기능을 돕는다.

(2) 식물의 조직계

① 기능상의 구분

㉠ **표피계** : 표피세포, 공변세포, 뿌리털, 가시 등이 포함되는 조직계로 식물체의 겉을 싸서 보호하는 기능을 한다.

㉡ **기본조직계** : 유조직, 기계조직으로 되어 있는 조직계로 식물체의 대부분을 차지한다. 주로 양분의 합성과 저장의 기능을 한다.

㉢ **관다발계** : 물관부, 체관부, 형성층을 관다발계라고 한다. 수분이나 양분의 이동과 부피생장에 관계하는 기능을 한다.

② 형태상의 구분

㉠ **표피** : 식물체의 가장 바깥쪽을 둘러싸고 있는 부분으로, 표피를 구성하는 표피세포에는 엽록체가 없다. 기공과 털은 표피세포가 변형된 것이다.

㉡ **피층** : 표피와 중심주의 중간 부분으로, 유조직과 기계조직으로 되어 있다. 피층의 가장 안쪽은 내피라고 한다.

㉢ **중심주** : 표피와 피층을 제외한 부분으로, 식물체의 가장 안쪽 부분이다.

(3) 식물의 기관

① 영양기관

㉠ 뿌리

• 기능 : 식물체를 지지하고 흙 속의 물과 무기양분의 흡수를 담당한다.

• 구조

–뿌리골무 : 뿌리의 생장점을 둘러싸고 있는 보호장치이다.

–생장점 : 뿌리의 끝부분에 있는 분열조직으로 세포분열을 통해서 뿌리를 자라게 한다.

–생장대 : 생장점의 바로 윗부분으로, 생장점에서 세포분열을 통해서 만들어진 작은 세포들이 성장을 하는 부분이다.

–근모대 : 생장대의 바로 윗부분으로 근모(뿌리털)가 많이 나 있어서 근모대라고 한다. 뿌리털은 표피세포의 변형된 형태이며, 이 뿌리털을 통해서 토양 속의 물이나 무기양분이 주로 흡수된다.

㉡ 줄기

• 기능 : 식물체를 지탱하고 물과 양분의 이동통로가 된다.

• 횡단면

-쌍떡잎식물 : 바깥쪽부터 표피, 피층, 내피, 관다발, 속의 구조로 되어 있다.

-외떡잎식물 : 내피와 부름켜가 존재하지 않는다.

• 길이생장 : 줄기의 끝에는 생장점이 있어서 길이생장이 일어난다.

• 부피생장 : 쌍떡잎식물의 줄기에는 부름켜가 있어서 부피생장이 일어나지만, 외떡잎식물의 줄기에는 부름켜가 없어서 부피생장이 일어나지 않는다.

• 낙엽수들은 이듬해 봄에 싹을 틔우게 될 눈을 줄기에 붙이고 겨울을 지낸다.

㉢ 잎

• 기능 : 광합성에 의한 양분의 합성, 가스교환, 증산작용 등의 기능을 갖는다.

• 겉모양 : 잎새(잎맥이 퍼져 있는 부분)와 잎맥(잎의 관다발)으로 이루어져 있다.

-쌍떡잎식물의 잎맥 : 그물맥

-외떡잎식물의 잎맥 : 나란히맥

• 내부구조

-책상조직 : 표피의 안쪽에 길쭉한 세포들이 빽빽하게 배열된 곳으로, 엽록체가 많아서 광합성이 활발하게 이루어진다.

-해면조직 : 책상조직의 밑에 세포가 불규칙하게 배열되어 있는 부분으로, 엽록체가 있어서 광합성작용이 이루어지고, 세포의 틈 사이가 넓어서 공기와 수증기가 출입한다.

-잎맥 : 잎새를 지탱하며 잎자루를 통하여 줄기에 있는 관다발과 연결된다.

• 공변세포 : 잎의 뒷면에는 공변세포로 이루어진 기공이 있어서 증산작용과 가스교환을 한다.

② 생식기관

㉠ 꽃

• 구조 : 꽃잎, 꽃받침, 암술, 수술로 구성되어 있다.

• 구분

-갖춘꽃 : 꽃잎과 꽃받침, 암술, 수술의 4가지 요소를 모두 갖추고 있는 꽃으로 복숭아꽃, 벚꽃, 배추꽃 등이 여기에 해당된다.

-안갖춘꽃 : 꽃의 4가지 구성요소 중에서 어느 1가지 이상이 빠져 있는 꽃으로 오이꽃, 호박꽃 등이 여기에 해당된다.

TIP 구성요소의 유무에 따라서 갖춘꽃, 안갖춘꽃으로 구분한다.

-통꽃 : 꽃잎이 한 장으로 붙어 있는 꽃으로 나팔꽃과 호박꽃은 꽃잎이 한 장인 통꽃이다.

-갈래꽃 : 꽃잎이 여러 장으로 갈라져 있는 꽃으로 무궁화꽃, 장미꽃 등은 꽃잎이 여러 장으로 갈라져 있는 갈래꽃이다.

TIP 꽃잎의 형태에 따라서 통꽃과 갈래꽃으로 구분한다.

–양성화 : 한 꽃 속에 암술과 수술이 모두 있는 꽃으로 복숭아꽃과 살구꽃, 배추꽃 등은 양성화이다.

–단성화 : 한 꽃 속에 암술이나 수술 중 어느 한 가지만 있는 꽃으로, 암술과 수술이 한 개체안에 존재하는가 아닌가의 여부에 따라서 자웅동주와 자웅이주로 구분된다.

TIP 암술과 수술이 같은 꽃에 있는가 아닌가의 여부에 따라서 양성화와 단성화로 구분된다.

–자웅동주 : 암술이 있는 암꽃과 수술이 있는 수꽃이 하나의 개체 안에 같이 있는 것으로 소나무꽃, 옥수수꽃, 호박꽃 등이 있다.

–자웅이주 : 동물과 같이 개체의 성이 구분되어 암술이 있는 암꽃과 수술이 있는 수꽃이 각각 다른 개체에 있는 것으로 은행나무꽃, 소철꽃 등이 있다.

ⓛ 열매 : 꽃의 씨방이 수정 후에 자라서 형성된 것이 열매이다.

- 참열매 : 씨방만이 발육하여 된 열매로 감, 복숭아, 오이, 콩 등이 여기에 해당된다.
- 헛열매 : 씨방 이외에 꽃턱이나 꽃받침이 함께 발육하여 된 열매로 사과, 배, 양딸기 등이 여기에 해당된다.

ⓒ 씨 : 씨방 속의 밑씨가 자란 것으로 장차 식물체가 될 부분이며, 씨껍질에 싸여 있고 그 속에 배가 있다. 대부분의 경우 배는 배젖 속에 묻혀 있어서 배의 발아에 필요한 양분을 공급받는다. 그러나 콩과식물과 같이 배젖 대신에 큰 떡잎에서 양분을 공급받는 경우도 있다.

최근 기출문제 분석

2021. 6. 5. 제1회 서울특별시

1 세포의 (가)미토콘드리아(Mitochondria)와 (나)엽록체에 대한 설명으로 가장 옳은 것은?

① (가)는 동물세포에 존재하고 식물세포에는 존재하지 않는다.

② (가), (나) 모두 핵 속에 DNA가 들어 있다.

③ 간세포나 근육세포같이 에너지 소비가 큰 세포는 (나)가 많이 들어 있다.

④ (가), (나)에는 모두 DNA와 리보솜이 있어 스스로 복제하고 증식할 수 있다.

TIP (가)와 (나)는 세포내 소기관으로 자체 DNA와 리보솜을 가져 스스로 복제 및 증식이 가능하다.
① 미토콘드리아는 세포 호흡을 담당하는 세포내 소기관으로 동물세포와 식물세포 모두에 존재한다.
② (가)와 (나)는 모두 세포내 소기관이므로 핵을 제외한 세포질에 존재한다. 따라서 소기관내에 자체 DNA를 가진다.
③ 간세포와 근육세포는 에너지 소비가 크므로 에너지 생산을 담당하는 미토콘드리아인 (가)가 많이 들어있다.

2021. 6. 5. 제1회 서울특별시

2 세포는 여러 구성성분으로 이루어져 있다. 〈보기〉에서 세포의 구성성분에 대한 설명으로 옳은 것을 모두 고른 것은?

보기

㉠ RNA는 인산기, 당, 질소함유염기로 이루어져 있다.
㉡ 이황화결합(disulfide bridge)은 단백질의 3차구조를 형성하는 데 역할을 한다.
㉢ 콜레스테롤(cholesterol)은 동물세포막의 구성성분이다.

① ㉠, ㉡　　② ㉠, ㉢

③ ㉡, ㉢　　④ ㉠, ㉡, ㉢

TIP RNA는 당, 인산, 염기로 구성된 뉴클레오타이드가 기본 단위이다. 또한 이황화결합은 단백질의 3차 구조를 형성하는 역할을 한다. 콜레스테롤은 스테로이드의 일종으로 동물세포막을 구성하며 세포막의 투과성과 유동성에 영향을 준다.

Answer 1.④ 2.④

2021. 6. 5. 제1회 서울특별시

3 **결합조직(connective tissue)에 속하지 않는 것은?**

① 뼈대근육

② 혈액

③ 지방조직

④ 뼈

TIP 사람의 상피조직, 결합조직, 근육조직, 신경조직으로 나누어져 있는데 뼈대 근육은 근육 조직에 속한다.

2020. 6. 13. 제1 · 2회 서울특별시

4 **세포 표면의 막관통 수용체인 G단백질 결합수용체(GPCR)와 상호작용하여 활성화된 G단백질의 2차 신호전달자(second messenger)로 옳은 것을 〈보기〉에서 모두 고른 것은?**

보기

㉠ P_{fr} ㉡ DAG

㉢ GTP ㉣ cAMP

① ㉠㉡ ② ㉠㉢

③ ㉡㉢ ④ ㉡㉣

TIP 2차 신호전달자는 세포가 외부에서 신호 수용 시 내부로 신호를 전달 및 증폭하기 위해 만드는 작은 물질이다. 대표적인 예로 cAMP, cGMP, Ca^{2+}, DAG, IP_3가 있다.

Answer 3.① 4.④

출제 예상 문제

1 **단백질 2차 구조를 형성하는데 관여하는 가장 중요한 결합은?**

① 수소결합
② 공유결합
③ S－S결합
④ 소수성 상호작용

TIP 단백질의 2차 구조 … 단백질을 구성하는 폴리펩타이드 사슬들은 평면적으로 배열된 것이 아니라 아미노산들이 일정한 각도를 가지고 결합하고 있어 나선모양으로 감겨진 α－나선 구조와 병풍처럼 접혀진 β－구조를 하고 있다.

㉠ α－나선 구조: 펩타이드 결합이 상하로 수소결합을 하고 있어 나선 형태가 안정적으로 유지된다.
㉡ β－병풍 구조: 긴 폴리펩타드 사슬이 여러 개 있고 각 사슬의 펩타이드 결합이 그 곁에 있는 사슬의 펩타이드 결합과 수소결합을 하고 있다.

2 **미토콘드리아에 대한 설명으로 옳은 것은?**

① 바깥면에 리보솜이 붙어 있다.
② 주성분은 rRNA와 단백질이고 인에 의해 합성된다.
③ 독자적인 증식이 가능하고 세포호흡효소가 있어 유기물을 산화시킨다.
④ 구형의 작은 세포기관으로 골지체를 형성한다.

TIP 미토콘드리아 … 0.2～3μm 크기의 구형 또는 타원형의 세포기관으로 2중막으로 싸여 있다. 내막은 여러 겹으로 크리스타 구조를 이루고 있으며 내부기질 속의 DNA와 리보솜에 의해 독자적 증식이 가능하고 세포호흡 관련 효소가 들어 있어 유기물의 산화시킨다. 유기물의 화학에너지를 ATP로 바꾸는 기능도 한다.

Answer 1.① 2.③

3 적혈구를 이용하여 원형질의 삼투압을 알아보려 할 때 삼투압이 낮은 저장액에서 나타나는 현상으로 옳은 것은?

① 아무런 변화도 나타나지 않는다.

② 적혈구가 수축된다.

③ 적혈구 속의 물이 밖으로 나온다.

④ 적혈구가 터져버린다.

TIP 용혈현상 … 적혈구를 삼투압이 낮은 저장액에 넣으면 물이 삼투압에 의해 적혈구 속으로 들어가 부풀어 오르게 되고 세포막이 터져 버리게 되는 현상

4 다음 중 세포설의 내용과 관계가 없는 것은?

① 세포는 생물의 구조적 단위이다.

② 세포는 생물의 기능적 단위이다.

③ 세포는 세포분열로 증식한다.

④ 세포는 핵과 원형질로 구성되어 있다.

TIP 세포가 핵을 가진 원형질의 덩어리라고 밝혀진 것은 세포설이 발표된 후의 일이다.

5 세포기관과 그 기능을 설명한 것으로 잘못 짝지어진 것은?

① 핵 – 세포의 생명기능 조절

② 리소좀 – 단백질 합성

③ 골지체 – 물질의 농축, 저장, 분비

④ 중심체 – 방추사 형성

TIP ② 리소좀의 역할은 세포내 소화와 식균작용이며, 단백질의 합성은 리보솜에서 담당한다.

Answer 3.④ 4.④ 5.②

6 양파의 한 층으로 된 표피세포를 100배로 관찰하였더니 400개의 세포가 보였다. 400배로 관찰하면 몇 개의 세포가 보이겠는가?

① 25개
② 100개
③ 400개
④ 800개

TIP 현미경의 배율을 높이면 하나의 세포의 크기가 커지기 때문에 관찰할 수 있는 세포의 수는 감소한다. 배율을 4배 높이면 넓이는 16배 넓어진다. 따라서 관찰할 수 있는 세포의 수는 1/16 만큼 줄어드는 것이다.

7 세포 내의 구조물 가운데, 자체 DNA를 가지고 있어서 자기복제가 가능한 것끼리 바르게 짝지어진 것은?

① 핵, 엽록체, 미토콘드리아
② 리보솜, 리소좀, 엽록체
③ 핵, 골지체, 미토콘드리아
④ 리보솜, 리소좀, 골지체

TIP 자체 DNA를 함유한 세포 내 구조물

㉠ 핵 : 세포의 생명활동을 조절하는 중추적인 역할을 하며 핵막, 핵액, 염색사, 인으로 구성되고 염색사에는 유전자의 본체인 DNA가 있다.
㉡ 엽록체 : 이중막으로 싸여 있고, 엽록소가 있어서 광합성이 일어나고, DNA가 포함되어 있으며 자기복제능력이 있다.
㉢ 미토콘드리아 : ATP를 합성하며, DNA를 가지고 있어 자기증식이 가능하다.

8 다음 중 세포의 소기관에 대한 설명으로 옳은 것은?

① DNA – 독자적인 자기복제 및 단백질 합성
② 엽록체 – 세포 내에서 에너지대사
③ 미토콘드리아 – 세포 내 소화와 이물질의 분해 관여
④ 소포체 – 세포 내에서 물질의 합성과 수송에 관여

TIP 단백질의 합성은 리보솜에서, 세포 내의 에너지대사는 미토콘드리아에서, 세포 내의 소화는 리소좀에서 담당한다.

Answer 6.① 7.① 8.④

9 **세포막에 대한 설명으로 옳지 않은 것은?**

① 세포 안팎의 물질의 이동을 조절하는 역할을 한다.
② 인지질과 단백질로 구성되어 있다.
③ 일반적 모형으로 유동 모자이크 구조가 널리 인정되고 있다.
④ 1분자 지방산이 인산기와 질소를 포함하고 있다.

TIP ④ 인지질에 대한 설명이다.
※ 세포막 … 단백질과 인지질로 되어 있으며 유동 모자이크막에 제일 가까운 구조이다.

10 **다음 중 세포를 처음으로 발견한 사람은?**

① 슐라이덴　　② 슈반
③ 브라운　　④ 로버트 훅

TIP 1965년 영국의 로버트 훅은 자기가 만든 현미경으로 코르크의 조직을 관찰하여 작은 칸막이로 구성되었음을 발견하고, 이를 세포(cell)라 하였다.

11 **다음 중 전자현미경과 광학현미경의 차이점으로 옳은 것은?**

① 물체의 허상을 관찰한다.
② 상은 형광판이나 사진으로 관찰한다.
③ 유리렌즈를 통하여 빛을 통과시킨다.
④ 가시광선을 이용하여 관찰한다.

TIP 광학현미경은 눈이나 필름으로 상을 포착하고, 전자현미경은 형광판이나 사진으로 상을 포착한다.

Answer 9.④ 10.④ 11.②

12 현미경을 저배율로 하여 사물을 관찰할 때 나타나는 현상에 대한 설명으로 옳은 것은?

① 시야가 넓어진다.
② 상의 크기가 커진다.
③ 작동거리가 길어진다.
④ 정립실상을 관찰할 수 있다.

TIP 현미경을 저배율로 놓고 사물을 관찰하면 상의 크기는 작아지지만 시야가 넓어져서 많은 수의 세포나 물체를 관찰할 수 있다.

13 현미경으로 짚신벌레를 관찰하였다. 현미경에 나타난 짚신벌레의 위치가 다음과 같다면 프레파라트를 어느 방향으로 이동시켜야 하는가?

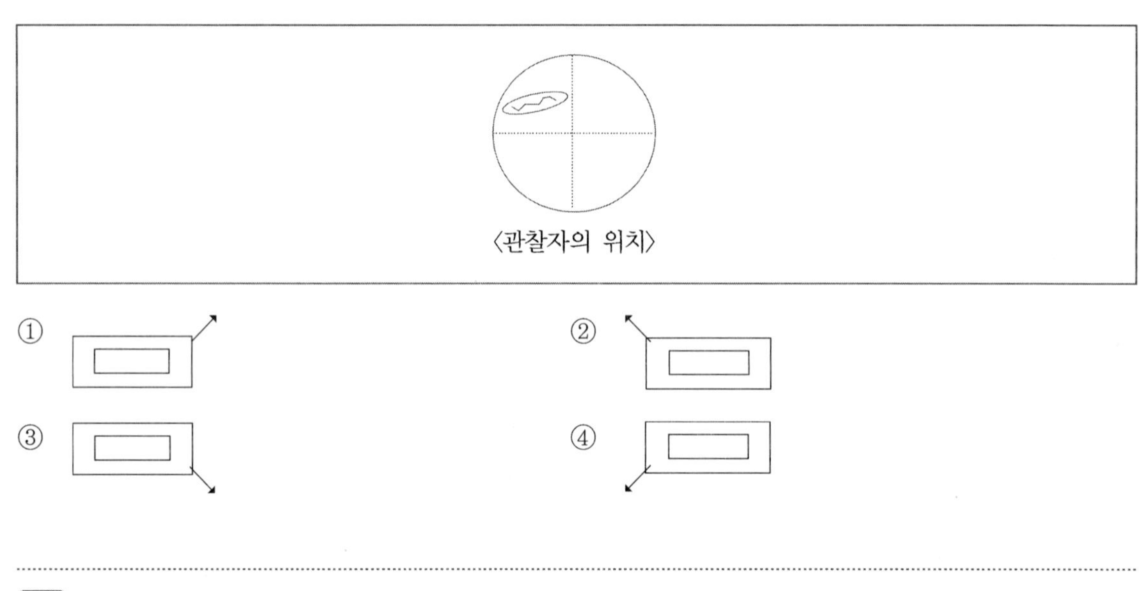

〈관찰자의 위치〉

TIP 현미경에 나타나는 상은 상·하·좌·우가 바뀌어서 보인다.

Answer 12.① 13.②

14 세포의 구조를 연구하기 위해서 여러 세포 소기관을 분리하고자 할 때 사용해야 하는 방법은?

① 세포분획법 ② 세포융합법
③ 조직배양법 ④ 동위원소법

TIP 세포분획법 … 원형질에 있는 각 세포기관의 미세구조나 화학적 조성 등을 연구하기 위해 필요한 세포기관만을 모으는 방법으로, 세포기관별 무게의 상대적인 차이를 이용해 원심분리를 한다.

15 동물의 심장을 이루고 있는 근육에 대한 설명으로 옳지 않은 것은?

① 불수의근이다. ② 내장근이다.
③ 가로무늬근이다. ④ 근세포가 가지를 치지 않는다.

TIP 심장근 … 심장을 이루고 있는 근육으로 내장근이면서 골격근과 같은 가로무늬를 갖는다. 그러나 근세포가 가지를 치고 있는 것과 불수의근이라는 점이 골격근과 다르다.

16 다음 중 꽃의 형태가 나머지 셋과 다른 하나는?

① 무궁화 ② 장미
③ 금잔화 ④ 호박꽃

TIP 꽃의 형태
㉠ 갈래꽃 : 꽃잎이 여러 장으로 갈라진 것으로 무궁화, 장미, 금잔화 등이 속한다.
㉡ 통꽃 : 꽃잎이 한 장으로 되어 있는 것으로 호박꽃과 나팔꽃이 속한다.

Answer 14.① 15.④ 16.④

17 생물을 해부하는 데 많이 이용되는 해부현미경의 장점으로 옳은 것은?

① 배율이 높아 상이 크게 보인다.
② 상이 똑바로 맺힌다.
③ 부피가 작아서 이동과 사용이 간편하다.
④ 시야가 매우 밝아 보인다.

TIP 해부현미경은 배율은 낮으나 상이 거꾸로 보이지 않아 작은 동물의 해부에 이용된다.

18 다음은 현미경의 조작순서를 나타낸 것이다. 순서를 바르게 나열한 것은?

> ㉠ 정확한 초점을 찾는다.
> ㉡ 경통을 끝까지 내린다.
> ㉢ 관찰할 배율을 정한다.
> ㉣ 경통을 올리며 물체의 상을 찾는다.
> ㉤ 프레파라트를 제물대 위에 올려 놓는다.

① ㉢ − ㉡ − ㉤ − ㉣ − ㉠
② ㉢ − ㉡ − ㉣ − ㉠ − ㉤
③ ㉤ − ㉢ − ㉡ − ㉣ − ㉠
④ ㉤ − ㉡ − ㉣ − ㉠ − ㉢

TIP 현미경의 조작
㉠ 프레파라트 고정
㉡ 배율결정 : 낮은 배율부터 점차 배율을 높여 관찰
㉢ 반사경 조절
㉣ 경통을 최대로 내림
㉤ 경통을 올리며 초점을 맞춤

Answer 17.② 18.③

19 양파의 표피세포를 관찰하기 위하여 프레파라트를 제작하려고 한다. 〈보기〉의 과정 다음에 해야 할 것은?

보기
떼어낸 양파의 표피세포를 슬라이드글라스 위에 올려놓고 커버글라스로 덮는다.

① 현미경으로 관찰한다.
② 메틸렌블루 용액으로 염색한다.
③ 아세트산카민 용액으로 염색한다.
④ 아세트산 용액에 넣어서 고정시킨다.

TIP 식물세포의 염색에는 아세트산카민 용액을, 동물세포의 염색에는 메틸렌블루 용액을 사용한다.

20 엽록체와 미토콘드리아가 가지고 있는 공통점으로 볼 수 없는 것은?

① 이중막구조를 가지고 있다.
② 무기물을 유기물로 합성하는 반응이 일어나는 장소이다.
③ 생물이 살아가는 에너지를 얻는 과정과 관계가 깊다.
④ 유전물질을 가지고 있어서 자기복제가 가능하다.

TIP 엽록체에서는 에너지를 합성하는 동화작용이, 미토콘드리아에서는 세포호흡을 통한 이화작용이 진행된다.

21 다음 중 식물세포의 원형질에 속하는 색소가 아닌 것은?

① 카로틴
② 탄닌
③ 엽록소 a
④ 크산토필

TIP 식물세포의 원형질에 속하는 엽록체의 그라나(원반 모양의 틸라코이드가 여러 개 모여 층을 이루어 라멜라 구조를 하고 있음)에서는 지질층에 엽록소 a, 엽록소 b, 카로틴, 크산토필의 색소가 있어 광합성의 명반응(빛에너지가 화학에너지로 전환)이 일어난다.

Answer 19.③ 20.② 21.②

22 다음 중 액포에 관한 설명으로 옳은 것은?

① 동물세포에서 많이 관찰된다.
② 액포는 후형질이지만 액포막은 원형질이다.
③ 액포는 식물의 분열조직을 이루는 세포에서 주로 관찰된다.
④ 생물체에 대해서 아무런 기능도 가지지 못한다.

TIP 액포
㉠ 성숙한 식물세포에서 특징적으로 발달하는 구조로 세포액을 함유하고 팽압이 생기게 하며 세포의 수분대사를 조절한다.
㉡ 액포막은 세포막에서 유래한 생체막구조이다.
㉢ 세포액의 생성물이나 노페물 등을 저장하며, 큰 액포는 팽압을 통해 지지작용을 하기도 한다.

23 다음 중 세포벽이 가지는 성질에 해당하는 것은?

① 전투과성
② 불투과성
③ 능동수송
④ 반투과성

TIP 세포벽은 용매나 용질이 모두 자유롭게 통과할 수 있는 전투과성의 막이다.

24 다음 중 단백질의 합성이 일어나는 기관은?

① 리소좀
② 핵
③ 활면소포체
④ 조면소포체

TIP 소포체는 표면에 리보솜이 있는가의 여부에 따라서 활면소포체와 조면소포체로 구분된다. 조면소포체는 표면에 리보솜이 부착되어 있어 단백질을 합성하는 기능을 갖는다.

Answer 22.② 23.① 24.④

25 다음 중 미토콘드리아의 기능으로 옳은 것은?

① 유전자의 본체로 단백질을 합성한다.
② 세포 내 산소호흡을 맡아보며 ATP를 합성한다.
③ 세포 내 물질의 저장과 분비작용을 한다.
④ 엽록소를 지니며 광합성작용을 한다.

TIP 미코콘드리아의 기능
㉠ 호흡효소를 함유하여 세포호흡을 담당
㉡ TCA회로와 전자전달계에 의한 에너지(ATP) 생성의 장소
㉢ 자기복제능력

26 다음 중 원핵세포에 존재하는 세포기관으로만 짝지어진 것은?

① 세포막과 핵막
② 핵막과 리보솜
③ 핵막과 세포벽
④ 리보솜과 세포막

TIP 핵막이 없는 원핵세포는 세포 내에 기능에 따른 일을 전담하는 막성구조물을 전혀 가지고 있지 않은 세포로, 세포벽 · 세포막 · 리보솜이 있다.

27 세포 내 소기관 중 미세소관으로 이루어지지 않은 것은?

① 골지체
② 중심립
③ 섬모
④ 편모

TIP 미세소관 … 동물이나 식물세포에 있는 튜불린이라는 단백질로 된 25mm 가량의 구조물로 중심립, 편모, 섬모의 구성요소이다. 방추사를 형성하고 세포 내 골격구조를 이룬다.

Answer 25.② 26.④ 27.①

28 다음 중 리보솜에서 합성된 단백질을 농축시키거나 변형시켜 세포 밖으로 배출하는 기능을 하는 기관은?

① 소포체　　② 골지체
③ 리소좀　　④ 중심립

TIP 골지체…막구조를 갖는 주머니가 여러 개 겹쳐진 형태를 갖는 기관으로, 리보솜에서 만들어진 단백질에 탄수화물을 첨가시켜 당단백질을 생성하고, 물질을 분비하는 역할을 한다.

29 다음은 유동모자이크막을 나타낸 것으로 세포막의 구성성분인 ㉠과 ㉡에 해당하는 물질이 바르게 짝지어진 것은?

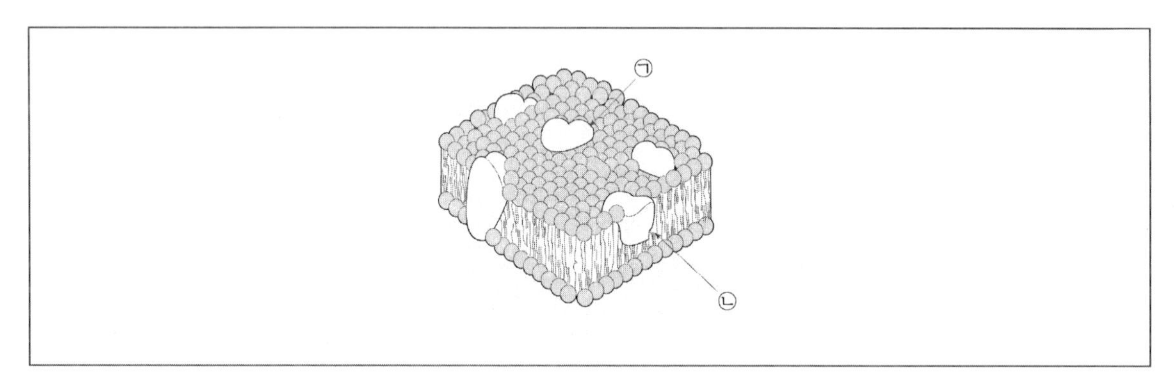

① ㉠ 단백질, ㉡ 핵산
② ㉠ 단백질, ㉡ 인지질
③ ㉠ 핵산, ㉡ 단백질
④ ㉠ 인지질, ㉡ 단백질

TIP 세포막은 유동성이 있는 두 개의 지질층 사이에 단백질이 끼어 있는 구조로 되어 있다.

Answer 28.② 29.②

30 **다음 중 원형질의 상태에 대한 설명으로 옳은 것은?**

① 콜로이드 상태를 이루고 있다.
② 단백질로 이루어져 있어서 형태가 굳어져 있다.
③ 세포 원형질의 상태는 생물의 종에 따라 다르다.
④ 원형질의 상태는 원형질을 이루는 물과 단백질의 양과는 무관하다.

TIP 원형질은 물 속에 단백질, 지질, 핵산 등과 각종 무기염류들이 녹아 있거나 분산되어 있는 콜로이드 상태의 용액으로 되어 있다.

31 **다음 〈보기〉의 세포 소기관들이 가지는 공통점은?**

보기

인, 염색체, 중심립, 리보솜

① 이중막을 갖는다.
② 막구조가 없다.
③ 자기복제능력이 있다.
④ 에너지의 발생과 관계있다.

TIP 세포 소기관

종류	인	염색체	중심립	리보솜
특징	• 구형 • 막구조 없음 • 단백질과 RNA로 구성	• DNA와 히스톤으로구성 • 막구조 없음	• 동물세포에 존재 • 방추사 형성 • 막구조 없음	• 과립모양 • 세포질 내 존재 • RNA 함유 • 단백질 합성장소 • 막구조 없음

Answer 30.① 31.②

32 다음 중 동물에서 볼 수 없는 것은?

① 조직 ② 조직계
③ 기관 ④ 기관계

TIP 식물체의 구성단계 … 세포 – 조직 – 조직계 – 기관 – 개체
※ 동물체의 구성단계 … 세포 – 조직 – 기관 – 기관계 – 개체

33 다음 중 후형질에 해당하는 것으로만 짝지어진 것은?

㉠ 세포벽	㉡ 세포막
㉢ 액포	㉣ 인
㉤ 골지체	㉥ 중심체

① ㉠㉡ ② ㉠㉢
③ ㉣㉤ ④ ㉢㉥

TIP 후형질은 세포의 생명활동의 결과 생겨난 것으로 액포와 세포벽, 세포 내 함유물이 있다.

34 다음 중 단백질의 합성장소에 해당하는 것은?

① 핵 ② 세포막
③ 리보솜 ④ 미토콘드리아

TIP 리보솜 … 단백질과 rRNA로 된 크고 작은 2개의 입자로 구성되며, 막이 없고 인에서 형성된다. DNA의 유전정보를 받은 mRNA가 부착되고, 아미노산의 펩타이드 결합으로 단백질이 합성된다.

Answer 32.② 33.② 34.③

35 식물의 조직 중 유조직의 기능과 가장 거리가 먼 것은?

① 분비
② 저장
③ 보호
④ 동화

TIP 유조직은 양분의 동화, 저장, 분비, 호흡 등의 물질대사가 활발히 일어나는 곳이다. 식물체를 보호하는 기능을 갖는 조직은 표피조직이다.

Answer 35.③

생명체의 물질대사

01 효소와 산화 · 환원

01 효소

1 효소의 작용과 성질

(1) 효소의 작용

① 촉매 … 화학반응이 일어날 때 자기 자신은 소모되지 않으면서 특정 화학반응의 반응속도를 빠르게 촉진시키는 물질을 촉매라고 한다.

② 촉매작용

㉠ 효소는 생체 내에서 합성이 되기 때문에 생체촉매라고도 한다.

㉡ 효소는 화학반응의 활성화에너지를 감소시킴으로 화학반응에서의 촉매역할을 한다.

㉢ 활성화에너지 : 어떤 물질이 화학반응을 일으키는 데 필요한 최소한의 에너지로 활성화에너지가 감소되면 그만큼 반응이 빨리 일어나게 된다.

(2) 효소의 성질

① 성질

㉠ 기질특이성이 있다.

㉡ 물이 있는 환경에서만 작용한다.

㉢ 최적의 온도와 최적의 pH에서 가장 빠른 화학반응의 속도를 낸다.

㉣ 화학반응의 전 · 후에 자기 자신은 변하지 않는다. 그러므로 소량으로 반복하여 사용할 수 있다.

② 효소의 기질특이성

㉠ 기질특이성 : 특정 효소가 특정 기질하고만 결합하여 반응을 촉매하는 것을 기질특이성이라 한다.

㉡ 효소의 활성부위의 입체구조와 기질의 입체구조가 일치할 때만 효소의 기질이 결합할 수 있기 때문에 효소가 기질특이성을 갖는 것이다.

TIP 다른자리 입체성 조절(allosteric regulation)

효소는 다양한 생체반응을 조절하는 촉매이며 몇 가지 알려진 촉매성 RNA를 제외하면 대부분이 단백질이다. 효소의 특정한 자리에는 특정한 기질이 결합할 수 있으며 이 때 효소는 효소-기질 반응을 통해 매우 향상된 속도로 결합한 특정 기질의 성질을 변화시킬 수 있다. 음식물의 소화에서부터 DNA의 합성에 이르기까지 거의 모든 생체 내 대사과정에 효소가 관여하기 때문에 효소 반응동력학의 이해를 통해 생체대사에서의 효소의 역할, 효소-기질 반응의 메커니즘, 효소의 활성조절 방법들을 밝혀내려는 연구들이 꾸준히 이어져 왔다.

효소의 활성은 '다른자리 입체성 조절(allosteric regulation)'을 통해 촉진되거나 억제된다. 다른자리 입체성 조절은 되먹임(feedback)으로 대표되는 생체대사 과정의 자연적 조절회로의 한 예이며 장거리 다른자리 입체성은 세포 신호전달 과정에서 특히 중요하다.

활성물질(effector molecule)이 효소(또는 단백질)의 활성자리(active site)가 아닌 특정한 다른자리(allosteric site)에 결합하면 동일 분자 내의 다른 활성자리에 결합하는 반응이 영향을 받게 되며 이를 다른자리 입체성이라고 한다.

효소나 단백질의 반응을 촉진시키는 활성물질을 다른자리 입체성 활성인자(allosteric activator), 반응을 억제시키는 물질을 다른자리 입체성 저해제(allosteric inhibitor)라고 부른다.

③ 효소의 작용에 영향을 주는 요인들

㉠ 온도

- 최적온도 : 효소가 가장 활발하게 반응하는 온도로서 약 30 ~ 40℃ 정도이다.
- 최적온도 미만 : 온도가 상승할수록 효소의 반응속도가 증가한다.
- 최적온도 이상 : 효소를 구성하는 단백질 조직이 파괴되어 반응속도가 급격히 감소한다.
- 고온으로 인해 변성된 효소는 온도를 다시 낮추어도 활성을 회복할 수 없다.

㉡ pH

- 최적 pH : 대부분의 효소는 pH 6.0 ~ 7.0 사이에서 최적의 활성을 나타내지만, 펩신이나 트립신처럼 효소의 종류에 따라 최적 pH가 다르다.
- pH가 변하면 효소를 구성하는 단백질의 구조도 변하므로 반응속도가 감소한다.

㉢ 중금속 : 효소는 시안화칼륨 등의 약물이나 카드뮴, 납 등의 중금속에 의해서도 작용이 억제된다.

2 효소의 구성과 종류

(1) 효소의 구성

① 효소의 주성분 … 효소를 구성하는 주성분은 단백질이다.

② 주효소와 조효소

㉠ 주효소 : 열에 약한 단백질 부분이다.

㉡ 조효소 : 열에 강하고 비교적 분자량이 작은 유기물로 되어 있다(탈수소효소에 포함되어 있는 NAD, FAD 등).

③ **보결족** … 조효소는 아니지만 Mg^{2+}, Ca^{2+}, Fe^{2+} 등의 금속이온에 의해 활성을 갖는 효소도 있는데, 이처럼 효소 속에 포함되어 있는 금속이온을 보결족이라고 한다.

④ **조효소가 필요하지 않은 효소** … 단백질만으로 구성된 효소로 가수분해효소 몇 종류가 이러한 구성을 가진다(라이페이스, 아밀레이스, 펩신, 트립신).

⑤ **조효소가 필요한 효소**

㉠ 단백질인 주효소에, 비단백질인 조효소가 결합하여 이루어진 효소이다.

㉡ **전효소** : 주효소와 조효소의 결합체를 전효소라고 하며, 대부분의 효소가 이러한 구성을 가진다.

(2) 효소의 종류

① **가수분해효소**

㉠ 물의 도움을 받아 기질을 분해하는 효소이다.

㉡ 아밀레이스, 말테이스, 수크레이스, ATPase, 아르지네이스, 유레이스 등이 있다.

② **산화환원효소**

㉠ 물질의 산화환원반응을 촉진하는 효소이다.

㉡ 탈수소효소, 옥시다아제 등이 있다.

③ **전이효소**

㉠ 기질의 원자단의 일부를 다른 기질에 옮겨 주는 효소이다.

㉡ 트랜스아미나아제(아미노기전이효소), 크레아틴키나아제 등이 있다.

④ **분해효소**

㉠ 기질을 분해하는 효소이다.

㉡ 카탈라아제, 카복실라아제, 탄산무수화효소 등이 있다.

⑤ **합성효소**

㉠ ATP를 사용해서 물질을 합성하는 효소이다.

㉡ 글루탐산합성효소, 시트르산합성효소 등이 있다.

⑥ **이성질화효소** … 기질분자 내의 원자배열을 변경하는 효소로 6탄당인산, 이소머라아제가 있다.

02 산화 · 환원

❶ 산화와 환원

(1) 산화와 환원의 개념

① 산화 … 원자나 이온이 산소를 얻거나 수소나 전자를 잃어버리는 것을 산화라고 한다.

② 환원 … 원자나 이온이 산소를 잃거나 수소나 전자를 받아들이는 것을 환원이라고 한다.

③ 산화와 환원

㉠ 산소의 출입에 의한 산화와 환원 : 산화($A + O_2 \rightarrow AO_2$), 환원($AO_2 \rightarrow A + O_2$)

㉡ 수소의 출입에 의한 산화와 환원 : 산화($AH_2 \rightarrow A + H_2$), 환원($A + H_2 \rightarrow AH_2$)

㉢ 전자의 이동에 의한 산화와 환원 : 산화($A \rightarrow A^+ + e^-$), 환원($A^+ + e^- \rightarrow A$)

(2) 산화와 환원의 특징

① 산화와 환원은 동시에 일어난다.

② 산화와 환원과정에서는 에너지가 생성된다.

③ 산화되는 분자가 환원되는 분자에 비해 높은 에너지 수준에 있으면 전자가 이동할 때 자유에너지의 방출이 일어나게 된다.

④ 환원과정에서는 전자가 낮은 에너지 수준에서 높은 에너지 수준으로 이동되므로 자유에너지의 흡수가 일어나게 된다.

② 생체내 산화와 환원

(1) 산화 · 환원반응의 의의

① 생체 내에서의 산화 · 환원반응은 효소의 촉매작용에 의해서 진행된다.

② 미토콘드리아와 엽록체에서 주로 일어난다.

③ 생체 내에서 일어나는 산화 · 환원반응은 생체내 에너지의 주된 과정이다.

(2) 생체 내 산화 · 환원작용

① 세포호흡과정에서 탈수소효소의 작용으로 호흡기질에서 수소가 이탈하며 산화반응이 일어난다.

② 세포호흡과정의 전자전달계에서 시토크롬효소의 분자 안에 있는 철분자의 전자가 이탈과 결합을 반복하며, 산화 · 환원반응을 반복한다.

③ 세포호흡과정의 전자전달계의 마지막 단계에서는 수소에 산소가 결합되어 물이 되는 산화반응이 일어난다.

최근 기출문제 분석

2020. 6. 13. 제1 · 2회 서울특별시

1 **〈보기〉는 기질의 농도에 따른 효소의 반응 속도 그래프이다. 이를 설명할 수 있는 것으로 가장 옳은 것은?**

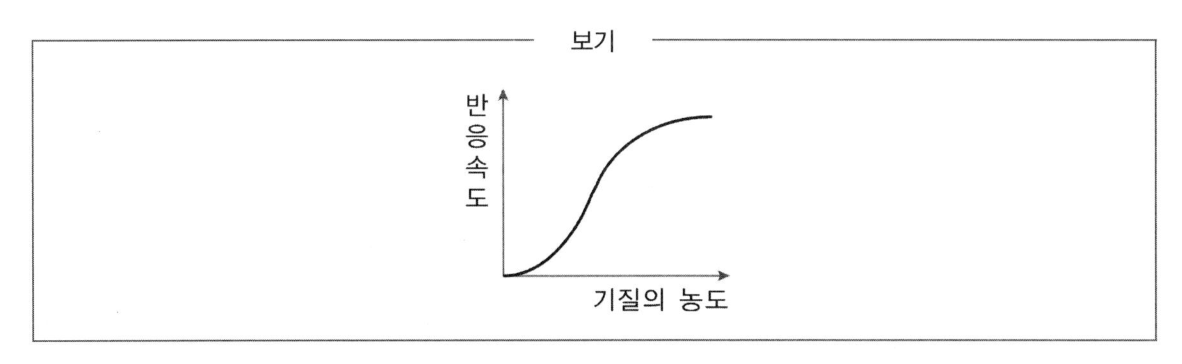

① 활성화 에너지 장벽(activation energy barrier)
② 되먹임 조절(feedback regulation)
③ 경쟁적 억제(competitive inhibition)
④ 다른자리 입체성 조절(allosteric regulation)

TIP 효소의 활성 부위가 아닌 비활성 부위에 작용해 반응을 억제시키는 물질을 다른자리성 저해제라고 한다. 알로스테릭 또는 협동결합은 하나 이상의 기질결합부위를 가지고 있는 효소가, 기질이 효소와 결합 시 다른 기질 분자의 결합을 촉진하는 현상으로 조절효소(regulatory enzyme)가 이 현상을 따른다.

속도식 $v=\frac{d[S]}{dt}=\frac{V_m[S]^n}{k''_m+[S]^n}$ 이고 $n>1$은 양성협동상태를 나타낸다.

알로스테릭 효소의 협동 계수는 $\ln\frac{v}{V_m-v}=n\ln[S]-\ln K''m$ 이고 그래프는 $\ln\frac{v}{V_m-v}$ 과 $\ln[S]$를 도식화한 것이다.

Answer 1.④

2016. 6. 25. 서울특별시

5 다음 중 효소에 대한 설명으로 옳은 것은?

① 효소는 기질과 결합하여 반응물질의 자유에너지를 낮춘다.

② 효소의 특이성은 단백질의 2차 구조에 의해 결정된다.

③ 효소의 비경쟁적 억제제는 활성부위에 결합하여 효소의 구조변화를 유도한다.

④ 효소에 의해 촉매되는 반응의 속도는 효소억제제에 의하여 줄어들게 된다.

TIP ① 효소는 기질과 결합하여 반응물질의 활성화에너지를 낮춘다.
② 효소의 기질 특이성은 단백질 3차 구조에 기인한다.
③ 효소의 비경쟁적 억제제는 비활성부위에 결합하여 효소의 구조변화를 유도한다.

Answer 2.④

출제 예상 문제

1 **효소의 기질특이성에 대한 설명으로 옳은 것은?**

① 입에서 아밀레이스는 녹말만을 엿당으로 소화한다.
② 반응 후 원래 상태로 복귀하여 촉매작용을 한다.
③ 숙신산과 말론산을 함께 넣으면 푸마르산의 생성속도가 늦어진다.
④ 효소는 화학반응을 한쪽으로만 촉진시킨다.

TIP 효소의 기질특이성 … 효소가 특정 기질에만 작용하는 성질을 말한다. 아밀레이스는 녹말만을, 수크레이스는 설탕만을 분해하는 이유는 효소의 활성부위의 입체구조가 기질의 입체구조와 일치할 경우에만 결합이 이루어지기 때문이다.
② 효소의 반복 사용에 대한 설명이다.
③ 효소작용의 저해물에 대한 설명이다.
④ 효소의 작용은 한쪽 방향으로만 촉진되는 것도 있고 가역반응을 촉진시키는 것이 있다.

2 **효소에 대한 설명 중 옳지 않은 것은?**

① 활성에너지를 높인다.
② 주성분은 단백질이다.
③ 온도가 높아지거나 낮아지면 반응속도가 느려진다.
④ pH의 영향을 받는다.

TIP 효소 … 단백질로 이루어져 있으며 반응에 관여하여 활성화에너지를 낮추어 준다.
※ 효소의 성질
㉠ 특정 기질에만 작용하는 특이성을 가지고 있다.
㉡ pH에 따라 영향을 받는다.
㉢ 온도가 낮아지면 효소의 활성이 줄어든다.
㉣ 세포가 아니더라도 물이 있는 환경이면 촉매능력을 작용한다.

Answer 1.① 2.①

3 **생체 내에서 일어나는 화학반응의 특징에 대한 설명으로 옳은 것은?**

① 매우 단순한 반응과정을 거친다.
② 반응의 속도가 매우 느리다.
③ 온도의 영향을 받지 않는다.
④ 반응의 과정에서 여러 종류의 중간생성물이 생성된다.

TIP 생체 내에서 일어나는 반응은 여러 단계로 나뉘어져 복잡한 과정을 거치는데, 이 과정에서 중간생성물이 많이 생겨나게 된다.

4 **다음 중 생체 내 물질의 분해와 합성에 관계하는 요인은?**

① 핵산
② 효소
③ 호르몬
④ ATP

TIP 효소는 생체 내 화학반응에 관여해서 활성화에너지를 낮춤으로 반응속도를 빠르게 한다.

5 **생체 내에서 화학반응이 일어날 때 반응의 속도를 결정짓는 요인에 해당하지 않는 것은?**

① pH
② 효소의 농도
③ 온도
④ 활성화에너지의 양

TIP ④ 활성화에너지는 어떤 물질이 화학반응을 일으키는 데 필요한 최소한의 에너지로, 활성화에너지가 감소할수록 처음 반응하는 시간이 단축된다.
※ 생체 내에서의 화학반응은 기질의 농도와 생성물의 농도, 효소의 양, 온도, pH 등에 의해서 반응의 속도가 결정된다.

Answer 3.④ 4.② 5.④

6 화학반응이 일어날 때 반응의 속도를 촉진시켜 주면서 자신은 소모되지 않는 것을 무엇이라고 하는가?

① 촉매 ② 기질

③ 반응물 ③ 활성물

TIP 촉매는 화학반응이 진행될 때 자신은 소모하지 않으면서 반응을 촉진시키는 역할을 하는 물질로, 촉매 중에서도 특별히 생체촉매를 효소라고 한다.

7 온도와 pH 등의 조건이 최적이고, 기질이 충분할 때 효소의 농도와 반응속도와의 관계를 나타낸 그래프로 옳은 것은?

①
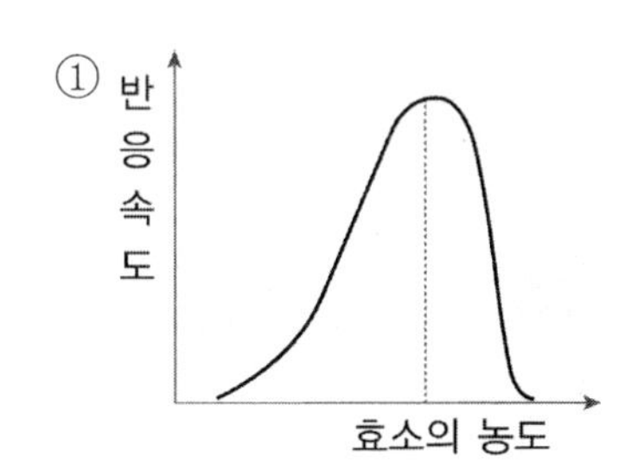

②
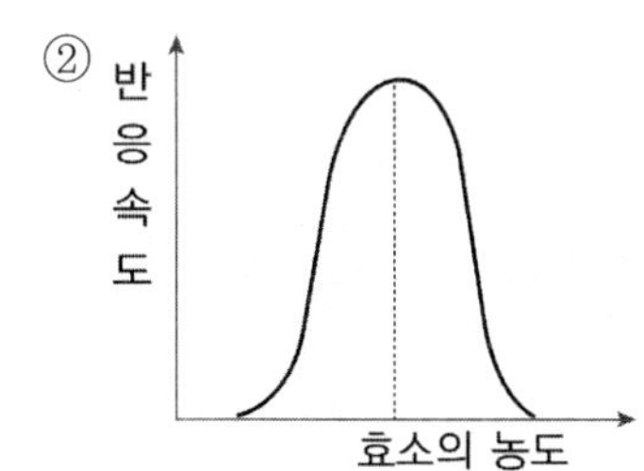

③
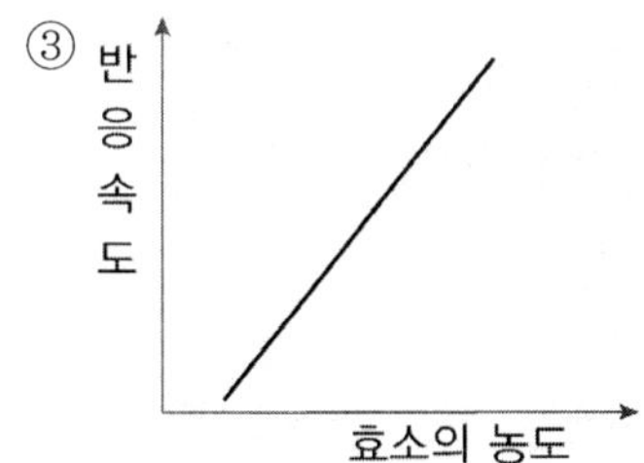

④
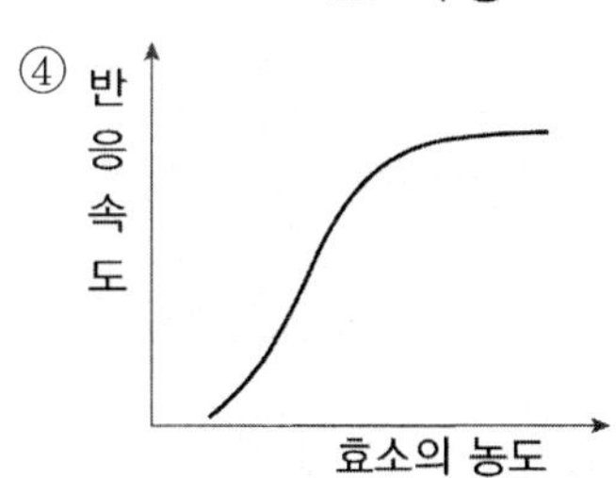

TIP 기질이 충분할 경우 효소의 농도가 커질수록 반응속도가 빨라진다.

Answer 6.① 7.③

8 다음 중 조효소의 성분으로 바르게 짝지어진 것은?

① 단백질과 지방
② 단백질과 비타민
③ 비타민과 무기염류
④ 무기염류와 지방

TIP 조효소는 비단백질이며 비교적 분자량이 작은 유기물로 되어 있다.

9 다음 중 효소의 주요 구성성분인 단백질에 결합되어 효소의 작용을 돕는 비단백질성 물질은?

① 전효소
② 주효소
③ 조효소
④ 비효소

TIP 대부분의 효소는 단백질로 된 주효소에 비단백질인 조효소가 결합된 형태를 하고 있다. 주효소와 조효소의 결합체를 전효소라고 한다.

10 다음 그림은 효소의 기질특이성을 설명하는 그림이다. 그림의 ㉠에 해당하는 것은?

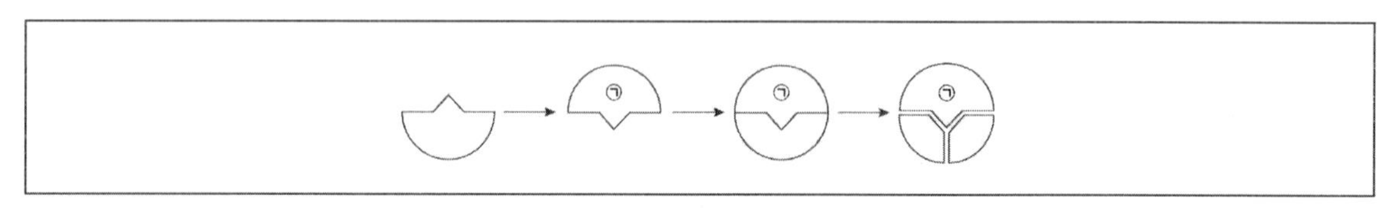

① 기질
② 효소
③ 촉매
④ 생성물

TIP 효소는 기질과 결합하여 기질의 분해와 합성 등의 반응을 촉진시키며, 반응의 전후에 자신은 변하지 않고 원래의 형태를 유지한다.

Answer 8.③ 9.③ 10.②

11 다음 중 강한 산성의 환경에서 활성이 강한 효소는?

① 펩신
② 트립신
③ 아밀레이스
④ 라이페이스

TIP 펩신은 pH 2～3의 강한 산성환경에서 활성이 가장 높아진다.

12 생물체의 물질대사에서 에너지의 출입형태에 대한 설명으로 옳은 것은?

① 동화작용은 흡열반응, 이화작용은 발열반응이다.
② 동화작용은 발열반응, 이화작용은 흡열반응이다.
③ 동화작용과 이화작용 모두 발열반응이다.
④ 동화작용과 이화작용 모두 흡열반응이다.

TIP 동화작용은 광합성과 같이 저분자 물질을 고분자 물질로 합성하는 과정이며, 이화작용은 호흡과 같이 고분자 물질을 저분자 물질로 분해하는 과정이다.

13 효소의 종류 중 소화작용을 돕는 소화효소가 속하는 분류에 해당하는 것은?

① 가수분해효소
② 산화환원효소
③ 분해효소
④ 합성효소

TIP 가수분해효소 … 물과 반응하여 기질을 분해하는 효소로 소화효소인 아밀레이스, 말테이스, 수크레이스 등이 여기에 속한다.

Answer 11.① 12.① 13.①

14 다음 그림은 효소의 종류에 따른 적정 pH를 그래프로 나타낸 것이다. ㉠㉡㉢에 알맞는 효소의 종류를 바르게 나열한 것은?

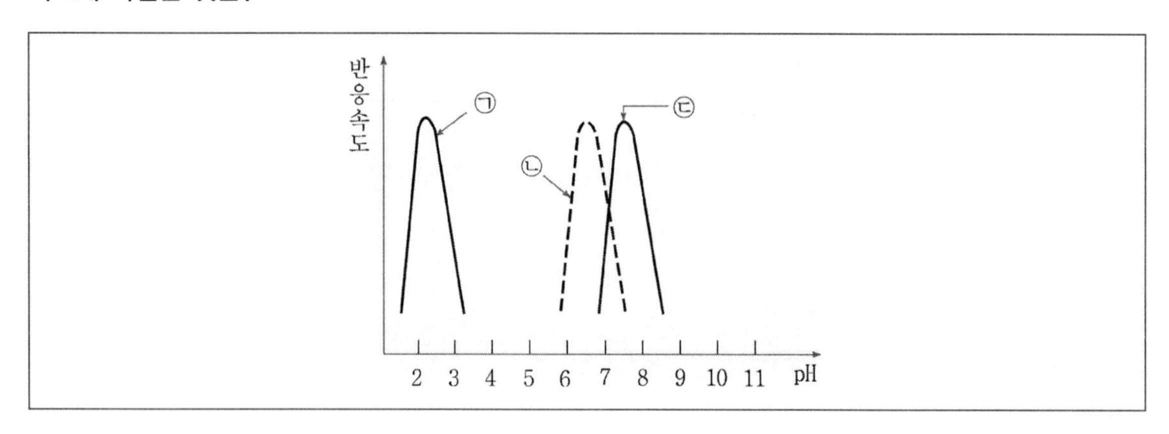

① ㉠ 펩신, ㉡ 트립신, ㉢ 아밀레이스
② ㉠ 펩신, ㉡ 아밀레이스, ㉢ 트립신
③ ㉠ 트립신, ㉡ 펩신, ㉢ 아밀레이스
④ ㉠ 트립신, ㉡ 아밀레이스, ㉢ 펩신

TIP 적정 pH
㉠ 펩신 : pH 2
㉡ 아밀레이스 : pH 7
㉢ 트립신 : pH 8.5

15 생체 내의 산화 · 환원에 대한 설명으로 옳지 않은 것은?

① 미토콘드리아와 엽록체에서 주로 일어난다.
② 생체 내 에너지 생성의 주된 과정이다.
③ 효소의 촉매작용에 의해서 진행된다.
④ 생체 내 물질 사이에서 탄소가 이동할 때 에너지가 방출된다.

TIP 산화란 전자나 수소를 잃거나 산소를 얻는 것이고, 환원은 그 반대의 현상을 말한다. 생체 내에서의 에너지 방출은 생체 내 물질 사이에서의 전자의 이동에 의한 산화 · 환원에 의한 것이다.

Answer 14.② 15.④

02 광합성

01 광합성

❶ 식물의 광합성

(1) 광합성

① 광합성을 통해서 빛에너지를 지구상의 생물들이 이용할 수 있는 화학에너지로 전환시킨다.

② 광합성 과정을 통해서 대기 중 CO_2를 소모하고 O_2를 방출함으로 대기 중 CO_2와 O_2의 양을 조절한다.

(2) 엽록체

① 엽록체(광합성의 장소)의 구조

㉠ 그라나 : 틸라코이드 막구조가 겹겹이 쌓인 구조로, 광합성 과정의 명반응이 일어나는 곳이다.

㉡ 스트로마 : 엽록체의 기질에 해당되는 구조로, 여러 가지 효소와 DNA, RNA, 리보솜을 포함하고 있다. 광합성 과정의 암반응이 일어나는 곳이다.

㉢ 퀀타좀 : 엽록소를 가지고 있는 작은 알갱이로, 틸라코이드 내부에 분포되어 있다. 명반응의 기능적 단위이다.

② 광합성 색소

㉠ 엽록소 : 광합성에 직접 관여하는 색소로 태양광선 중 녹색파장의 빛을 반사하여 식물이 녹색으로 보이게 하는 색소이다.

㉡ 카로티노이드계 색소

- 빛에너지를 흡수하여 엽록소로 넘겨 주는 보조색소로 광합성에 직접 관여하는 색소는 아니다.
- 엽록소 때문에 색을 내지 못하다가 엽록소가 파괴되는 가을에 나뭇잎을 붉거나 노랗게 변하게 하는 역할을 하기도 한다.
- 대표적인 카로티노이드계 색소로 카로틴과 크산토필이 있다.

(3) 광합성의 과정

① 광합성 반응의 일반식

㉠ 광합성의 반응물 : CO_2, H_2O

㉡ 광합성의 생성물 : 포도당, O_2

㉢ 빛 : 엽록소에 의해 흡수된 빛이 광합성 반응을 일으키기 위한 에너지를 제공한다.

$6CO_2 + 12H_2O$ − (빛에너지) → $C_6H_{12}O_6$(포도당) + $6O_2$↑ + $6H_2O$

② 명반응

㉠ 명반응의 개요

- 엽록체 내의 그라나에서 일어난다.
- 빛을 필요로 하는 반응이다.

ADP + P_i + H_2O + NADP − (빛에너지) → ATP + $NADPH_2$ + O_2

㉡ 물의 광분해

- 산소가 생성되는 반응으로 식물체 내의 물(H_2O)이 엽록소에 의해 흡수된 빛에너지에 의해서 H^+와 OH^-로 분해된다.
- H^+는 NADP와 만나 $NADPH_2$가 되어 암반응 과정에 수소를 공급하게 된다.
- OH^-는 전자(e^-)를 잃어 OH가 된 후, OH 2분자가 서로 결합하여 O_2를 만들어낸다.

㉢ 광인산화

- 순환적 광인산화(제Ⅰ광계에서 일어나는 반응 ; PSⅠ) : PSⅠ의 반응의 중심인 P_{700}에서 고에너지 전자(e^-)가 전자전달계로 들어가 ATP를 생성하고 P_{700}으로 되돌아오는 과정으로, 순환적 광인산화반응은 광계Ⅰ만 사용하여 ATP를 생성하는 반응이다.
- 비순환적 광인산화(제 Ⅱ 광계에서 일어나는 반응 ; PS Ⅱ) : PSⅠ과 PSⅡ에서 일어나는 반응으로, 광계 Ⅰ과 광계 Ⅱ를 모두 사용하여 ATP와 $NADPH_2$를 생성하는 반응이다.

③ 암반응

㉠ 암반응의 개요

- 엽록체의 스트로마에서 일어난다.
- 빛에너지가 아닌 ATP가 ADP와 P_i로 분해되며 나오는 화학에너지를 이용하는 과정이다.

ATP + CO_2 + $NADPH_2$ → ADP + P_i + NADP + PGAL(탄수화물)

㉡ **칼빈회로** : 암반응의 경로를 나타낸 회로이다. 식물체 내로 흡수된 6분자의 CO_2가 6분자의 RuBP와 결합하여 12분자의 PGA를 생성하는 CO_2 고정단계를 거친다. 생성된 12PGA는 명반응으로부터 수소를 받아 12PGAL이 된다. 이렇게 생성된 12분자의 PGAL 중 2분자는 1분자의 포도당을 만드는 데 사용되고, 나머지 10분자는 RuBP로 재생산되어 암반응과정을 반복하게 된다.

(4) 광합성에 영향을 주는 요인

① 빛

㉠ 광합성량 : 일정 수준까지는 빛의 세기에 비례하여 광합성량은 증가하나 광포화점에 도달하면 일정해진다.

㉡ 광포화점 : 광합성량이 최대에 도달하게 되는 빛의 세기로, 광포화점을 지나면 더 강한 빛을 주어도 광합성량이 더 이상 증가하지 않는다.

㉢ 보상점 : 광합성량과 호흡량이 같을 때의 빛의 세기로, 보상점에서는 광합성을 통해서 생성된 에너지가 모두 호흡에 사용되기 때문에 외관상으로는 광합성이 일어나지 않는 것으로 보인다.

㉣ 총광합성량 : 순광합성량(호흡에 사용된 것을 제외한 외관상의 광합성량) + 호흡량

② 온도

㉠ 광합성 속도 : 광합성의 과정은 효소가 관여하는 과정이므로 일정 시점까지는 온도가 상승함에 따라서 광합성 속도도 증가하지만, 최적온도를 지나게 되면 급격히 감소한다.

㉡ 최적온도 : 일반적으로는 온도가 30 ~ 35℃일 때 광합성 속도는 최대가 된다.

㉢ 빛과 온도 : 빛과의 상호관계에서 빛이 약할 때는 온도가 증가되는 만큼 광합성 속도가 증가하지 못하고, 빛이 강할 때는 온도의 상승에 비례해서 광합성 속도도 증가하게 된다.

③ CO_2 농도

㉠ 대기 중의 CO_2 농도 : 약 0.03% 정도이다.

㉡ 최적 CO_2 농도 : 0.1%에 이르기까지 광합성 속도가 증가하다가 그 이상의 농도에서는 일정해진다.

㉢ 온도가 적당하고 빛이 강할 때, 어느 시점까지는 CO_2의 농도가 증가함에 따라서 광합성 속도도 증가한다.

2 세균의 광합성과 화학합성

(1) 세균의 광합성

① 광합성 … 식물의 광합성과는 달리 세균엽록소를 사용하며 수소의 공급원으로 H_2O를 사용하지 않고 H_2S나 H_2를 사용하기 때문에 O_2가 발생하지 않는다.

② H_2S를 사용하는 세균의 광합성

㉠ H_2S를 사용하는 세균 : 홍색 · 녹색 황세균

㉡ 광합성

$$6CO_2 + 12H_2S \xrightarrow[\text{(빛에너지)}]{} C_6H_{12}O_6\text{(포도당)} + 6H_2O + 12S$$

③ H_2를 사용하는 세균의 광합성

㉠ H_2를 사용하는 세균 : 홍색세균

㉡ 광합성

$$6CO_2 + 12H_2 \xrightarrow[\text{(빛에너지)}]{} C_6H_{12}O_6\text{(포도당)} + 6H_2O$$

(2) 세균의 화학합성

① **화학합성** … 아질산균, 질산균, 황세균, 철세균 등의 일부 세균은 양분을 합성하기 위해서 빛에너지 대신 화학에너지를 이용해서 탄소를 고정하는 화학합성을 한다. 이들 세균들은 엽록소가 없다.

무기질 + O_2 ⟶ 산화물 + 화학에너지

$6CO_2 + 12H_2O$ ⟶ $C_6H_{12}O_6 + 6H_2O + 6O_2$

② **아질산균** … $2NH_3 + 3O_2 \rightarrow 2HNO_2 \rightarrow 2H_2O$ + 화학에너지

③ **질산균** … $2HNO_2 + O_2 \rightarrow 2HNO_3$ + 화학에너지

④ **황세균** … $2H_2S + O_2 \rightarrow 2S + 2H_2O$ + 화학에너지

⑤ **철세균** … $4FeCO_3 + O_2 + 6H_2O \rightarrow 4Fe(OH)_3 + 4CO_2$ + 화학에너지

02 식물체 내의 물질이동

❶ 뿌리에서의 물의 흡수

(1) 삼투압의 차이에 의한 수분의 흡수

① 식물체에서 수분섭취는 뿌리털에서 일어나는데, 뿌리털세포의 흡수력은 세포막의 반투성에 의해서 일어나는 삼투압과 팽압의 차이로 생기는 힘에 의한다.

② 뿌리의 표피세포가 토양수보다 높은 삼투압을 유지하고 있어서 삼투압의 차이만큼 물을 흡수하게 되며, 흡수된 물은 뿌리의 표피에서부터 피층과 내피를 거쳐 물관으로 이동하게 된다.

(2) 능동수송에 의한 무기양분의 흡수

토양수에 녹아 있는 무기양분은 ATP를 소모하면서 능동수송에 의하여 선택적으로 흡수된다.

❷ 줄기에서의 물의 상승

(1) 증산에 의한 흡인력과 근압

① 증산에 의한 흡인력 … 잎에서 일어나는 증산작용에 의해서 물관 속의 물을 끌어올리는 흡인력이 높아지므로 물의 상승이 쉽게 이루어진다.

② 근압 … 뿌리가 흡수한 물을 위로 밀어올리는 힘으로, 수분상승의 한 요인이 된다.

(2) 물분자의 응집력과 모세관현상

① 물분자의 응집력 … 물관 속의 물분자들이 서로 응집해서 하나의 물기둥을 이루고 있기 때문에 물관 속의 물이 끊어져 있을 때보다 상승작용이 더 활발히 일어난다.

② 모세관현상 … 물의 상승통로인 물관이 모세관처럼 가늘고 길어서 물의 상승작용이 활발히 일어난다.

TIP 물과 무기질의 뿌리에서 지상부까지의 수송

㉠ 뿌리세포에 의한 물과 무기질의 흡수 : 물에 투과성인 표피세포와 뿌리털, 친수성 세포벽으로 흘러 들어가는데, 이들은 흡수 표면적을 넓혀 효율을 높인다. 필수이온은 뿌리에 몇 백배 축척되도록 능동 수송된다.

㉡ 물관으로 물과 무기질의 수송 : 중심주를 둘러싸고 있는 내피에는 수베린으로 이루어진 카스파리안선이 있어 무기질을 선택적으로 수송한다. 수베린은 물에 불투과성이므로 아포플라스트로 이동하는 물과 무기질은 반드시 내피의 세포막 안으로 수송된 후, 다시 아포플라스트 경로를 통해 물관(원형질체가 없으므로 아포플라스트의 일부)으로 이동한다.

㉢ 물관에서 음압에 의해 생긴 부피 유동 : 뿌리 물관부터 잎맥까지 장거리 수송은 뿌리압(양압)과 증산작용에 의한 물의 응집력과 장력(음압)에 의한 부피 유동으로 일어난다. 뿌리압은 물관액을 밀어 올리는 힘으로, 작은 초본성 진정쌍떡잎 식물에서 일액현상이 일어나도록 한다. 증산-응집-장력기작은 물을 당기는 힘이기 때문에 물기둥이 끊기는 공동현상이 일어나는 경우, 새로 만들어진 2기 물관부에서 물을 수송한다. 물관액 상승의 동력은 태양에너지라 볼 수 있다.

❸ 잎에서의 증산작용

(1) 증산작용

① 식물체의 내부에 있던 수분이 수증기의 형태로 기공을 통해 외부로 증발되는 현상이다.

② 증산작용은 줄기에서 물의 상승의 원동력이 된다. 또한 수분이 방출되면서 식물체의 온도를 빼앗아감으로 더운 날에도 식물체의 온도상승을 막아 줄 수 있다는 이점이 있다.

(2) 증산작용의 조절

① **공변세포의 개폐** … 증산작용은 수증기의 통로가 되는 기공의 개폐에 의해서 조절되는데, 기공을 구성하는 공변세포의 팽압이 높아지면 기공이 열려서 증산이 일어나고, 팽압이 낮아지면 기공이 닫혀서 증산이 일어나지 않는다.

② **공변세포의 팽압 변화 요인**

㉠ 낮에 광합성량의 증가로 세포액 농도가 증가되어 물을 흡수한다.

㉡ 낮에 빛을 쬐면 공변세포의 pH가 변하여 아밀라아제가 활성화되고 녹말을 당화하여 세포액의 농도가 높아진다.

㉢ 낮에 온도상승으로 뿌리흡수력이 등대되어 공변세포의 함수량이 많아져 팽압이 증가한다.

㉣ 밤에는 온도가 내려가고 빛이 없으므로 공변세포 내 수분이 줄고 기공은 닫힌다.

③ **기공이 열리는 과정**

㉠ **과정** : 빛의 세기 증가→공변세포의 광합성 증가→CO_2 감소→pH 증가→포스포릴라아제의 활성화→녹말이 당으로 분해→삼투압 증가→공변세포가 주변세포에서 수분 흡수→공변세포의 팽압 증가→기공 열림

㉡ **기공이 열리는 조건** : 빛이 강할수록(광합성이 잘 일어날수록), 온도가 높을수록, 대기 중의 습도가 낮을수록, 체내에 물이 많을수록, 공변세포 내의 CO_2 농도가 낮을수록, 공변세포 내의 당의 농도가 높을수록 기공이 잘 열린다.

TIP 카스파리안선(casparian strip)

내피세포에 물과 물이 녹아 있는 무기질이 통과할 수 없는 왁스성분의 슈베린을 함유한 띠 모양의 선으로 아포플라스트 경로를 막는다. 물과 무기질이 자동으로 물관으로 들어가는 것을 막고 반드시 선택적 투과성이 있는 세포막을 통과해서 심플라스트 경로로 들어가도록 해서 토양의 물에 녹아 있는 용질 중 특정 용질만 중심주의 물관으로 들어갈 수 있게 한다.

최근 기출문제 분석

2021. 6. 5. 제1회 서울특별시

1 **식물세포에는 설탕과 수소이온(H^+)을 동시에 세포막 안으로 나르는 공동수송체가 존재한다. 하지만 설탕이 세포 안에 축적되면 양성자 펌프를 이용해 수소이온을 세포 밖으로 내보낼 수 있다. 이를 근거로 설탕이 수송되는 속도를 증가시킬 수 있는 처리로 가장 옳은 것은?**

① 세포 외부의 pH를 낮춘다.

② 세포 외부의 설탕 농도를 낮춘다.

③ 세포질의 pH를 낮춘다.

④ 수소이온이 막을 더 많이 투과되게 만드는 물질을 첨가한다.

TIP 식물세포에서는 막에 존재하는 양성자 펌프를 이용해 수소이온을 능동수송한 후 이를 통해 설탕의 공동 수송이 일어난다. 즉 세포 외부에 수소 이온이 많다면 설탕의 공동 수송도 많이 일어나게 된다.

2021. 6. 5. 제1회 서울특별시

2 **엽록소 a의 복합고리구조에 포함되어 있는 금속이온은?**

① Ca^{2+}

② Mg^{2+}

③ Fe^{2+}

④ Zn^{2+}

TIP 엽록소 a 복합 고리 구조에 포함되어 있는 금속 이온은 마그네슘 이온이다.

Answer 1.① 2.②

2020. 10. 17. 제2회 지방직(고졸경채)

3 **그림은 세포에서 일어나는 물질과 에너지 전환 과정의 일부를 나타낸 것으로, ㈎와 ㈏는 각각 광합성과 세포 호흡 중 하나이다. 이에 대한 설명으로 옳은 것은? (단, ㉠과 ㉡은 각각 CO_2와 O_2 중 하나이다)**

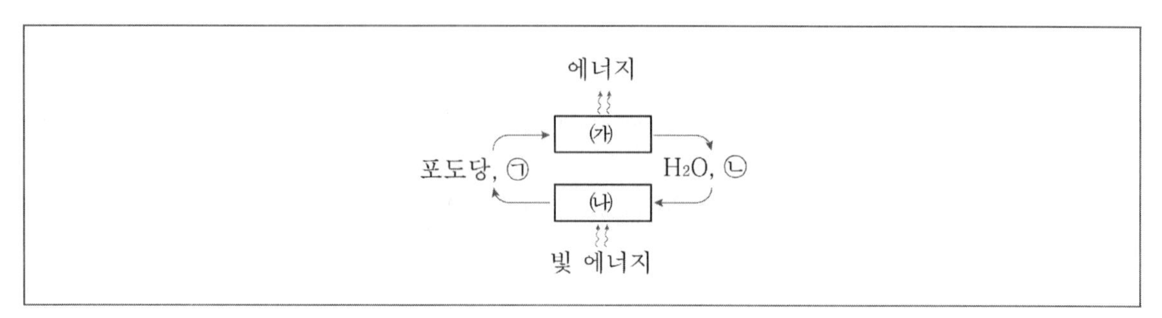

① ㉠은 CO_2이다.

② ㈎에서 포도당의 에너지는 모두 ATP에 저장된다.

③ ㈏는 미토콘드리아에서 일어난다.

④ ㈏에서 빛 에너지가 화학 에너지로 전환된다.

TIP ㉠은 산소(O_2) ㉡은 이산화탄소(CO_2)이며 ㈎는 미토콘드리아에서 일어나는 세포 호흡 과정이고, ㈏는 엽록체에서 일어나는 광합성 과정이다. ㈎에서 포도당의 에너지는 열에너지와 화학에너지(ATP)로 나뉘어 저장된다.

2019. 6. 15. 제2회 서울특별시

4 **내피 세포에 위치하는 카스파리안선(casparian strip)에 존재하는 물질로 물과 물에 녹은 무기질의 투과를 막는 것은?**

① 리그닌
② 수베린
③ 셀룰로스
④ 미세섬유소원

TIP 리그닌은 식물의 2차벽으로 성숙한 세포에서만 발견되며 셀룰로스는 1차벽을 구성한다.

Answer 3.④ 4.②

2019. 2. 23. 제1회 서울특별시

5 식물의 수송에 대한 설명으로 가장 옳지 않은 것은?

① 카스파리안선(casparian strip)은 아포플라스트(apoplast)를 통한 물의 이동을 막는다.

② 물관부에서 증산-응집력-장력의 기작이 물의 수송을 일어나게 한다.

③ 공변세포는 빛이 없으면 양성자를 밖으로 퍼내고 대신 K^+과 Cl^-을 세포 내로 끌어들인다.

④ 동반세포(companion cell)는 체관요소의 생명유지에 필요한 기능을 제공한다.

TIP 빛이 있을 때 공변세포의 원형질막에 있는 색소에 의해 흡수된 청색광에 의해 양성자가 공변세포에서 주변 표피세포로 양성자 펌프를 통해 나가게 된다. 이 결과로 양성자 기울기가 형성되어 공변세포 내에 칼륨 이온이 흡수된다.

2016. 6. 25. 서울특별시

6 엽록체의 틸라코이드 막에서 일어나는 비순환적 전자 전달 과정의 순서로 옳은 것은?

> ㉠ 광계 Ⅰ의 엽록소가 700nm에서 빛을 최대로 흡수한다.
> ㉡ 광계 Ⅰ은 전자운반체를 환원시킨다.
> ㉢ 물에서 온 양성자(H^+)와 전자전달사슬을 통한 전자전달은 ATP를 합성한다.
> ㉣ 광계 Ⅱ의 엽록소가 680nm에서 빛을 최대로 흡수한다.

① ㉠→㉡→㉢→㉣

② ㉡→㉢→㉠→㉣

③ ㉢→㉣→㉡→㉠

④ ㉣→㉢→㉠→㉡

TIP 비순환적 전자 전달과정

㉠ 광계Ⅱ의 엽록소가 680nm에서 빛을 최대로 흡수한다.
㉡ 물에서 온 양성자와 전자전달사슬을 통한 전자전달은 ATP를 합성한다.
㉢ 광계Ⅰ의 엽록소가 700nm에서 빛을 최대로 흡수한다.
㉣ 광계Ⅰ은 전자운반체를 환원시킨다.

Answer 5.③ 6.④

출제 예상 문제

1 **엽록체의 구조에 대한 설명 중 옳지 않은 것은?**

① 엽록체의 기질 부분을 크리스타라고 한다.
② 암반응이 일어나는 곳을 스트로마라고 한다.
③ 미트콘드라와 같이 내막과 외막 사이는 크리스타를 이루고 있다.
④ 라멜라의 기질 부분을 그라나라고 한다.

TIP ① 엽록체의 기질 부분은 스트로마라고 한다.
※ 엽록체…2중막 구조로 내부는 틸라코이드가 층상으로 쌓여진 그라나를 형성하며, 기질은 스트로마이다. 그라나는 엽록소가 함유되어 있어 빛에너지를 화학에너지를 전환시키는 명반응이 스트로마에서는 암반응이 진행된다.

2 **엥겔만의 실험에 대한 설명으로 옳은 것은?**

① 광합성에는 주로 적색광과 청라색 광만이 이용된다.
② 식물의 광합성으로 방출되는 산소의 기원은 물이다.
③ 식물은 산소를 배출시킨다.
④ 식물의 공기정화기능은 빛이 있을 때만 가능하며, 이 작용은 식물의 녹색부분에서만 가능하다.

TIP ② 닐의 실험에 대한 설명이다.
③ 프리스틀리의 실험에 대한 설명이다.
④ 잉겐하우스의 실험에 대한 설명이다.

Answer 1.① 2.①

3 다음 중 기공개폐요인에 해당하지 않는 것은?

① CO_2 ② 녹말

③ 물의 흡수 ④ 삼투압

TIP 기공의 개폐원리 … 공변세포가 주위의 세포로부터 물을 흡수하여 세포의 팽압이 높아지면 세포벽이 얇은 부분은 잘 늘어나고 두터운 부분은 늘어나지 않으므로 세포가 활 모양으로 휘어 기공이 열린다. 공변세포의 수분량이 줄면 팽압이 낮아지면서 기공은 닫힌다.

4 다음은 칼빈회로의 과정을 나타낸 것이다. ㉠㉡㉢에 해당하는 물질로 짝지어진 것은?

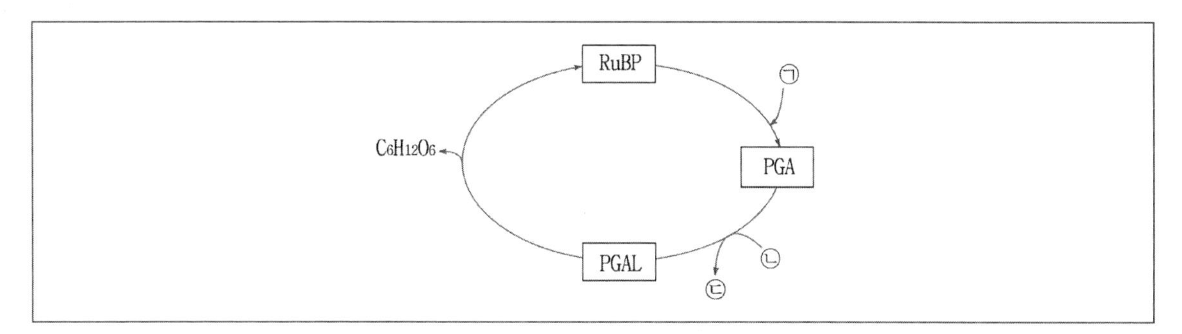

① ㉠ CO_2, ㉡ NADP, ㉢ $NADPH_2$ ② ㉠ CO_2, ㉡ $NADPH_2$, ㉢ NADP

③ ㉠ H_2O, ㉡ NADP, ㉢ $NADPH_2$ ④ ㉠ CO_2, ㉡ $FADH_2$, ㉢ FAD

TIP 칼빈회로(암반응의 과정)

㉠ CO_2 고정반응

$6RuBP + 6CO_2 + 6H_2O \longrightarrow 12PGA$

㉡ PGA 환원

$12PGA \xrightarrow{12ATP \to 12ATP} 12DPGA \xrightarrow{12NADPH_2 \to 12NADP} 12PGAL + 12H_2O$

㉢ 포도당 생성

$2PGAL \longrightarrow FDP \longrightarrow FP \longrightarrow C_6H_{12}O_6$

$10PGAL \xrightarrow{6ATP \to 6ATP} RuBP$(재생산)

Answer 3.② 4.②

5 **녹색식물의 광합성과 세균의 광합성 차이로 옳은 것은?**

① 빛에너지 대신 화학에너지를 사용하여 탄소동화를 한다.
② CO_2를 환원하는 물질이 다르다.
③ 빛에너지를 흡수하여 광합성을 한다.
④ 엽록소를 가지고 있어 광합성을 할 수 있다.

TIP 녹색식물은 H_2O를 사용하여 CO_2를 환원하고 세균은 H_2S 및 H_2를 사용하여 CO_2를 환원하므로 물질이 다르다.

6 **다음 표를 보고 이 식물의 순광합성량을 구하여라.**

조도(lux)	CO_2 소모량(mg/h)
0	−2.0
1,000	0
4,000	+1.6
6,000	+3.4
8,000	+4.6

① 1.6
② 2.0
③ 3.4
④ 4.6

TIP 표에서 조도 0에서의 CO_2 발생량은 일정하다고 보면, 8,000lux에서 순광합성량은 4.6mg이다. 여기서 총광합성량을 구하고자 한다면, 호흡량 + 순광합성량이므로 2.0(mg) + 4.6(mg) = 6.6(mg)이다.
※ 순광합성량 … 총광합성량에서 호흡량을 뺀 값을 말한다. 외관상 광합성량이라고 한다.

Answer 5.② 6.④

7 물질대사의 광합성 중 명반응에서 암반응으로 전환될 때 관여하는 조효소는?

① $NADH_2$　　② $NADPH_2$
③ NAD　　④ $FADH_2$

TIP $NADPH_2$ … 암반응 과정에 수소를 공급한다. 광합성의 명반응에서 물의 광분해에 의해 생성된 수소(H_2)를 받아 NADP가 환원된 물질로 PGA를 환원시켜 PGAL로 만든다.

8 다음은 칼빈회로를 나타낸 것이다. 이산화탄소가 최초로 반응하는 구간은?

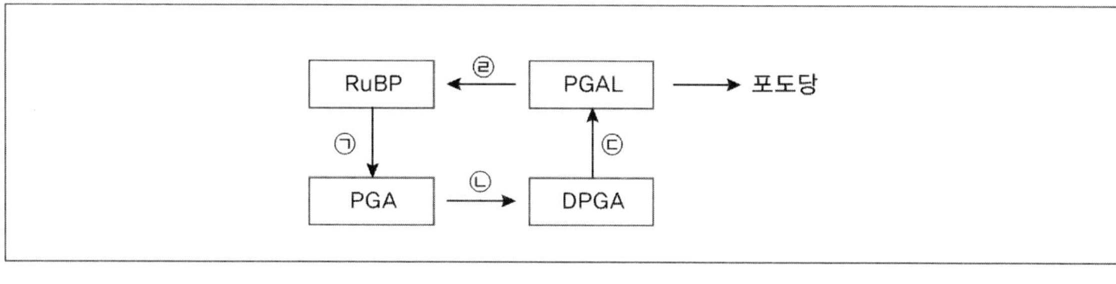

① ㉠　　② ㉡
③ ㉢　　④ ㉣

TIP 암반응은 이산화탄소가 RuBP와 결합해서 PGA를 형성하는 과정을 첫 단계로 시작한다.

9 광합성의 결과 360g의 포도당이 생성되었다면 이 때 소모되는 이산화탄소는 몇 g인가?

① 250g　　② 360g
③ 480g　　④ 528g

TIP 광합성의 전체식은 $6CO_2 + 12H_2O \rightarrow C_6H_{12}O_6 + 6O_2 + 6H_2O$이다. 이 식을 근거로 해서 이산화탄소 264g을 사용하여 180g의 포도당을 얻을 수 있음을 알 수 있다. 그러므로 360g의 포도당을 얻기 위해서는 264g의 두 배인 528g의 이산화탄소가 필요하다.

Answer 7.② 8.① 9.④

10 고등식물에서 수압상승의 원동력을 작용순으로 바르게 나열한 것은?

① 근압→삼투압→응집력→증산흡인력
② 삼투압→근압→응집력→증산흡인력
③ 응집력→근압→삼투압→증산흡인력
④ 근압→응집력→삼투압→증산흡인력

TIP 뿌리의 뿌리털에서 삼투압에 의해 토양의 물을 흡수하면, 근압에 의해서 이것이 밀어올려진다. 줄기로 올라온 물은 물분자들 간의 응집력으로 물의 상승을 용이하게 하며 잎에서는 증산으로 인한 흡인력이 물을 상승시키는 요인으로 작용한다.

11 다음 중 광합성의 결과로 생성되는 최초의 유기물질은?

① ADP
② ATP
③ PGA
④ COOH

TIP 광합성 과정의 명반응에서 ATP와 $NADPH_2$가 암반응의 칼빈회로로 이동해서 이산화탄소를 환원시켜 최초의 유기물인 PGA를 합성한다.

12 모든 광합성 식물이 공통적으로 가지는 색소는?

① 엽록소 a
② 엽록소 b
③ 엽록소 c
④ 엽록소 d

TIP 광합성 색소
㉠ 엽록소 a : 모든 식물에 포함
㉡ 엽록소 b : 육상식물, 녹조류
㉢ 엽록소 c : 갈조류
㉣ 엽록소 d : 홍조류

Answer 10.② 11.③ 12.①

13 녹색식물의 탄소동화작용에서 빛에너지의 작용에 대한 설명으로 옳은 것은?

① 물을 산소와 수소로 분해시키고, ATP를 합성한다.
② 이산화탄소를 수소와 결합시켜 포도당으로 고정시킨다.
③ 이산화탄소를 환원시키는 효소의 작용을 촉진시킨다.
④ 포도당을 녹말로 합성하는 과정에 관여한다.

TIP 광합성의 과정 중 빛에 직접적인 영향을 받는 과정을 명반응이라 하며, 엽록체가 빛을 받으면 물의 광분해가 일어나고 그 결과 ATP와 $NADPH_2$가 생성된다.

14 다음 중 광합성의 암반응 속도와 가장 관계가 깊은 것은?

① 빛의 세기
② 이산화탄소의 농도
③ 물의 양
④ 엽록체의 양

TIP 암반응은 명반응에서 이동해 온 $NADPH_2$와 ATP를 이용하여 이산화탄소를 고정시켜 포도당을 얻는 과정이다.

15 다음은 광합성의 과정을 나타낸 것이다. ㉠과 ㉡에 해당하는 물질은?

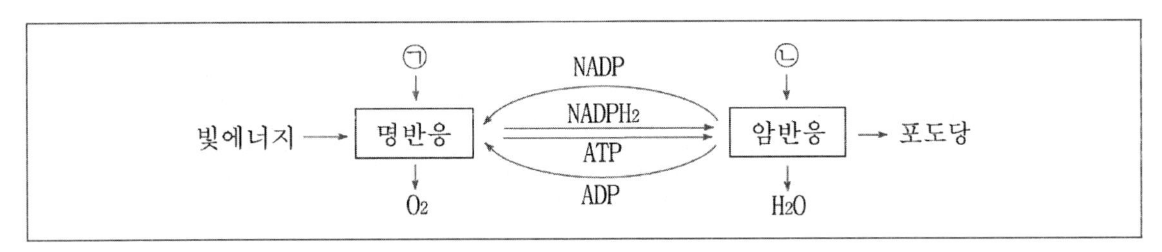

① ㉠ 물, ㉡ 이산화탄소
② ㉠ 물, ㉡ 산소
③ ㉠ 산소, ㉡ 이산화탄소
④ ㉠ 이산화탄소, ㉡ 물

TIP 명반응에서는 물이 분해되어 O_2가 방출되며 암반응에서는 CO_2가 명반응에서 생긴 $NADPH_2$나 ATP의 에너지를 환원시켜 물과 포도당이 생성된다.

Answer 13.① 14.② 15.①

03 호흡

01 호흡과 호흡기관

❶ 호흡

(1) 호흡

① 호흡 … 음식물로 섭취된 유기물을 세포 내에서 산화시켜 생명유지에 필요한 에너지를 얻는 작용이다.

② 호흡운동 … 대부분의 생물은 호흡운동으로 공기 중의 산소를 흡수하고, 체내에서 생긴 이산화탄소를 배출한다.

③ 호흡기 … 동물은 산소와 이산화탄소를 교환해 주는 호흡기를 가지고 있다.

(2) 세포 수준의 호흡과 개체 수준의 호흡

① 세포 수준의 호흡 … 화학분자가 산소에 의해서 산화되어 세포가 필요로 하는 에너지를 공급하고 이산화탄소를 방출하는 것으로, 산소호흡이라고도 한다.

② 개체 수준의 호흡 … 산소를 체내로 받아들이고 생성된 이산화탄소를 배출하는 것으로, 기체교환이라고도 한다.

(3) 외호흡과 내호흡 · 세포호흡

① 외호흡 … 외부환경과 호흡기관 사이의 O_2와 CO_2의 기체교환을 말한다.

② 내호흡 … 체내의 세포와 체액 사이의 O_2와 CO_2의 기체교환을 말한다.

③ 세포호흡 … 조직세포 내에서 유기물이 O_2에 의해 산화되어 CO_2를 방출하고 에너지를 얻는 현상을 말한다.

(4) 유기호흡과 무기호흡

① **유기호흡** … 유기물을 산화시키는 데 산소를 필요로 하는 호흡이다(대부분의 생명체).

② **무기호흡** … 유기물을 산화시키는 데 산소를 필요로 하지 않는 호흡이다(단세포생물의 일부분).

③ 어느 경우에나 방출된 에너지를 ATP 형태로 저장하였다가 생활에너지로 이용한다.

(5) 광합성과 세포호흡

① 공통점

㉠ 생물체 내에서 여러 종류의 효소와 관련하여 단계적으로 일어나는 물질대사이다.

㉡ 전자의 전달과정과 화학 삼투에 의해 ATP가 생성된다.

② 차이점

㉠ 에너지 전환

- 광합성 : 빛에너지를 흡수하여 화학 에너지인 탄수화물을 생성하는 과정 – 동화작용
- 세포호흡 : 화학 에너지가 포함된 유기물을 분해하여 ATP를 합성하는 과정 – 이화작용

㉡ 반응장소 및 과정

- 광합성

–명반응(엽록체의 그라나 – 틸라코이드 막) : 빛 에너지를 화학 에너지로 전환하여 ATP와 NADPH에 저장한다.

–암반응(엽록체의 스트로마) : ATP와 NADPH를 이용하여 CO_2를 환원시켜 포도당을 합성한다.

- 세포호흡

–해당작용(세포질) : 포도당을 피루브산으로 분해하여 미토콘드리아로 들어갈 수 있도록 한다.

–TCA회로(미토콘드리아의 기질) : 피루브산을 CO_2로 분해하고 NADH와 $FADH_2$를 생성한다.

–산화적 인산화(미토콘드리아의 내막) : NADH와 $FADH_2$를 산화시켜 ATP를 합성한다.

③ 엽록체와 미토콘드리아에서의 ATP 합성

㉠ **공통점** : 전자전달계에서 전자전달과정에 의해서 수소이온 농도 기울기가 형성되고, 이에 따라 ATP합성효소에 의해 ATP가 합성된다.

㉡ 차이점

- 세포호흡에서는 화학 삼투에 의한 산화적 인산화 이외에도 해당 작용과 TCA회로에서 기질 수준 인산화로 ATP가 합성된다. 그러나 광합성의 명반응에서는 화학 삼투에 의한 광인산화로만 ATP가 합성된다.
- 광합성의 명반응에서 생성된 ATP는 식물의 생장 등에 이용되는 것이 아니라 모두 암반응에서의 포도당 합성에 이용된다. 반면, 세포호흡을 통해 생성된 ATP는 여러 가지 생명 활동에 이용된다.

구분	엽록체에서의 ATP 합성	미토콘드리아에서의 ATP 합성
ATP 합성장소	엽록체의 틸라코이드 막	미토콘드리아의 내막
ATP 이용	암반응에서 3PG의 환원 및 RuBP의 재생에 이용	생물의 생명 활동에 이용
전자의 에너지원	빛에너지	유기물에 포함된 화학 에너지
전자의 공급원	물	NADH, $FADH^+$
전자의 최종 수용체	$NADP^+$	O_2
전자의 에너지를 이용한 수소이온 의 능동 수송 방향	스트로마 → 틸라코이드 내부 (그 결과 틸라코이드 내부의 수소이온 농도가 스트로마보다 높아짐)	미토콘드리아 기질 → 막 사이 공간(그 결과 막 사이 공간의 수소이온 농도가 미토콘드리아 기질보다 높아짐)
ATP 합성 효소를 통한 수소이온의 확산 방향	틸라코이드 내부(수소이온 고농도) → 스트로마(수소이온 저농도)	막 사이 공간(수소이온 고농도) → 미토콘드리아 기질(수소이온 저농도)

㉢ **엽록체에서의 ATP 합성** : 틸라코이드 막에서 전자전달계를 통해 전자가 전달되는 과정에서 막을 경계로 수소이온 농도 기울기가 형성되고, 틸라코이드 내부의 수소이온이 ATP 합성효소를 통해 스트로마로 확산되면서 ATP가 합성된다.

㉣ **미토콘드리아에서의 ATP 합성** : 미토콘드리아 내막에서 전자전달계를 통해 전자가 전달되는 과정에서 막을 경계로 수소이온 농도 기울기가 형성되고, 막 사이 공간의 수소이온이 ATP합성효소를 통해 미토콘드리아 기질로 확산되면서 ATP가 합성된다.

TIP 에너지의 전환과 ATP

㉠ ATP : 근육 수축, 물질 합성, 물질 수송 등 생명 활동에 직접 사용되는 에너지원으로 모든 생물은 호흡 기질에 저장된 에너지를 ATP 형태로 전환하여 생명 활동에 이용한다.

㉡ ATP의 구조 : 아데노신(아데닌 + 리보스)에 인산 3분자가 결합한 화합물로, 인산과 인산은 고에너지 인산 결합을 하고 있다. ATP는 모든 생명 활동의 에너지로 전환 가능하며, 포도당 등의 유기물에 비해 단위 부피당 에너지 저장량이 작아 에너지 화폐라고도 한다.

㉢ 에너지의 전환과 이용 : 고에너지 인산 결합이 끊어져 ATP가 ADP와 무기인산으로 가수 분해될 때 약 7.3kcal/몰의 에너지가 방출되며, 이때 방출된 에너지는 여러 형태의 에너지(기계 에너지, 화학 에너지, 열에너지 등)로 전환되어 생명 활동에 쓰인다.

※ 고에너지 인산 결합은 에너지 함량이 많고 불안정하기 때문에 쉽게 가수 분해되어 다량의 에너지를 방출한다.

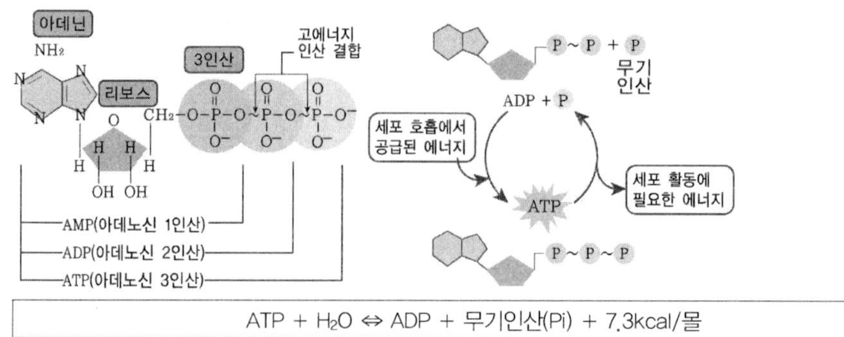

ATP + H_2O ⇔ ADP + 무기인산(Pi) + 7.3kcal/몰

㉣ ATP를 소모하는 세포 활동 : 물질 합성, 능동 수송, 세포 내 섭취, 세포 외 배출, 근육 수축, 섬모나 편모의 운동, 세포 분열 시 염색체의 이동 등에 ATP가 소모되며, 확산과 삼투에는 ATP가 소모되지 않는다.

❷ 사람의 호흡운동

(1) 호흡기관

① 허파 … 늑막과 횡경막으로 둘러싸여 있는 흉강에 위치하고 있으며, 1쌍이 존재한다.

② 기관, 기관지 … 공기의 통로이며 점막이 있어 온도와 습도를 조절하고 공기 중의 먼지를 걸러 준다.

③ 허파꽈리(폐포) … 사람은 약 3억 개의 허파꽈리를 가지고 있다. 허파꽈리는 모세혈관으로 둘러싸여 있으며 허파와 모세혈관 사이의 확산으로 인한 기체교환이 이루어지는 곳이다.

(2) 호흡운동

① 흡기(들숨) … 늑골이 위로 올라가고 횡경막이 아래로 내려가면, 흉강의 부피가 커지고 흉강 내의 압력이 낮아져서 외부의 공기가 허파 안으로 들어간다.

② 호기(날숨) … 늑골이 아래로 내려가고 횡경막이 위로 올라가면, 흉강의 부피가 작아지고 흉강 내의 압력이 높아져서 허파 안의 공기가 외부로 나간다.

③ 외부의 공기가 허파로 전달되는 과정 … 외부 → 비강 → 인두 → 후두 → 기관 → 기관지 → 허파꽈리(모세혈관과의 기체교환)

④ 호흡운동의 조절

㉠ 호흡조절중추 : 연수

㉡ 혈중 이산화탄소 농도와 호흡의 조절

- 이산화탄소 농도의 증가 : 연수가 교감신경을 자극하여 아드레날린을 분비하면, 호흡운동이 촉진된다.
- 이산화탄소 농도의 감소 : 연수가 부교감신경을 자극하여 아세틸콜린을 분비하면, 호흡운동이 억제된다.

02 기체교환

❶ 기체교환의 원리(확산현상)

(1) 기체교환

허파꽈리와 허파꽈리를 둘러싼 모세혈관, 그리고 조직세포와 조직세포를 둘러싼 모세혈관의 산소와 이산화탄소의 농도는 서로 다르므로 기체(산소, 이산화탄소)교환이 일어난다.

(2) 산소와 이산화탄소의 이동

① 산소의 이동 … 산소의 농도가 높은 허파꽈리에서 모세혈관으로, 모세혈관에서 조직세포로 산소가 이동한다.

② 이산화탄소의 이동 … 이산화탄소의 농도가 높은 조직세포에서 모세혈관으로, 모세혈관에서 허파꽈리로 이산화탄소가 이동한다.

❷ 산소와 이산화탄소의 운반

(1) 산소의 운반

① 산소의 운반체

㉠ 적혈구 내의 헤모글로빈 : 하나의 헤모글로빈은 4개의 헴과 4개의 글로빈으로 구성되어 있는데, 산소는 헤모글로빈의 헴에 결합되어 운반되게 되므로, 한 분자의 헤모글로빈은 4분자의 산소를 이동시킬 수 있다.

TIP 헤모글로빈의 특성 … 헤모글로빈은 산소와 쉽게 결합하거나 해리될 수 있는 특징을 가지고 있다.

㉡ 헤모글로빈과 산소의 결합이 촉진되는 환경 : 높은 산소 분압, 낮은 이산화탄소 분압, 낮은 온도, 높은 pH 등이다.

② 산소해리곡선

㉠ 산소의 분압에 대한 헤모글로빈의 산소포화도를 나타낸 곡선이다.

㉡ 이산화탄소 분압에 따른 산소해리곡선 : 산소 분압이 높을수록, 이산화탄소 분압이 낮을수록 산소 헤모글로빈의 포화도가 높아진다.

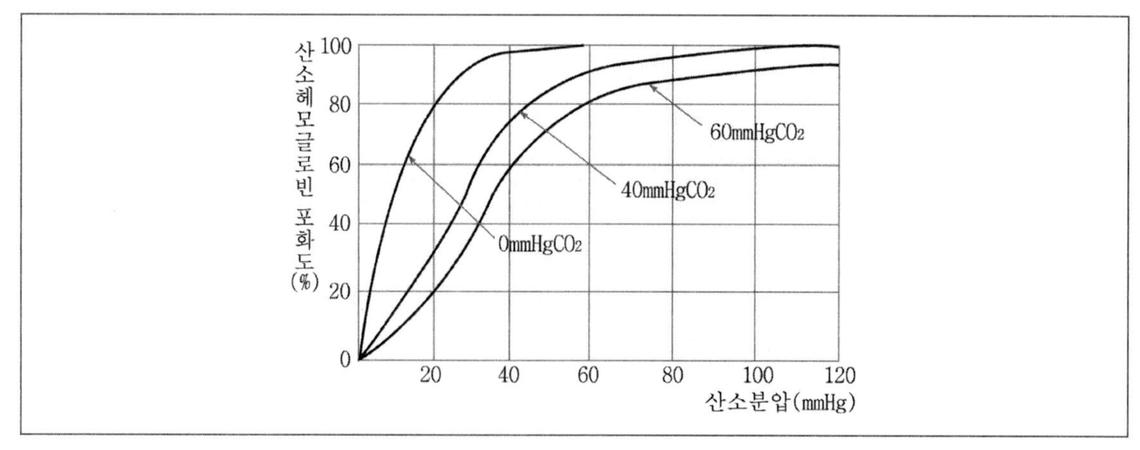

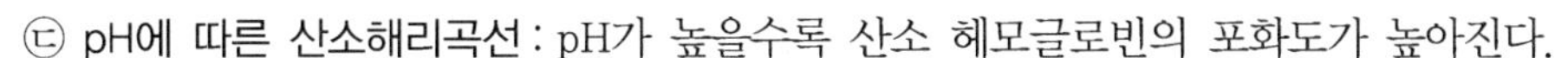

㉢ pH에 따른 산소해리곡선 : pH가 높을수록 산소 헤모글로빈의 포화도가 높아진다.

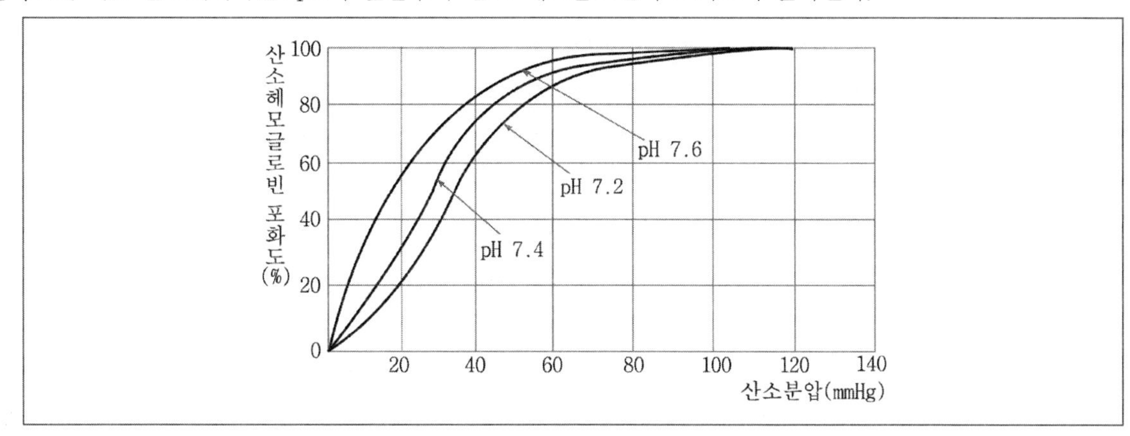

㉣ 온도에 따른 산소해리곡선 : 온도가 낮을수록 산소 헤모글로빈의 포화도가 높아진다.

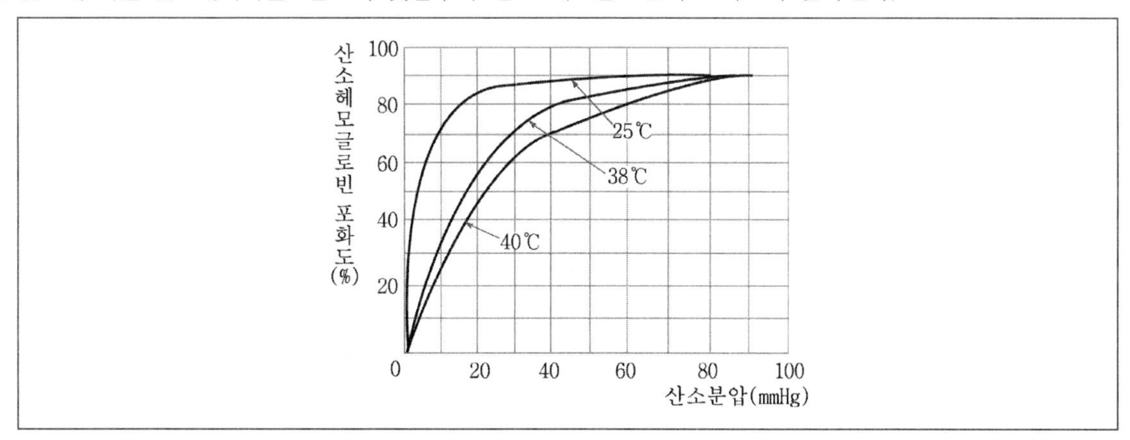

(2) 이산화탄소의 운반

① 헤모글로빈에 의한 운반 … 헤모글로빈을 구성하는 글로빈에 결합되어 운반되는 데, 전체 혈액 내 이산화탄소의 약 25% 정도가 이 형태로 운반이 된다.

$$Hb + CO_2 \leftrightarrow HbCO_2$$

② 탄산수소나트륨의 형태로 운반 … 혈액 내 이산화탄소의 대부분이 이 형태로 운반된다. 혈액 내 이산화탄소(CO_2)가 탄산무수화효소의 도움을 받아 물(H_2O)과 결합하여 탄산(H_2CO_3)이 되었다가 수소이온(H^+)과 탄산수소이온(HCO_3^-)으로 해리되고, 탄산수소이온은 나트륨이온(Na^+)과 결합하여 탄산수소나트륨($NaHCO_3$)의 형태로 운반된다. 탄산수소이온의 일부는 나트륨과 결합하지 않고 그냥 이온의 형태로 운반이 되기도 한다.

③ 혈장에 의한 운반 … 혈액 중의 이산화탄소가 혈장에 녹아 그대로 허파꽈리까지 운반되기도 한다. 그러나 이 경우는 매우 드문 경우이다.

TIP 헤모글로빈과 미오글로빈의 산소결합 특성

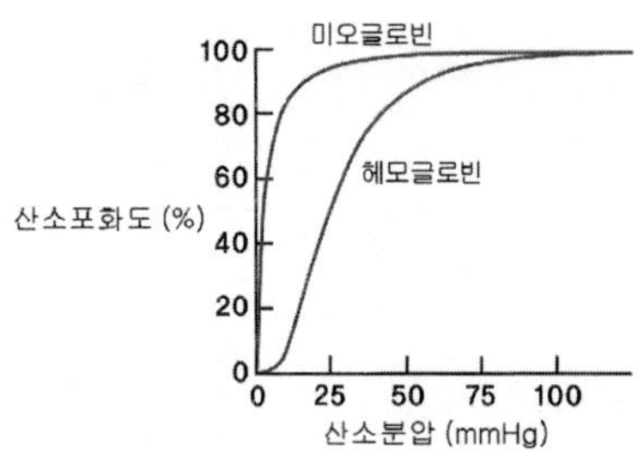

미오글로빈과 헤모글로빈은 모두 철을 포함한 헴 색소분자를 이용하여 산소를 운반한다. 하지만 미오글로빈은 한 개의 폴리펩타이드 사슬로 이루어져 있어 한 개의 산소와 결합할 수 있고, 헤모글로빈은 4개의 폴리펩타이드 사슬로 이루어져 있어 총 4개의 산소와 결합할 수 있다. 또한 미오글로빈과 헤모글로빈의 산소해리곡선을 비교하면, 미오글로빈과 다르게 헤모글로빈은 S자형의 곡선을 갖는 특성이 있음을 알 수 있다.

03 유기호흡과 무기호흡

❶ 유기호흡

(1) 산소호흡(세포호흡)

① 생물체의 세포 내에서 호흡기질이 분해되어, 생명활동에 필요한 에너지인 ATP를 생성하는 반응으로, 탄수화물의 분해산물인 포도당이 호흡기질로 사용된다.

② 포도당을 호흡기질로 하는 산소호흡은 해당과정, TCA회로, 전자전달계의 세 과정으로 나누어진다.

(2) 해당과정

① **해당과정** … 호흡기질인 포도당이 PGAL과 DPGA, PGA를 거쳐서 피루브산으로 변환되면서 2분자의 ATP를 생성하는 과정이다. 생성된 피루브산은 산소가 충분할 때는 TCA회로로 들어가게 되고, 산소가 부족할 때는 젖산발효를 통해 젖산이 되어 근육에 축적된다.

② **생성물** … 한 분자의 포도당이 분해되어 2분자의 피루브산과 2분자의 ATP, 2분자의 $NADH_2$를 생성한다.

(3) TCA회로

① TCA회로

㉠ 피루브산이 미토콘드리아 속으로 들어가 탈탄산효소와 탈수소효소의 작용을 받아 이산화탄소(CO_2)와 수소(2H)를 잃고, 조효소와 결합하여 활성아세트산이 되며, 이것이 옥살아세트산을 만나 시트르산이 된다. 시트르산은 다시 α－케토글루타르산, 숙신산, 푸마르산, 말산을 거쳐 옥살아세트산이 되어, 회로를 반복하게 된다.

㉡ 1몰의 포도당이 해당과정을 거치면서 만들어지는 피루브산은 2분자이므로, 1몰의 포도당이 분해되기 위해서는 2번의 TCA회로를 거쳐야 한다.

② 생성물 1분자의 피루브산이 3분자의 이산화탄소와 4분자의 $NADH_2$, 그리고 1분자의 $FADH_2$와 ATP를 생성한다.

③ 탈수소효소와 탈탄산효소

㉠ **탈수소효소** : 호흡기질에서 수소를 이탈시켜 호흡기질을 산화시키는 호흡효소이다. 탈수소효소는 조효소가 필요한데, NAD, FAD가 이러한 역할을 한다.

㉡ **탈탄산효소** : 호흡기질의 카복실기(－COOH)에 작용하여 CO_2를 이탈시키는 효소이다.

[TCA회로]

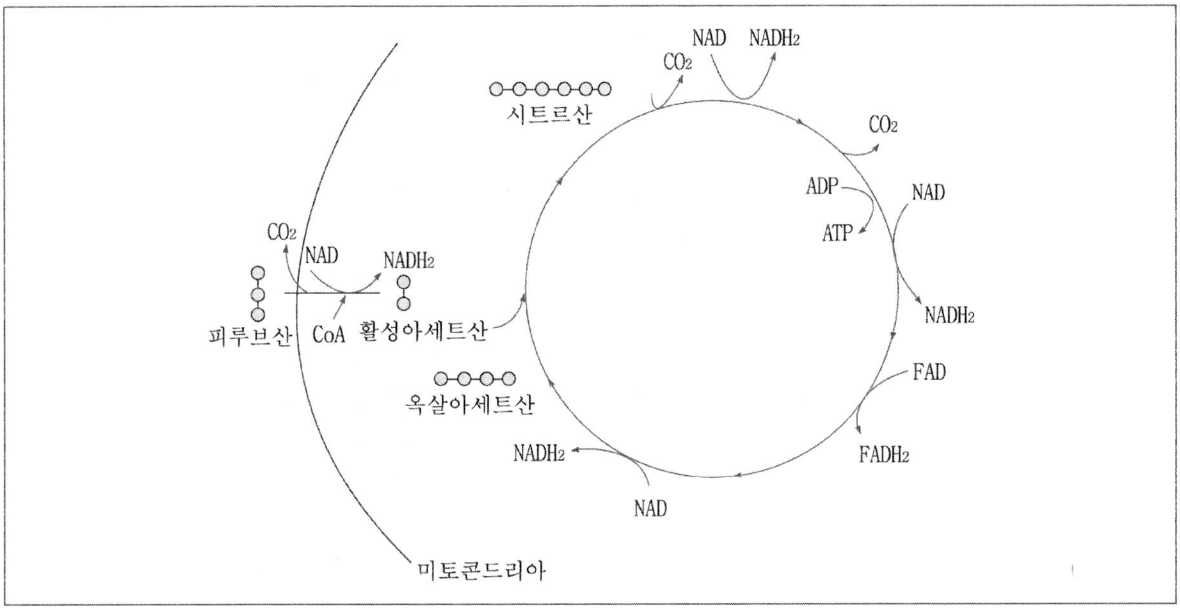

(4) 전자전달계

① **전자전달계** … 수소와 고에너지 전자가 플라빈효소, 시토크롬효소, 산화효소 등의 전자전달효소들을 거치면서 산소와 결합하여 물과 ATP를 형성하게 된다.

[전자전달계]

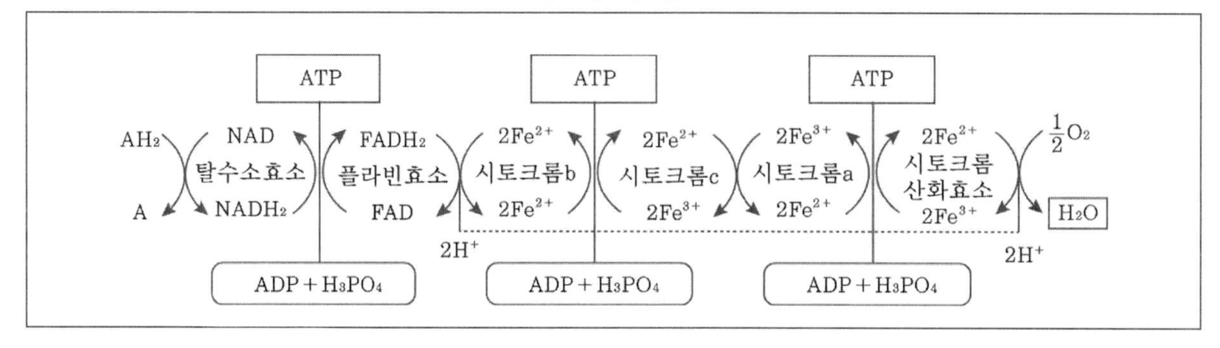

② **에너지 생성** … 전자전달계에 전달되는 수소의 형태가 $NADH_2$일 때는 3분자의 ATP를, $FADH_2$의 형태일 때는 2분자의 ATP를 생성한다.

㉠ $NADH_2 + \frac{1}{2}O_2 \rightarrow NAD + H_2O + 3ATP$

㉡ $FADH_2 + \frac{1}{2}O_2 \rightarrow FDA + H_2O + 2ATP$

③ **전자전달효소** … 탈수소효소로부터 수소($H^+ + e^-$)를 받아 그 중 전자(e^-)를 분리해 주고 받은 호흡효소로, 철을 함유한 시토크롬계 효소가 여기에 속한다.

(5) 산소호흡과정

① **에너지 생성** … 포도당 1몰이 분해되어 생성되는 에너지는 총 38ATP이다.

[산소호흡과정의 에너지 생성]

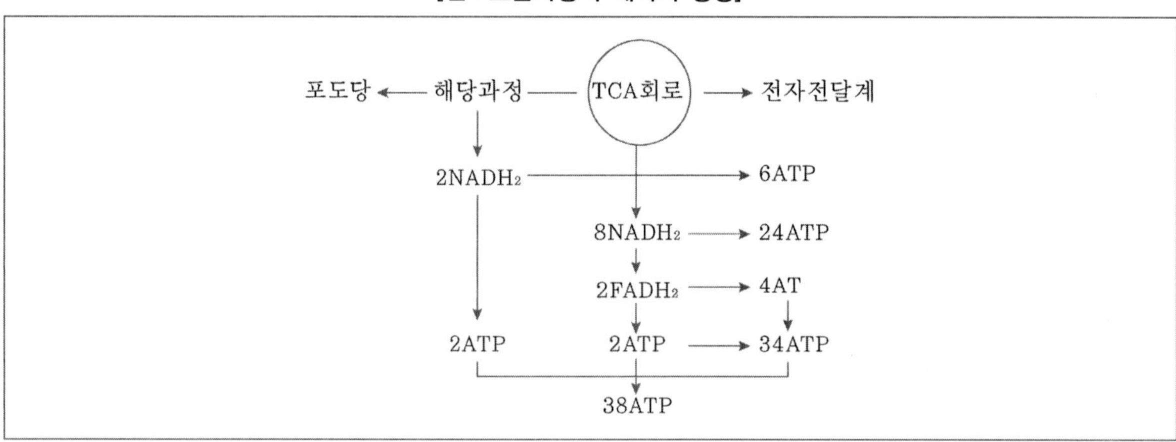

② 산소호흡의 에너지효율

㉠ ATP 1분자에 저장되어 있는 에너지는 약 7.3kcal이다.

㉡ 1분자의 포도당이 완전히 산화되었을 때 방출되는 에너지는 688kcal인데, 이 중 38분자의 ATP에만 에너지가 저장되어 생명활동에 사용되고, 나머지는 열에너지로 방출된다.

㉢ 산소호흡의 에너지효율은 약 40%이다(나머지 60%는 열로 방출되어 체온 유지에 이용).

$$\text{에너지효율} = \frac{38\text{ATP} \times 7.3\text{kcal}}{688\text{kcal}} \times 100 \fallingdotseq 40\%$$

❷ 무기호흡

(1) 무기호흡

① **무기호흡** … 일부 미생물들이 산소를 소모하지 않고도 유기물을 분해하여 에너지를 얻는 과정을 산소호흡(유기호흡)과 구분하여 무기호흡이라고 한다.

② **무기호흡과정과 에너지효율** … 무기호흡은 해당과정만을 거치고, 호흡기질이 마지막 단계까지 분해되지 못하여 산소호흡에 비해서 에너지효율이 적다.

③ 무기호흡은 인간에게 미치는 영향을 기준으로 발효와 부패로 구분된다.

(2) 발효

① **발효** … 미생물이 산소가 없는 상태에서 유기물을 분해하는 호흡과정으로, 유기물의 분해산물이 사람의 생활에 유익한 경우를 발효라고 한다.

② **알코올발효** … 효모가 무산소상태에서 포도당을 분해하여 에탄올과 이산화탄소를 생성하는 반응이다.

③ **젖산발효** … 젖산균이 무산소상태에서 포도당을 분해하여 젖산을 생성하는 반응이며, 갑작스런 운동으로 근육에 충분한 산소가 공급되지 못하였을 때 근육에서 젖산발효가 일어나 젖산을 축적하기도 한다.

④ **아세트산발효** … 아세트산균이 무산소상태에서 에탄올을 분해하여 물과 아세트산을 생성하는 반응이다.

최근 기출문제 분석

2021. 6. 5. 제1회 서울특별시

1 C_4 식물에서 CO_2를 고정하는 효소의 기질로 가장 옳은 것은?

① 리불로오스2인산
② 3-포스포글리세르산
③ 포스포에놀피루브산
④ 글리세르알데하이드 3-인산

TIP C_4 식물은 탄소 고정 최초 산물이 4탄소 화합물인 식물을 의미하는데 주로 열대지방에 서식한다. 대기중의 이산화탄소는 엽육세포에서 PEP(포스포에놀피루브산)와 결합하여 옥살아세트산으로 된 후 말산을 거쳐 관다발초로 들어간다. 즉, CO_2를 고정하는 효소의 기질은 포스포에놀피루브산이다.

020. 10. 17. 제2회 지방직(고졸경채)

2 그림은 세포에서 일어나는 ATP와 ADP 사이의 전환을 나타낸 것이다. 이에 대한 설명으로 옳지 않은 것은?

① ㉠은 골격근의 수축에 이용될 수 있다.
② 물질 X는 아데닌, 물질 Y는 리보스이다.
③ 결합 A는 고에너지 인산 결합이다.
④ ㉡에서 방출된 에너지는 이화 작용에 이용된다.

TIP ① ㉠ 과정에서 고에너지 인산 결합이 끊어지면서 발생되는 에너지로 근육 운동을 할 수 있다.
②③ 물질 X는 아데닌이고 결합 A는 고에너지 인산 결합, 물질 Y는 리보스 당이다.

Answer 1.③ 2.④

2020. 6. 13. 제1 · 2회 서울특별시

3 근육이 수축하는 데 필요로 하는 ATP를 충족시키는 방법으로 가장 옳지 않은 것은?

① 운동 중 근육 내 젖산 발효에 의해 ATP를 생성한다.

② 적색섬유에 풍부한 미토콘드리아에서 주로 혐기성 호흡에 의해 ATP가 생성된다.

③ 가벼운 운동을 지속하는 동안 대부분의 ATP는 호기성 호흡에 의해 생성된다.

④ 인산염을 ADP로 이동시켜 ATP를 형성할 수 있는 화합물인 크레아틴 인산을 이용한다.

TIP ② 적색근은 호기성 대사에 관여하므로 미토콘드리아의 비중이 높다.

2019. 6. 15. 제2회 서울특별시

4 시트르산 회로(또는 크렙스 회로)에서 기질 수준 인산화 반응에 의해 ATP가 생성되는 단계로 가장 옳은 것은?

① 시트르산 → α-케토글루타르산

② 숙신산 → 말산

③ α-케토글루타르산 → 숙신산

④ 옥살아세트산 → 시트르산

TIP α-케토글루타르산에서 숙신산이 될 때 기질 수준 인산화를 통해 ATP가 합성되며, 시트르산에서 α-케토글루타르산이 될 때는 NADH가 형성되어 전자전달계를 거쳐 산화적 인산화를 통한 ATP가 합성되며 숙신산에서 말산이 될 때 $FADH_2$ 생성 후 산화적 인산화를 거치고, 옥살아세트산이 시트르산이 될 때는 별도의 인산화 과정이 일어나지 않는다.

Answer 3.② 4.③

2019. 6. 15. 제2회 서울특별시

5 **이산화탄소 수송에 대한 설명으로 옳은 것을 〈보기〉에서 모두 고른 것은?**

보기

㉠ 이산화탄소는 대부분 중탄산염(HCO_3^-)의 형태로 폐로 수송된다.
㉡ 이산화탄소는 대부분 카바미노헤모글로빈($HbCO_2$)의 형태로 폐로 수송된다.
㉢ 적혈구에서 형성된 중탄산염(HCO_3^-)은 헤모글로빈에 결합한다.
㉣ 폐포 모세혈관에서 중탄산염(HCO_3^-)은 수소이온(H^+)과 결합하여 이산화탄소를 형성한다.

① ㉠㉣ ② ㉡㉢
③ ㉠㉢㉣ ④ ㉡㉢㉣

TIP 이산화탄소의 23%는 카바미노헤모글로빈($HbCO_2$) 형태로 폐로 수송되고, 77%는 혈장에 녹아 중탄산염(HCO_3^-)형태로 폐로 수송되었다가 폐포 모세혈관에서 수소이온(H^+)과 결합하여 이산화탄소를 형성한다.

2019. 2. 23. 제1회 서울특별시

6 **세포호흡을 담당하는 미토콘드리아(mitochondria)와 광합성에 관여하는 틸라코이드(thylakoid)에 대한 설명 중 옳은 것을 〈보기〉에서 모두 고른 것은? (기출 변형)**

보기

㉠ 틸라코이드의 스트로마와 미토콘드리아의 기질에서 ATP가 생성된다.
㉡ 산화적 인산화 시 수소이온은 미토콘드리아의 내막과 외막 사이의 공간에서 미토콘드리아 기질로 이동한다.
㉢ 틸라코이드의 스트로마에서 수소이온 농도는 틸라코이드 내부의 수소이온 농도보다 높다.
㉣ 미토콘드리아 내막의 전자 전달 효소를 통해 전자가 산소로 전달된다.

① ㉠㉡ ② ㉡㉣
③ ㉢㉣ ④ ㉠㉢

TIP ㉠ 미토콘드리아 기질과 엽록체의 스트로마에서 ATP가 생성된다. (틸라코이드의 스트로마라는 말은 알맞지 않음)
㉢ 수소이온 농도는 틸라코이드 내부가 스트로마보다 높다. (틸라코이드의 스트로마라는 말은 알맞지 않음)

Answer 5.① 6.③

2019. 2. 23. 제1회 서울특별시

7 **헤모글로빈과 미오글로빈 단백질에 대한 설명으로 옳은 것을 〈보기〉에서 모두 고른 것은?**

보기

㉠ 헤모글로빈은 적혈구에, 미오글로빈은 근육세포에 존재한다.
㉡ 산소압에 따른 헤모글로빈의 산소결합곡선은 S자형이다.
㉢ 헤모글로빈과 미오글로빈 모두 보결분자로 헴 구조를 가지고 있다.
㉣ 헤모글로빈과 미오글로빈 모두 α 와 β 단백질을 각각 2개씩 4개의 단량체 단백질을 포함한다.

① ㉠㉡
② ㉢㉣
③ ㉠㉡㉢
④ ㉠㉡㉣

TIP ㉣ 헤모글로빈은 α 사슬 2개, β 사슬 2개가 모인 폴리펩타이드사슬로 구성되어 있다. 미오글로빈은 단일 폴리펩타이드 사슬로 존재한다.

2019. 2. 23. 제1회 서울특별시

8 **세포 호흡은 전자전달계를 통한 산화적 인산화로 ATP를 얻기 위해 해당 과정과 시트르산 회로에서 얻은 환원력을 이용한다. 다음 중 환원력을 제공하는 탈수소효소의 기질로 옳게 짝지은 것은?**

① 1,3-이인산글리세르산(BPG) - 아이소시트르산(isocitric acid)
② 3-인산글리세르산(3-PG) - 알파케토글루타르산(-ketoglutaric acid)
③ 포스포에놀피루브산(PEP) - 숙신산(succinic acid)
④ 글리세르알데히드-3인산(G3P) -말산(malic acid)

TIP 해당 과정에서 탈수소효소가 작용하는 곳은 글리세르알데히드-3인산이 1,3-이인산글리세르산이 될 때이다. 시트르산 회로에서 탈수소효소가 작용하는 곳은 피루브산이 아세틸CoA가 될 때, 시트르산이 알파케토글루타루산이 될 때, 알파케토글루타르산이 석신산이 될 때, 말산이 옥살로아세트산이 될 때이다. 즉 탈수소효소의 기질이 될 수 있는 물질은 글리세르알데히드-3인산, 피루브산, 시트르산, 알파케토글루타르산, 말산이 있다.

Answer 7.④ 8.④

2016. 6. 25. 서울특별시

9 **사람이 공기를 흡입할 때 횡격막에 일어나는 변화로 옳은 것은?**

① 수축하고 위로 상승한다.

② 수축하고 편평해진다.

③ 이완하고 위로 상승한다.

④ 이완하고 편평해진다.

TIP ② 사람이 공기를 흡입할 때 횡격막은 수축하고 편평해진다.

Answer 9.②

출제 예상 문제

1 한 분자의 포도당이 분해되는 대사과정에서 가장 많은 ATP가 생성되는 과정은?

① 전자전달계
② 크랩스회로
③ 해당과정
④ 광인산화

TIP 포도당 1분자가 완전 산화되면 총 38분자의 ATP를 생성한다.

$C_6H_{12}O_6 \rightarrow 2CH_3COCOOH + 2NADH_2 + 2ATP$ (해당과정)
(포도당)

$2CH_3COCOOH + 6H_2O \rightarrow 6CO_2 + 8NADH_2 \cdot 2FADH_2 + 2ATP$ (크랩스회로)

$10NADH_2 \cdot 2FADH_2 + 6O_2 \rightarrow 12H_2O + 34ATP$ (전자전달계)

$$\begin{pmatrix} 1NADH_2 \rightarrow 3ATP \\ 1FADH_2 \rightarrow 2ATP \end{pmatrix}$$

∴ 전자전달계에서 생성되는 ATP가 가장 많다.

2 호흡에 대한 설명으로 옳은 것은?

① 들숨(숨을 들이쉼)일 때는 횡경막이 위로 올라간다.
② 날숨(숨을 내쉼)일 때는 늑골과 흉골이 위로 올라가 흉강의 용적이 넓어진다.
③ 들숨(숨을 들이쉼)일 때는 늑간근이 이완된다.
④ 날숨(숨을 내쉼)일 때는 흉강 내 압력이 높아진다.

TIP 호흡 운동

㉠ 들숨(숨을 들이쉼) : 횡경막이 내려가고 늑간근이 수축되어 늑골과 흉골이 위로 올라가 흉강이 부피가 넓어진다. 흉강의 압력은 낮아진다.
㉡ 날숨(숨을 내쉼) : 횡경막이 위로 올라가고 늑간근이 이완되어 흉강이 좁아진다. 흉강의 압력은 높아진다.

Answer 1.① 2.④

3 다음 그래프에 대한 설명으로 옳은 것은?

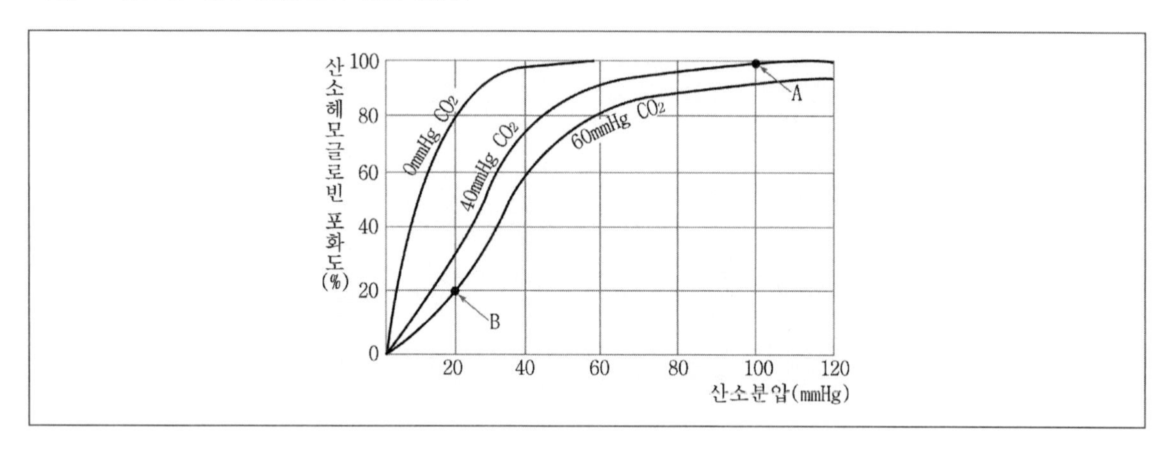

① O_2의 분압이 낮을수록 헤모글로빈과 결합이 잘 된다.

② 온도가 높을수록 헤모글로빈과 O_2의 결합이 잘 된다.

③ 헤모글로빈은 산성도가 높을수록 O_2와 결합하지 못한다.

④ 이산화탄소의 분압이 낮을수록 헤모글로빈은 O_2와 결합하지 못한다.

TIP 헤모글로빈과 산소의 결합조건

㉠ O_2의 분압이 높을수록 촉진된다.

㉡ CO_2 분압이 낮을수록 촉진된다.

㉢ pH가 높을수록 촉진된다.

㉣ 온도가 낮을수록 촉진된다.

4 사람의 호흡운동에 관한 설명 중 옳지 않은 것은?

① 폐근육이 스스로 수축해서 수축이완이 일어난다.

② 호기시 폐의 압력은 대기압보다 높아진다.

③ 흡기시 횡경막이 내려간다.

④ 흡기시 흉강의 용적은 증가한다.

TIP 사람의 호흡운동은 늑골과 횡경막의 상하운동에 의해 이루어지며 연수에 의해 조절된다.

Answer 3.③ 4.①

※ 호흡운동

㉠ 흡기: 횡경막이 내려가고 늑간근은 수축되어 늑골과 흉골이 위로 올라가 흉강이 넓어진다. 흉강 속의 압력이 내려가 외부 공기가 폐로 들어온다.

㉡ 호기: 횡경막이 위로 올라가고 늑간근은 이완된다. 흉강이 좁아지고 흉강의 압력이 높아져 공기가 밀려 나간다.

5 **포도당 1몰의 해당과정에서 O_2가 있을 때 총 몰수는?**

① 1몰 ② 2몰

③ 4몰 ④ 8몰

TIP 해당과정 … 포도당 1분자가 2분자의 피루브산이 될 때까지의 반응으로 2분자의 ATP와 $2NADH_2$가 생성된다.

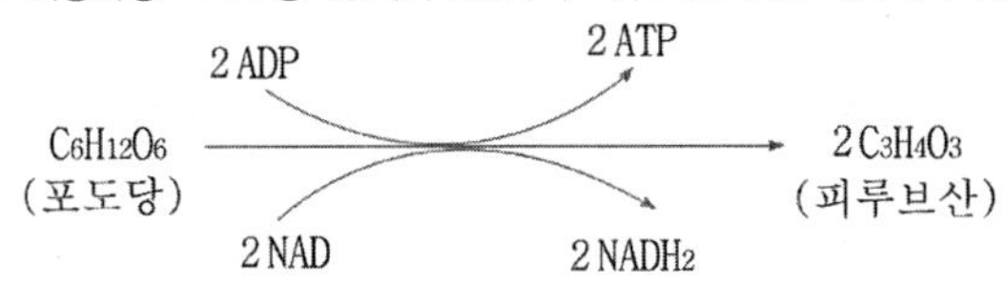

즉, 포도당은 2개의 피루브산과 2ATP, $2NADH_2$를 생성한다.

6 **다음 중 해리과정에 대한 설명으로 옳은 것은?**

① 포화도가 높을수록 O_2가 낮아진다.

② CO_2가 높을수록 해리도가 높아진다.

③ 포화도가 낮을수록 O_2가 높아진다.

④ CO_2가 낮을수록 해리도는 증가한다.

TIP 포화 해리과정

㉠ O_2의 분압이 높고 CO_2 분압이 낮을수록 포화도는 증가한다.

㉡ O_2의 분압이 낮고 CO_2 분압이 높을수록 해리도는 증가한다.

Answer 5.② 6.②

7 **호흡운동의 중추는 연수이며 CO_2의 농도에 따라 호흡속도가 달라진다. 호흡이 빨라지게 되는 원인에 해당하는 것은?**

① 체내 CO_2 농도의 감소
② 체내 CO_2 농도의 증가
③ 늑골과 횡경막의 상하운동
④ 부교감신경에서 분비되는 아세틸콜린

TIP CO_2의 농도가 증가됨에 따라 교감신경에서 아드레날린이 분비되면서 호흡이 빨라지게 된다.

8 **유기호흡의 진행단계에서 해당과정과 TCA회로의 진행장소가 바르게 짝지어진 것은?**

	해당과정	TCA회로
①	리보솜	세포질
②	세포질	미토콘드리아
③	리보솜	미토콘드리아
④	세포질	리보솜

TIP 해당과정은 세포질의 호흡효소에 의해, TCA회로는 미토콘드리아의 호흡효소에 의해 일어난다.

9 **다음 중 사람의 호흡운동의 조절중추에 해당하는 곳은?**

① 대뇌
② 척수
③ 연수
④ 간뇌

TIP 호흡운동은 연수에 의해서 조절이 되는 무의식적인 반응이다.

10 **다음 중 사람의 호흡중추인 연수를 자극하여 호흡운동을 촉진시키는 물질은?**

① 혈액 속의 O_2 농도
② 혈액 속의 CO_2 농도
③ 혈액 속의 H_2 농도
④ 혈액 속의 무기염류의 양

TIP 사람이 급격한 운동을 하면 혈액 속의 CO_2 농도가 증가하여 연수를 자극해서 호흡운동을 촉진시킨다.

Answer 7.② 8.② 9.③ 10.②

11 호흡운동의 조절에 대한 설명으로 옳은 것은?

① 늑골과 횡경막의 상하운동에 의해 조절한다.

② 호흡의 중추기관은 폐이다.

③ CO_2 농도에 따라 연수가 자극을 받아 조절한다.

④ CO_2 농도가 증가하면 호흡은 느려진다.

TIP ① 호흡운동에 대한 설명이다.
② 호흡의 중추기관은 연수이다.
④ CO_2 농도가 증가하면 호흡이 빨라지고, CO_2 농도가 감소하면 호흡은 느려진다.

12 다음은 세포대사의 일부분이다. 포도당 1몰이 완전히 산화될 때 ㉠의 과정에서만 생성되는 ATP는 몇 몰인가?

포도당 → 피루브산 → (TCA회로) → $2H^+$ → $\frac{1}{2}O^2$ / H_2O

① 2몰

② 6몰

③ 34몰

④ 38몰

TIP ③ ㉠과정은 TCA회로과정에서 이탈된 2H가 O_2와 결합하여 H_2O로 변화되는 반응계로 전자전달계를 말하며, 이 과정에서는 34ATP가 생성된다.
※ 산소호흡에서의 ATP생성
㉠ 해당과정 : 2ATP
㉡ TCA회로 : 2ATP
㉢ 전자전달계 : 34ATP

Answer 11.③ 12.③

생물의 영양

01 소화와 영양

01 영양소

❶ 영양소

(1) 영양소

영양소는 음식물의 성분 중에서 체내에 흡수되어 생리기능에 유효하게 이용되는 것으로, 동물이 필요로 하는 영양소는 6가지가 있다.

(2) 6대 영양소

① 탄수화물

㉠ **에너지원**: 1g당 4kcal의 열량을 낸다.

㉡ 소화되면 간에서 글리코젠으로 저장되었다가 필요시에 포도당으로 분해되어 쓰인다.

② 지방

㉠ **에너지원**: 1g당 9kcal의 열량을 낸다.

㉡ 원형질막의 구성성분이며, 체내에서 지방산과 글리세롤로 분해된다.

③ 단백질

㉠ **에너지원으로 사용**: 1g당 4kcal의 열량을 낸다.

㉡ 동물의 몸을 구성하는 구성성분이며, 또한 효소와 호르몬의 구성성분이다.

> **TIP 단백질을 만드는 아미노산**
>
> 아미노산에는 아미노산끼리 사슬로 연결하기 위한 팔이 있다. 이 팔에는 아미노기 $-NH_2$와 카르복실기 $-COOH$가 있다. 아미노산의 기본 구조에 R기라는 곁사슬에 의해 아미노산의 종류와 성질이 결정된다.
>
> 단백질을 만드는 아미노산은 20종류가 있다. 이 20종류의 아미노산은 물과 친하기 쉬운 친수성 R기를 가진 아미노산과 물과 친하기 어려운 소수성 R기를 가진 아미노산으로 분류된다. 소수성 R기가 연속되는 부분은 물과 반발하여 단백질의 안쪽으로 접혀 들어가 있다.
>
> 소수성 R기를 가진 아미노산은 알라닌, 발린, 류신, 이소류신, 메티오닌, 트립토판, 페닐알라닌, 프롤린의 8종류가 있으며 친수성 R기를 가진 아미노산은 글리신, 세린, 트레오닌, 시스테인, 티로신, 아스파라긴, 글루타민, 리신, 히스티딘, 아르기닌, 아스파르트산, 글루탐산의 12종류가 있다.

친수성 R기는 R기에 전하가 없는 글리신, 세린, 트레오닌, 시스테인, 티로신, 아스파라긴, 글루타민과 R기에 양전하가 있는 리신, 히스티딘, 아르기닌과 R기에 음전하가 있는 아스파르트산, 글루탐산으로 나눌 수 있다.

④ 비타민

㉠ 물질대사 조절 : 소량으로 체내의 여러 가지 물질대사를 조절하며, 생리기능의 조절작용을 한다.

㉡ 체내에서 합성되지 않으므로 부족하게 섭취하면 결핍증이 나타날 수 있다.

[비타민의 결핍증]

구분	비타민 A	비타민 B	비타민 C	비타민 D	비타민 E
결핍증	야맹증	각기병	괴혈병	구루병(곱추병)	원기부족

⑤ 무기염류

㉠ 생리작용 조절 : 삼투압을 유지하고 뼈의 구성성분을 이루며 효소작용을 조절한다.

㉡ 부족하면 장애가 유발된다.

[각종 무기염류의 종류와 기능]

무기염류	기능	무기염류	기능
P	핵산과 뼈의 성분	Fe	헤모글로빈의 성분
S	단백질의 성분	I	갑상샘호르몬의 성분
Ca	뼈와 이의 성분	Mg	효소작용의 조절

⑥ 물

㉠ 체중의 약 70%를 차지한다.

㉡ 세포 내의 각종 유기물질과 무기물질을 용해시켜서 화학반응을 일으키는 매체가 된다.

2 영양소의 검출

(1) 포도당의 검출

베네딕트 용액을 넣어서 가열했을 때 황적색 침전이 생기면 포도당이 있음을 의미한다.

포도당 + 베네딕트 용액 – (가열) → 황적색 침전

(2) 녹말의 검출

아이오딘 · 아이오딘화칼륨 용액을 넣어서 청남색으로 변하면 녹말이 있음을 의미한다.

녹말 + 아이오딘 · 아이오딘화칼륨 용액 → 청남색

(3) 지방의 검출

수단Ⅲ 용액을 넣었을 때 적색으로 착색되면 지방이 있음을 의미한다.

지방 + 수단Ⅲ 용액 → 적색

(4) 단백질의 검출

① 뷰렛반응 … 5%의 수산화나트륨과 1%의 황산구리를 넣었을 때 보라색으로 변하면 뷰렛반응이 나타난 것으로, 단백질이 있음을 의미한다.

단백질 + 5% 수산화나트륨 + 1% 황산구리 → 보라색

② **크산토프로테인반응** … 질산을 첨가했을 때 황색으로 변하면 단백질의 크산토프로테인반응이 일어난 것으로, 단백질이 있음을 의미한다.

단백질 + 질산 → 황색

02 소화작용

❶ 소화

(1) 소화

① 소화 … 음식물로 섭취하는 고분자 물질을 세포 내로 흡수가능한 저분자 물질로 잘게 나누는 물리 · 화학적 과정이다.

② 기계적 소화와 화학적 소화

㉠ 기계적 소화 : 음식물을 물리적으로 부수어서 소화액과 잘 혼합되게 하는 과정이다.

㉡ 화학적 소화 : 소화효소가 고분자 물질을 저분자 물질로 가수분해하는 과정이다.

(2) 소화운동

① **연동운동** … 식도와 위, 소장, 대장에서 음식물을 내려보내기 위해서 하는 운동으로, 이들 소화기관들이 근육을 움직이는 힘에 의해서 음식물이 아래로 밀려 내려간다.

② **분절운동** … 음식물을 섞고 자르는 운동으로 주로 소장에서 일어난다.

❷ 사람의 소화기관

(1) 입

① 소화가 처음 시작되는 곳으로, 턱과 이가 음식물을 물리적으로 분쇄한다.

② **아밀레이스** … 침샘에서 분비되는 침 속에 있는 소화효소인 아밀레이스가 탄수화물을 다당류로 분리한다.

③ **침샘** … 사람에게는 귀밑샘, 혀밑샘, 턱밑샘의 3쌍의 침샘이 있으며, 이들 침샘에서는 하루에 약 1L의 침을 분비한다.

(2) 위

① 본격적인 소화가 시작되는 기관이다.

② 위의 위쪽과 아래쪽에는 괄약근이 있어서 음식물의 이동을 조절할 수 있다.

③ 위 속은 강한 산성이어서 음식물에 섞인 세균과 미생물을 죽이는 기능이 있다.

④ 위액의 소화작용

㉠ **위샘** : 위벽에는 위샘이 있어서 펩시노젠과 염산을 분비한다.

㉡ **가스트린** : 위벽에서 분비되어 정맥 → 심장 → 동맥 → 위샘을 자극하여 위액의 분비를 촉진한다.

㉢ **펩시노젠** : 가스트린이라는 호르몬에 의해서 분비가 촉진되는데, 일단 분비가 된 펩시노젠은 염산의 도움을 받아 펩신으로 전환된다.

㉣ **펩신** : 단백질을 폴리펩타이드(polypeptide)로 자르는 역할을 한다.

⑤ 염산의 기능

㉠ **펩시노젠의 활성화** : 펩시노젠이 염산의 도움을 받아 펩신으로 전환이 되어야만 소화효소로서의 활성을 가진다.

㉡ **음식물의 부패 방지** : 강한 산성으로 음식물의 부패를 막아 준다.

㉢ **세크레틴의 분비 유도** : 십이지장벽을 자극하여 세크레틴을 분비하게 한다.

(3) 소장

① 십이지장 – 공장 – 회장으로 구분되며, 융털돌기가 있다.

② 소화와 흡수의 대부분이 소장에서 일어나며, 특히 수분의 90%가 소장에서 흡수되고, 십이지장으로 쓸개즙과 이자액이 분비된다.

③ **세크레틴** … 십이지장벽에서 분비되어 정맥 → 심장 → 동맥 → 이자벽을 자극하여 이자액의 분비를 촉진한다.

④ **이자액의 소화작용** … 이자에서 분비되는 이자액에는 아밀레이스(amylase), 말테이스(maltase), 라이페이스(lipase), 트립신 등의 소화효소가 들어 있다.

㉠ **아밀레이스** : 다당류를 이당류로 분해한다.
㉡ **말테이스** : 엿당을 포도당으로 분해한다.
㉢ **라이페이스** : 지방을 지방산과 글리세롤로 분해한다.
㉣ **트립신** : 단백질을 폴리펩타이드로 분해한다.

⑤ **장액의 소화작용** … 융털 사이의 장샘에서 분비되는 장액에는 말테이스(maltase), 수크레이스(sucrase), 락테이스(lactase), 펩티데이스(peptidase) 등의 소화효소가 들어 있다.

㉠ **말테이스** : 엿당을 포도당으로 분해한다.
㉡ **수크레이스** : 설탕을 포도당과 과당으로 분해한다.
㉢ **락테이스** : 젖당을 포도당과 갈락토스(galactose)로 분해한다.
㉣ **펩티데이스** : 폴리펩타이드를 아미노산으로 분해한다.

⑥ **쓸개즙** … 쓸개즙은 간에서 생성되어 쓸개에 저장되었다가 프로라이페이스를 지방의 분해효소인 라이페이스로 활성화시켜서 지방이 분해되는 것을 돕는 역할을 하는 것으로, 소화과정에 작용하여 소화를 돕기는 하지만 직접 소화과정에 참여하는 소화효소는 아니다.

(4) 대장

① 맹장 – 결장 – 직장으로 구분되며, 아래쪽에 항문괄약근이 있다.

② 융털과 소화효소가 없고 장내 세균(대장균)이 소장에서 미처 소화되지 못한 음식물을 분해 · 흡수한다.

③ 대장의 주된 기능은 음식물 찌꺼기의 수분흡수이다.

(5) 간

① **쓸개즙의 생성** … 간은 소화효소를 생성하지는 않지만, 쓸개즙을 생성하여 지방의 소화를 돕는다. 또한 지방의 일부를 저장한다.

② **해독작용** … 저장되지 않은 여분의 아미노산이 분해될 때 생기는 암모니아를 독성이 적은 요소로 바꾼다. 뿐만 아니라 체내로 들어온 약과 유독물질의 독성을 제거한다.

③ **혈당량 조절** … 혈액 속의 포도당의 농도가 0.1% 이상이 되면 호르몬의 도움을 받아 글리코겐(glycogen)으로 합성하여 저장하고 부족할 때에는 글리코겐을 다시 포도당으로 분해하여 혈액 속으로 공급한다.

④ **혈장단백질 생산** … 알부민, 글로불린 등의 혈장단백질을 합성한다.

⑤ **혈액응고에 관여** … 프로트롬빈, 피브리노젠 등의 혈액응고에 관여하는 물질 및 혈관 내의 혈액응고를 방지해 주는 항응고제인 헤파린 등을 만들어낸다.

⑥ **그 밖의 기능** … 체온조절, 헤모글로빈의 분해, 프로트롬빈 생성, 혈류의 조절

❸ 양분의 흡수와 이동

(1) 양분의 흡수

① **소장에서의 양분흡수** … 음식물이 소화관을 지나면서 여러 가지 소화효소에 의해 분해되고, 분해된 영양소는 소장에서 흡수되어 혈관을 통해서 온몸으로 운반된다.

② **융털돌기** … 소장의 벽에는 많은 융털돌기가 있어서 소화된 양분의 흡수에 유리하도록 단면적을 넓게 한다. 융털돌기의 중앙에는 암죽관이라고 하는 림프관이 있고, 그 주위에 많은 모세혈관들이 분포해 있다.

③ **소장에서 영양소가 흡수되는 경로**

㉠ **단당류, 아미노산, 무기염류, 수용성 비타민**(비타민 C, 비타민 D) : 융털에서 흡수된 다음 모세혈관으로 들어가서 간문맥을 거쳐 간으로 운반된다.

㉡ **지방과 지용성 비타민**(비타민 A, 비타민 D, 비타민 E, 비타민 K) : 융털에서 흡수된 다음 암죽관으로 들어가서 림프관을 통해 운반된다.

(2) 양분의 이동

① **이동** … 모든 양분들은 혈액에 포함되어서 온몸으로 퍼지게 됨으로 일단 심장으로 들어갔다가 심장에서 나오는 혈액에 포함되어 이동하게 된다.

② **이동경로**

㉠ **수용성 양분** : 모세혈관으로 흡수된 수용성 양분들은 간문맥을 거쳐서 간으로 들어갔다가 간정맥과 하대정맥을 통해서 심장으로 이동하게 된다. 그리고 동맥을 거쳐 온몸으로 퍼지게 된다.

㉡ **지용성 양분** : 암죽관으로 흡수된 지용성 양분들은 가슴관을 거쳐서 좌쇄골하정맥과 상대정맥을 거쳐서 심장으로 이동하게 된다. 그리고 동맥을 거쳐 온몸으로 퍼지게 된다.

❹ 사람의 소화과정

(1) 3대 영양소의 최종분해산물

① **탄수화물** … 고분자화합물인 탄수화물은 몇 개의 다당류로 나누어진 뒤 두 개의 당이 결합되어 있는 이당류가 되고, 이당류가 분해되어 탄수화물의 최종분해산물인 단당류가 된다.

㉠ **탄수화물을 구성하는 단당류** : 포도당, 과당, 갈락토스

㉡ **단당류 2개가 결합되어 이루어진 이당류** : 포도당과 포도당이 결합된 엿당, 포도당과 과당이 결합된 설탕, 포도당과 갈락토스가 결합된 젖당

② **단백질** … 단백질의 최종 분해산물은 아미노산이다. 아미노산과 아미노산의 결합을 펩타이드 결합이라고 하는데, 단백질은 아미노산이 여러 개 결합된 폴리펩타이드로 나누어진 뒤, 2개의 아미노산이 결합된 다이펩타이드(dipeptide)를 거쳐서 아미노산으로 최종 분해된다.

③ **지방** … 한 분자의 지방이 분해되면 최종 분해산물로 한 분자의 지방산과 3분자의 글리세롤을 얻게 된다.

(2) 3대 영양소의 소화과정

영양소	입	위	소장
탄수화물	아밀레이스 (침샘) ↓ 탄수화물 → 다당류		아밀레이스 (이자) ↓ 다당류 → 이당류 → 단당류 락테이스 (장샘) ↓ 젖당 → 포도당 + 갈락토스 수크레이스 (장샘, 이자) ↓ 설탕 → 포도당 + 과당 말테이스 (장샘, 이자) ↓ 엿당 → 포도당 + 포도당
지방			라이페이스 (이자 – 쓸개즙의 도움) ↓ 지방 → 지방산 + 글리세롤
단백질		단백질 → 폴리펩타이드	트립신, 키모트립신, 카복시펩티데이스 ↓ 폴리펩타이드 → 작은 펩타이드 다이펩티데이스, 아미노펩티데이스 ↓ 다이펩타이드 → 아미노산

최근 기출문제 분석

2021. 6. 5. 제1회 서울특별시

1 **지방(fat)은 글리세롤(glycerol)과 지방산으로 이루어진 지질(lipid)의 한 종류이다. 지방산은 불포화지방산(unsaturated fatty acid)과 포화지방산(saturated fatty acid)으로 나누어진다. 〈보기〉에서 불포화지방산에 대한 설명으로 옳은 것을 모두 고른 것은?**

보기

㉠ 같은 수의 탄소를 가지고 있는 포화지방산보다 수소의 수가 많다.
㉡ 탄소사슬에 다중결합이 존재한다.
㉢ 불포화지방산은 상대적으로 동물보다 식물에 더 많이 존재한다.

① ㉠, ㉡
② ㉠, ㉢
③ ㉡, ㉢
④ ㉠, ㉡, ㉢

TIP 불포화 지방산은 한 개 이상의 다중 결합을 가지고 있는 지방산을 의미한다. 동물보다 식물에 많이 존재한다.
㉠ 같은 수의 탄소를 가지고 있는 포화지방산보다 다중결합을 더 가지고 있으므로 수소를 적게 가진다.

2021. 6. 5. 제1회 서울특별시

2 **에너지원과 탄소원에 따른 생물의 영양방식에 대한 설명으로 가장 옳은 것은?**

① 광종속영양생물은 유기물로부터 에너지를 얻는다.
② 화학독립영양생물은 유기물로부터 탄소를 얻는다.
③ 에너지원으로 빛을 이용하는 생물은 모두 CO^2를 고정한다.
④ 탄소원으로 유기물을 이용하는 생물은 종속영양생물이다.

TIP 탄소원으로 유기물을 사용해서 분해하며 에너지를 얻는 생물은 종속영양생물이다.
① 광종속영양생물은 빛을 통해 에너지를 얻는다.
② 화학독립영양생물은 무기물 탄소로부터 유기물 탄소를 얻는다.
③ 광종속영양생물은 에너지는 빛을 통해 얻지만 탄소의 공급원으로 이산화탄소가 아닌 유기 화합물을 사용하므로 이산화탄소를 고정하는 반응이 일어나지 않는다.

Answer 1.③ 2.④

2020. 10. 17. 제2회 지방직(고졸경채)

3 **그림은 사람의 몸에서 일어나는 기관계의 통합 작용을 나타낸 것으로, ㈎~㈑는 각각 배설계, 소화계, 순환계, 호흡계 중 하나이다. 이에 대한 설명으로 옳지 않은 것은?**

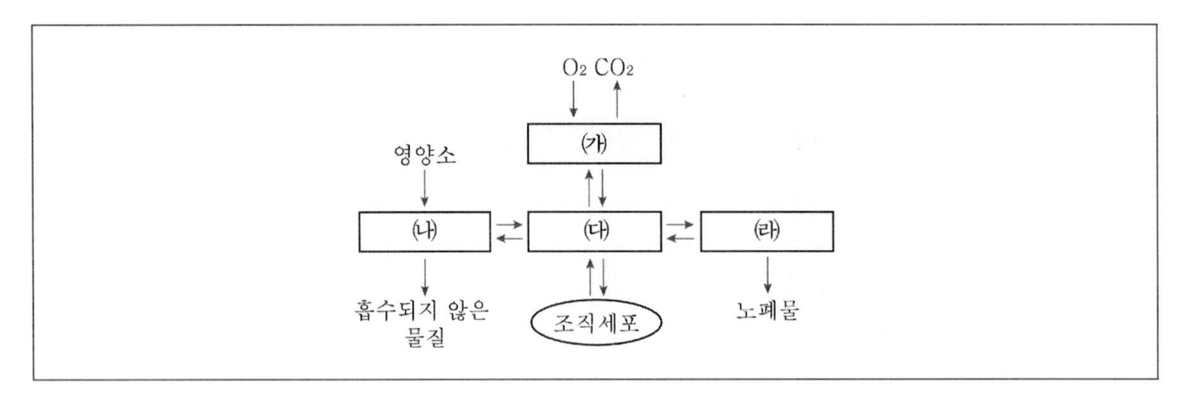

① 폐는 ㈎에 속하는 기관이다.

② ㈏에서 항이뇨 호르몬(ADH)이 분비된다.

③ 인슐린은 ㈐를 통해 표적 세포로 운반된다.

④ ㈐에서 ㈑로 이동하는 물질에 요소가 포함된다.

TIP ㈎는 호흡계, ㈏는 소화계, ㈐는 순환계, ㈑는 배설계이다. 항이뇨 호르몬은 내분비계에서 분비된다. 인슐린은 혈액을 통해 표적 세포로 운반되며 ㈐에서 ㈑로 요소가 이동하기도 한다.

2020. 6. 13. 제1 · 2회 서울특별시

4 **어떤 단백질의 아미노산 조성을 조사하였더니 특정 부위에 알라닌(Ala), 발린(Val), 류신(Leu), 이소류신(Ile), 프롤린(Pro)이 풍부하였다. 이 부위에서 예상되는 특징으로 가장 옳은 것은?**

① 이 부위는 단백질의 아미노 말단에 위치할 것이다.

② 이 부위의 아미노산들 때문에 단백질은 친수성일 것이다.

③ 이 부위는 다른 단백질과 결합하는 부위일 것이다.

④ 이 부위는 수용액에서 전체 단백질 구조의 안쪽에 위치할 것이다.

TIP 제시된 아미노산들은 모두 non-polar(hydrophobic)(비극성(소수성))으로 물과 친화도가 떨어져 전체 단백질 구조의 안쪽에 위치할 것이다.

Answer 3.② 4.④

2020. 6. 13. 제1 · 2회 서울특별시

5 **〈보기〉는 사람의 위에서의 소화과정에서 나타나는 현상이다. 이를 순서에 맞게 배열했을 때 세 번째 단계에 해당하는 것은?**

보기

㉠ 위샘의 세포에서 수소이온(H^+)을 분비한다.
㉡ 펩신이 펩시노겐을 활성화한다.
㉢ 염산이 펩시노겐을 활성화한다.
㉣ 부분적으로 소화된 음식이 소장으로 이동한다.

① ㉠
② ㉡
③ ㉢
④ ㉣

TIP 순서대로 나열하면 ㉠－㉢－㉡－㉣이다. 위샘의 주세포에서는 단백질 소화효소인 펩시노젠이 분비되고 부세포에서는 수소 이온이 포함된 염산이 분비되며 염산에 의해 펩시노젠이 펩신으로 활성화된다. 이렇게 단백질의 최초 소화과정이 일어나고 음식물이 소장으로 이동한다.

2016. 6. 25. 서울특별시

6 **세포의 구성성분 중 탄수화물에 대한 설명이다. 옳은 것을 모두 고르면?**

㉠ 전분, 글리코젠, 셀룰로스와 같은 다당류는 모두 에너지 저장성분이다.
㉡ 5탄당과 6탄당은 수용액 중에서 주로 열린 사슬구조를 취한다.
㉢ 단당류 중 제일 작은 분자는 3탄당으로서 글리세르알데하이드가 이에 속한다.
㉣ 전분, 글리코젠, 셀룰로스는 모두 포도당이 모여서 된 다당류이다.

① ㉠㉡
② ㉡㉢
③ ㉢㉣
④ ㉡㉢㉣

TIP ㉠ 셀룰로스는 에너지 저장성분이 아니다.
㉡ 5탄당은 고리형 사슬구조를 취한다.

Answer 5.② 6.③

출제 예상 문제

1 다음 중 신체 에너지로 전환될 수 없는 물질은?

① 단백질
② 비타민
③ 탄수화물
④ 지방

TIP 탄수화물, 단백질, 지방은 많은 양을 섭취해야 하고 체내 에너지원으로 작용하여 3대 영양소라고 한다. 비타민, 무기염류, 물은 에너지원으로 사용되지는 않지만 생리조절에 필요한 부영양소이다.

2 다음 두 그룹의 분류 기준으로 옳은 것은?

A : 버섯, 누룩곰팡이, 효모	B : 이끼, 소나무, 무궁화

① 영양방식에 따른 분류
② 생식기관에 따른 분류
③ 광합성 유무에 따른 분류
④ 외부형태에 따른 분류

TIP 영양방식에 따른 분류
㉠ 종속영양식물 : 스스로 유기물을 합성할 능력이 없는 것으로 다른 생물이 합성한 유기물을 얻어 살아가는 생물
예 버섯, 누룩곰팡이, 효모
㉡ 독립영양생물 : CO_2, 물, 질소, 칼륨 등의 무기물을 흡수하여 유기물을 합성하여 살아가는 생물
예 이끼, 소나무, 무궁화

Answer 1.② 2.①

3 **다음 중 스테로이드 지질에 대한 설명으로 옳지 않은 것은?**

① 세포막을 구성하고 있다.
② 스테로이드가 세포막 구성물질 중의 하나로 세포의 유연성을 감소시킨다.
③ 단순지질이다.
④ 동맥경화를 일으키는 콜레스테롤이 대표적이다.

TIP 스테로이드 지질 … 4개의 고리구조가 기본을 이루는 화합물로서 분자구조는 단순지질과 복합지질과는 전혀 다른 복잡한 구조를 갖고 있다. 동맥경화를 일으키는 콜레스테롤은 대표적 스테로이드 화합물이며 성호르몬, 부신피질호르몬, 비타민 D 등이 있다.

4 **소화과정에 대한 설명으로 옳은 것은?**

① 입에서는 라이페이스가 분해되어 지방이 소화된다.
② 위에서는 펩신, 아밀레이스가 작용하여 단백질, 탄수화물이 잘 소화된다.
③ 입에서 아밀레이스는 녹말을 엿당으로 분해한다.
④ 위에서 트립신은 단백질을 폴리펩타이드로 분해한다.

TIP ① 소장에서 쓸개즙이 지방의 표면장력을 감소시켜 라이페이스의 가수분해작용을 돕는다.
② 위에서는 펩신이 단백질을 분해하지만 산성을 유지하기 때문에 아밀레이스의 작용은 나타나지 않는다.
④ 소장의 이자액에서 트립신이 분비되어 단백질을 분해한다.

5 **소화기관과 생성되는 소화효소와의 작용이 바르게 짝지어진 것은?**

① 아밀레이스 – 입 – 녹말 분해
② 트립신 – 위 – 단백질 분해
③ 펩신 – 이자 – 단백질 분해
④ 라이페이스 – 소장 – 단백질 분해

TIP ② 트립신은 소장의 이자액에서 분비되며 단백질을 분해한다.
③ 펩신은 염산작용으로 펩시노젠이 위에서 활성화되어 단백질을 분해한다.
④ 라이페이스는 소장의 이자액에서 분비되며 지방을 분해한다.

Answer 3.③ 4.③ 5.①

6 위에서 아밀레이스가 기능을 하지 못하는 이유로 옳은 것은?

① 탄수화물과 단백질의 복합체인 뮤신의 분비에 의해 위벽을 보호하기 때문이다.
② 융털 사이에 열려 있는 장샘에서 분비되는 장액이 소화를 시키기 때문이다.
③ 펩신은 강한 산성을 유지하고 있기 때문이다.
④ 가스트린에 의해 호르몬을 조절하기 때문이다.

TIP ① 위점막을 보호하는 물질에 대한 설명이다.
② 장액의 소화작용에 대한 설명이다.
④ 위액의 분비조절에 대한 설명이다.
※ 위에서 아밀레이스가 기능을 하지 못하는 이유…위액에 있는 펩신은 염산에 의해 강한 산성을 유지하고 있기 때문에 아밀레이스의 작용은 전혀 나타나지 않는다.

7 다음 중 소화과정에서 트립시노겐을 트립신으로 활성화시키는 데 필요한 소화효소는?

① 쓸개즙 ② 아밀레이스
③ 엔테로키나아제 ④ 펩신

TIP ① 쓸개즙은 소화효소는 없지만 라이페이스의 가수분해를 돕는 작용을 한다.
② 침 속의 아밀레이스는 녹말을 텍스트린과 엿당으로 분해한다.
④ 위액에 존재하는 펩신은 단백질을 폴리펩타이드로 분해한다.

8 체내의 무기염류와 그 기능의 연결이 잘못 짝지어진 것은?

① 인(P) – 핵산, 뼈의 성분
② 나트륨(Na) – 삼투압 유지
③ 철(Fe) – 헤모글로빈의 성분
④ 아이오딘(I) – 효소작용의 조절

TIP 아이오딘은 갑상샘호르몬인 티록신의 구성성분이다.

Answer 6.③ 7.③ 8.④

9 다음 중 간의 기능이 아닌 것은?

① 물질의 해독작용
② 수분의 흡수
③ 배설물질 합성
④ 소화효소 분비

TIP 간의 기능
㉠ 글리코젠을 저장하며 혈당량을 조절한다.
㉡ 지방을 저장하거나 에너지원으로 이용한다.
㉢ 물질대사에 관여하는 각종 효소를 합성한다.
㉣ 쓸개즙을 형성하여 소화를 돕는다.
㉤ 유해한 암모니아를 무독한 요소로 합성한다.
㉥ 체온 조절, 혈액 저장, 비타민 저장 등을 한다.
㉦ 체내 유독물질을 분해한다.

10 비타민 A 결핍시 유발되는 현상으로 옳은 것은?

① 각기병
② 괴혈병
③ 구루병
④ 야맹증

TIP 비타민 결핍증
㉠ 비타민 A : 야맹증
㉡ 비타민 B : 각기병
㉢ 비타민 C : 괴혈병
㉣ 비타민 D : 구루병

11 다음 중 체내에서 글리코젠을 가장 많이 저장하는 곳은?

① 이자
② 비장
③ 신장
④ 간장

TIP 간은 체내에 흡수된 양분 중 일부를 글리코젠의 형태로 바꾸어 저장하여 혈당량을 조절하며 해독작용, 체온조절, 쓸개즙의 생성, 적혈구의 파괴 등 다양한 기능을 한다.

Answer 9.② 10.④ 11.④

12 **단백질의 기능과 가장 거리가 먼 것은?**

① 촉매작용 ② 면역
③ 에너지의 저장 ④ 원형질의 주성분

TIP 단백질 … 체내에서 에너지원으로 쓰이며 효소, 호르몬, 항체 등을 구성하는 C, H, O, N으로 구성되어 있다. 또한 원형질을 구성하는 중요한 성분이다.

13 **다음 중 물에 대한 설명으로 옳지 않은 것은?**

① 칼로리가 없다.
② 영양소는 아니다.
③ 각종 물질의 용매가 되어 화학반응을 일으키는 매체가 된다.
④ 신체의 구성성분 중에서 가장 많은 비율을 차지하는 물질이다.

TIP 물은 칼로리가 없어도 사람이 꼭 필요로 하는 6대 영양소의 하나이다.

14 **어떤 물질에 아이오딘(iodine) 용액을 떨어뜨렸더니 청남색이 되었다. 이 물질 속에 들어 있는 영양소는?**

① 녹말 ② 지방
③ 포도당 ④ 단백질

TIP 영양소의 검출과정
㉠ 포도당 : 베네딕트 용액 첨가시 황적색 침전발생
㉡ 녹말 : 아이오딘 · 아이오딘화칼륨 용액 첨가시 청남색반응
㉢ 지방 : 수단Ⅲ 용액 첨가시 적색반응
㉣ 단백질
- 뷰렛반응 : 5% 수산화나트륨, 1% 황산구리 첨가시 보라색반응
- 크산토프로테인반응 : 질산 첨가시 황색반응

Answer 12.③ 13.② 14.①

15 사람의 3대 영양소에 관한 설명으로 옳은 것은?

① 단백질은 에너지원으로 사용되지 않는다.
② 탄수화물의 기본단위는 아미노산이다.
③ 섭취하는 음식물에 탄수화물의 양이 가장 많다.
④ 3대 영양소 중에서 지방만 에너지원으로 사용된다.

TIP ①④ 탄수화물, 지방, 단백질은 3대 영양소로 모두 에너지원으로 사용된다.
② 탄수화물의 기본단위는 단당류이며 아미노산은 단백질의 구성단위이다.

16 다음 중 간의 작용이 아닌 것은?

① 양분의 저장과 조절
② 요소형성
③ 혈액성분의 합성과 조절
④ 항체형성

TIP ④ 항체생성에 관계하는 것은 림프구이다.
※ 간의 작용
㉠ 쓸개즙을 생산하여 지방의 소화를 돕는다.
㉡ 포도당을 글리코젠으로 합성하여 저장하거나, 글리코젠을 포도당으로 분해하여 혈당량을 일정하게 유지시킨다.
㉢ 혈액응고에 관여하는 프로트롬빈과 혈액응고를 방지하는 헤파린을 합성한다.
㉣ 유해한 암모니아를 무해한 요소로 합성하여 해독작용을 한다.
㉤ 수명이 다한 노쇠한 적혈구를 파괴한다.

Answer 15.③ 16.④

17 다음과 같은 특징을 갖는 물질은?

- 위에서 분비된다.
- 음식물을 소독한다.
- 펩시노젠을 펩신으로 활성화시킨다.

① 염산　　② 트립신
③ 아밀레이스　　④ 가스트린

TIP 위액에 섞여 분비되는 염산은 위 속의 환경을 강한 산성이 되게 하여 음식 속의 세균을 제거하는 기능을 하며, 활성이 없는 펩시노젠을 펩신으로 활성화시켜 단백질의 소화가 이루어지도록 한다.

18 다음 중 쓸개즙에 대한 설명으로 옳지 않은 것은?

① 간에서 생성된다.
② 지방을 분해시키는 소화효소가 들어 있다.
③ 지방을 유화시키는 기능을 한다.
④ 소장에서 넘어온 산성의 음식물을 중화시킨다.

TIP 쓸개즙 … 간에서 생성되며 쓸개에 저장되었다가 십이지장으로 보내진다. 소화효소는 없으며 라이페이스의 가수분해작용을 돕는다.

19 소화의 과정은 크게 기계적 소화와 화학적 소화의 두 가지로 구분된다. 다음 중 기계적 소화에 해당하는 것이 아닌 것은?

① 분쇄　　② 가수분해
③ 연동운동　　④ 분절운동

TIP ② 소화효소에 의해 고분자 물질이 저분자 물질로 나누어지는 화학적 소화의 과정이다.

Answer 17.① 18.② 19.②

20 다음 중 위액의 분비를 촉진시키는 물질은?

① 가스트린
② 세크레틴
③ 아밀레이스
④ 트립신

TIP 가스트린 … 위벽에서 분비되며 위액의 분비를 촉진시키는 물질이다.
② 십이지장벽에서 분비되며 이자액의 분비를 촉진한다.
③ 침샘에서 분비되는 소화효소로 탄수화물을 다당류로 분리한다.
④ 이자액에서 분비되는 소화효소로 단백질을 폴리펩타이드로 분해한다.

Answer 20.①

02 순환

01 순환계

❶ 순환계

(1) 혈관계

① 개방혈관계

㉠ 동맥과 정맥 사이에 모세혈관이 없이 동맥 끝이 조직에 대해 열려 있어 혈액이 조직 사이로 직접 흘러 들어 혈액과 세포액의 구분이 뚜렷하게 이루어지지 않는다.

㉡ 근육수축에 의한 압력으로 정맥을 통해서 심장으로 되돌아간다.

② 폐쇄혈관계

㉠ 동맥과 정맥 사이의 혈액이 정해진 모세혈관 내에서만 순환하기 때문에 개방혈관계보다 혈액의 흐름이 빨라 필요한 장소까지 산소를 빠르게 공급하며, 심장으로 되돌아오는 시간도 짧다.

㉡ 조직액 : 폐쇄혈관계에서 혈관 밖으로 스며나가 조직세포 사이를 채우는 혈액성분을 말한다.

(2) 림프계

① 폐쇄혈관계가 발달된 동물에 있으며, 조직세포와 혈관 사이의 물질교환을 중계한다.

② 다량의 조직액과 단백질 분자가 림프계를 통해 혈액으로 되돌아가므로 어느 한 곳이라도 막히게 되면 조직 내에 액체가 축적되어 부종을 일으키게 된다.

(3) 무척추 · 척추동물의 순환계

① 무척추동물의 순환계

㉠ 개방혈관계 : 절지동물, 연체동물(두족류 제외)

㉡ 폐쇄혈관계 : 환형동물, 연체동물의 두족류

② 척추동물의 순환계

㉠ 모두 폐쇄혈관계이며, 심장이 중심부에 있다.

㉡ 종에 따른 심장의 구조

• 어류 : 1심방 1심실
• 양서류, 파충류 : 2심방 1심실(파충류 중 악어는 2심방 불완전 2심실)
• 조류, 포유류 : 2심방 2심실

❷ 사람의 혈관계

(1) 심장의 구조

① 동맥

㉠ 동맥은 심장과 연결되어 있는 혈관 중에서 심장에서 나오는 혈액이 흐르는 혈관이다.

㉡ 심장에서 나와서 폐로 가는 혈액을 운반하는 혈관은 폐동맥이라고 하며, 심장에서 나와서 온몸으로 가는 혈액이 흐르는 혈관을 대동맥이라고 한다.

[심장의 구조]

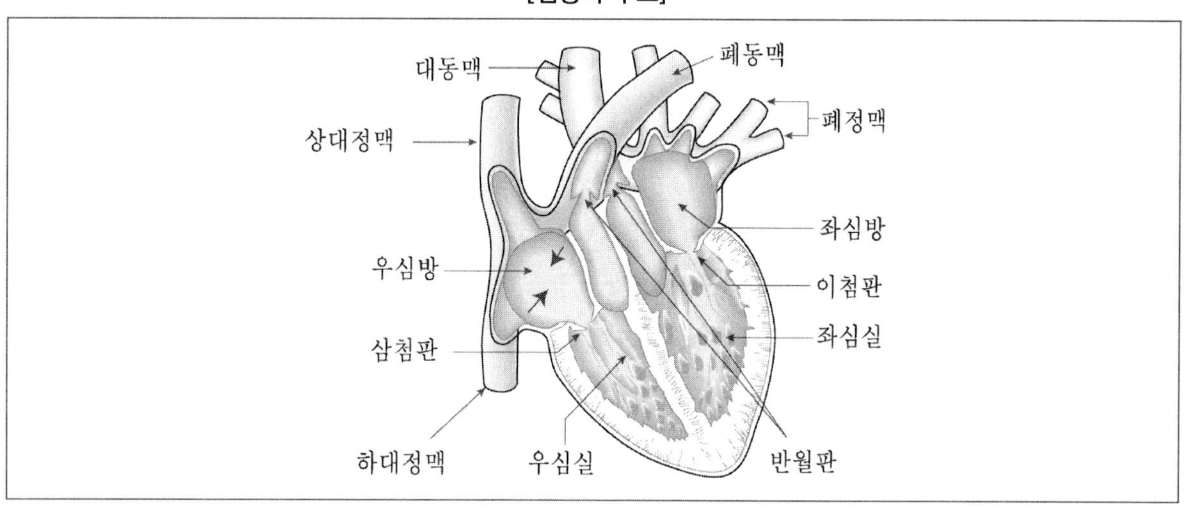

② 정맥

㉠ 정맥은 심장과 연결되어 있는 혈관 중에서 심장으로 들어가는 혈액이 흐르는 혈관이다.

㉡ 폐와 연결되어 있어 폐에서 산소를 공급받은 혈액이 들어오게 되는 혈관은 폐정맥이고, 온몸을 돌고 온 혈액이 심장으로 들어오게 되는 혈관은 대정맥이다.

③ 심방

㉠ 심장에서 정맥과 연결된 부위, 즉 혈액을 받아들이게 되는 부위이다.

㉡ 우심방은 대정맥과 연결되어 있고, 좌심방은 폐정맥과 연결되어 있다.

④ 심실

㉠ 심장에서 동맥과 연결된 부위, 즉 혈액을 내보내는 부위이다.

㉡ 우심실은 폐동맥과 연결되어 있고, 좌심실은 대동맥과 연결되어 있다.

⑤ 판막 … 혈액의 역류를 방지하는 막이다.

㉠ 이첨판 : 좌심방과 좌심실 사이에 있는 판막

㉡ 삼첨판 : 우심방과 우심실 사이에 있는 판막

㉢ 반월판 : 심실과 동맥 사이에 있는 판막

(2) 심장의 박동과 조절

① 자동성 … 심장이 자율신경계와 관계없이 스스로 박동을 계속하는 성질이다.

② 박동원 … 대정맥과 우심방 사이의 동방결절이 심장을 박동하게 하는 박동원이다.

③ 박동기작

㉠ 동방결절의 흥분 → 우심방 수축 → 방실결절로 전달 → 심실벽의 히스색과 푸르키네섬유로 전달 → 좌심실과 우심실의 수축

㉡ 심장박동의 중추는 연수이며, 박동의 세기와 속도는 자율신경에 의해 길항적으로 조절된다.

(3) 혈액의 순환

① 의의 … 생물체는 혈액의 순환을 통해서 신체 각 부위의 세포에 필요한 영양분과 산소를 공급하며, 또 각 신체 부위의 세포에서 노폐물과 이산화탄소를 거두어 들이게 된다.

② 체순환(대순환) … 혈액이 좌심실에서 심장의 밖으로 배출되어 온몸의 모세혈관을 돌면서 조직 각 부위에 영양분과 산소를 공급하고 이산화탄소와 노폐물을 받아 우심방으로 들어오는 순환과정이다.

③ 폐순환(소순환) … 온몸을 돌고 우심방으로 들어온 혈액이 폐로 이동하여 이산화탄소를 내보내고 산소를 받아들여 다시 좌심방으로 들어가는 순환과정이다.

④ 혈관의 상호관계

㉠ 혈류방향 : 동맥 → 모세혈관 → 정맥

㉡ 혈류속도 : 동맥 > 정맥 > 모세혈관

㉢ 혈압의 크기 : 동맥 > 모세혈관 > 정맥

㉣ 혈관의 굵기 : 정맥 > 동맥 > 모세혈관

㉤ 혈관벽의 두께 : 동맥 > 정맥 > 모세혈관

㉥ 혈관의 총 단면적 : 모세혈관 > 정맥 > 동맥

02 혈액

❶ 혈액의 조성

(1) 혈장

① 혈액의 액체성분으로 혈액의 55%를 차지한다.

② **구성성분** … 물 90%에 알부민, 글로불린, 피브리노겐 7 ~ 9%, 나머지는 단백질, 아미노산, 탄수화물, 무기염류 등으로 되어 있다.

③ **기능** … 산소, 이산화탄소, 영양분, 노폐물의 운반을 담당하며 삼투압, pH를 일정하게 유지한다.

(2) 혈구

① 혈액의 고체성분으로 혈액의 45%를 차지한다.

② 종류

㉠ **적혈구** : 핵이 없으며 중앙부가 들어간 원반형이다.
- 기능 : 산소를 운반한다.
- 생성과 파괴 : 골수에서 생성되어 간이나 지라에서 파괴된다.

㉡ **백혈구** : 핵이 있으며 크기와 모양이 다양하다.
- 기능 : 식균작용과 항체를 형성한다.
- 생성과 파괴 : 골수에서 생성되어 골수나 지라에서 파괴된다.

㉢ **혈소판** : 핵이 없으며 모양이 일정하지 않다.
- 기능 : 혈액응고에 관여한다.
- 생성과 파괴 : 골수에서 생성되어 간이나 지라에서 파괴된다.

❷ 혈액의 응고

(1) 혈액의 응고과정

① **혈소판의 파괴** … 상처가 나게 되면 혈소판이 파괴되면서 트롬보키나아제를 방출하게 된다.

② **트롬보키나아제 방출** … 트롬보키나아제는 혈장 내의 Ca^{2+}의 도움을 받아 혈액 내의 프로트롬빈이라는 물질을 트롬빈으로 전환시키고, 트롬빈은 피브리노겐을 실 모양의 피브린으로 활성화시킨다.

③ **피브린 생성** … 혈액 내에서 피브린이 생성되면 실 모양의 피브린이 혈구를 얽어매어 혈구의 덩어리인 혈병을 만들어 혈액을 응고시킨다.

[혈액의 응고과정]

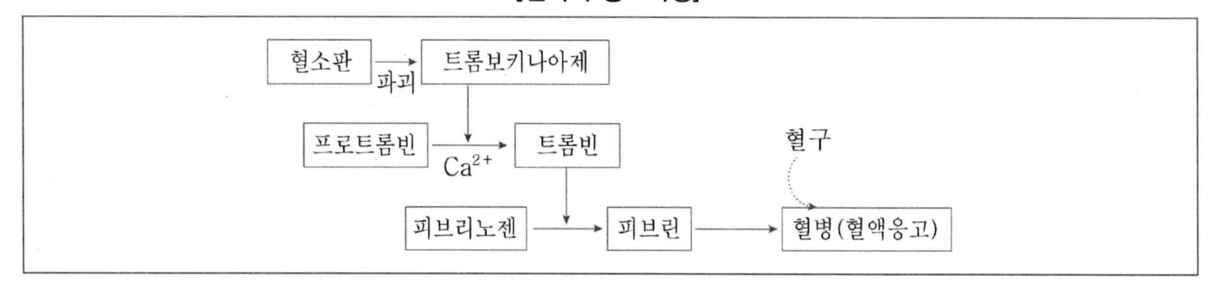

(2) 혈액응고방지법

① 혈액이 응고되는 과정 중 어느 한 과정만 제어해도 혈액의 응고를 막을 수 있다.

② 방법

㉠ 저온 처리 : 트롬보키나아제와 트롬빈의 효소작용을 억제한다.

㉡ 시트르산나트륨이나 옥살산나트륨의 첨가 : 혈장 속의 Ca^{2+}를 제거하여 트롬빈의 생성을 억제한다.

㉢ 헤파린이나 히루딘의 첨가 : 트롬빈의 생성 및 작용을 억제한다.

㉣ 유리막대로 젓기 : 피브린을 제거함으로 혈구를 얽어매지 못하게 한다.

❸ 혈액의 응집과 혈액형

(1) 혈액의 응집

① **혈청** … 혈액을 실온에서 방치해두면 혈구의 덩어리인 혈병과 혈병의 위에 뜨는 액체인 혈청으로 구분되는데, 혈청은 응집소의 역할을 한다.

② **응집반응** … 적혈구의 응집원과 혈청의 응집소 사이에서 일어나는 반응으로, 혈액이 엉키는 현상이다(일종의 항원 – 항체반응).

(2) 혈액형의 종류

① **ABO식 혈액형** … 1901년에 발견된 것으로 혈액의 종류를 응집반응에 따라 분류하여 A, B, AB, O형의 4가지로 구분한다.

㉠ 응집원과 응집소 : 응집원에는 A와 B의 2종류가 있고, 혈청의 응집소에는 α와 β의 2종류가 있다.

[ABO식 혈액형의 응집원과 응집소]

혈액형	A형	B형	AB형	O형
응집원	A	B	A와 B	없다.
응집소	β	α	없다.	α와 β

㉡ **혈액형의 판정**: 혈청에 혈액을 섞었을 때 혈액의 응집여부로 혈액형을 판정할 수 있는데, 혈액형을 판정할 때는 A형과 B형의 표준혈청을 사용한다.

TIP 응집원 A와 응집소 α, 응집원 B와 응집소 β가 만나면 각각 항원, 항체로 작용하여 응집반응이 일어난다.

- A형의 혈청에만 응집반응이 일어나는 경우: B형
- B형의 혈청에만 응집반응이 일어나는 경우: A형
- A형과 B형의 혈청에 모두 응집반응이 일어나는 경우: AB형
- A형과 B형의 혈청에 모두 응집반응이 일어나지 않는 경우: O형

㉢ **수혈**

- 수혈을 할 경우에는 혈액을 주는 사람과 받는 사람의 혈액형을 반드시 검사해야 한다.
- 수혈에 있어서 문제가 되는 것은 혈액을 주는 사람의 적혈구 응집원이 받는 사람의 혈장 응집소와 반응하는 응집현상이다.
- 받는 사람의 혈장에는 주는 사람의 응집원에 반응하는 응집소가 들어 있어서는 안 된다.
- 주는 사람의 혈장 내의 응집소에 의해 받는 사람의 적혈구가 응집될 수도 있으므로 다량의 수혈을 요구하는 수술을 할 경우에는 같은 혈액형끼리 수혈하여야 한다.

② **Rh식 혈액형** … 붉은털원숭이의 적혈구를 집토끼의 혈관에 주사하여 항체를 형성시킨 후 채취한 토끼의 혈액을 사람의 혈액과 반응시켰을 때, 사람의 적혈구가 응집반응을 보이면 Rh^+형이고, 응집반응을 보이지 않으면 Rh^-형이다.

(3) 혈액형과 수혈

① **ABO식 혈액형** … 같은 혈액형끼리는 수혈이 가능하며, AB형은 모든 혈액형의 혈액을 수혈받을 수 있고, O형은 모든 혈액형에게 수혈을 해줄 수 있다.

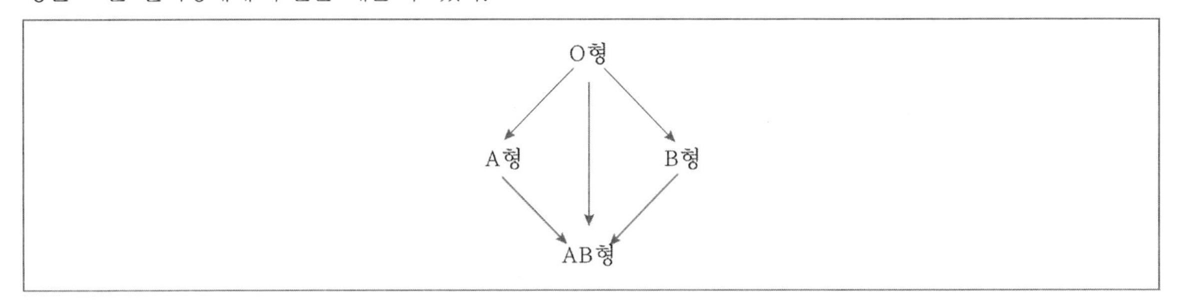

② **Rh식 혈액형** … 같은 혈액형끼리의 수혈이 가능하며, Rh^-형은 Rh^+형에게 수혈을 해줄 수 있다.

$Rh^- \rightarrow Rh^+$

③ **수혈** … 수혈이 가능하기 위해서는 ABO식의 혈액형과 Rh식의 혈액형이 모두 수혈 가능한 범위에 속해야 한다.

4 항원 · 항체반응과 면역

(1) 항원 · 항체반응

① **항원** … 항체를 만들게 되는 원인이 되는 이물질이다.

② **항체** … 동물의 혈액 속에 그 자신의 구성물질과 다른 이물질이나 병원균이 침입하게 되었을 때, 그 이물질에 대항하기 위하여 혈액의 혈청 속에서 만들어지는 대항물질이다.

③ **항원 · 항체반응** … 항체가 만들어지면 이 항체가 항원과 결합해서 항원이 침강하거나 용해되는 현상을 일으키는 것을 항원 · 항체반응이라고 한다.

④ **특이성** … 항체는 그 항체를 형성시킨 원인이 되는 항원에만 반응하는 특이성을 가진다. 즉 감기바이러스에 대항하는 항체는 감기바이러스에만 작용하고, 다른 병원균에 대해서는 작용하지 못하는 특이성을 가지는 것이다.

(2) 면역

① **면역** … 동물의 몸에 어떠한 병원체가 들어와서 이에 대한 항체가 생기게 되면, 그 항체가 소멸되지 않고 존재하는 한 그 병원체로 인한 병에 걸리지 않게 되는 현상을 면역이라고 한다.

② **종류**

㉠ **선천성 면역** : 태어나면서부터 가지고 있는 면역성이다.

㉡ **후천성 면역** : 후천적으로 획득하게 되는 면역성이다.

- 병후면역 : 천연두나 홍역, 풍진 등의 병과 같이 이 병을 앓고 난 후 이 병에 대한 항체가 생성되어 오랫동안 몸 속에 남아 있어서 가지게 되는 면역성이다.
- 인공면역 : 예방주사와 같이 인공적으로 항원을 만들어 주사하여 병에 걸리기 전에 그 항원에 대한 항체를 몸 속에 생기게 하여 가지게 되는 면역성이다.
- 알레르기 : 어떤 물질에 대한 면역반응이 지나치게 과민하게 나타나는 증상을 알레르기라고 한다.

㉢ **세포성 면역** : 활성화된 세포 독성 T림프구가 병원체에 감염된 세포나 돌연변이가 일어나 손상된 세포를 직접 파괴함으로써 이루어지는 면역을 말한다.

㉣ **체액성 면역** : 세포 외부의 조직이나 혈액에 존재하는 항원에 대해 항체를 생산하여 항원을 제거하는 방식을 말한다. 대식세포가 제시한 항원은 인지한 보조 T림프구가 활성화되어 신호 물질로 사이토카인을 분비하면 B림프구가 활성화되어 같은 항원에 민감하게 반응하게 된다. 활성화된 B림프구는 형질세포와 기억세포로 분화되는 과정을 거친다. 이 과정에서 B림프구는 세포분열을 계속하여 클론을 형성하는데, 이 클론에 속한 B림프구는 모두 동일한 항체를 만든다.

03 림프계와 지라

❶ 림프계

(1) 조직액과 림프

① 조직액 … 혈액순환 도중 한 층의 세포로 되어 있는 모세혈관벽을 통해 혈관 밖으로 스며나온 혈장성분을 조직액이라고 한다. 조직액은 모세혈관과 조직세포 사이에서 물질교환을 중계한다.

② 림프 … 혈장의 일부가 모세혈관벽으로 새어나와 조직세포 사이를 채우는 조직액 중 림프관으로 흘러들어간 것을 림프 또는 림프액이라 한다. 림프는 모세혈관과 조직세포 사이의 물질교환시 중계역할을 한다.

(2) 림프의 조성

① 림프구
- ㉠ 림프의 고체성분으로, 백혈구의 일종이다.
- ㉡ 식균작용과 항체생성에 관계한다.
- ㉢ 골수와 림프절, 지라에서 생성된다.

② 림프장
- ㉠ 림프의 액체성분이다.
- ㉡ 단백질의 양이 혈장의 반 정도이며, 물질(지방)을 운반하고 내부환경을 유지시켜 준다.
- ㉢ 조직세포의 틈을 채우고 있으며, 모세혈관과 조직 사이의 물질교환을 매개한다.

❷ 지라

(1) 개념

지라는 위의 뒤쪽에 위치한 암적색의 기관으로 기능상 림프계에 속한다.

(2) 지라의 기능

① 백혈구와 림프구를 생산한다.

② 항체생산 및 식균작용을 한다.

③ 백혈구와 적혈구, 림프구를 파괴한다.

④ 혈액을 저장하여 혈액의 양을 조절한다.

최근 기출문제 분석

2021. 6. 5. 제1회 서울특별시

1 사람의 면역세포에 대한 설명으로 가장 옳지 않은 것은?

① 호중구는 선천면역에 관여한다.

② 단핵구는 대식세포로 분화한다.

③ 비만세포는 히스타민을 분비한다.

④ 자연살해세포(natural killer)는 MHC Ⅱ를 발현한다.

TIP 선천성 면역에 해당하는 백혈구에는 단핵세포, 호중구, 호산구, 호염기구, 자연살해세포가 있다. 이 중 단핵세포는 대식세포로 발전한다. 비만세포는 히스타민을 분비해 염증반응에 대비한다. 자연살해세포는 감염된 세포나 암세포를 인식해 부착되어 해당 세포를 파손시킨다. MHCⅡ는 골지체에서 만들어져 외부 항원을 제시하는 것과 관련있으며 자연살생세포와는 관계가 없다.

2020. 10. 17. 제2회 지방직(고졸경채)

2 우리 몸에서 병원체에 대한 비특이적 방어 작용에 해당하지 않는 것은?

① 백혈구의 식균 작용

② 상처 부위의 염증 반응

③ 라이소자임의 항균 작용

④ B림프구에 의한 체액성 면역

TIP 방어 작용은 선천적인 특징을 가지는 비특이적 방어작용과 후천적인 특징을 가지는 특이적 방어작용으로 구분할 수 있다.
④ 림프구에 의한 체액성 면역은 특이적 방어작용에 해당한다.

Answer 1.④ 2.④

2020. 10. 17. 제2회 지방직(고졸경채)

3 **철수와 영희의 혈액을 원심분리한 후 상층액(㉠, ㉡)과 침전물[(가), (나)]의 응집 반응을 확인한 결과이다. 철수와 영희의 혈액형을 바르게 연결한 것은? (단, B형에게 영희의 혈액을 수혈할 수 있으며, ABO식 혈액형만을 고려한다)**

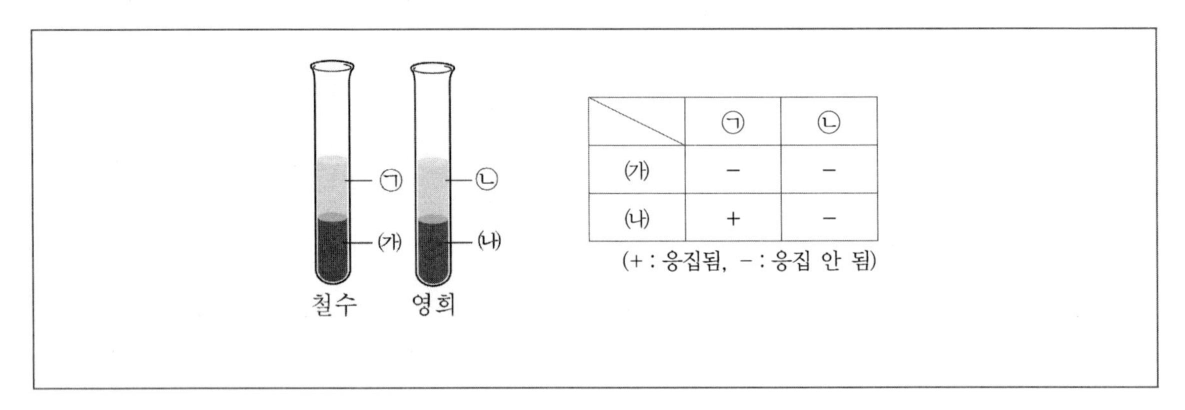

	㉠	㉡
(가)	−	−
(나)	+	−

(+ : 응집됨, − : 응집 안 됨)

	철수	영희
①	O형	B형
②	A형	B형
③	A형	O형
④	AB형	O형

TIP B형에게 영희의 혈액을 수혈할 수 있는 것으로 보아 영희의 혈액형은 B형이다. 혈액을 원심분리 하면 상층부에는 응집소가 존재하고 하층부에는 응집원이 존재하는데 영희의 경우 B형이므로 (나)에는 응집원 B가 있고 ㉡에는 응집소 α가 있다. 철수의 혈액의 응집소인 ㉠이 영희 혈액 응집원 B와 응집반응이 일어나므로 응집소 β가 있다는 것을 알 수 있고, 철수의 혈액의 응집원인 (가)는 영희 혈액 응집소인 α와는 응집반응이 일어나지 않았으므로 응집원 A는 없다는 것을 알 수 있다. 즉 철수의 혈액은 응집원을 가지지 않으며 응집소는 α, β를 가지는 O형임을 알 수 있다.

Answer 3.①

2019. 6. 15. 제2회 서울특별시

4 **두 개의 중쇄(heavy chain)와 두 개의 경쇄(light chain)로 구성되어 있는 일반적인 면역글로불린 G(IgG) 항체의 구조에 대한 설명으로 가장 옳지 않은 것은?**

① 두 개의 중쇄는 서로 결합되어 있지만 두 개의 경쇄는 서로 직접적인 결합 상호작용을 하지 않는다.

② 중쇄와 경쇄 모두 가변(V, variable) 영역과 불변(C, constant) 영역을 가지고 있다.

③ 두 개의 중쇄는 불변 영역에서 서로 결합한다.

④ 중쇄와 경쇄의 가변 영역은 각각 독립된 항원결합 부위를 형성한다.

TIP 중쇄와 경쇄의 가변 영역은 같은 항원결합 부위를 형성한다.

2019. 2. 23. 제1회 서울특별시

5 **세포매개 면역반응(cell-mediated immune response)에 대한 설명으로 옳은 것을 〈보기〉에서 모두 고른 것은?**

보기

㉠ 항원제시세포는 보조 T 림프구에게 자기 단백질(self protein)과 외래항원을 제시한다.
㉡ 보조 T 림프구는 인터루킨 2(IL-2)를 분비하여 B 림프구를 활성화한다.
㉢ 보조 T 림프구는 인터루킨 2(IL-2)를 분비하여 세포독성 T 림프구를 활성화한다.
㉣ 항원제시세포는 인터루킨 1(IL-1)을 분비하여 보조 T 림프구를 활성화한다.

① ㉡㉢
② ㉠㉡㉣
③ ㉠㉢㉣
④ ㉠㉡㉢㉣

TIP 세포매개 면역반응은 2차 방어작용에 대한 내용으로 특이적 방어작용이라고도 한다. 대식세포가 항원을 제거하면서 항원 조각을 제시하면서 인터루킨 Ⅰ을 분비한다. 인터루킨 Ⅰ이 보조 T 림프구를 활성화시켜 인터루킨 Ⅱ가 분비된다. 인터루킨 Ⅱ가 세포독성 T 림프구를 활성화시킨다. 보조 T 림프구는 B세포에 결합하고 항체 생성을 촉진시키는 인터루킨 Ⅱ를 분비해 B세포를 활성화한다. 그 이후 세포성 면역의 경우 항원에 감염된 세포가 항원 조각을 제시하면 세포 독성 T 림프구와 만나면서 제거된다. 체액성 면역의 경우 B 림프구가 보조 T 림프구로 인해 형질세포와 기억세포로 분화되고 형질세포는 항체를 생성해 항원항체반응을 통해 항원을 제거하며 기억세포는 다음에 동일한 항원이 들어왔을 때 빠르게 반응할 수 있게 한다. 보조 T 림프구가 B세포를 인식하기 위해서는 B세포 표면에 부착된 항체가 대식세포에 의해 제시되었던 항원 단백질의 일부분과 결합하고 있어야 한다. 인터루킨은 B세포를 간접적으로 자극할 수 있다.

Answer 4.④ 5.③

2016. 6. 25. 서울특별시

6 **다음 그래프는 항원 A와 B가 인체에 침입했을 때 생성되는 항체 농도 변화를 나타낸 것이다. 다음 설명 중 옳은 것을 모두 고르면?**

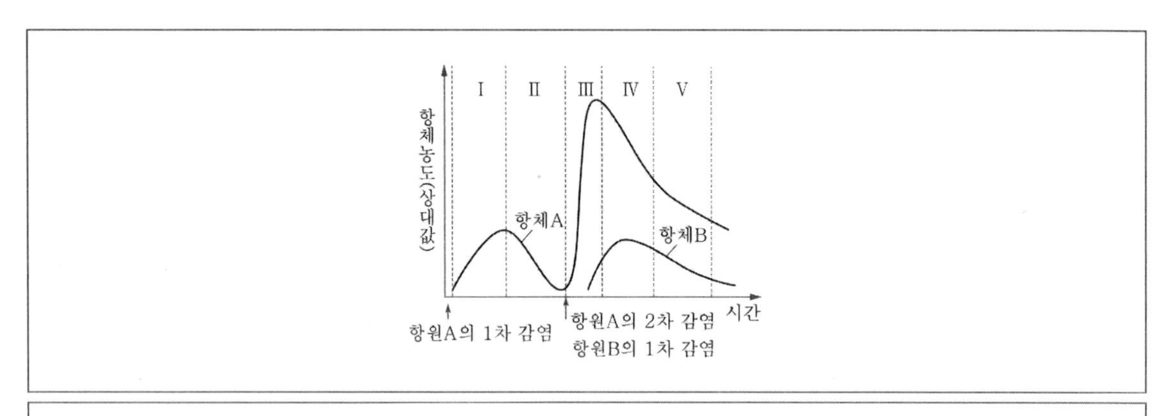

㉠ 구간 Ⅰ보다 구간 Ⅲ에서 항체 A가 빠르게 생성된다.
㉡ 구간 Ⅲ에서는 구간 Ⅰ보다 항체 A가 대량으로 생산된다.
㉢ 구간 Ⅴ에는 항원 A와 항원 B에 대한 기억세포가 모두 존재한다.
㉣ 구간 Ⅴ에서 항원-항체반응은 항원 A보다 항원 B가 더 활발하게 일어난다.
㉤ 구간 Ⅰ에서는 기억세포가 항체를 직접 생성한다.

① ㉠㉡㉢
② ㉠㉡㉢㉣
③ ㉠㉡㉢㉤
④ ㉠㉡㉣㉤

TIP ㉣ 구간 Ⅴ에서 항원-항체반응은 항원 B보다 항원 A가 더 활발하게 일어난다.
㉤ 기억세포가 항체를 직접 생성하는 것이 아니라 형질세포가 항체를 생성한다.

Answer 6.①

출제 예상 문제

1 다음 중 체액성 면역에 관한 설명으로 옳지 않은 것은?

① 항원 중화반응
② 항원 침강반응
③ 세포 용해
④ 바이러스나 세균을 중화한다.

TIP ③ 세포성 면역에 대한 설명이다.
※ 세포성 면역 … T림프구가 직접 감염된 세포, 변형된 세포, 암세포 등을 파괴하려는 세포에 접근하여 접촉한 후 세포를 파괴하는 것이다. T세포의 식균작용이라 한다.

2 경아의 혈액은 A형 표준혈청에 응집하고 B형 표준혈청에 응집하지 않는다. 또한 RH^{-}에 응집하지 않을 때 옳은 것은?

① 경아는 α 응집소를 가지고 있다.
② 아무한테도 피를 줄 수 없다.
③ 응집원 A를 가지고 있다.
④ 혈액형이 A형이다.

TIP A형의 표준혈청에만 응집이 일어나므로 경아의 혈액형은 B형이다. B형은 α응집소와 B응집원을 가지고 있으며 B형, AB형에게 수혈을 할 수 있다.

3 혈액형에서 항 A 혈청, 항 B 혈청, 항 Rh 혈청 중 항 A에만 응집되는 혈액형은?

① Rh^{+} B형
② Rh^{-} B형
③ Rh^{-} A형
④ Rh^{+} AB형

TIP 항 A 혈청에만 응집이 일어나는 혈액형은 A형이다. Rh에 응집이 일어날 경우가 +이고, 일어나지 않으면 −이다.

Answer 1.③ 2.① 3.③

4 돼지 50마리를 사육하는 곳에서 돼지 콜레라 백신을 개발하였다. 백신의 예방효과를 알 수 있는 실험 방법으로 옳은 것은?

① 돼지 25마리에 백신을 주사하고 나머지 25마리에 콜레라를 감염시켰다.
② 돼지 25마리에 백신을 주사하고 50마리 모두 콜레라를 감염시켰다.
③ 돼지 25마리에 콜레라를 감염시키고 나머지 25마리는 그냥 두었다.
④ 돼지 50마리에 백신을 주사하고 50마리 모두 콜레라에 감염시겼다.

TIP 백신…독성을 약화시켰거나 죽인 병원체를 주사해서 항체 형성을 시키는 방법으로 돼지 50마리를 가지고 실험을 할 경우 25마리만 백신을 주사하고 50마리 모두에게 병원균을 침투시켜 백신을 주사한 돼지와 백신을 주사하지 않은 돼지의 병원균 감염의 유·무 및 항체 형성을 알아보는 것이다.

5 영희의 혈액형이 RH^-, A혈청에 응집하였다. 수혈받을 수 있는 사람은?

① RH^-, A형
② RH^-, AB형
③ RH^+, A형
④ RH^+, AB형

TIP A형 표준혈청에 응집이 일어나므로 영희는 B형이고 RH^-에 응집이 일어났으므로 RH^+에 해당한다. RH^+형은 RH^-에게 수혈을 할 수 없으므로 수혈을 받을 수 있는 사람은 RH^+ AB형이다.

6 다음 중 항원·항체반응과 관계가 없는 것은?

① 혈액응고현상
② B 림프구
③ T 림프구
④ 혈청요법

TIP 혈액응고현상은 피브리노젠, 프로트롬빈 및 Ca^{2+}에 의해 일어나므로 항원·항체반응과는 관계가 없다.

Answer 4.② 5.④ 6.①

7 혈액의 순환경로에서 A, B, C, D에 해당하는 것이 옳게 짝지어진 것은?

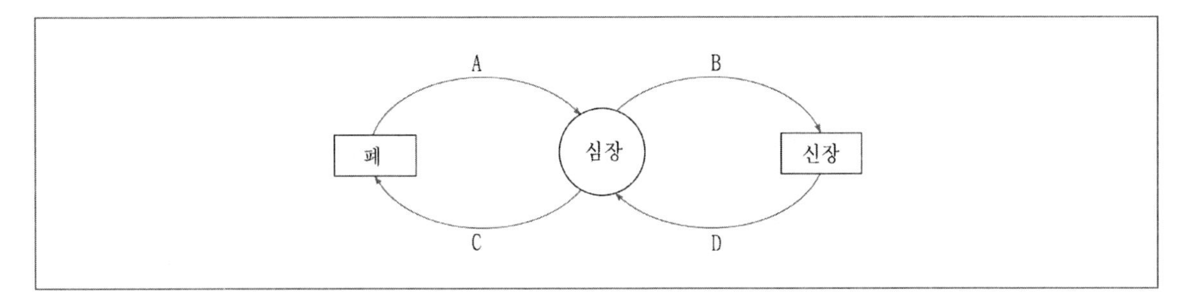

① A – 폐정맥, B – 대정맥
② A – 대동맥, C – 폐동맥
③ C – 폐동맥, D – 신정맥
④ A – 폐정맥, D – 신동맥

TIP A – 폐정맥, B – 신동맥, C – 폐동맥, D – 신정맥

8 다음 중 항원 · 항체반응이 아닌 것은?

① 혈액을 상온에 두었더니 응고가 되었다.
② 육식을 섭취하였더니 알레르기 반응이 나타났다.
③ 혈청을 이용하여 혈액형을 판정하였다.
④ 투베르쿨린 반응을 실시하였더니 양성이 나왔다.

TIP ① 혈액응고반응은 효소촉매작용에 의한 화학반응에 해당한다.

Answer 7.③ 8.①

9 **항원의 침입에 자극을 받아 혈액 내에 형성되는 물질은?**

① 항원 ② 항체
③ 백신 ④ 림포카인

TIP 항체 … 혈액 속에 병원체가 침입하거나 다른 이물질 등이 들어오면 그 혈액의 혈청 내에 이종물질에 대항하는 물질이 생성되는 것을 말한다.
① 항체를 생성하도록 하는 이종물질을 말한다.
③ 항체를 인위적으로 발생시키는 물질을 말한다.
④ 인터페론과 인터루킨을 함유한 단백질군으로 공격하여 파괴하려는 세포의 단백질 합성과 세포성장을 억제시키는 물질을 말한다.

10 **혈액의 응고를 방지하기 위해 시트르산나트륨을 넣는 이유에 해당하는 것은?**

① 피브린을 없애려고 ② 트롬보키나아제를 없애려고
③ 혈소판의 파괴를 막으려고 ④ 칼슘이온을 없애려고

TIP 시트르산나트륨은 칼슘이온을 나트륨이온으로 전환시켜 트롬빈의 생성을 막는다.

11 **다음 중 사람의 심장구조에 해당하는 것은?**

① 1심방 1심실 ② 2심방 2심실
③ 2심방 1심실 ④ 2심방 불완전 2심실

TIP 사람을 비롯한 포유류는 가장 발달한 심장구조인 2심방 2심실의 구조를 갖고 있다.

Answer 9.② 10.④ 11.②

12 **사람의 심장과 심장박동에 대한 설명으로 옳은 것은?**

① 대정맥과 우심방 사이에 심장의 박동원인 동방결절이 있다.
② 심실과 동맥 사이에 이첨판이라고 하는 판막이 있어 혈액의 역류를 방지한다.
③ 심실에는 정맥이, 심방에는 동맥이 연결되어 있다.
④ 심장박동의 중추는 대뇌이다.

TIP ① 심장은 동방결절이라고 하는 박동원이 있어서 스스로 박동하는 자동성을 가진다.
② 심실과 동맥 사이에는 반월판이, 좌심실과 좌심방의 사이에는 이첨판이, 우심실과 우심방의 사이에는 삼첨판이 있다.
③ 심실에는 동맥이, 심방에는 정맥이 연결되어 있다.
④ 심장박동은 연수에 의해 지배를 받는다.

13 **다음 중 사람의 혈액흐름의 순서가 바르게 나열된 것은?**

① 대정맥 → 심장 → 대동맥 → 폐 → 폐동맥 → 심장 → 폐정맥 → 온몸
② 대정맥 → 심장 → 폐동맥 → 폐 → 폐정맥 → 심장 → 대동맥 → 온몸
③ 대동맥 → 심장 → 폐동맥 → 폐 → 대정맥 → 심장 → 폐정맥 → 온몸
④ 대동맥 → 심장 → 폐정맥 → 폐 → 폐동맥 → 심장 → 대동맥 → 온몸

TIP 대정맥을 통해서 심장으로 들어온 혈액은 폐로 가서 기체를 교환하고 다시 심장으로 돌아와 대동맥을 통해 온몸으로 나가게 된다. 심장을 기준으로 심장으로 들어오는 혈액이 흐르는 혈관은 모두 정맥이라고 하고 나가는 혈액이 흐르는 혈관은 모두 동맥이라고 한다.

14 **다음 중 심장에 분포하고 있는 동맥은?**

① 관상동맥
② 대동맥
③ 척수
④ 좌쇄골하동맥

TIP 관상동맥 … 심장을 둘러싸고 있는 동맥으로 좌우 2개로 나뉘어져 있으며 심장의 근육에 산소 및 영양소를 공급하는 혈액이 흐르는 혈관을 말한다.

Answer 12.① 13.② 14.①

15 다음 중 동맥혈에 대한 설명으로 옳은 것은?

① 이산화탄소의 양이 많은 혈액
② 산소의 양이 많은 혈액
③ 동맥을 흐르는 혈액
④ 정맥을 흐르는 혈액

TIP 온몸을 돌고 대정맥을 통해 심장으로 들어온 혈액에는 온몸에서 운반해 온 노폐물과 이산화탄소가 많이 포함되어 있다. 이러한 혈액을 정맥혈이라 하고, 폐를 거쳐 산소가 많이 포함되어 있는 깨끗한 혈액으로 정화된 것을 동맥혈이라 한다.

16 다음 중 정맥혈이 흐르는 곳은?

① 폐정맥
② 폐동맥
③ 좌심방
④ 좌심실

TIP 심장을 출발한 혈액은 폐동맥을 통해 폐로 이동한 후, 폐정맥을 통해 심장으로 되돌아온다. 폐동맥에는 아직 폐에서 정화되지 못한 혈액인 정맥혈, 폐정맥에는 정화과정을 거친 동맥혈이 흐른다.

17 다음 중 혈관에 관한 설명으로 옳지 않은 것은?

① 혈관의 총단면적이 가장 넓은 것은 모세혈관이다.
② 혈압은 동맥에서 가장 높게 나타난다.
③ 혈류속도는 정맥에서 가장 빠르다.
④ 혈관벽의 두께는 동맥이 가장 두껍다.

TIP 혈관 내에서의 혈류속도는 동맥에서 가장 빠르고, 다음으로 정맥과 모세혈관의 순이다.

Answer 15.② 16.② 17.③

18 다음은 사람의 체내 혈액순환을 간단히 나타낸 모식도이다. ㉠과 ㉡에 들어갈 말로 바르게 짝지어 진 것은?

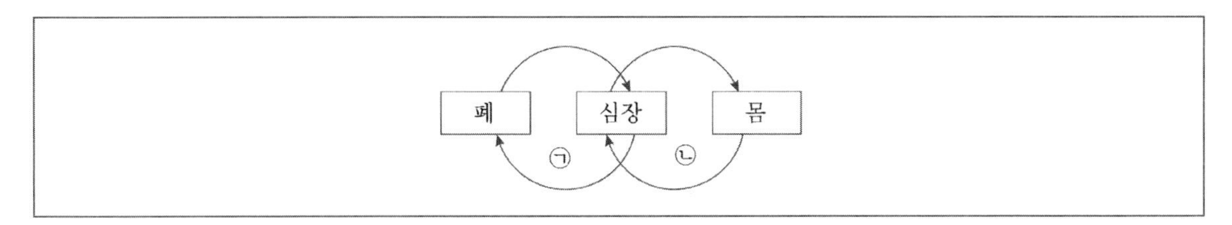

① ㉠ 소순환, ㉡ 폐순환
② ㉠ 대순환, ㉡ 체순환
③ ㉠ 체순환, ㉡ 폐순환
④ ㉠ 폐순환, ㉡ 체순환

TIP 사람의 채내 혈액순환은 좌심실을 출발한 혈액이 온몸을 돌고 우심방으로 돌아오는 체순환과 우심실을 출발한 혈액이 폐를 돌고 좌심방으로 돌아오는 폐순환으로 구분된다.

19 대정맥을 통해서 심장으로 들어온 혈액이 심장 내에서 순환하는 순서로 옳은 것은?

① 우심방 → 우심실 → 좌심방 → 좌심실
② 우심방 → 좌심방 → 우심실 → 좌심실
③ 좌심실 → 좌심방 → 우심실 → 우심방
④ 좌심방 → 좌심실 → 우심방 → 우심실

TIP 정맥과 연결되어 혈액을 받아들이는 곳은 심방, 동맥과 연결되어 혈액을 내보내는 곳은 심실이다. 대정맥은 우심방에 연결되어 있다.

20 운동 후 호흡과 심장박동이 빨라졌을 경우 심장박동을 촉진시키는 원인에 해당하는 것은?

① 아드레날린
② 아세틸콜린
③ 칼슘이온
④ 글리코젠

TIP 혈액 내 이산화탄소의 농도가 높아지면 교감신경에서 아드레날린을 분비하여 심장박동을 촉진시켜 호흡속도가 빨라지게 한다.

Answer 18.④ 19.① 20.①

※ 다음은 혈액의 응고과정에 대한 모식도이다. 물음에 답하시오. 【21 ~ 24】

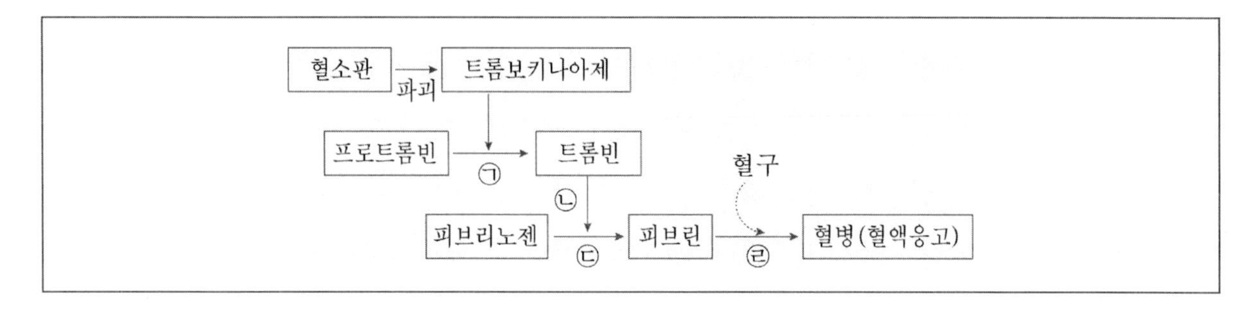

21 ㉠에 해당하는 물질은?

① 칼슘이온 ② 나트륨이온
③ 탄산이온 ④ 칼륨이온

TIP 트롬보키나아제는 혈장 내에 칼슘이온(Ca^{2+})의 도움을 받아 혈액 내의 프로트롬빈을 트롬빈으로 전환시킨다.

22 다음 중 트롬빈의 생성이 억제되는 경우에 해당되지 않는 것은?

① 프로트롬빈의 생성이 억제되는 경우
② 온도가 낮아서 트롬보키나아제가 활성을 갖지 못하는 경우
③ 칼슘이온이 부족한 경우
④ 피브린이 제거된 경우

TIP 피브린은 트롬빈이 피브리노젠을 활성화시켜 얻는 산물이다.

Answer 21.① 22.④

23 혈액응고과정 중 혈액을 유리막대로 저어주는 방법으로 혈액응고를 방지할 수 있는 단계에 해당하는 것은?

① ㉠　　② ㉡
③ ㉢　　④ ㉣

TIP 피브린은 실 모양의 구조를 가지는 물질로, 피브린이 혈구를 얽어매기 때문에 혈액이 응고하는 것이다.

24 혈액응고의 과정 중 ㉢ 단계의 진행을 방지하고자 할 때 사용할 수 있는 방법으로 옳은 것은?

① 저온처리한다.
② 옥살산나트륨을 첨가한다.
③ 헤파린을 첨가한다.
④ 유리막대로 저어 준다.

TIP 혈액응고 방지법
㉠ 저온처리 : 트롬보키나아제의 작용을 억제한다.
㉡ 옥살산나트륨의 첨가 : 칼슘이온을 나트륨이온으로 전환시킨다.
㉢ 헤파린의 첨가 : 트롬빈의 기능을 억제한다.
㉣ 유리막대로 저어 줌 : 생성된 피브린을 파괴한다.

25 다음 중 체내에서 혈구를 생산하는 가장 중요한 기관은?

① 간　　② 지라
③ 골수　　④ 신장

TIP 백혈구와 적혈구, 혈소판은 모두 뼈 속에 있는 기관인 골수에서 생성된다. 생성장소는 같지만 파괴장소는 혈구마다 차이가 있다. 적혈구는 간과 지라, 백혈구는 지라와 골수, 혈소판은 간과 지라에서 각각 파괴된다.

Answer 23.④ 24.③ 25.③

03 배설

01 배설과 배설기

1 배설과 배설물질

(1) 배설

① 배설 … 여러 영양소를 분해하여 에너지를 얻는 과정에서 생성되는 노폐물을 몸 밖으로 배출하여 버리는 것을 배설이라고 한다.

② 기능 … 여분의 수분이나 무기염류를 소변이나 땀의 형태로 배출하여 체액의 항상성을 유지하게 한다.

(2) 배설물질

① 영양소의 분해산물

㉠ 탄수화물, 지방 : CO_2, H_2O

㉡ 단백질 : CO_2, H_2O, 질소노폐물(암모니아)

② 질소노폐물의 배출형태 … 암모니아는 독성이 있으므로 각 동물들은 자신들에게 유리하게 질소노폐물의 형태를 바꾸어서 배출한다.

[종에 따른 질소노폐물의 배출형태]

질소노폐물의 배출형태	종류
요소의 형태로 배출하는 종	포유류, 양서류, 경골어류
요산의 형태로 배출하는 종	조류, 파충류, 곤충류
암모니아의 형태로 배출하는 종	수생무척추동물, 경골어류

③ 오르니틴회로 … 암모니아를 요소로 바꾸는 회로로, 간에서 일어나는 과정이다.

㉠ 요소의 생성 : 단백질의 분해산물인 암모니아는 간세포에서 이산화탄소, 오르니틴과 결합해서 시트룰린이 되고, 이것이 다시 암모니아와 결합하여 아르지닌(arginine)이 된다. 아르지닌은 아르지닌분해효소(아르지네이스)에 의해서 오르니틴과 요소로 분해된다. 그리고 오르니틴은 회로를 다시 반복한다.

㉡ ATP 소모량 : 오르니틴회로가 진행되기 위해서는 ATP에너지가 필요한데, 오르니틴이 시트룰린이 되는 과정과 시트룰린이 아르지닌이 되는 과정에서 각각 1분자씩의 ATP를 소모한다. 따라서 오르니틴회로가 한 번 진행되기 위해서 2분자의 ATP를 사용하게 된다.

㉢ 오르니틴회로의 과정

$$CO_2 + 2NH_3 + H_2O \xrightarrow[2ATP \quad 2ADP]{\text{아르지네이스}} CO(NH)_2 + 2H_2O$$

❷ 배설기

(1) 수축포

① 모양 … 짚신벌레, 아메바 등이 가지고 있는 배설기관으로, 중앙은 주머니 모양의 구조이고 그 둘레에 방사상으로 배열한 작은 관들이 모여 있다.

② 배설기작 … 수축과 팽창을 거듭하며 노폐물(NH_3)을 배출하여 삼투압을 조절한다.

(2) 원신관

① 모양 … 편형동물, 윤형동물 등이 가지고 있는 배설기관으로, 몸의 좌우에 1줄씩 나뭇가지 모양의 관이 길게 뻗어 있다.

② 불꽃세포 … 관의 가지 끝에 있는 세포로 노폐물을 거르는 역할을 한다.

③ 배설기작 … 불꽃세포의 섬모운동으로 세관 내로 노폐물이 이동하여 배설공으로 배출한다.

(3) 신관

① 모양 … 환형동물 등이 가지고 있는 배설기관으로, 가느다란 모양의 관이 체절마다 각 1쌍씩 좌우에 있는데, 관의 안쪽은 신구로 되어 체강에 열려 있고 바깥쪽은 외부에 열려 있다.

② 신구 … 섬모가 많이 있어 노폐물을 모아 배출한다.

③ 변형

㉠ 보아누스기 : 복잡화되어 있고 출구는 외투막 속에 열려 있다(연체동물).

㉡ 촉각선 : 변형되어 제 2 촉각이 기부에 열려 있다(갑각류).

(4) 말피기관

① **모양** … 곤충류, 거미류 등이 가지고 있는 배설기관으로, 실 모양의 맹관들이 위와 창자의 경계부에 붙어 있다.

② **배설기작** … 노폐물이 모아져서 창자로 보내지면 소화관을 통하여 배출된다.

(5) 신장(척추동물)

① **전신** … 발생 중에 생겨서 일생 동안 작용한다(원구류).

② **중신** … 발생 초기에는 전신이지만 후에 퇴화되고 중신이 생긴다(어류, 양서류).

③ **후신** … 전신에 이어 중신이 발생 도중에 생기지만 곧 퇴화되고 이어서 후신으로 된다(파충류, 조류, 포유류).

02 사람의 배설기

❶ 신장의 여과작용

(1) 사람의 배설계

사람의 배설계는 신장, 수뇨관, 방광, 요도로 구성되어 있는데, 주된 기관은 신장이다.

(2) 신장

① **사람의 신장** … 강낭콩처럼 생긴 암적색의 기관으로 길이 11cm, 폭 4cm, 두께가 2.5cm 정도의 크기를 가진다. 허리 위의 등쪽에 좌우로 한 개씩 존재한다.

② **구조** … 사람의 신장은 피질과 수질, 그리고 신우로 구분된다. 신장에는 신동맥과 신정맥이 연결되어 있고, 내부는 피질 · 수질 · 신우로 구성되어 있다. 피질은 신장의 바깥 부분으로 여과단위인 네프론과 혈관들로 이루어져 있다. 수질은 피질 아래에 있으며, 그 속에 빈 공간인 신우가 있다.

㉠ **피질** : 신장의 바깥쪽을 피질이라고 한다. 이 곳에 신장의 기본적인 기능을 수행하는 신장의 기본단위인 신단위(네프론)가 있다.

㉡ **수질** : 신장의 안쪽 부분을 수질이라고 한다. 이 곳은 세뇨관과 수집관이 지나가는 장소이다.

㉢ **신우** : 수질의 내부에 있는 빈 공간을 신우라고 하는데, 오줌의 일시 저장장소가 된다.

[신장의 구조]

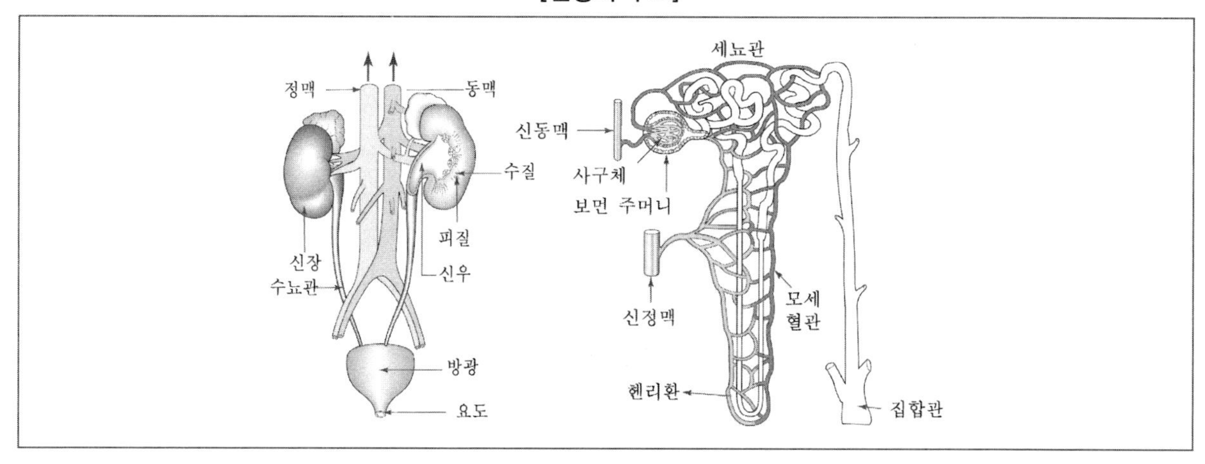

③ 기능

㉠ 질소성 노폐물인 요소를 배설하고 수분과 무기염류의 양을 조절한다.

㉡ 물질대사의 결과 부산물로 생겨나는 노폐물을 체액으로부터 제거한다.

㉢ 혈액과 체액의 부피, pH 및 그의 조성을 조절한다.

㉣ 신장은 물질에 따라서 배설하기도 하고 간직하기도 함으로써 혈액과 체액의 환경을 일정하게 유지하여 세포가 계속해서 정상기능을 유지할 수 있도록 작용한다.

④ 신단위(네프론)

㉠ 신장의 구조적 · 기능적 기본단위로 신장의 피질부에 존재한다.

㉡ 한쪽 신장에 약 100만 개의 신단위가 있다.

㉢ 사구체와 보먼주머니, 세뇨관으로 구성되어 있다.

- 사구체 : 신장에는 신동맥과 신정맥이 연결되어 있다. 신동맥은 여러 개의 소동맥으로 갈라지게 되는데, 소동맥이 갑자기 모세혈관으로 갈라져서 얽힌 실타래처럼 생긴 부분을 사구체라고 한다.
- 보먼주머니 : 사구체를 둘러싸고 있는 부분으로 이 곳에서 여과작용이 일어난다. 사구체와 보먼주머니를 합하여 신소체 또는 말피기소체라고 한다.
- 세뇨관 : 보먼주머니에 연결된 가느다란 관으로, 집합관에 연결되어 있으며 재흡수와 분비 작용이 일어나는 곳이다.

TIP **세뇨관의 구조** … 근위세뇨관, 헨레루프, 원위세뇨관의 세 부분으로 되어 있다. 근위세뇨관과 원위세뇨관은 피질부에 있는 꼬불꼬불한 부분으로 수질부에 있는 헨레루프와 연결된다. 그리고 수많은 네프론으로부터 나온 세뇨관은 집합관과 연결되어 있다.

(3) 신장의 여과작용

① **여과작용** … 혈액에 들어 있는 여러가지 무기염류와 노폐물은 여과와 재흡수, 분비의 과정을 거쳐서 오줌성분을 생성한다.

TIP 오줌의 성분 … 요소, 요산, 크레아틴, 무기염류, 물

② **여과** … 신동맥에서 사구체로 들어온 혈액에서 단백질이나 포도당, 혈구, 염류 등의 고분자 물질을 제외한 모든 물질이 보먼주머니로 밀려 나오는 것을 여과라고 한다.

㉠ **원뇨** : 여과를 통해서 보먼주머니로 걸러져 나온 액체를 원뇨라고 한다.

㉡ **원동력** : 여과의 원동력은 사구체와 보먼주머니의 혈압 차이이다. 사구체로 들어가는 혈관의 지름이 나오는 혈관의 지름보다 크기 때문에 사구체의 혈압이 높아지고, 그 결과 혈액 속의 물질들이 상대적으로 혈압이 낮은 보먼주머니로 여과되어 나오는 것이다.

㉢ **여과를 거친 혈액** : 여과를 해도 고분자 물질은 여과가 되지 않기 때문에 여과를 거친 혈액 내에는 아직도 노폐물에 불과한 불필요한 염류가 많이 포함되어 있다.

[신장에서 여과작용]

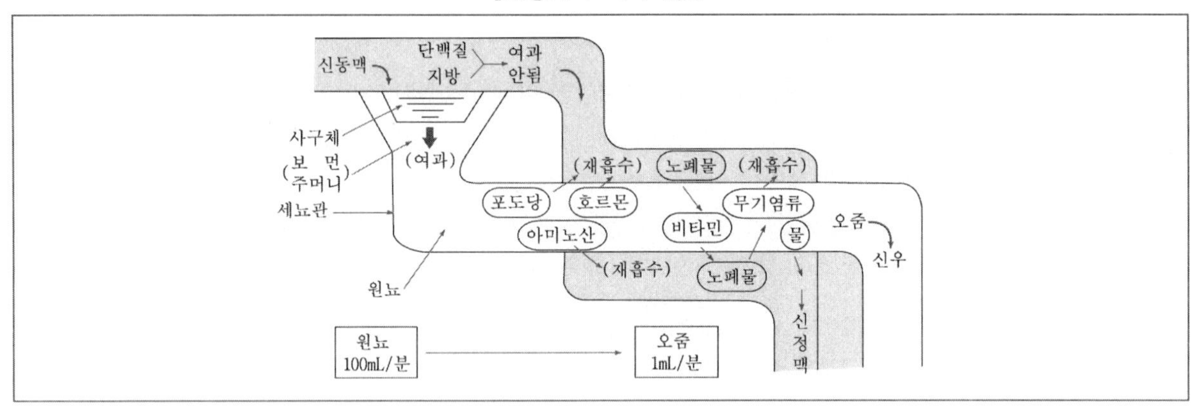

③ **재흡수** … 여과된 원뇨가 세뇨관을 지나는 동안 여과된 성분들 중에서 우리 몸에 필요한 포도당이나 아미노산, 무기염류, 수분 등이 세뇨관을 둘러싸고 있는 모세혈관으로 다시 흡수되는 과정을 재흡수라고 한다.

㉠ **원동력** : 세뇨관에서의 재흡수는 ATP를 이용한 능동수송에 의해서 일어난다. 즉, 에너지를 소비하면서 이루어진다.

㉡ **영양분의 재흡수** : 원뇨에 들어 있는 성분 중에서 포도당과 아미노산은 100% 재흡수되고, 무기염류와 비타민 등은 필요한 만큼만 재흡수된다. 수분은 보통 99% 정도가 재흡수되지만, 때에 따라서 재흡수되는 양이 조절된다.

㉢ **재흡수되지 않은 노폐물과 무기염류** : 원뇨의 성분들 중에서 재흡수되지 않은 노폐물과 무기염류는 집합관을 거쳐서 신우에 일시 저장되었다가 수뇨관을 거쳐서 체외로 배출된다.

TIP 물질의 재흡수

㉠ 가장 많이 재흡수되는 물질 : NaCl, 하루 동안에 재흡수되는 양은 약 120g에 달한다.

㉡ Na^+ : 나트륨펌프에 의해서 능동적으로 흡수된다.

㉢ 포도당과 아미노산 : 선택적 능동수송에 의해서 흡수된다.

㉣ 물 : 삼투적으로 재흡수된다.

㉤ 결과 : 세뇨관액의 용질의 농도는 줄어들고, 세뇨관을 둘러싸고 있는 간질액의 용질의 농도는 증가하게 된다.

④ 분비

㉠ 재분비 : 사구체를 지나온 혈액이 모세혈관을 흐르는 동안 보먼주머니로 여과되지 못하고 남아 있던 노폐물이 재흡수의 반대방향인, 혈관에서 세뇨관의 방향으로 분비된다. 이것을 재분비 또는 세뇨관 분비라고 한다.

㉡ 원동력 : 이 과정은 ATP에 의한 능동수송에 의해서 진행된다.

❷ 오줌의 생성과 배뇨

(1) 오줌의 생성에 관여하는 호르몬

① 알도스테론 … 부신피질에서 분비되는 알도스테론은 세뇨관에서 나트륨의 재흡수와 칼륨의 분비를 촉진한다.

② 바소프레신(항이뇨호르몬)

㉠ 뇌하수체후엽에서 분비되는 바소프레신은 수분의 재흡수를 촉진하여 오줌에 포함되는 수분의 양을 조절한다.

㉡ 몸에서 수분의 손실이 많으면 바소프레신에 의해서 집합관에서의 물의 재흡수가 촉진되어 오줌의 양이 줄고, 수분의 손실이 적으면 집합관에서의 재흡수가 저하되어 오줌의 양이 많아진다. 땀이 많은 여름철에 겨울철보다 오줌의 양이 적은 것도 이 때문이다.

(2) 오줌의 배뇨

① 오줌의 배출 … 생성된 오줌은 신우와 수뇨관을 지나 일단 방광에 저장된다. 오줌이 방광에 가득 차게 되면 괄약근의 수축에 의해 오줌은 요도의 출구를 통해 몸밖으로 배출되게 한다.

② 오줌의 배뇨경로

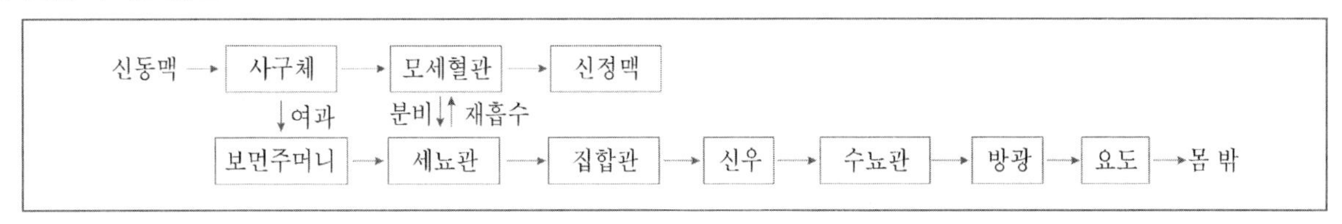

③ 배뇨량 … 어른의 경우 1분 동안 여과되는 원뇨의 양은 약 125ml 정도이고, 그 중에서 124ml 정도가 재흡수된다. 결국 1분간 생성되는 오줌의 양은 1ml 정도가 되는 셈이다. 정상적인 성인은 하루에 1.5*l* 정도의 오줌을 배설한다.

④ 배설기능 … 오줌의 배설은 노폐물의 제거 외에 체내의 항상성 유지에도 큰 도움을 준다. 그 대표적인 예가 체액의 수분량과 혈액의 pH 조절이다.

㉠ **체액의 수분량 조절** : 우리는 매일 음료수나 음식물을 통해 많은 양의 물을 흡수한다. 그러나 체액의 수분량은 일정하다. 이것은 신장으로 분비되는 오줌의 양으로 조절하기 때문이다.

- 체액의 수분량이 적어 혈액이 고장액 상태가 되면, 집합관에서 오줌으로 나가는 원뇨 속의 수분재흡수가 촉진된다.
- 혈액 속의 수분량이 증가하여 저장액 상태라면, 오줌의 양이 증가된다.

㉡ **혈액의 pH 조절** : 혈액의 pH는 우리가 무엇을 먹느냐에 따라 변할 수 있는데, 혈액의 pH는 거의 일정하다. 그러나 오줌의 pH는 4～9까지 변한다. 이것은 혈액 내의 과도한 H^+나 OH^-이 신장의 분비작용을 통해 제거되기 때문이다.

❸ 땀샘과 땀

(1) 땀샘

① 모양과 위치

㉠ **모양** : 땀샘은 진피에 실타래 모양으로 꼬여 있다.

㉡ **위치** : 땀샘은 피부의 어디에나 있지만 특히 손바닥, 발바닥, 겨드랑이에 많이 분포한다.

② **배설기작** … 땀샘의 주위를 모세혈관이 둘러싸고 있어서 혈액에 섞여 있는 노폐물을 걸러 땀구멍을 통해 배출한다.

③ **기능** … 사람을 비롯한 대부분의 포유류는 피부에 땀샘이 있어서 수분과 노폐물을 배출하여 체온조절과 삼투압조절을 한다. 사람의 경우 손바닥, 발바닥, 겨드랑이에 특히 땀샘이 많이 분포되어 있는데, 땀을 많이 흘리면 혈액의 삼투압이 높아지고 혈류속도가 느려져서 졸음이 오고 피로해진다.

(2) 땀

① 성분

㉠ 99%의 수분에 염분, 요소, 크레아틴이 녹아 있다.

㉡ 땀의 성분은 오줌의 성분과 비슷하지만 오줌에 비해서 농도가 약하다.

② 기능

㉠ **배설기능** : 모세혈관의 혈액 속에 섞여 있는 노폐물을 걸러낸다.

㉡ **체온조절** : 땀이 피부에서 증발하면서 체온을 떨어뜨리는 효과를 낸다.

최근 기출문제 분석

2021. 6. 5. 제1회 서울특별시

1 비뇨계에 대한 설명으로 가장 옳지 않은 것은?

① 분비과정에서 여액에 있는 물질이 혈액으로 운반된다.

② 보우만주머니는 사구체를 둘러싸고 있다.

③ 오줌은 요관(ureter)이라 불리는 관을 통해 신장에서 나온다.

④ 사구체에서 여과가 일어난다.

TIP 보우만주머니는 사구체를 둘러싸고 있어 사구체의 높은 혈압에 따라 저분자 물질들이 여과되어 빠져나올 때 그 물질들이 이동하는 곳이다. 또한 오줌은 신장에서 만들어져 요관을 통해 방광으로 이동해 배설된다.
분비과정은 혈액에 남아 있는 노폐물들이 세뇨관으로 이동하는 과정이다.

2019. 6. 15. 제2회 서울특별시

2 평소 신장 질환을 겪고 있는 환자의 소변을 채취하여 알부민 함량을 측정하였더니 정상인보다 높은 함량의 알부민이 검출되었다. 소변이 생성되는 여러 과정 중 소변의 알부민 함량과 가장 관련이 깊은 것은?

① 사구체 여과

② 세뇨관 재흡수

③ 세뇨관 분비

④ 소변의 농축

TIP 알부민은 단백질로 고분자인 단백질이 오줌에서 발견되었다는 것은 사구체에서 보먼주머니로 여과되지 말아야 할 물질이 여과되었음을 뜻한다.

Answer 1.① 2.①

출제 예상 문제

1 다음 중 사구체에서 여과되지 않는 것은?

① 포도당 ② 수분
③ 단백질 ④ 무기염류

TIP 여과작용 … 신동맥을 거쳐 사구체로 들어온 혈액이 혈압의 차이로 보먼주머니로 이동해 가는 현상을 말한다. 사구체에서 여과된 물질을 원뇨라 하며 단백질, 지방, 혈구 등은 여과되지 않는다.

2 네프론의 구조에 대한 명칭으로 옳은 것은?

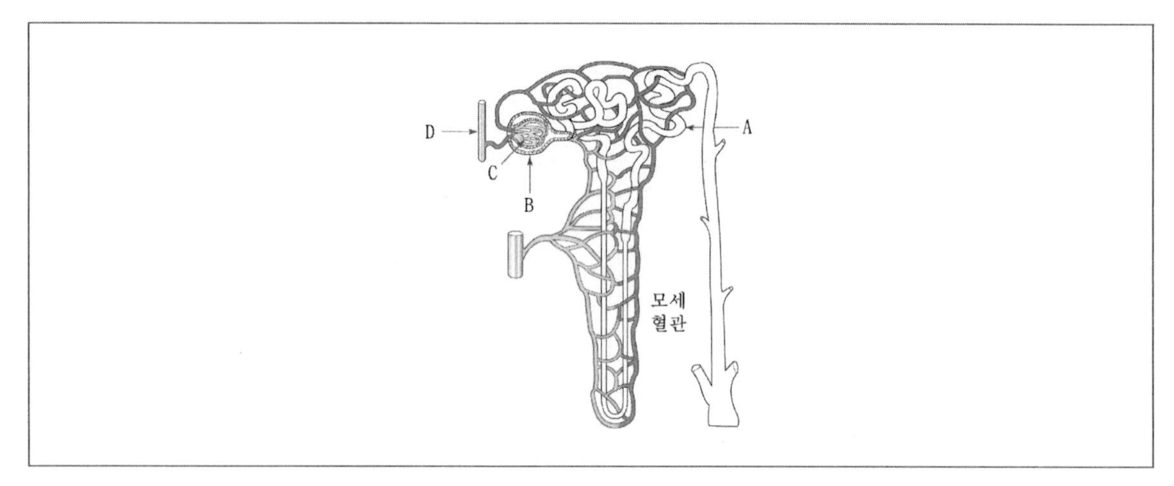

① A − 사구체 ② B − 신정맥
③ C − 보먼주머니 ④ D − 신동맥

TIP A − 세뇨관, B − 보먼주머니, C − 사구체

Answer 1.③ 2.④

3 다음 ㉠㉡㉢에 들어갈 말로 바르게 짝지어진 것은?

> 단백질 분해시 물과 이산화탄소, (㉠)(가)이 발생하고, (㉡)에서는 독성이 없는 물질인 (㉢)로 바뀌어 땀이나 소변으로 배출된다.

	㉠	㉡	㉢
①	요산	신장	요소
②	암모니아	간	요소
③	요소	간	암모니아
④	요소	간	요산

TIP 단백질 분해시 CO_2, H_2O, 암모니아가 발생하는 데 암모니아는 강한 독성을 나타내므로 간에서 간세포에 의해 진행되는 오르니틴회로를 거쳐 무독성인 요소로 합성된 후 혈액을 따라 신장으로 운반되어 소변으로 배출된다.

4 수분 섭취가 많아 삼투압이 낮아졌을 때 호르몬과 신장에서 일어나는 현상은?

① 혈액의 농도가 묽어져 항이뇨호르몬의 분비가 촉진된다.
② 항이뇨호르몬의 분비가 억제되며 수분의 흡수도 억제된다.
③ 항이뇨호르몬의 분비가 촉진되면 요붕증에 걸리게 된다.
④ 항이뇨호르몬은 뇌하수체 전엽의 호르몬에 의해 조절된다.

TIP ① 수분의 섭취가 많으면 혈액의 농도가 묽어져 항이뇨호르몬의 분비가 억제된다.
③ 항이뇨호르몬의 분비가 안되면 요붕증에 걸려 탈수현상이 나타난다.
④ 항이뇨호르몬은 뇌하수체 후엽 호르몬에 의해 조절된다.

Answer 3.② 4.②

5 운동 후 체내 삼투압이 높아져 소변이 진해질 경우 신장에서 나타나는 현상으로 옳은 것은?

① ADH의 분비가 억제되고 수분의 재흡수가 일어난다.
② ADH의 분비가 촉진되고 수분의 재흡수가 일어난다.
③ 무기질 코르티코이드의 Na^{+}의 재흡수가 일어나지 않는다.
④ 세뇨관의 재흡수가 적게 일어나 소변의 양이 많아진다.

TIP 운동 후 체내 삼투압이 증가하여 혈액의 농도가 진해지면 ADH의 분비가 촉진되어 세뇨관에서의 수분의 재흡수가 많아진다.

6 다음 중 질소노폐물이 생기는 경우에 해당하는 것은?

① 지방산의 분해
② 포도당의 분해
③ 아미노산의 분해
④ 글리코젠의 분해

TIP 질소노폐물은 단백질의 분해과정에서 생성되는 노폐물이다.

7 건강한 사람의 신장에서 여과, 재흡수, 분비의 과정을 거쳐서 생성된 오줌에는 물 이외에 어떤 성분이 존재하는가?

① 혈구, 단백질
② 포도당, 아미노산
③ 무기염류, 요소
④ 단백질, 포도당

TIP 사구체와 보먼주머니를 통해 혈구와 단백질을 제외한 물질이 우선 여과된 후, 세뇨관을 통과하는 동안 물, 포도당, 아미노산, 무기염류 등이 재흡수되어 결국 여과·재흡수되지 못한 물, 무기염류, 요소 등이 배설된다.

Answer 5.② 6.③ 7.③

8 다음은 오르니틴회로를 나타낸 것이다. 요소가 생성되는 단계와 이 회로가 일어나는 인체 내의 기관이 바르게 짝지어진 것은?

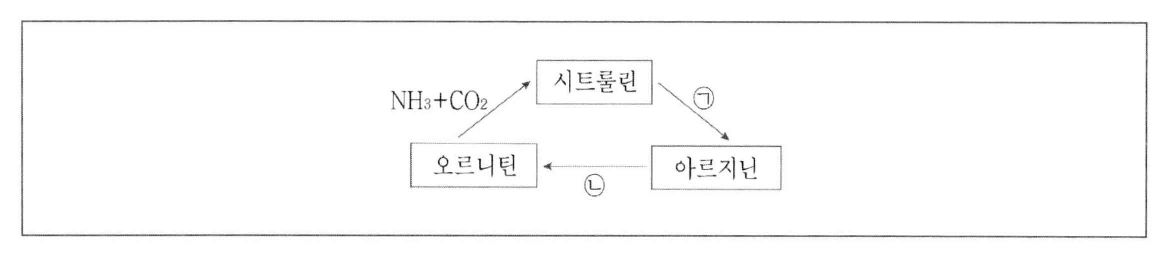

① ㉠, 간　　② ㉡, 간
③ ㉠, 신장　　④ ㉡, 신장

TIP 사람의 인체 내에서 생긴 질소노폐물인 암모니아는 독성이 없는 요소의 형태로 배출된다. 암모니아를 요소로 합성하는 과정을 오르니틴회로라고 하는데, 간에서 진행된다.

※ 다음은 오르니틴회로를 나타낸 것이다. 물음에 답하시오. 【9～10】

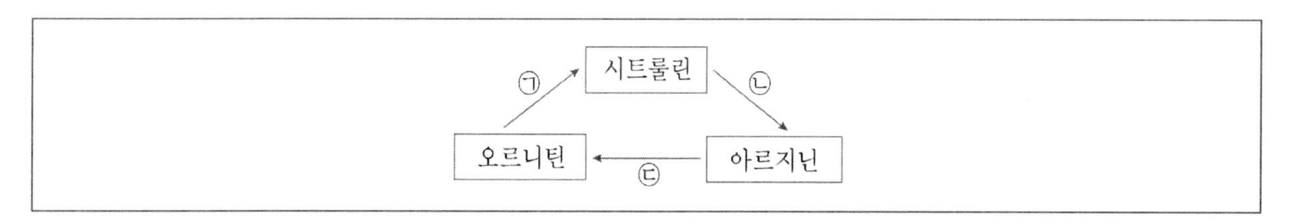

9 ㉠과 ㉡ 과정의 공통점이 아닌 것은?

① 암모니아가 유입된다.　　② ATP가 소모된다.
③ 이산화탄소가 발생한다.　　④ 물이 발생한다.

TIP 암모니아, 이산화탄소, 오르니틴이 1분자씩 결합하여 시트룰린이 되고 시트룰린은 다시 암모니아와 결합하여 아르지닌이 된다. 아르지닌에 물 1분자가 첨가되어 요소가 생성되고, 나머지는 다시 오르니틴이 되어 다음 회로에 이용된다. 요소는 이산화탄소, 암모니아, 물이 오르니틴회로를 거치면서 ATP를 소모하여 생성된다.

Answer 8.② 9.③

10 다음 중 요소가 발생하는 단계는?

① ㉠ ② ㉡
③ ㉢ ④ ㉠㉡

TIP 요소발생 단계
㉠ NH_3 · CO_2 · ATP 소모, H_2O · 시트룰린 생성
㉡ NH_3 · ATP 소모, H_2O · 아르지닌 생성
㉢ H_2O 소모, 요소 · 오르니틴 생성

11 다음 중 플라나리아의 노폐물 배설기작인 불꽃세포의 운동과 관계있는 것은?

① 편모운동 ② 섬모운동
③ 분절운동 ④ 위족운동

TIP 플라나리아는 불꽃세포의 섬모운동을 통해서 세관 내로 노폐물이 이동하여 배설공으로 배출한다.

12 다음 중 각 동물과 배설기의 연결이 잘못 짝지어진 것은?

① 짚신벌레 – 원신관 ② 조개 – 보야누스기
③ 갑각류 – 말피기관 ④ 포유류 – 신장

TIP 갑각류는 신관의 변형인 촉각선을 배설기로 갖는다. 말피기관을 통해서 배설을 하는 동물의 종류는 곤충과 거미류이다.

Answer 10.③ 11.② 12.③

13 말피기소체에서 여과가 일어나는 원동력에 대한 설명으로 옳은 것은?

① 혈관과 사구체의 농도 차이에 의한 확산
② 혈관과 사구체의 혈압의 차이
③ 에너지를 소모하는 능동수송
④ 혈관과 사구체의 농도 차이에 의한 삼투

TIP 사구체로 들어가는 혈관의 지름이 나오는 혈관보다 크고 사구체 내의 혈압이 혈관의 혈압보다 높기 때문에 보먼주머니로 여과되어 나오는 것이다. 여과의 원동력은 사구체와 보먼주머니의 혈압차이다.

14 다음과 같은 배설기의 형태와 이러한 배설기를 갖는 동물이 바르게 짝지어진 것은?

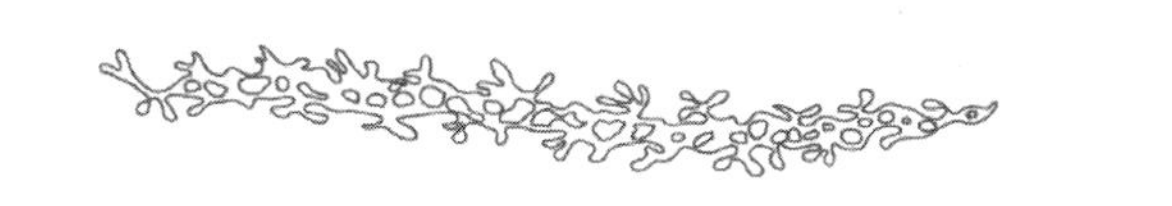

① 원신관 – 편형동물
② 신관 – 환형동물
③ 말피기관 – 곤충류
④ 신장 – 척추동물

TIP 플라나리아의 배설기인 원신관에 대한 그림이다.
※ 배설기의 종류
㉠ 수축포 : 짚신벌레, 아메바 등
㉡ 원신관 : 편형동물, 윤형동물 등
㉢ 신관 : 환형동물
㉣ 말피기관 : 곤충류, 거미류
㉤ 신장 : 원구류, 어류, 양서류, 파충류, 조류, 포유류

Answer 13.② 14.①

15 다음 중 오줌의 배설경로로 옳은 것은?

① 신동맥 → 사구체 → 신우 → 수뇨관 → 세뇨관
② 신정맥 → 사구체 → 보먼주머니 → 세뇨관 → 신우
③ 신동맥 → 사구체 → 보먼주머니 → 세뇨관 → 신우
④ 신정맥 → 신우 → 보먼주머니 → 세뇨관 → 사구체

TIP 오줌의 배설경로 … 신동맥 → 사구체(→ 모세혈관 → 신정맥) → 보먼주머니 → 세뇨관 → 집합관 → 신우 → 수뇨관 → 방광 → 요도 → 몸 밖

16 다음은 혈장과 원뇨, 오줌의 성분을 분석한 것이다. 물질 ㉠㉡㉢에 해당하는 것은?

구분	혈장(%)	원뇨(%)	오줌(%)
㉠	0.1	0.1	0
㉡	7.5	0	0
㉢	0.03	0.03	1.5

	㉠	㉡	㉢
①	단백질	요소	포도당
②	요소	단백질	포도당
③	포도당	요소	단백질
④	포도당	단백질	요소

TIP ㉠ 원뇨에서는 검출되지만 오줌에서는 검출되지 않는 것으로, 여과는 되지만 100% 다시 재흡수되는 물질이다.
㉡ 혈장에는 비교적 많은 양이 존재하지만 원뇨에는 전혀 검출되지 않고 여과가 되지 않는 물질이다.
㉢ 혈장에 비해 오줌에서의 농도가 월등히 많아졌음으로 합성하고자 하는 물질이다.

Answer 15.③ 16.④

17 다음 중 여과의 과정을 거치지 않는 물질은?

① 아미노산
② 무기염류
③ 단백질
④ 호르몬

TIP 여과 … 혈액이 사구체를 지날 때 혈액 속에 있던 성분들 중에서 혈구와 단백질과 같은 입자가 큰 물질들을 제외한 아미노산이나 무기염류 등이 보먼주머니로 빠져나가는 것을 말한다.

Answer 17.③

조절과 항상성

01 자극과 감각
02 신경계
03 호르몬
04 항상성과 운동

01 자극과 감각

01 자극과 반응

❶ 자극과 자극의 인식

(1) 자극

① 생물의 활동에 변화를 주는 외부의 환경요인이다

② 모든 생명체는 자신이 가지고 있는 감각수용기에 해당하는 자극만 받아 반응하게 된다.

③ **적합자극** … 감각수용기가 받아들일 수 있는 특정 자극을 적합자극이라고 한다.

(2) 자극의 인식

① 인식경로

㉠ 감각기관 자극 → 신경충격의 형식으로 부호화 → 두뇌로 전달 → 해독

㉡ 자극이 뇌로 전달되지 않으면 감각이 느껴지지 않는다.

② 뇌의 해독 … 자극의 강도와 종류를 인식한다.

❷ 반응과 베버의 법칙

(1) 반응

① **역치** … 물체가 반응을 일으킬 수 있는 최소한의 자극의 세기이다.

② **실무율** … 단일세포에서 역치 미만의 자극에서는 반응이 일어나지 않으며, 역치 이상의 자극에서는 자극의 크기가 증가하여도 반응의 크기가 증가하지 않고 일정한 크기로 반응하는 현상이다.

③ 자극의 세기에 따른 반응의 크기

㉠ 단일세포들이 모여서 이루어진 생물체의 조직에서는 조직을 이루는 각 세포들의 역치가 다르다.

㉡ 자극의 세기가 증가할수록 자극에 반응하는 세포의 수가 증가하기 때문에 조직 전체로 보았을 때는 자극의 세기가 증가함에 따라서 반응의 크기도 증가한다.

(2) 베버의 법칙

① **자극의 세기와 변화** … 생물체는 어떤 자극에 대하여 처음의 자극과 일정한 크기 이상의 차이가 나는 자극을 받아야만 자극의 세기가 변했음을 느낄 수 있다. 즉 처음 자극과 나중 자극의 차이가 작으면 자극의 변화를 느낄 수 없다.

② **베버의 법칙** … 자극의 변화를 느낄 수 있는 최소량은 처음 자극의 세기에 비례한다. 즉 처음 자극의 세기가 강할수록 자극의 변화를 느끼기 위해 필요한 최소량은 커진다.

③ 자극의 최소변화량과 처음 자극의 세기 사이의 식이 성립한다.

$$\frac{\Delta R}{R} = K \text{ (일정)}$$

- ΔR : 나중 자극과 처음 자극 사이의 차이
- R : 처음 자극의 세기
- K : 베버상수

02 감각수용기

❶ 시각수용기(눈)

(1) 눈의 구조와 기능

① 각막

㉠ 안구의 앞쪽에 있는 투명한 막으로 혈액이 공급되지 않는다.

㉡ 각막의 굴곡성은 초점을 맞추는 데 도움을 준다.

② 홍채

㉠ 색소를 가지고 있어서 눈의 색을 결정한다.

㉡ 중앙에 동공이 있어서 동공의 크기를 조절하여 빛의 양을 조절한다.

③ 수정체

㉠ 홍채의 뒤에 있는 탄력성을 가진 렌즈이다.

㉡ 인대의 작용으로 두께를 조절하여 망막에 상이 맺히게 도와 준다.

④ **모양체** … 수정체의 두께를 변화시켜 원근을 조절하게 하는 역할을 한다.

⑤ **공막** … 안구의 가장 바깥쪽을 싸서 보호하는 흰색의 막이다.

⑥ 맥락막

㉠ 혈관이 고도로 분포되어 있어서 혈액순환을 통해 눈에 영양을 공급한다.

㉡ 멜라닌 색소를 함유하고 있어서 카메라의 어둠상자(암실)와 같은 역할을 한다.

⑦ 망막

㉠ 안구의 가장 안쪽에 있는 막으로 시세포와 시신경에 분포한다.

㉡ **시세포** : 간상세포와 원추세포의 2가지 종류가 있다.

• 간상세포

–약한 빛을 수용하고 명암이나 물체의 형태를 구별하는 기능을 갖는다.

–주로 망막의 가장자리에 많이 분포한다.

• 원추세포

–강한 빛을 수용하고 물체의 색이나 세밀한 형태를 구별하는 기능을 갖는다. 주로 망막의 중심부에 분포한다.

–망막 중에서 원추세포가 많이 모여 있어서 상이 가장 선명하게 맺히는 부분을 황반이라고 한다.

㉢ **맹점** : 대뇌로 연결되는 시신경이 모여서 나가는 곳이다. 시세포가 없어서 빛을 감지하지 못하므로 상이 맺혀도 보이지 않는다. 따라서 물체의 상이 이 곳에 맺히는 사람은 사물을 구별하지 못하는 시각장애를 가지게 된다.

(2) 간상세포에서의 광화학반응

① **로돕신의 광화학반응** … 어두운 환경에서는 간상세포에서 로돕신이 생성되고, 로돕신이 빛에 의해서 레티넨과 옵신이라는 물질로 분해되면서 생기는 에너지에 의해 시신경이 빛을 감각하게 된다.

② **비타민 A의 결핍** … 비타민 A로부터 레티넨이 만들어지고 레티넨이 로돕신을 만들어 어둠 속에서도 볼 수 있는 것인데, 비타민 A가 부족하면 로돕신의 생성이 저하되기 때문에 어둠 속에서 잘 볼 수 없는 야맹증에 걸리게 된다.

(3) 눈의 조절작용

① **명암조절** … 밝은 곳과 어두운 곳에서 장소에 따라 홍채가 동공의 크기를 조절하여 눈으로 들어오는 빛의 양을 조절한다.

㉠ **암순응** : 밝은 곳에서 어두운 곳으로 들어가면 처음에는 잘 보이지 않다가 시간이 지남에 따라서 어둠에 익숙해져 물체를 식별하게 되는 현상으로, 처음에 잘 보이지 않는 것은 어두운 곳에서 빛을 감지하는 물질인 로돕신을 생성하는 데 시간이 걸리기 때문이다.

㉡ **명순응** : 어두운 곳에서 밝은 곳으로 가면 눈이 부시다가 곧 회복되는 현상으로, 이것은 어두운 곳에 있을 때 많이 형성된 로돕신이 밝은 곳에서 다량으로 분해되기 때문이다.

② **원근조절** … 눈의 원근조절은 수정체의 두께조절에 의해서 일어나는 것이며, 중뇌의 지배를 받는 무의식적인 반사운동이다.

㉠ **먼 곳을 볼 때** : 모양근이 이완하고 진대가 수축됨에 따라 수정체가 얇아져서 초점거리가 길어진다.

㉡ **가까운 곳을 볼 때** : 모양근이 수축하고 진대가 이완됨에 따라 수정체가 두꺼워져서 초점거리가 짧아진다.

③ 색의 감지

㉠ 3개의 피크로 색을 구별한다(파랑, 녹색, 빨강).

㉡ 피크를 받아들이는 데 이상이 생기면 색맹이 된다.

(4) 시각의 전달경로

① 눈에서 빛이 가장 먼저 도달하는 부분은 눈의 가장 앞에 위치하고 있는 각막이다.

② 각막을 지난 빛이 수정체와 유리체를 지나서 망막에 도달하면 시세포의 감광물질인 로돕신이 분해되면서 화학에너지를 발생시킨다.

③ 이 에너지에 의해서 시세포가 흥분하여 전기적인 변화가 일어나면, 그 변화가 시신경을 통해서 대뇌의 시각중추로 전달되어 시각이 성립한다.

빛 → 각막 → 수정체 → 유리체 → 망막 → 시신경 → 대뇌

2 청각수용기(귀)

(1) 귀의 구조와 기능

① 외이

㉠ **귓바퀴** : 소리의 진동을 모은다.

㉡ **외이도** : 소리의 진동을 전해 주는 통로이다.

② 중이

㉠ **고막** : 음파에 의해서 진동하는 얇은 막이다.

㉡ **청소골** : 고막의 진동을 증폭시킨다.

㉢ **유스타키오관** : 중이와 외이의 압력을 같게 해 작은 진동에도 고막이 진동하게 한다.

③ 내이

㉠ 달팽이관 : 청세포가 분포되어 있으며, 청세포와 덮개막으로 이루어진 코르티기관이 있다.

㉡ 전정기관 : 위치감각을 담당한다.

㉢ 반고리관 : 회전감각을 담당한다.

(2) 평형감각

① 회전감각

㉠ 반고리관에서 담당한다.

㉡ 반고리관의 림프액 사이에 분포하는 감각섬모가 몸이 회전하면 림프의 관성에 의해 감각섬모들이 자극을 받아 몸이 회전한다는 것을 뇌에 전달하여 느끼게 한다.

㉢ 3개의 반고리관이 수직으로 배열하고 있어서 어느 방향으로 회전하여도 느낄 수 있다.

② 위치감각

㉠ 전정기관이 담당한다.

㉡ 전정기관은 림프액이 들어 있는 2개의 주머니로 감각털이 난 세포가 있고 그 위에 청사가 있어, 몸의 기울기에 따라 청사가 중력방향으로 기울어져서 섬모를 자극하여 몸이 기울어졌음을 느끼게 한다.

(3) 청각의 전달경로

① 소리라고 하는 것은 음의 파장으로, 그 파장이 고막을 진동시키고 그 진동이 청신경을 통해서 대뇌에 전달되어 소리를 감지하게 되는 것이다.

② 음의 파장이 외이도를 통해서 고막에 전달되어 고막을 진동시키면 그 진동이 청소골에 의해서 증폭되어 달팽이관의 기저막을 상하로 흔들리게 한다.

③ 기저막의 상하운동으로 인해 기저막 위의 청세포와 청세포를 덮고 있는 덮개가 접촉하게 되고, 그로 인해 청세포가 흥분된다.

④ 청세포의 흥분은 청신경을 통해서 대뇌로 전달되어, 전달된 파장에 맞는 소리를 느끼게 된다.

소리(진동) → 외이도 → 고막 → 청소골 → 달팽이관의 기저막 진동 → 청세포가 덮개와 접촉 → 청신경 → 대뇌

❸ 화학수용기(후각기 · 미각기)

(1) 미각기(혀)

① **유두와 미뢰** … 혀의 표면에는 유두라는 작은 돌기가 있고, 이 돌기 양쪽에 미뢰라는 미각기가 있어 액체상태의 화학물질의 맛을 느낄 수 있다(미뢰에는 20 ~ 30개의 미세포가 밀집되어 있다).

② **4가지 기본맛**
㉠ 단맛, 신맛, 짠맛, 쓴맛이다.
㉡ 4가지 맛을 느끼는 미뢰가 따로 있어서 혀의 부분에 따라서 민감하게 느껴지는 맛이 따로 정해져 있다.

③ **미각의 전달경로** … 미뢰 속의 미세포에 의해 물이나 침에 녹아서 액체상태로 된 물질이 자극을 주면, 이 자극에 의해 미신경이 흥분되고 이것이 대뇌에 전달되어 맛을 느끼게 된다.

화학물질 → 혀 → 미뢰 → 미세포 → 미신경 → 대뇌

(2) 후각기(코)

① **후각상피** … 기체 속의 화학물질이 주위 세포로부터 분비된 점액으로 덮여 있는 후각상피의 점액층에 녹아서 냄새를 느끼게 한다. 후각은 사람의 감각 중에서 가장 예민하고, 피로하기 쉬운 감각이다.

② **7가지 기본냄새** … 장뇌냄새, 사향냄새, 꽃냄새, 박하냄새, 에테르냄새, 쏘는 듯한 냄새, 퀴퀴한 냄새를 말한다.

③ **후각의 전달경로** … 콧 속의 윗부분에는 후세포가 분포되어 있는 후각상피가 있다. 냄새를 전달해 주는 자극물질이 후각상피의 후세포를 자극하면 후세포가 흥분되고, 후세포의 흥분이 후신경을 통해서 대뇌로 전달되어 냄새를 감지하게 된다.

화학물질 → 코 → 후각상피 → 후세포 → 후신경 → 대뇌

❹ 피부감각기

(1) 감각점

① 사람의 피부감각에는 압각, 촉각, 온각, 냉각, 통각이 있으며 각각의 감각은 피부 곳곳에 분포되어 있는 신경 말단의 감각점에서 느낀다.

② 통점, 압점, 촉점, 냉점, 온점의 순으로 많이 분포되어 있다.

(2) 감각수용기

① 온각 … 루피니소체(온점)

② 냉각 … 크라우제소체(냉점)

③ 촉각 … 마이스너소체(촉점)

④ 압각 … 파치니소체(압점)

⑤ 통각 … 특별히 분화된 조직이 없이 신경말단에서 느낀다.

출제 예상 문제

1 뉴런의 흥분전도를 순서대로 바르게 나열한 것은?

㉠ K^+ 방출	㉡ Na^+ 유입
㉢ Na^+ 재방출, K^+ 재유입	㉣ 활동전위형성

① ㉠→㉢→㉡→㉣
② ㉣→㉠→㉢→㉡
③ ㉠→㉡→㉢→㉣
④ ㉢→㉠→㉡→㉣

TIP 뉴런의 흥분전도
㉠ 바깥쪽 Na^+, 안쪽 K^+의 막전위를 형성한다.
㉡ 자극이 발생하면 K^+가 방출되고 Na^+가 유입되면서 전위가 역전된다.
㉢ 탈분극에 따라 신경의 흥분부위가 이동하면서 다시 Na^+와 K^+의 방출과 유입이 역전된다.
㉣ 자극이 발생하면서 다시 재분극이 일어날 때를 활동전위라 한다.

2 자극을 받아들이는 부위와 적합자극의 연결이 잘못 짝지어진 것은?

① 시각 – 가시광선
② 청각 – 코르티기관
③ 전정기관 – 림프절
④ 후각 – 액체 중의 화학성분

TIP ③ 전정기관은 위치감각으로 외부의 자극을 감각세포섬모 위의 청사에 의해 받아들인다.

Answer 1.③ 2.③

3 귀에서 외부와 압력을 조절해 주는 것과 관련이 깊은 기관은?

① 달팽이관 ② 유스타키오관
③ 청소골 ④ 고막

TIP ① 전정계, 고실계, 달팽이세관으로 구성되어 있으며 내이에 해당하는 기관으로 청각에 관계한다.
③ 망치뼈, 모루뼈, 등자뼈 순서로 연결되어 있으며 고막의 진동을 증폭하여 내이에 전달한다.
④ 중이와의 경계에 해당하며 음파에 의해 진동하는 얇은 막이다.

4 다음 표에서 40mV의 자극이 주어졌을 때 자극의 크기로 옳은 것은?

자극의 세기	10mV	20mV	30mV	40mV
수축 정도	0	0	1	A

	역치	반응의 크기(A)
①	10mV	1
②	20mV	0
③	30mV	1
④	40mV	2

TIP 역치는 반응이 나타나는 최소자극의 크기이므로 역치 이상의 반응크기는 역치에서의 반응크기와 같게 유지된다.

5 어두운 곳에 가면 안 보이다가 갑자기 보이는 이유는?

① 로돕신의 분해되는 양이 많아졌기 때문이다.
② 간상세포에서 로돕신이 합성되어 시간이 걸리기 때문이다.
③ 로돕신이 레티넨과 옵신으로 분해되기 때문이다.
④ 시신경에 혼란이 야기되기 때문이다.

TIP 암순응 … 밝은 곳에서 갑자기 어두운 곳으로 가면 처음에는 잘 보이지 않다가 잘 보이게 되는 것을 말하며 밝은 곳에서 분해되어 적었던 로돕신이 어두운 곳에서 합성되어 감광성이 커졌기 때문이다.

Answer 3.② 4.③ 5.②

6 뜨거운 것을 잡으면 갑자기 손을 떼는 것과 관계가 깊은 중추는?

① 대뇌　　② 소뇌
③ 척수　　④ 중뇌

TIP ① 감각, 기억, 판단 등의 중추이다.
② 자세를 바로잡는 운동중추이다.
④ 안구운동, 홍채수축 등을 조절하며 소뇌와 함께 자세교정작용을 한다.

7 다음 설명 중 옳지 않은 것은?

① 더울 때는 부교감신경이 촉진되어 땀분비가 억제된다.
② 절전섬유에서 절후섬유로 아세틸콜린이 분비된다.
③ 부교감신경은 심장박동을 억제시킨다.
④ 교감신경은 긴장과 활동상태를 유지한다.

TIP ① 더울 때는 부교감신경이 반응하여 땀분비가 촉진된다.

8 다음 중 신경흥분 전달물질에 해당하는 것은?

① 아드레날린　　② 로돕신
③ 아세틸콜린　　④ 요돕신

TIP 신경의 말단에서 시냅스 소포가 파괴되면서 아세틸콜린이 방출되고 시냅스 후 뉴런의 수상돌기 및 세포체의 막과 반응하여 흥분이 발생한다.

Answer 6.③ 7.① 8.③

9 **사람의 미각 중 혀의 전체 표면에서 느낄 수 있는 것은?**

① 단맛　　② 신맛
③ 짠맛　　④ 쓴맛

TIP ① 혀 끝에서 느낄 수 있는 맛이다.
② 혀 양 옆에서 느낄 수 있는 맛이다.
④ 혀 뿌리에서 느낄 수 있는 맛이다.

10 **단일 근섬유가 역치 이상의 자극을 받았을 때 일어나는 반응의 크기는?**

① 자극의 크기에 따라 증가하여 S자형의 곡선을 그린다.
② 일정한 자극의 크기마다 반응의 크기가 증가하여 계단형을 나타낸다.
③ 직선형으로 상승곡선을 그린다.
④ 자극의 크기에 관계없이 항상 일정하다.

TIP 감각세포가 자극에 대해서 반응하게 하는 최소한의 자극의 크기를 역치라고 한다. 단일세포에서는 역치 이상의 자극에 대해 자극의 크기와 관계없이 일정하게 반응한다. 생물이 큰 자극에 대해서 큰 반응을 보이는 것은 자극이 크면 많은 수의 세포들이 반응을 하기 때문이며 세포에서의 반응의 크기가 증가하는 것은 아니다.

11 **다음 중 사람의 눈에 대한 설명으로 옳은 것은?**

① 망막에는 멜라닌 색소와 혈관이 분포한다.
② 간상세포에서는 색을 감각한다.
③ 맹점은 간상세포가 밀집된 부분이다.
④ 황반에서는 가장 선명한 물체의 상이 맺힌다.

TIP ① 망막은 눈의 가장 안쪽에 있는 막으로 시세포와 시신경이 분포해 있는 곳이다. 혈관이 고도로 분포되어 있고 멜라닌 색소가 있는 곳은 맥락막이다.
② 시세포의 한 종류인 간상세포는 명암과 물체의 형태를 구별하는 기능을 가지며, 색을 감각하는 시세포는 원추세포이다.
③ 맹점은 대뇌로 연결되는 시신경이 지나가는 곳으로 시세포가 분포되어 있지 않은 곳이다.

Answer 9.③ 10.④ 11.④

12 **우리 몸의 평형감각기관은 내이에 있다. 우주공간에서는 중력이 없으므로 평형감각을 상실하게 된다. 이러한 기능과 관계있는 기관은?**

① 세반고리관 ② 달팽이관
③ 코르티기관 ④ 전정기관

TIP 내이
㉠ 달팽이관: 청세포 및 청신경 분포, 청각성립
㉡ 세반고리관: 회전감각담당
㉢ 전정기관: 위치감각담당

13 **베버의 법칙과 관련한 설명으로 옳지 않은 것은?**

① 생물체는 일정한 크기 이상의 자극에만 반응한다.
② 생물체는 처음 자극과 일정한 크기 이상의 차이가 나는 자극을 받아야만 자극의 변화를 감지할 수 있다.
③ 자극이 변화를 느낄 수 있는 최소량은 처음 자극에 비례한다.
④ 처음의 자극에 대한 처음 자극과 나중 자극의 차이의 비는 항상 일정하다.

TIP ① 실무율에 대한 설명이다.

14 **다음 중 실무율에 대한 설명으로 옳은 것은?**

① 단일세포는 자극의 세기에 비례하여 흥분한다.
② 단일세포는 역치 이상의 자극에만 반응하며, 그 반응의 크기는 시간이 지남에 따라 커진다.
③ 단일세포의 자극에 대한 크기는 계속 증가하다가 역치에 도달하면 더 이상 증가하지 않는다.
④ 단일세포가 역치 이하의 자극만을 받으면 아무런 반응을 보이지 않는다.

TIP 실무율 … 단일세포가 역치 이하의 자극에 대하여는 반응하지 않고 역치 이상의 자극이 주어질 때만 반응하며, 반응의 크기는 자극의 세기가 증가되어도 커지지 않는다는 법칙이다.

Answer 12.④ 13.① 14.④

15 자극의 역치를 설명한 것으로 옳은 것은?

① 반응을 일으킬 수 있는 한도 이하의 크기
② 반응을 일으킬 수 있는 최소 자극의 크기
③ 반응을 일으킬 수 있는 최대 자극의 크기
④ 반응을 하지 않는 자극의 크기

TIP 자극의 역치 … 감각세포에 흥분(반응)을 일으킬 수 있는 자극의 최소치를 말한다.

16 다음 중 단일세포에서 볼 수 있는 자극과 반응의 크기와의 관계를 바르게 나타낸 그래프는?

①
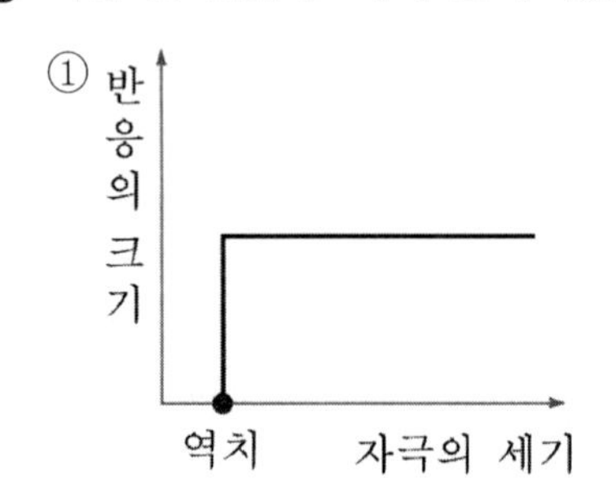

②
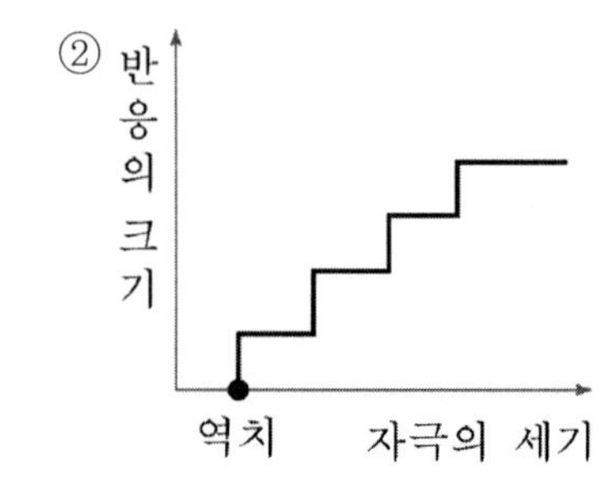

③
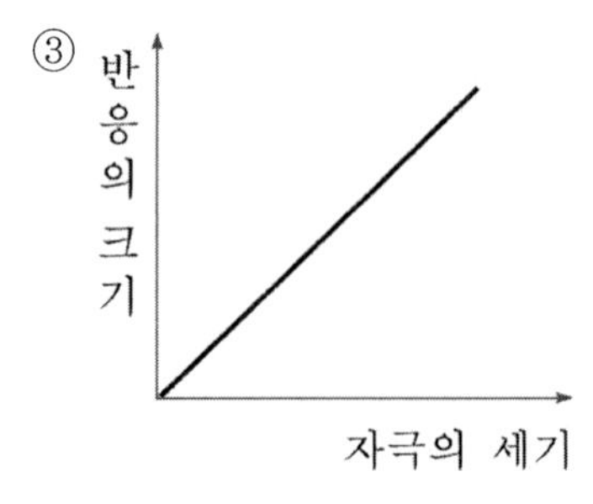

④
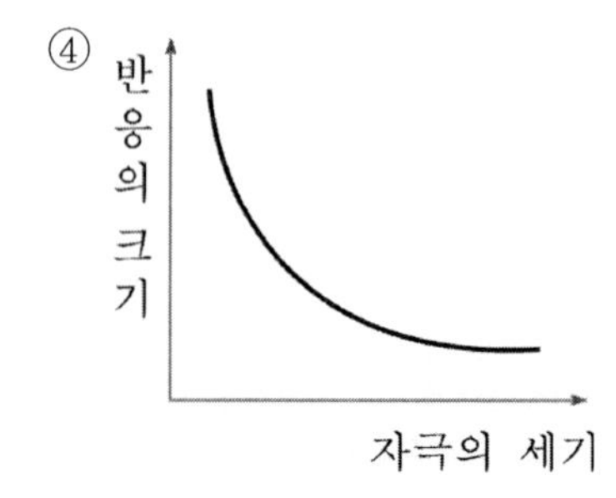

TIP 역치 이하에서는 반응의 크기가 0이며, 역치 이상에서는 처음 반응의 크기가 증가하지 않고 일정하게 유지된다.

Answer 15.② 16.①

02 신경계

01 신경세포와 흥분의 전달

❶ 신경세포

(1) 신경세포(뉴런)의 구조

① 뉴런 … 핵이 있는 신경세포체와 길고 짧은 섬유가 뻗어나와 형성된 신경돌기로 이루어져 있다. 자극에 의한 감각기의 흥분은 뉴런을 통해 뇌로 전달되어 조절된다.

② 신경세포체
　㉠ 핵이 있다.
　㉡ 모든 뉴런이 가지는 공통된 것이다.
　㉢ 세포질 안에는 일반적인 세포기관인 리보솜, 소포체, 미토콘드리아, 골지체 등이 있다.
　㉣ 신경전달물질(아세틸콜린)을 합성하여 축삭돌기의 말단에 저장하였다가 사용된다.

[뉴런의 구조]

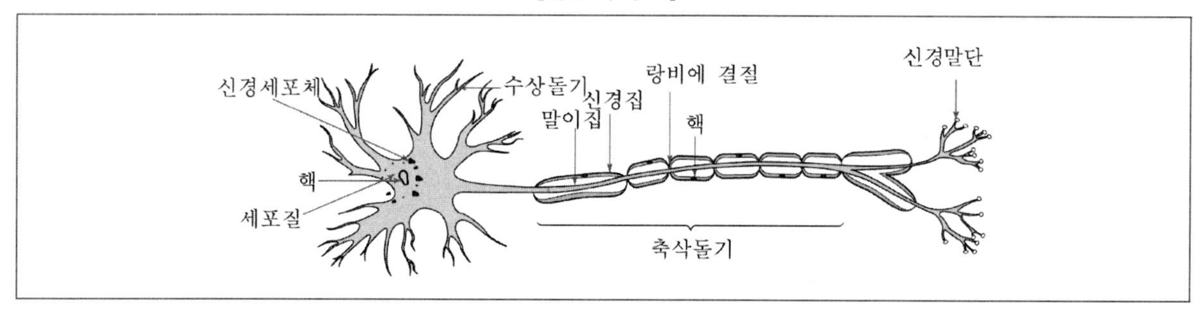

③ 신경돌기
　㉠ 축삭돌기
　• 신경충격을 인접부위의 다른 세포로 전달해 주는 역할을 하며, 자극신호를 신경충격으로 바꾼다.
　• 축삭돌기의 중앙에는 축삭이 있고, 둘레는 말이집(절연체 구실)이라고 하는 막이 둘러싸고 있으며 말이집의 겉에는 다시 신경집세포(신경집)라고 하는 막으로 둘러싸여 있다. 축삭돌기 중에는 말이집으로 둘러싸이지 않는 부분이 있는데 이 부분을 랑비에 결절이라고 하며, 도약전도의 근원이 된다.

• 말이집의 유무에 따른 신경
–말이집신경 : 축삭돌기를 말이집이 둘러싸고 있는 신경으로, 랑비에 결절에서 도약전도를 하기 때문에 흥분의 전달속도가 빠르다. 척추동물의 신경이 말이집신경이다.
–민말이집신경 : 축삭돌기를 둘러싸고 있는 말이집이 없는 신경으로, 말이집이 없으므로 랑비에 결절이 없고, 도약전도를 할 수 없으며, 흥분의 전달속도가 느리다. 무척추동물의 신경이나 척추동물의 교감신경이 민말이집신경이다.

㉡ **수상돌기** : 자극을 수용하며, 더러는 세포체가 직접 자극을 수용하기도 한다.

(2) 신경세포의 종류

① 감각뉴런

㉠ 체표면 가까이에서 환경의 변화를 감지하는 역할을 하는 뉴런으로, 감각기에서 자극을 인식하고 수용하면 그 자극을 중추신경계로 전달하여 사람이 느낄 수 있도록 하는 뉴런이다.
㉡ 구심성 뉴런이다.
㉢ 감각기관에 많이 분포한다.

② 연합뉴런(개재뉴런)

㉠ 감각신경세포와 최종신경세포 사이에 있는 모든 신경세포를 의미하는 것으로, 감각기와 운동기 사이에서 흥분을 중계하는 역할을 한다.
㉡ 중추신경계에 존재하며 수상돌기를 특별히 많이 가지고 있다.

③ 운동뉴런

㉠ 감각뉴런에서 받아들인 외부의 자극을 연합뉴런을 통해 중추신경계가 전달받아 자극을 인식하면 그 자극이 반응기의 운동뉴런으로 전달되어 생물이 반응을 일으키게 된다. 이 때 반응을 행하게 하는 뉴런을 운동뉴런이라고 한다.
㉡ 원심성 뉴런이다.
㉢ 축삭돌기가 길고 신경세포체가 비교적 크며, 수상돌기가 많이 있다.

TIP **신경충격의 전달경로** … 수용기 → 감각뉴런 → 연합뉴런 → 운동뉴런 → 실행기

2 흥분의 전달

(1) 흥분의 전도

① 분극

㉠ **분극** : 자극을 받지 않은 상태에서 세포막은 바깥쪽이 +극으로, 안쪽이 −극으로 대전되어 있는 상태를 분극이라고 한다.

ⓛ **휴지전위** : 분극상태의 막전위는 신경이 흥분되지 않은 휴지상태의 전위로 휴지전위라고 한다.

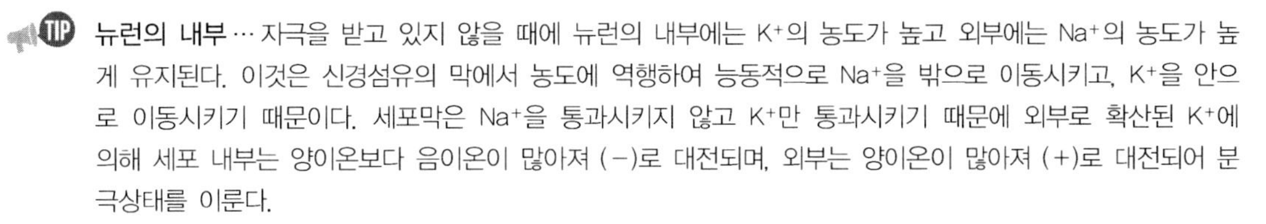

뉴런의 내부 … 자극을 받고 있지 않을 때에 뉴런의 내부에는 K^+의 농도가 높고 외부에는 Na^+의 농도가 높게 유지된다. 이것은 신경섬유의 막에서 농도에 역행하여 능동적으로 Na^+을 밖으로 이동시키고, K^+을 안으로 이동시키기 때문이다. 세포막은 Na^+을 통과시키지 않고 K^+만 통과시키기 때문에 외부로 확산된 K^+에 의해 세포 내부는 양이온보다 음이온이 많아져 (−)로 대전되며, 외부는 양이온이 많아져 (+)로 대전되어 분극상태를 이룬다.

② 탈분극

㉠ **탈분극** : 역치 이상의 자극을 받게 되면 신경이 흥분하여 자극을 받은 부위의 막투과성이 커져서 +전하를 띠는 Na^+가 신경돌기 안으로 흘러 들어온다. 이로 인해서 막 내 · 외의 전하가 역전되는 현상을 탈분극이라고 한다.

ⓛ **활동전위** : 탈분극이 일어난 부위를 흥분부라고 하는데, 흥분을 일으키는 이 때의 탈분극된 막전위를 활동전위라고 한다.

TIP 뉴런의 활동전위 발생과정

㉠ 뉴런의 내부는 외부로부터 신경자극이 없는 상태에서는 대략 −70mV라는 휴지전위(resting potential) 상태를 유지하고 있다. 이러한 상태를 분극화(polarization) 상태라고 한다.

ⓛ 시냅스 연접을 이루는 인접한 다른 뉴런들이 활성화되어 축삭종단에서 신경전달물질을 방출하면 해당 뉴런의 수상돌기에서는 수용체(neuroreceptors)가 신경전달물질에 반응하여 닫혀 있던 이온 채널(ligand gated channels)을 연다.

ⓒ 열린 이온 채널을 통해 외부의 양이온이 세포 내부로 유입이 되면 세포체 내부의 전위가 휴지전위 보다 높아지게 된다.

ⓔ 내부 전위가 지속적으로 높아져 축삭에서 활동전위가 유발되는데 필요한 전위수준을 초과하게 되면 축삭구(axon hillock)에서부터 활동전위가 발생하게 된다.

ⓜ 활동전위의 발생과정

- 세포체의 내부전위가 높아져 축삭구의 국소전위(local potential)가 탈분극화(depolarization)에 필요한 전위수준의 역치(threshold)를 초과하게 된다.
- 국소전위 수준이 역치를 넘어서면 전위수준에 따라 열리고 닫히는 이온 채널(voltage-gated channels) 중 Na^+ 이온채널이 먼저 열린다. 내 · 외부 농도차이가 있는 Na^+ 이온이 먼저 세포막 외부로부터 내부로 들어옴에 따라 내부의 전위가 계속 높아지게 된다.
- 이 과정에서 Na^+ 이온채널 보다 늦게 K^+ 이온채널이 열리면서 내부에 있던 K^+ 이온들이 이 채널을 통해 외부로 확산되어 나가게 된다.
- 급격한 Na^+ 이온의 유입으로 활동전위를 발생시키면서 마침내는 약 +40mV에 이르는 탈분극화 상태에 도달한다.
- 이후 Na^+ 이온채널이 닫히면서 Na^+ 이온의 유입은 중단되지만 열려 있는 K^+ 이온채널을 통해 K^+ 이온들이 계속 외부로 확산되어 나가므로 세포막 내부는 전위가 점점 떨어지는 재분극화(repolarization)가 일어나고 마침내는 휴지전위에 도달하게 된다.
- 휴지전위에 도달하면 K^+ 이온채널이 닫히기 시작하는데 K^+ 이온채널은 천천히 닫히므로 이로 인해 K^+ 이온이 외부로 계속 확산되면서 마침내는 세포막 내부가 과분극화(hyperpolarization) 상태에 이르게 되고 K^+ 이온채널이 완전히 닫히면 활동전위 발생 과정이 종료된다.

ⓗ ⓜ의 두 번째 단계를 통해 발생한 Na^{+} 이온의 유입으로 바로 인접한 세포막 이온채널 지점의 국소전위를 탈분극화 역치보다 높아지게 함으로 이 지점에서 다시 ⓜ 단계의 세부 과정을 반복하면서 또 다른 활동전위를 발생시키고, 이 활동전위 또한 인접한 지점에서 활동전위를 유발시키게 된다. 축삭 세포막의 매 지점마다 연속적으로 일어나는 이러한 활동전위 발생 및 전달 과정은 축삭종단에 이를 때까지 지속적으로 일어난다.

ⓢ 활동전위가 축삭종단에 이르면 신경전달물질이 시냅스 연접으로 방출이 되며 연접을 이룬 다른 뉴런은 위의 ⓛ 단계로부터 다시 전 과정을 되풀이 하여 다른 뉴런에게 신호를 전달하게 된다.

③ 재분극

㉠ **재분극** : 시간이 지나면 자극을 받아 막의 안쪽으로 들어왔던 Na^{+}가 밖으로 유출되어 다시 분극상태로 되돌아가는 현상이 일어나는데, 이 현상을 재분극이라고 한다.

㉡ **휴지전위** : 재분극된 막의 전위도 역시 휴지전위이다.

(2) 흥분의 전달

① 흥분전달기작

㉠ **흥분전달물질** : 아세틸콜린

㉡ **아세틸콜린** : 자극의 수용기인 뉴런의 수상돌기나 신경세포체를 탈분극시킨다. Na^{+}가 막 안으로 들어오면 확산에 의해서 옆의 막으로 전달되면서 탈분극이 옆의 막으로 이동한다. 이러한 탈분극의 이동으로 인해서 자극이 전달되는 것이다.

② **흥분전달의 방향성** … 아세틸콜린을 분비하는 곳인 시냅스 소포는 축삭돌기 말단에만 있고, 아세틸콜린을 받아들이는 수용체는 축삭돌기의 막에 없기 때문에 축삭돌기에서는 아세틸콜린이 분비만 되고 받아들여지지는 못한다. 그러므로 자극은 언제나 축삭돌기에서 수상돌기쪽의 한 방향으로만 전달된다.

02 신경계

❶ 무척추동물의 신경계

(1) 신경망(산만신경계)

① 후생동물의 가장 단순하고 원시적인 신경계로, 신경세포가 온몸에 퍼져 그물처럼 얽혀 있으며, 분화되어 있지 않아서 아무 방향으로나 신경충격이 전달된다.

② 히드라나 말미잘 같은 강장동물에 주로 나타난다.

(2) 신경절

① 전형적인 무척추동물의 신경계로, 각 체절에 신경세포체가 모여서 된 신경절이 한두 개 있다.

② 주로 연체동물에서 많이 발견된다.

(3) 사다리신경계

① 평행한 두 개의 신경색이 둘 사이를 가로지르는 신경에 의해 연결되어 있는 형태로, 신경절 덩어리가 처음으로 관찰되는 신경계이다(체절마다 1쌍의 신경절이 있어 신경섬유가 종횡으로 연락되어 사다리 모양을 이룬다).

② 환형 · 편형 · 절지동물에서 많이 발견되며 운동뉴런, 연합뉴런, 감각뉴런으로 구분된다.

(4) 체절신경계

① 특수화되어 독립된 신경절이 각 체절을 관장한다.

② 절지동물의 신경계에 나타난다.

2 척추동물의 신경계

(1) 중추신경계와 말초신경계

① 중추신경계 … 뇌와 척수로 구성되어 있으며, 주로 신경계의 세포체를 포함한다.

② 말초신경계 … 중추신경계와 온몸을 연결하는 거대한 신경망으로, 중추신경계 밖에 있는 신경섬유로 구성되어 있다.

㉠ 자율신경계

- 최고 중추는 시상하부와 연수이며, 주로 내장기관에 분포되어 있다.
- 무의식적이고 불수의적인 반응에 관련되어 있다.
- 운동뉴런의 축삭들로 구성되어 있으며 감각뉴런은 없다.
- 교감신경과 부교감신경은 서로 길항작용을 한다.

  –교감신경 : 신경의 말단에서 아드레날린이 분비된다.

  –부교감신경 : 신경의 말단에서 아세틸콜린이 분비된다.

㉡ 체성신경계

- 최고 중추는 대뇌이며, 온몸의 감각기와 골격근에 분포되어 있다.
- 의식에 관여하는 신경충격을 전달한다.
- 12쌍의 뇌신경과 31쌍의 척수신경이 있으며, 운동뉴런과 감각뉴런이 한 신경다발에 쌍으로 분포한다.

(2) 사람의 뇌

① 대뇌 … 인간의 뇌 중에서 가장 크고 중요한 부분으로, 바깥쪽의 피질은 신경세포체가 많이 분포하는 회백질이며, 안쪽의 수질은 백질이다.

㉠ 모양

- 좌우 2개의 대뇌반구로 구성된다.
  - 좌반구 : 연속적이고 논리적인 사고를 주로 담당하며, 우반신의 운동을 지배한다.
  - 우반구 : 공간적이고 감성적인 사고를 주로 담당하며, 좌반신의 운동을 지배한다.
  - 좌우반구가 독립적으로 활동하는 일은 거의 없으며 상호보완적으로 활동한다.
- 반구는 바깥의 대뇌피질과 안쪽의 대뇌수질이 있다.
  - 대뇌피질 : 수많은 신경세포들의 세포체와 수상돌기로 이루어져 있다.
  - 대뇌수질 : 수초로 둘러싸인 신경섬유로 이루어져 있다.

㉡ 대뇌의 부위에 따른 구분

- 후두엽 : 뇌의 뒤쪽부분으로, 시신경에서 시각정보를 받는다.
- 측두엽 : 뇌의 양측면으로, 깊은 골이 있고 주로 청각과 후각에 관계한다.
- 전두엽 : 뇌의 앞쪽으로, 의식적인 움직임을 조절하며 언어중추가 있다.
- 두정엽 : 전두엽의 바로 뒤로, 피부감각과 평형감각을 담당하며 몸의 자세나 위치를 감지한다.

㉢ 대뇌의 기능에 따른 구분

- 감각령 : 감각기의 흥분을 받아 청각, 시각, 후각 등의 감각을 일으킨다.
- 운동령 : 수의운동을 조절한다. 오른쪽 뇌는 몸의 왼쪽을, 왼쪽 뇌는 몸의 오른쪽을 지배한다.
- 연합령 : 기억, 사고, 추리 등 복잡한 정신활동의 중추가 된다.

② 소뇌 … 머리의 뒤쪽 아래부위에 위치하며, 작은 구형으로 주름이 많은 피질과 수질로 되어 있다.

㉠ 대뇌의 운동령과 신경섬유로 연결되어 있고, 근육과 평형기로부터 오는 감각신경이 연결되어 있다.

㉡ 수의적인 운동을 직접 일으키지는 못하지만, 대뇌와 함께 간접적으로 수의운동을 조절하고, 몸의 평형유지에 관여한다.

③ 뇌간 … 생명 유지에 중추적인 역할을 하는 부분으로, 척수와 연결되어 있으며 간뇌, 중뇌, 연수를 포함한다.

㉠ 간뇌 : 시상과 시상하부로 구성되어 있으며 뇌하수체가 연결되어 있다.

- 시상 : 후각을 제외한 모든 감각을 종합하여 대뇌에 전달하는 역할을 수행한다.
- 시상하부 : 시상의 아래에 위치하는 데 성을 조절하는 중추, 섭식중추, 체온조절중추가 있으며, 자율신경의 최고 중추이다. 이와 같이 체온과 혈당량, 삼투압, 식욕 등을 조절하여 항상성 유지에 중요한 역할을 한다.

㉡ 중뇌 : 홍채와 안구, 눈꺼풀의 반사운동중추가 있어 안구의 운동, 홍채의 수축 등을 조절한다.

㉢ 연수 : 뇌와 척수의 경계부위에 있어 양측을 연결하며, 대부분 백질로 되어 있고 백질의 내부에 약간의 회백질 부분이 있다.

- 백질 : 신경섬유의 좌우 교차가 일어나므로 대뇌의 양반구는 각각 반대쪽의 신체 부분을 지배하게 된다.

• 회백질 : 심장박동, 혈압, 호흡 등을 조절하는 중추가 있으며 침분비, 기침, 구토 등의 반사중추가 있다.

TIP 뇌교 … 연수의 윗부분으로 뇌와 척수 사이뿐만 아니라, 대뇌와 소뇌 사이를 연결하는 신경섬유가 지나는 다리구실을 한다.

④ 뇌를 보호하는 구조

㉠ 두개골

㉡ 뇌척수막 : 3겹으로 된 보호막으로, 이 막 사이의 공간과 뇌 내부의 공간들은 뇌척수로 채워져 있어서 압력과 충격을 흡수한다.

(3) 척수

① 대뇌와는 반대로 바깥쪽의 피질은 백질이며, 안쪽의 수질은 회백질이다.

② 기능 … 뇌와 말초신경의 연결통로이며, 반사운동의 중추이다.

㉠ 피질 : 뇌와 온몸 사이의 흥분전달통로이다.

㉡ 수질 : 배변, 배뇨, 땀분비, 무릎반사, 분만작용 등의 반사운동의 중추이다.

[뇌의 구조]

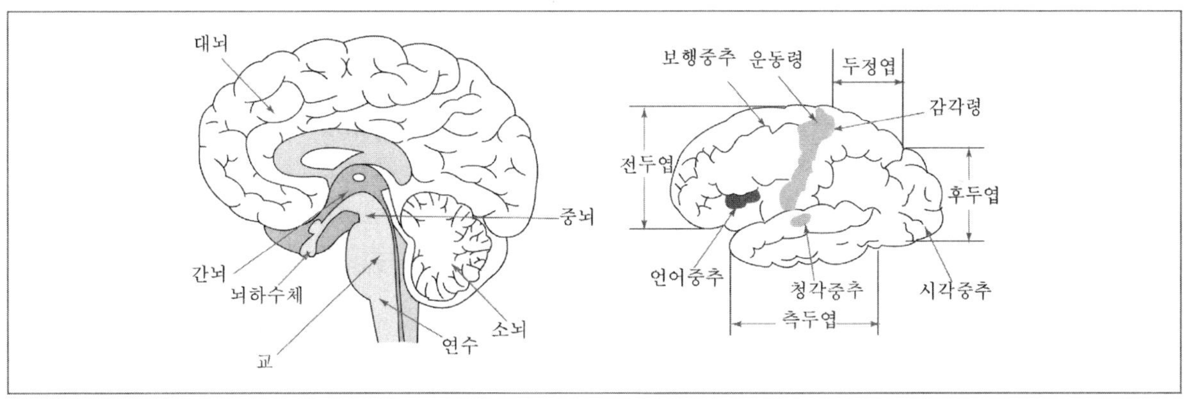

최근 기출문제 분석

2020. 10. 17. 제2회 지방직(고졸경채)

1 **그림은 뉴런 구조를 나타낸 것으로, A와 B는 각각 랑비에 결절과 말이집 중 하나이다. 이에 대한 설명으로 옳은 것만을 모두 고르면?**

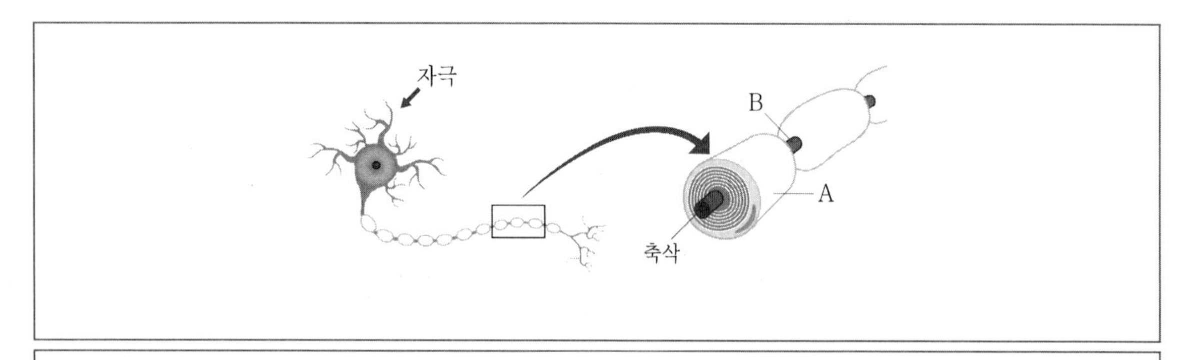

㉠ A는 절연체 역할을 한다.
㉡ B는 랑비에 결절이다.
㉢ A가 있는 뉴런은 A가 없는 뉴런에 비해 흥분의 이동 속도가 느리다.

① ㉠㉡
② ㉠㉢
③ ㉡㉢
④ ㉠㉡㉢

TIP A는 말이집으로 절연체 역할을 하고 B는 말이집 사이 축삭이 노출되어 있는 랑비에 결절로 자극의 전도가 일어나는 곳이다.
㉢ A가 있는 뉴런은 도약전도를 하므로 A가 없는 뉴런보다 흥분의 이동 속도가 빠르다.

Answer 1.①

2020. 10. 17. 제2회 지방직(고졸경채)

2 **민말이집 신경의 축삭 돌기 일부에서 지점 ㈎와 ㈏ 중 한 곳을 역치 이상으로 1회 자극했을 때, 일정 시간이 지난 후 세포막에서 이온 ㉠과 ㉡의 이동 방향을 화살표로 나타낸 것이다. ㉠과 ㉡은 각각 Na^+과 K^+ 중 하나이다. 이에 대한 설명으로 옳은 것은?**

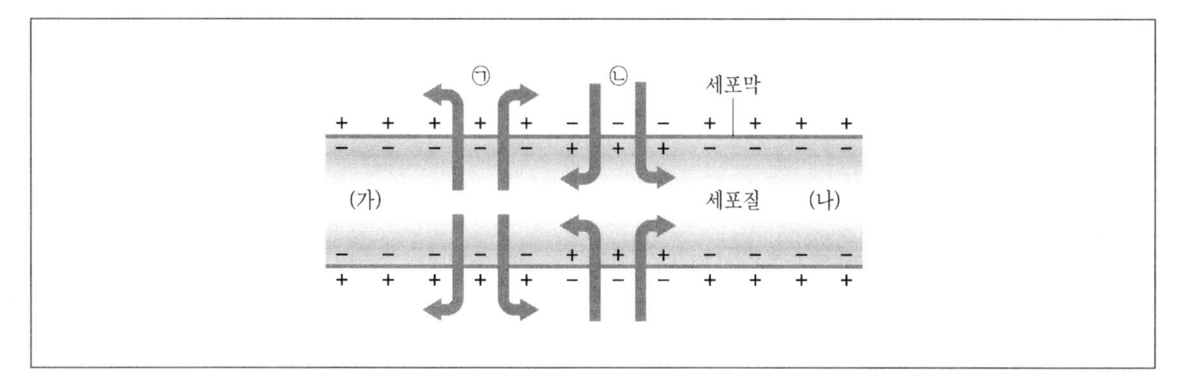

① ㉠은 Na^+이다.

② ㉡의 농도는 세포 밖보다 세포 안이 더 높다.

③ 이 뉴런에서 흥분 전도 방향은 ㈎→㈏이다.

④ 이온 통로를 통해 ㉠과 ㉡이 확산될 때 ATP가 소모된다.

TIP 역치 이상의 자극이 가해지면 나트륨 이온 통로가 열리면서 나트륨 이온이 세포막 내부로 유입되므로 ㉡은 Na^+이다.
③ ㉠에서는 재분극이 일어나고 ㉡에서는 탈분극이 일어나므로 자극은 ㈎에서 ㈏ 방향으로 가고 있다.
① ㉠은 K^+이다.
② ㉡의 농도는 세포 밖이 더 높다.
④ 이온 통로를 통해 ㉠, ㉡이 확산되는 것은 수동적이므로 ATP 소모가 일어나지 않는다.

Answer 2.③

2020. 6. 13. 제1 · 2회 서울특별시

3 **뇌의 각 부위에 대한 설명 중 옳은 것을 〈보기〉에서 모두 고른 것은?**

보기

㉠ 시상은 대뇌변연계에 감정 신호를 전달한다.
㉡ 시상하부는 호르몬 분비와 일주기 리듬에 관여한다.
㉢ 해마는 단기기억을 장기기억으로 바꾸는 데 관여한다.
㉣ 기저핵은 후각수용체로부터 오는 입력을 대뇌피질로 보낸다.

① ㉠㉡
② ㉠㉢
③ ㉡㉢
④ ㉡㉣

TIP ㉡㉢ 시상하부는 호르몬 분비에 관여하며 해마는 장기기억 형성, 공간 지각을 위해 필요한 조직이다.
㉠ 시상은 후각을 제외한 자극을 대뇌 피질로 전달시켜준다.
㉣ 기저핵은 대뇌반구의 중심부에 자리잡은 큰 핵의 집단이다. 이는 운동통제와 관계가 있다.

2019. 2. 23. 제1회 서울특별시

4 **〈보기 1〉은 뉴런의 휴지전위 및 활동전위에 대한 그래프이다. 각 단계별 나트륨 이온통로와 칼륨 이온통로에 대한 설명 중 옳은 것을 〈보기 2〉에서 모두 고른 것은?**

보기 1

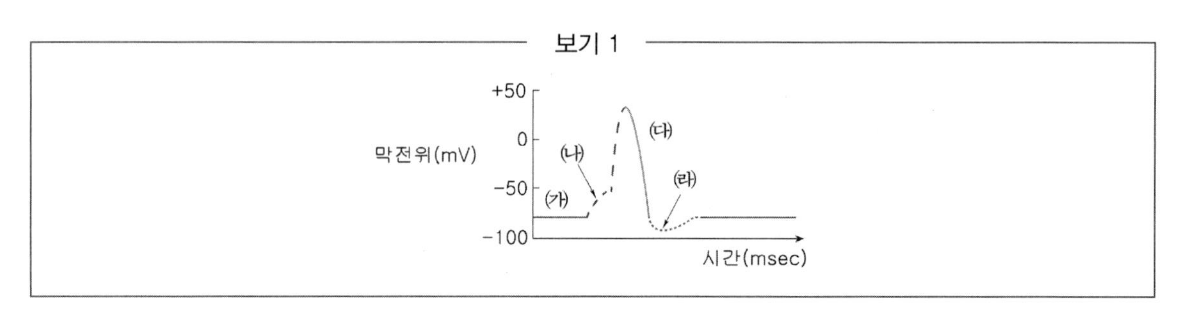

보기 2

㈎ 전압 개폐성이 아닌 칼륨 통로가 전압 개폐성이 아닌 나트륨 통로에 비해 상대적으로 많이 열려 있다.
㈏ 전압 개폐성 나트륨 통로가 열리면서 막전위가 변화한다.
㈐ 전압 개폐성 칼륨 통로가 열리고 칼륨 이온이 세포 내부로 이동한다.
㈑ 전압 개폐성 칼륨 통로가 빠르게 닫혀 휴지전위 이하로 막전위가 내려간다.

① ㈎, ㈏
② ㈐, ㈑
③ ㈎, ㈏, ㈑
④ ㈏, ㈐, ㈑

Answer 3.③ 4.①

TIP (다) 전압 개폐성 칼륨 통로가 열리고 칼륨 이온이 세포 외부로 이동한다.
(라) 전압 개폐성 칼륨 통로는 닫히는 속도가 느려 휴지전위 이하로 막전위가 내려간다.

2019. 2. 23. 제1회 서울특별시

5 **〈보기〉는 뇌구조를 나타낸 것이다. 이 중 반사 중추로서 소화운동 조절, 호흡, 순환 등의 역할을 하는 곳은?**

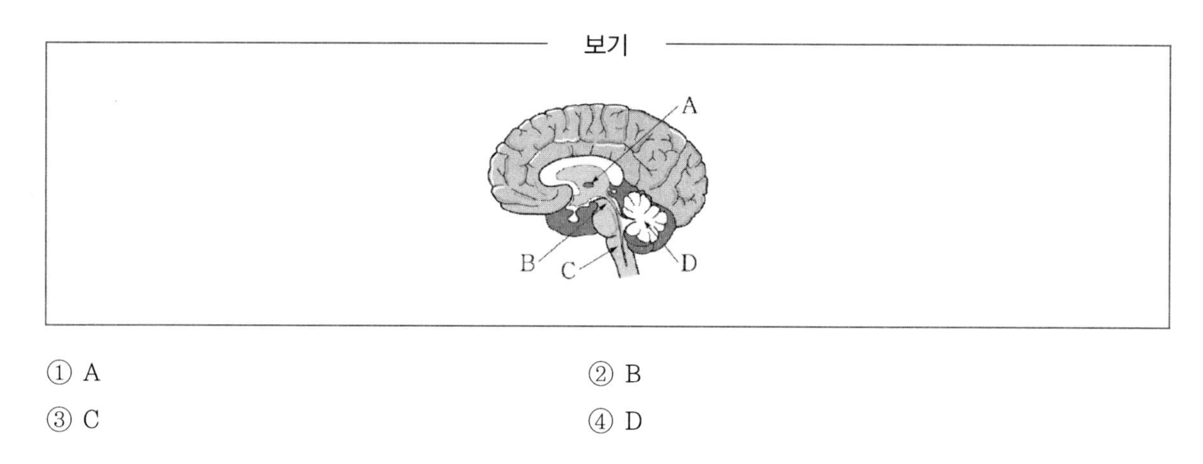

① A　　② B
③ C　　④ D

TIP A는 간뇌, B는 중간뇌, C는 연수, D는 소뇌이다. 반사중추로서 소화운동 조절, 호흡, 순환과 관련된 뇌는 연수이다.

2019. 2. 23. 제1회 서울특별시

6 **화합물 A는 칼슘의 세포막 이동을 차단시키는 킬레이트 제제이다. 화합물 A가 신경세포의 시냅스에 미치는 영향에 대한 설명으로 가장 옳은 것은?**

① 시냅스전뉴런(presynaptic neuron)의 신경전달물질 방출을 증가한다.
② 시냅스전뉴런(presynaptic neuron)의 신경전달물질 방출을 감소시킨다.
③ 신경전달물질은 방출되나 시냅스후뉴런(postsynaptic neuron)의 수용체와는 결합할 수 없다.
④ 시냅스후뉴런(postsynaptic neuron)의 리간드 개폐성(ligand-gated) 이온채널을 열어 놓아 칼슘이온이 결핍된다.

TIP 칼슘이온은 흥분전달과정에서 시냅스 소포가 세포막과 융합하는 과정을 촉진한다. 시냅스 소포가 세포막과 융합하게 되면 신경전달물질이 시냅스 틈으로 확산되어 시냅스후뉴런의 세포막의 수용체에 결합 시 나트륨 통로가 열리면서 시냅스후뉴런에서 탈분극을 야기한다. 즉 칼슘의 세포막 이동을 차단시키는 킬레이트제제의 물질을 처리했을 경우 시냅스전뉴런에서 신경전달물질 방출이 감소된다.

Answer 5.③ 6.②

2016. 6. 25. 서울특별시

7 **다음은 신경계에 대한 설명이다. 옳은 것을 모두 고르면?**

> ㉠ 중추신경계에서는 슈반세포가 수초를 형성한다.
> ㉡ 운동뉴런은 근육세포의 수축이나 분비샘의 분비를 자극한다.
> ㉢ 단일시냅스 경로에서 감각뉴런의 축삭의 말단은 중추신경계에 위치한다.
> ㉣ 감각뉴런, 연합뉴런, 운동뉴런 중 감각뉴런이 가장 많이 분포한다.

① ㉠㉡㉢ ② ㉠㉡㉣

③ ㉡㉢ ④ ㉡㉢㉣

TIP ㉠ 중추신경계에서는 희소돌기아교세포가 수초를 형성한다.
㉣ 연합뉴런이 가장 많이 분포한다.

Answer 7.③

출제 예상 문제

1 **다음 중 체온, 혈당량, 삼투압 조절 등의 항상성을 유지하는 중추신경계에 해당하는 것은?**

① 간뇌　　② 중뇌
③ 연수　　④ 척수

TIP ② 안구운동, 동공반사 등의 조절 역할을 한다.
③ 호흡운동, 심장박동, 소화운동, 재채기, 침분비 등을 조절하는 중추이다.
④ 뇌와 말초신경 사이의 흥분전달 통로이며 배뇨, 배변, 땀분비, 무릎반사 등의 반사의 중추역할을 한다.

2 **신경의 탈분극시 일어나는 현상으로 옳은 것은?**

① 나트륨이온이 밖에서 신경섬유 안으로 이동한다.
② 나트륨이온이 안에서 신경섬유 밖으로 이동한다.
③ 칼륨이온이 안에서 신경섬유 밖으로 이동한다.
④ 칼륨이온이 밖에서 신경섬유 안으로 이동한다.

TIP 역치 이상의 자극을 받게 되면 신경이 흥분하여 자극을 받은 부위의 막투과성이 커져서 Na^{+}이 신경돌기 안으로 흘러 들어온다. 이로 인해서 막 내 · 외의 전하가 역전되는 탈분극이 일어난다.

Answer 1.① 2.①

3 한 뉴런의 축삭돌기 말단과 다른 한 뉴런의 수상돌기가 만나는 부위를 시냅스라고 한다. 시냅스에 대한 설명으로 옳은 것은?

① 시냅스의 흥분전달과정에 칼슘이온이 관여한다.
② 시냅스에 방출되는 대표적인 화학전달물질은 스테로이드이다.
③ 시냅스 후 신경섬유의 막에서 이온에 대한 투과성이 감소한다.
④ 신경흥분의 전도는 시냅스에서 가장 빠른 속도로 일어난다.

TIP 신경흥분은 항상 축삭돌기의 말단에서 신경전달물질이 분비되고, 이것을 수상돌기가 수용하는 방식으로 이루어진다. 그러므로 흥분의 전달방향은 언제나 축삭돌기의 말단에서 수상돌기쪽으로 정해져 있으며, 분비되는 물질은 아세틸콜린이다.

※ 그림은 신경세포인 뉴런의 모양이다. 다음 물음에 답하시오. 【4～6】

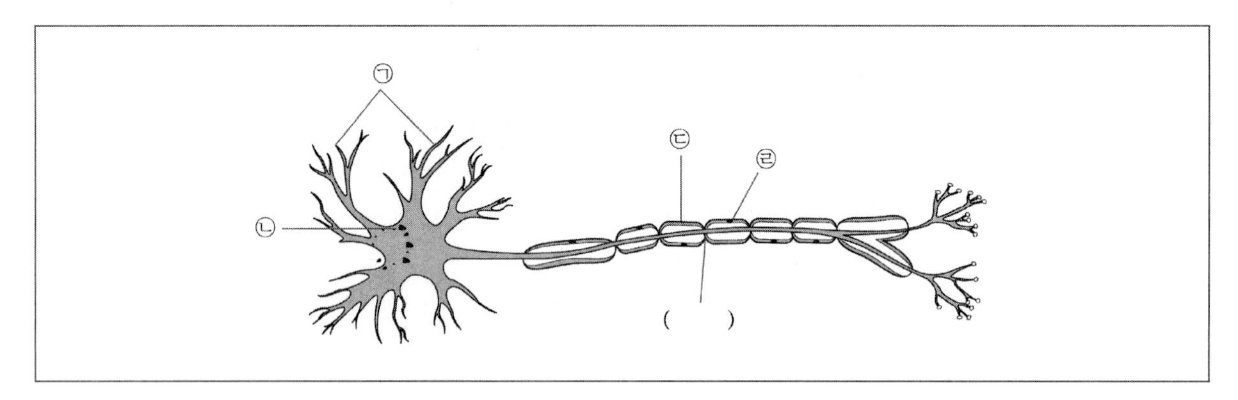

4 자극을 수용하는 기능을 가진 부위는?

① ㉠　　② ㉡
③ ㉢　　④ ㉣

TIP 뉴런의 구조
㉠ 수상돌기: 뉴런에서 전해오는 흥분을 수용한다.
㉡ 신경세포체: 뉴런의 생장과 물질대사에 관여한다.
㉢ 축삭돌기: 다른 뉴런이나 근육과 접속하여 다른 뉴런에 흥분을 전달한다.
㉣ 말이집: 축삭의 둘레를 감싸고 있는 막으로 미엘린초라고도 한다.

Answer 3.④ 4.①

5 ㉡에 대한 설명으로 옳지 않은 것은?

① 소포체이다.
② 내부에는 핵이 존재한다.
③ 세포질 안에는 일반적인 세포 소기관이 존재한다.
④ 운동뉴런에는 세포체가 존재하지 않는다.

TIP 신경세포체는 모든 뉴런에 공통적으로 존재하는 것이며 세포질 안에 리보솜이나 골지체, 소포체, 미토콘드리아와 같은 세포 소기관이 존재한다.

6 그림의 (   ) 안에 들어갈 명칭으로 옳은 것은?

① 말이집
② 수상돌기
③ 세포체
④ 랑비에 결절

TIP 랑비에 결절 … 축삭돌기를 둘러싸고 있는 말이집의 중간중간에 말이집이 약간씩 떨어져 있는 부분을 말한다.

7 활동전위의 생성 및 소멸과정이 바르게 나열된 것은?

① 칼륨의 유입 → 탈분극 → 칼슘의 유출 → 재분극
② 칼슘의 유입 → 재분극 → 칼륨의 유출 → 탈분극
③ 나트륨의 유입 → 탈분극 → 칼륨의 유출 → 재분극
④ 칼슘의 유입 → 재분극 → 나트륨의 유출 → 탈분극

TIP 흥분되지 않은 상태의 세포의 막전위를 휴지전위라고 하며, 자극을 받아 흥분되었을 때의 막전위를 활동전위라고 한다. 휴지전위는 칼륨과 나트륨의 농도 차이가 분명한 분극상태를 이루다가 자극을 받아 나트륨이 막 안으로 유입되어 탈분극이 된다. 탈분극상태에서는 막의 내외에 전위차가 생기지 않아 나트륨은 안으로 유입되고 칼륨은 막의 밖으로 유출된다. 시간이 지나면 세포막의 전위차가 회복되어 다시 분극상태로 되돌아 가 재분극이 일어나면서 흥분이 가라앉는다.

Answer 5.④ 6.④ 7.③

※ 신경세포인 뉴런을 나타낸 그림이다. 다음 물음에 답하시오. 【8 ~ 10】

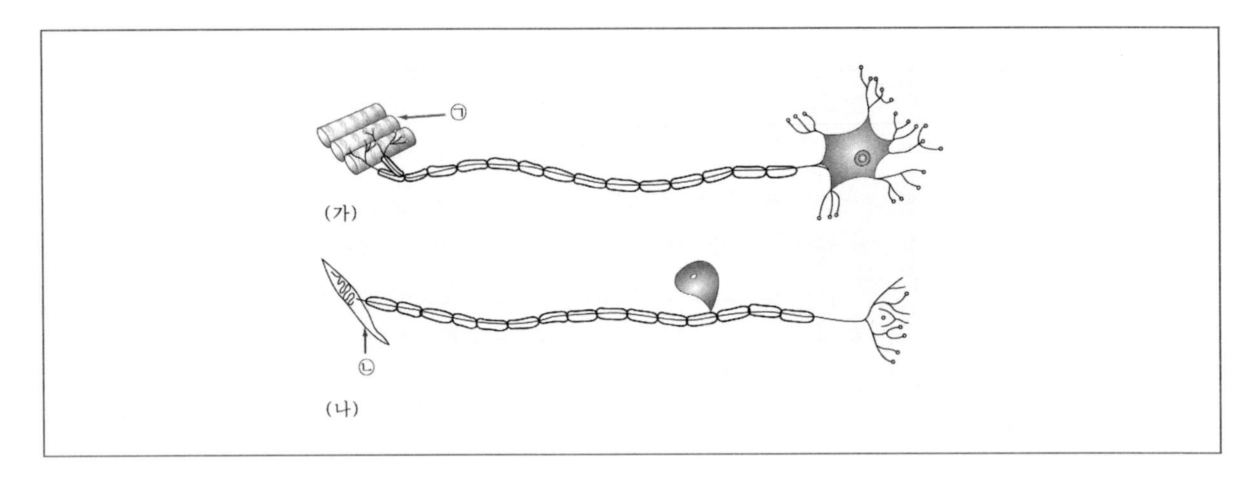

8 그림 ㈎와 ㈏의 뉴런의 종류는?

	㈎	㈏		㈎	㈏
①	운동뉴런	감각뉴런	②	감각뉴런	운동뉴런
③	운동뉴런	연합뉴런	④	감각뉴런	연합뉴런

TIP 뉴런의 종류

㉠ 운동뉴런 : 전달받은 자극을 실행기관에 직접 전달하여 운동하게 하는 뉴런이다.
㉡ 감각뉴런 : 감각기관의 감각수용기에 연결되어 자극을 직접 수용하는 뉴런이다.
㉢ 연합뉴런 : 감각뉴런과 운동뉴런 사이에서 자극의 전달을 담당하는 모든 신경세포를 말한다.

9 다음 중 ㉠의 기관에 해당하는 것은?

① 대뇌 ② 척수
③ 손 ④ 코

TIP ㉠ 자극을 전달받아 운동을 실행하는 실행기관에 해당한다.

Answer 8.① 9.③

10 ㉡의 기관에 해당하는 것이 아닌 것은?

① 눈　　② 코

③ 피부　　④ 머리카락

TIP ㉡ 감각뉴런에 연결된 감각기관이다. 눈, 코, 피부, 귀 등이 여기에 해당한다.

11 다음은 탈분극이 일어날 때 나타나는 축삭돌기 세포막에서의 이온출입을 나타낸 것이다. ㉠, ㉡에 알맞은 이온은?

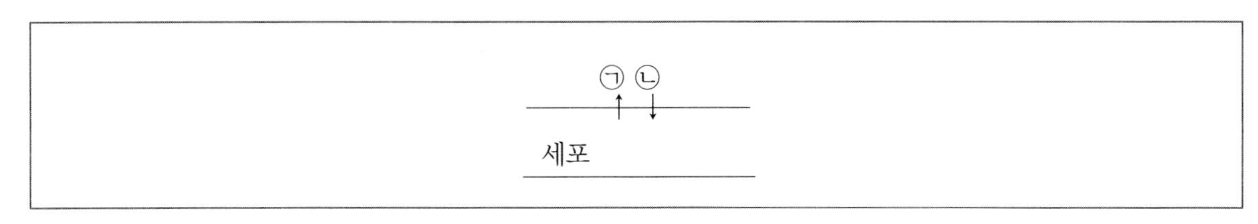

① ㉠ K^+, ㉡ Na^+　　② ㉠ Na^+, ㉡ K^+

③ ㉠ Ca^+, ㉡ K^+　　④ ㉠ K^+, ㉡ Ca^+

TIP 자극을 받기 전의 세포는 세포막의 안과 밖이 각각 K^+과 Na^+으로 나뉘어져 있는 분극상태이다. 세포가 자극을 받으면 세포막의 Na^+에 대한 투과성이 커져서 다량의 Na^+이 막 안으로 유입되고, K^+은 밖으로 확산되어 나가는 탈분극이 일어난다. 이러한 탈분극의 확산으로 자극이 막전위를 따라서 전달되는 것이다.

Answer 10.④ 11.①

12 **동물의 신경계가 하등한 것에서부터 고등한 순서로 바르게 나열된 것은?**

① 신경망→신경절→사다리신경계→체절신경계→중추신경계와 말초신경계
② 신경절→신경망→사다리신경계→체절신경계→중추신경계와 말초신경계
③ 신경망→신경절→체절신경계→사다리신경계→중추신경계와 말초신경계
④ 신경절→신경망→체절신경계→사다리신경계→중추신경계와 말초신경계

TIP 동물의 신경계
㉠ 신경망: 후생동물의 가장 단순한 신경계로, 신경이 그물처럼 얽혀 있다. 분화되어 있지 않아서 아무 방향으로나 신경충격이 전달된다.
㉡ 신경절: 전형적인 무척추동물의 신경계로, 각 체절에 신경세포체가 모여서 된 신경절이 1～2개 있다.
㉢ 사다리신경계: 평행한 두 개의 신경색이 둘 사이를 가로지르는 신경에 의해 연결되어 있는 형태의 신경계이다.
㉣ 체절신경계: 특수화되어 독립된 신경절이 각 체절을 관장한다.

13 **편형동물에서 관찰할 수 있는 신경계로 신경절의 덩어리가 처음으로 관찰되는 곳은?**

① 신경망
② 신경절
③ 사다리신경계
④ 체절신경계

TIP 사다리신경계…평행한 두 개의 신경색이 둘 사이를 가로지르는 신경에 의해 연결되어 있는 형태를 이루며 운동뉴런, 연합뉴런, 감각뉴런으로 구분된다.

14 **다음 중 전위차를 나타내는 데 관계하는 이온은?**

① K^+ Cl^-
② Na^+ K^+
③ Na^+ Cl^-
④ K^+ CO_3^-

TIP 세포막의 전위차는 K^+와 Na^+의 농도 차이로 나타난다.

Answer 12.① 13.③ 14.②

15 다음 중 교감신경에 대한 설명으로 옳은 것은?

① 신경자극물질로 아세틸콜린을 분비한다.
② 심장박동을 촉진한다.
③ 호흡운동을 억제한다.
④ 대뇌의 지배를 받는다.

TIP 교감신경 … 부교감신경과 길항작용을 하는 자율신경으로, 무의식적이고 불수의적인 반응에 관련된다. 교감신경은 신경의 말단에서 아드레날린을 분비하며, 부교감신경은 아세틸콜린을 분비한다.

16 다음 중 자율신경계의 길항작용이 바르게 짝지어진 것은?

	작용	교감신경	부교감신경
①	심장박동	억제	촉진
②	혈관	수축	확장
③	소화관운동	촉진	억제
④	눈동자	축소	확대

TIP 자율신경계의 길항작용

상태	교감신경	부교감신경
심장박동	촉진	억제
혈관	수축	확장
혈압	상승	하강
소화관운동	억제	촉진
소화액분비	억제	촉진
침분비	억제	촉진
눈동자(동공)	확대	축소

Answer 15.② 16.②

17 다음 중 자율신경의 최고 중추이며 체온조절의 중추인 것은?

① 대뇌 ② 연수
③ 소뇌 ④ 간뇌

TIP 간뇌의 시상은 대뇌로 들어가는 신경을 중계하고, 시상하부는 내분비샘 및 자율신경의 최고 중추이다. 체온, 심장박동, 혈압 등을 조절하여 항상성 유지에 중요한 역할을 한다.

※ 그림은 사람의 뇌의 단면이다. 다음 물음에 답하시오. 【18 ~ 19】

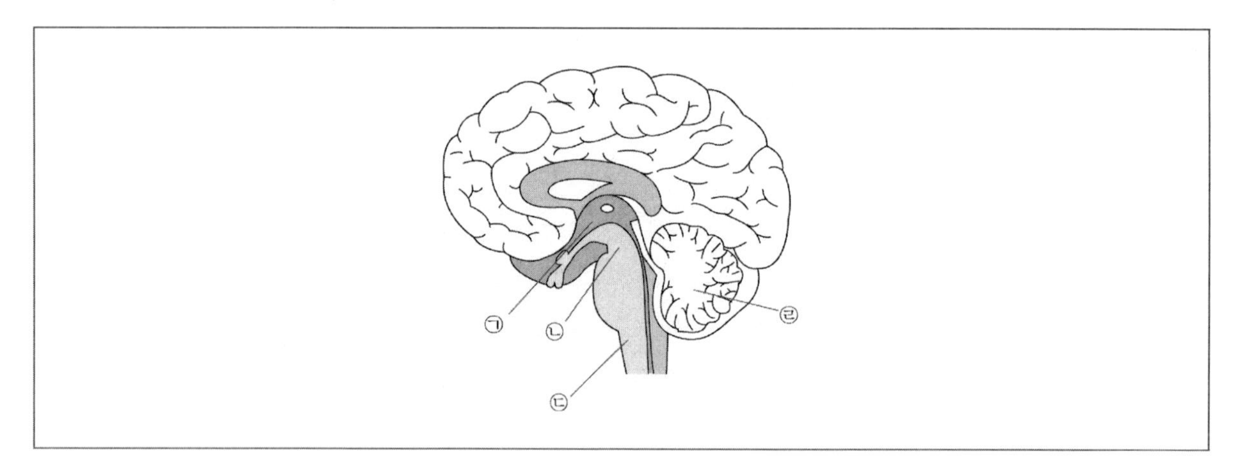

18 안구의 운동을 조절하는 부분의 기호와 명칭이 바르게 짝지어진 것은?

① ㉠ – 간뇌
② ㉡ – 간뇌
③ ㉠ – 중뇌
④ ㉡ – 중뇌

Answer 17.④ 18.④

TIP ㉠ 간뇌, ㉡ 중뇌, ㉢ 연수, ㉣ 소뇌

※ 중추신경계

㉠ 대뇌 : 감각과 수의 운동중추, 정신활동의 중추

㉡ 간뇌 : 자율신경계의 중추, 체온조절 및 수면중추

㉢ 중뇌 : 안구운동, 홍체수축조절, 자세교정작용

㉣ 연수 : 호흡운동, 심장박동, 소화활동의 중추, 반사중추

㉤ 소뇌 : 운동중추

㉥ 척수 : 뇌, 말초신경사이의 흥분전달통로, 무릎반사

19 다음 중 손상을 입었을 때 생명을 잃게 되는 부분은?

① ㉠ ② ㉡

③ ㉢ ④ ㉣

TIP ③ 연수는 호흡운동과 심장박동 등을 조절한다.

20 다음 중 생명유지에 관계하는 자율신경의 중추가 있어 침의 분비 및 구토 등에 관계하는 것은?

① 대뇌 ② 소뇌

③ 간뇌 ④ 연수

TIP 연수 … 뇌와 척수의 경계부위에 있어 양측을 연결하며 대부분 백질로 되어 있고, 백질의 내부에 약간의 회백질 부분이 있다. 회백질에는 심장박동, 혈압, 호흡 등을 조절하는 중추가 있으며 침분비, 기침, 구토 등의 반사중추가 있다.

Answer 19.③ 20.④

03 호르몬

01 호르몬

❶ 내분비샘과 외분비샘

(1) 내분비샘

호르몬을 분비하는 기관으로, 관이 없어 직접 체액 내로 분비하고 분비된 호르몬은 모세혈관으로 들어가 혈액을 따라 온몸을 돌게 된다. 사람의 내분비샘에는 뇌하수체, 갑상샘, 부갑상샘, 부신, 이자, 정소, 난소 등이 있다.

(2) 외분비샘

관을 통하여 분비액을 분비하며, 분비액에는 효소가 포함되어 있다. 젖샘, 땀샘, 소화샘 등이 있다.

❷ 호르몬

(1) 호르몬의 특징

① 온도에 대한 내성이 강하다.

② 적은 양으로도 생물체의 내부환경을 조절하는 화학물질이다.

③ 같은 종류의 호르몬은 다른 개체에서도 같은 효과를 낸다.

④ 미량으로 작용하지만, 적은 농도 차이로도 과잉증과 결핍증이 생긴다.

⑤ 일반적으로 음성피드백을 통해서 조절된다. 호르몬의 양이 많으면 분비가 억제되고, 호르몬의 양이 적으면 분비가 촉진되는 시스템을 통해서 신체가 호르몬의 분비를 스스로 조절한다.

⑥ 혈액에 섞여서 이동하므로 특별한 분비관이 없다. 소화샘, 땀샘과 같은 외분비샘은 체외로 연결되는 특별한 분비관이 있지만, 호르몬은 체내에서 만들어져서 체내로 분비되는 내분비샘이므로 특별한 분비관이 필요하지 않다.

⑦ 표적기관에서만 작용한다. 분비세포에서 만들어진 호르몬은 혈액을 타고 체내의 모든 세포에 도달하지만, 모든 세포에 작용하는 것은 아니고 특별한 표적기관에만 작용하여 기능을 나타내게 된다.

(2) 호르몬의 종류

① **펩타이드호르몬**(단백질계 호르몬)

㉠ 효소를 활성화시킨다.

㉡ 호르몬에 의한 순간적인 효과를 나타낸다.

㉢ 여러 개의 아미노산으로 되어 있으며, 열에 약하여 고온에서는 기능을 상실한다.

㉣ 뇌하수체호르몬, 갑상샘호르몬, 부신수질호르몬, 가스트린 등이 있다.

② **지질호르몬**(스테로이드계 호르몬)

㉠ 새로운 효소합성을 유도한다.

㉡ 호르몬에 의한 지속적인 효과를 나타낸다.

㉢ 지질성분으로 이루어져 있으며, 열에 강하여 고온에서도 기능을 잃지 않는다.

㉣ 부신피질호르몬, 성호르몬 등이 있다.

02 척추 · 무척추동물의 호르몬

❶ 척추동물의 호르몬

(1) 뇌하수체

① **구조** … 간뇌의 시상하부 밑에 있는 내분비샘으로 전엽, 중엽, 후엽으로 구분된다.

② **뇌하수체전엽호르몬** … 시상하부와 뇌하수체전엽을 연결하고 있는 혈관을 통해 시상하부에서 생성된 호르몬이 뇌하수체의 활동을 조절하며, 뇌하수체전엽은 시상하부의 명령에 의해 다른 내분비샘의 호르몬 분비를 조절하는 호르몬을 주로 분비한다.

㉠ **생장호르몬**(GH) : 성장을 조절한다.

㉡ **갑상샘자극호르몬**(TSH) : 갑상샘을 자극하여 갑상샘호르몬의 분비를 촉진시킨다.

㉢ **젖샘자극호르몬**(LTH) : 젖샘의 발육을 좋게 한다.

㉣ **여포자극호르몬**(FSH) : 생식소를 자극하여 성호르몬의 분비를 촉진시킨다.

㉤ **황체형성호르몬**(LH) : 난자에서의 황체형성을 촉진한다.

㉥ **부신피질자극호르몬**(ACTH) : 부신피질을 자극하여 호르몬의 분비를 촉진한다.

③ 뇌하수체중엽호르몬

㉠ 사람의 뇌하수체중엽은 거의 퇴화되었으나, 양서류 등의 경우에는 멜라닌세포자극호르몬을 분비하여 피부의 착색을 조절한다.

㉡ 멜라닌세포자극호르몬(MSH) : 멜라닌색소의 분비를 촉진시켜 피부색을 검게 한다.

④ 뇌하수체후엽호르몬 … 시상하부와 뇌하수체후엽은 신경섬유로 연결되어 있으며, 시상하부에서 생성된 호르몬이 일시 저장되었다가 분비된다.

㉠ 항이뇨호르몬(ADH ; 바소프레신) : 혈압상승과 수분의 재흡수에 관여한다.

㉡ 자궁수축호르몬(Oxytocin) : 자궁수축과 젖분비에 관여한다.

(2) 갑상샘

① 구조 … 사람의 목에 위치하는 기관으로 혈관이 많이 모여 있으며, 티록신과 칼시토닌을 분비한다.

② 티록신과 칼시토닌

㉠ 티록신

- 갑상샘에서 분비되는 주요 호르몬으로, 아이오딘을 주성분으로 한다.
- 기능
  - 사람 : 몸의 대사조절을 활발하게 하여 체온을 상승시키고 심장의 박동과 생장 등을 촉진시킨다.
  - 양서류 : 변태가 유발된다.
- 갑상샘기능항진증
  - 갑상샘에서 호르몬(티록신)이 과다하게 분비되었을 때 나타나는 현상이다.
  - 안구돌출, 정신적 흥분, 신경쇠약, 체중 감소, 체온 상승의 증세를 나타내는 바제도병에 걸리게 된다.
- 갑상샘기능저하증
  - 갑상샘에서 호르몬(티록신)이 부족하게 분비되었을 때 나타나는 현상이다.
  - 어린이에게는 정신과 신체의 발육이 저하되는 크레틴병이 나타나게 된다.
- 갑상샘부종 : 갑상샘에서 호르몬이 부족하게 분비됨으로 갑상샘자극호르몬이 갑상샘을 과도하게 자극하여 목이 붓는 현상이다.

㉡ 칼시토닌 : 뼈로부터 Ca^{2+}가 방출되는 것을 막아 혈액 내 Ca^{2+} 농도를 낮춘다.

(3) 부갑상샘

① 구조 … 갑상샘에 붙어 있는 4개의 작은 기관으로, 파라토르몬을 분비한다.

② 파라토르몬

㉠ 기능 : Ca^{2+} 대사와 밀접한 관련이 있다.

- 뼈에서 Ca^{2+}를 유리시킨다.
- 소장에서 음식물로부터 Ca^{2+}를 흡수한다.
- 신장에서 Ca^{2+}의 재흡수를 촉진한다.

㉡ **길항작용** : 부갑상샘의 기능이 과다하여 혈액 중 Ca^{2+} 농도가 지나치게 높아지면 뼈가 약해지게 된다. 따라서 갑상샘에서 분비되는 칼시토닌이 부갑상샘의 과다한 작용을 막아, 뼈와 신장에 대한 부갑상샘의 과도한 작용을 억제한다.

㉢ **테타니병** : 파라토르몬의 분비가 결핍되면 나타나는 증세로, 신경과 근육의 과민성을 초래한다.

(4) 부신

① **구조** … 사람의 신장 위에는 1쌍의 부신이 있으며, 피질과 수질에서 각각 다른 호르몬이 분비된다.

② **부신피질호르몬** … 뇌하수체전엽에서 분비되는 부신피질자극호르몬에 의해 호르몬 분비가 조절된다.

㉠ **코티졸** : 지방대사에 관여한다.

㉡ **당질 코르티코이드** : 강한 육체적 · 정신적 충격, 염증 등을 억제하기 위해 아미노산을 포도당으로 전환시켜 혈당량을 높인다.

㉢ **알도스테론** : 체내의 수분량을 일정하게 조절하며 신장에서의 Na^{+}, Cl^{-}의 재흡수와 K^{+}의 분비를 촉진시킨다.

③ **부신수질호르몬** … 교감신경이 지배하는 기관의 작용을 촉진한다.

㉠ **아드레날린** : 심장박동을 촉진하고 혈압과 혈당량을 높이며, 대사율을 증가시킨다. 이 작용은 교감신경과 유사하다.

㉡ **노르아드레날린** : 동맥을 수축시켜 혈압을 상승시킨다(혈관수축작용은 아드레날린보다 더 강하나 다른 기능은 약한 편이다).

④ **기능** … 부신에서 분비되는 호르몬은 신체 내외의 스트레스에 대해 몸을 적절히 조절하는 중요한 기능을 한다.

(5) 이자

① **구조** … 이자에 붙어 있는 랑게르한스섬이라는 세포에서 인슐린과 글루카곤을 분비한다.

② **인슐린과 글루카곤**

㉠ **인슐린**

- 분비장소 : 랑게르한스섬의 β세포에서 분비된다.
- 기능 : 세포의 포도당 섭취를 촉진시키며, 포도당을 글리코젠과 지방으로 전환시킴으로써 혈당량을 낮춘다.
- 결핍증 : 인슐린이 부족하면 당뇨병이 유발된다.

㉡ **글루카곤**

- 분비장소 : 랑게르한스섬의 α세포에서 분비된다.
- 기능 : 간에서 포도당의 방출을 촉진시키며, 글리코젠을 포도당으로 전환시킴으로써 혈당량을 높인다(인슐린의 반대기능).

㉢ **분비** : 인슐린과 글루카곤의 분비량과 분비시기는 혈당량 변화를 감지한 시상하부에 의해 자율적으로 조절된다.

(6) 성호르몬

① **구조** … 성호르몬들은 모두 콜레스테롤을 원료로 합성되는 스테로이드계 호르몬으로, 뇌하수체전엽의 황체형성호르몬, 여포자극호르몬에 의해 자극을 받아 분비량이 조절된다.

② **남성 호르몬** … 테스토스테론이 분비된다.

㉠ 정원세포로부터 정자를 형성한다.

㉡ 수염, 남성적 행동, 골격근의 발달 등 2차 성징을 나타낸다.

③ **여성 호르몬** … 에스트로젠과 프로게스테론을 분비한다.

㉠ 에스트로젠

- 자궁, 난소, 질 등의 생식부속기관의 형성에 관여한다.
- 유방의 발달, 지방의 발달, 뼈의 성장 등 2차 성징을 나타낸다.

㉡ 프로게스테론 : 자궁성숙에 관여하며 임신을 지속시킨다.

2 무척추동물의 호르몬

(1) 곤충의 호르몬

① **엑디손(전흉선호르몬)** … 뇌호르몬에 의해 앞가슴샘에서 분비되고, 탈피를 도와 유충기를 끝내고 성충기를 시작하게 하며, 성장할수록 분비량이 점차 증가한다.

② **유충호르몬(JH ; 용화억제호르몬)** … 뇌에 있는 알라타체에서 분비되고, 탈피를 해도 유충의 상태를 유지하게 하며, 성장할수록 분비량이 점차 감소한다.

(2) 갑각류의 호르몬

① **탈피호르몬(MH)** … 머리에 있는 Y기관에서 분비되며, 탈피를 촉진시킨다.

② **탈피억제호르몬(MIH)** … X기관에서 분비되어 시누스샘에 저장되며, 탈피호르몬의 생성을 억제하여 탈피억제에 관여한다.

(3) 페로몬

① 페로몬은 호르몬이 내분비샘을 통해 체내로 분비되는 것과는 달리 외분비샘을 통해서 체외로 분비되는 물질로 개체간의 정보전달역할을 하는 것이다.

② 나방의 성페로몬, 개미의 길잡이페로몬, 꿀벌의 여왕물질 등이 있다.

03 식물의 호르몬

❶ 생장촉진호르몬

(1) 옥신

① **생성장소** … 식물체의 줄기 끝(생장점 부근), 뿌리 끝, 어린 잎에서 생성된다.

② 기능

㉠ 식물체의 대표적인 생장조절(촉진) 호르몬이다.
㉡ 낙엽 · 낙화 · 낙과현상을 억제한다.
㉢ 끝눈의 생장은 촉진, 곁눈의 생장은 억제한다.
㉣ 분열이 끝난 작은 세포를 신장시키며, 생장을 촉진하는 농도는 각 기관마다 다르다.
㉤ **줄기의 굴광성** : 식물체에 빛을 비추면 옥신이 빛의 반대방향으로 몰려서 빛이 비춰는 반대 방향의 생장을 촉진시키게 되므로, 결과적으로 빛의 방향으로 줄기가 굽어 자라는 현상이 유발된다.

(2) 지베렐린

① **생성장소** … 주로 정단부 주변의 어린 잎, 종자의 어린 배에서 생성된다.

② 기능

㉠ 줄기 신장에 관여하는 호르몬이다.
㉡ 굴성은 없다.
㉢ 발아에 필요한 에너지원을 얻게 해준다.
㉣ 줄기의 신장, 꽃눈의 형성, 종자의 발아, 마디의 생장, 씨방의 발달을 촉진한다.
㉤ 식물의 키다리병을 유발하며, 벼의 키다리곰팡이에서 추출한다.

(3) 시토키닌

① **생성장소** … 뿌리나 배, 과일과 같이 활발하게 생장하는 조직에서 생성된다.

② 기능

㉠ 옥신과 함께 세포분열을 촉진시켜 식물조직의 세포분열과 분화를 조절한다.
㉡ 옥신과 함께 농도에 따라 생장을 조절하는 정도가 달라진다.
㉢ 식물의 잎과 꽃, 과일의 노화를 지연시키는 기능이 있으므로 채소나 과일을 싱싱한 상태로 오래 저장하기 위해 사용된다.

❷ 광주기성과 개화호르몬

(1) 광주기성

① 대부분의 식물들은 낮과 밤의 길이를 감지하여 특정한 계절에 꽃을 피우는 것처럼 광주기성을 나타낸다.

② 낮의 길이보다 밤의 길이가 개화에 중요하고, 빛의 파장을 감지하여 개화시기를 결정하는 색소가 있다는 것이다. 즉, 식물의 개화에는 일정 시간 동안의 지속적인 암기가 필요하다.

> TIP **광중단효과** … 단일식물의 개화를 위해 암처리를 계속해 줄 때 짧은 시간 동안 빛을 주면 개화가 되지 않는 것을 광중단효과라고 한다.

(2) 개화호르몬

① **피토크롬** … 개화에는 낮과 밤을 감지하는 2가지의 색소가 존재한다. 이 색소를 피토크롬이라고 한다.

② **피토크롬의 형태** … 피토크롬은 적색광을 흡수하는 형태인 P_r과 근적외선을 흡수하는 형태인 P_{fr}의 2가지가 있다.

㉠ **낮** : 적색광이 많으므로 P_r이 적색광을 흡수하면 P_{fr}로 전환되며, 근적외선에 의해서는 P_{fr}이 P_r로 빠르게 전환된다.

㉡ **밤** : 낮의 변화보다는 느린 속도로 P_{fr}이 P_r로 전환되는 변화가 일어난다.

③ **개화호르몬의 형성**

㉠ **단일식물** : P_r보다 P_{fr}의 형태가 적을 때 개화호르몬이 형성된다.

㉡ **장일식물** : P_r보다 P_{fr}의 형태가 많을 때 개화호르몬이 형성된다.

최근 기출문제 분석

2021. 6. 5. 제1회 서울특별시

1 **혈액과 세포사이액 내 칼슘(Ca^{2+})을 적정 농도로 유지하는 것은 여러 신체기능이 정상적으로 작동하는 데 필수적이다. 〈보기〉에서 혈액 내 칼슘 농도가 높아지게 되면 나타나는 현상을 모두 고른 것은?**

보기

㉠ 부갑상샘에서 칼시토닌이 분비된다.
㉡ 뼈에서 칼슘저장이 촉진된다.
㉢ 콩팥에서 칼슘흡수가 감소된다.

① ㉠, ㉡
② ㉠, ㉢
③ ㉡, ㉢
④ ㉠, ㉡, ㉢

TIP 혈액 내 칼슘 농도가 높아지면 갑상샘에서 칼시토닌이 분비되어 혈장으로 칼슘 이온 흡수를 억제해서 혈액 내 칼슘 농도를 줄여준다. 이 과정에서 칼슘 이온이 뼈에 저장되는 과정이 촉진되며 콩팥으로도 칼슘 흡수가 촉진된다.
㉠ 칼시토닌은 갑상샘에서 분비되는 호르몬이다.

Answer 1.③

2020. 10. 17. 제2회 지방직(고졸경채)

2 그림은 티록신의 분비 조절 과정을 나타낸 것이다. 이에 대한 설명으로 옳은 것은?

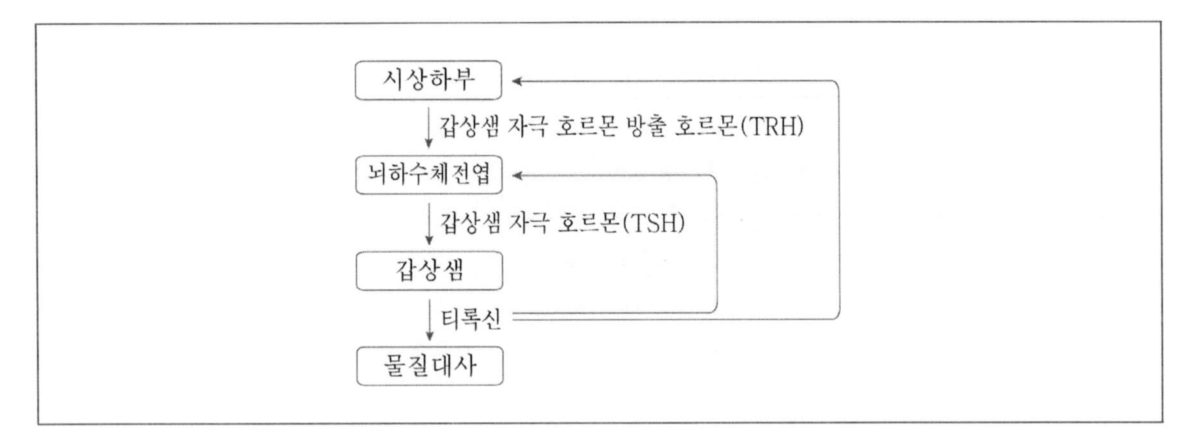

① 갑상샘 자극 호르몬 방출 호르몬(TRH)은 티록신 분비를 억제한다.

② 티록신이 과다 분비되면 갑상샘 자극 호르몬(TSH) 분비가 억제된다.

③ 갑상샘을 제거하면 혈액 내 티록신 농도가 증가한다.

④ 티록신 분비는 양성 피드백에 의해 조절된다.

TIP ① 갑상샘 자극 호르몬 방출 호르몬은 갑상샘 자극 호르몬 분비를 자극해 티록신 분비를 촉진시킨다.
③ 갑상샘을 제거하면 갑상샘에서 분비되는 티록신 농도는 감소한다.
④ 티록신 분비는 결과가 원인을 억제하는 음성 피드백에 의해 조절된다.

Answer 2.②

2019. 6. 15. 제2회 서울특별시

3 **〈보기〉가 공통적으로 설명하는 호르몬에 해당하는 것은?**

보기

- 곰팡이가 합성하여 벼에서 키다리병을 유발한다.
- 보리 등 곡물 종자의 배에 존재하며 발아를 촉진한다.
- 톰슨의 씨없는 포도를 생산하는데 이용된다.
- 키 작은 완두에 처리하면 정상적인 키를 갖는다.

① 옥신 ② 사이토키닌
③ 지베렐린 ④ 앱시스산

TIP ① 옥신은 식물의 생장 조절 물질의 하나로 성장을 촉진하며 낙과를 방지하고 착과를 조절한다.
② 사이토키닌은 잎의 노화를 저해, 세포분열을 촉진하며 곁가지 생장을 촉진한다.
④ 앱시스산은 종자휴면유지, 기공닫기, 스트레스 저항성을 촉진한다.

2019. 6. 15. 제2회 서울특별시

4 **가을에 단일식물인 국화를 생육시키는 온실의 관리자가 밤 동안에 실수로 660nm 파장 빛을 잠깐 동안 켰다가 껐고, 그 다음에 730nm의 파장 빛을 잠깐 동안 켰다가 껐다. 이 과정 후 일어난 사건에 대해 옳은 것을 모두 고른 것은?**

보기

㉠ 생육 중인 국화의 꽃이 피지 않는다.
㉡ 결국은 Pr형의 피토크롬(phytochrome)으로 전환된다.
㉢ 생육 중인 국화의 꽃이 핀다.
㉣ 결국은 Pfr형의 피토크롬(phytochrome)으로 전환된다.

① ㉠㉡ ② ㉡㉢
③ ㉠㉣ ④ ㉢㉣

TIP 식물이 빛에 노출되면 피토크롬이 분해되어 이것이 활성화되면 Pfr[원적색광(730nm) 흡수 피토크롬]의 양이 증가하고 밤 동안에는 Prf의 농도가 서서히 감소한다. 만약 원적색광이 많게 되면 Pfr이 Pr[적색광(660nm) 흡수 피토크롬]로 전환하며 이때 피토크롬은 합성되어 활성화되지 않는다.
660nm 및 이후 730nm의 빛을 비추었으므로 결국 Pfr가 Pr로 전환하여 국화꽃이 피게 된다.

Answer 3.③ 4.②

2016. 6. 25. 서울특별시

5 **다음은 혈중 Ca^{2+} 수준을 일정하게 유지하는 기작을 모식화한 그림이다. (㉠~㉣)로 옳은 것은?**

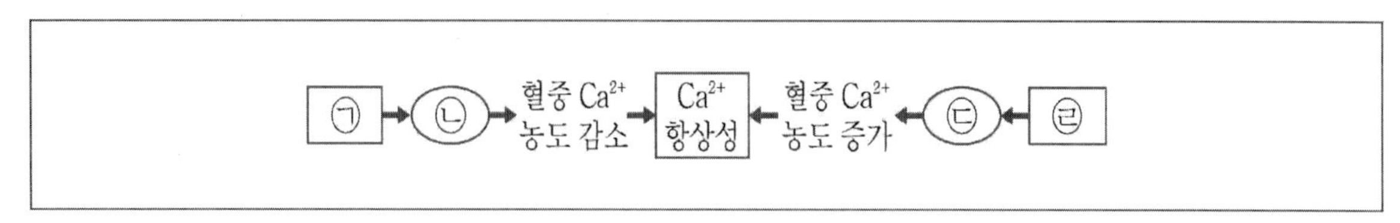

	㉠	㉡	㉢	㉣
①	갑상샘	부갑상샘호르몬(PTH)	칼시토닌(calcitonin)	부갑상샘
②	갑상샘	칼시토닌(calcitonin)	부갑상샘호르몬(PTH)	부갑상샘
③	부갑상샘	부갑상샘호르몬(PTH)	칼시토닌(calcitonin)	갑상샘
④	부갑상샘	칼시토닌(calcitonin)	부갑상샘호르몬(PTH)	갑상샘

TIP 갑상샘에서 분비된 칼시토닌은 혈중 Ca^{2+}의 농도를 감소시키고, 부갑상샘에서 분비된 부갑상샘호르몬은 혈중 Ca^{2+}의 농도를 증가시킨다. 이로써 혈중 Ca^{2+} 수준이 일정하게 유지된다.

Answer 5.②

출제 예상 문제

1 **다음에서 설명하고 있는 호르몬과 그 분비장소로 옳은 것은?**

> • 뼈에서 Ca^{2+}과 P을 혈액으로부터 방출한다.
> • 신장과 장에서 Ca^{2+}의 흡수를 촉진시킨다.
> • 결핍시 Ca^{2+} 부족으로 인한 테타니병이 발생한다.

① 코르티코이드 – 부신피질
② 갑상샘자극호르몬 – 뇌하수체전엽
③ 옥시토신 – 뇌하수체후엽
④ 파라토르몬 – 부갑상샘

TIP ① 결핍시 에디슨 병이 발생한다.
② 티록신의 분비를 촉진시키는 작용을 한다.
③ 자궁수축호르몬이라 한다.

2 **겨울이나 가뭄 기간 식물은 호르몬을 분비한다. 다음 중 겨울철을 잘 보낼 수 있도록 해주는 호르몬은?**

① 플로리겐
② 엽산
③ 옥신
④ 옥시토신

TIP ① 꽃눈을 형성하게 하여 주는 호르몬이다.
③ 세포의 생장촉진, 곁눈 생장 억제 작용을 하는 식물의 생장호르몬이다.
④ 자궁근수축호르몬으로 민무늬근을 수축시켜 출산을 돕는다.

Answer 1.④ 2.②

3 티록신 분비량이 감소할 때 처음 일어나는 반응은?

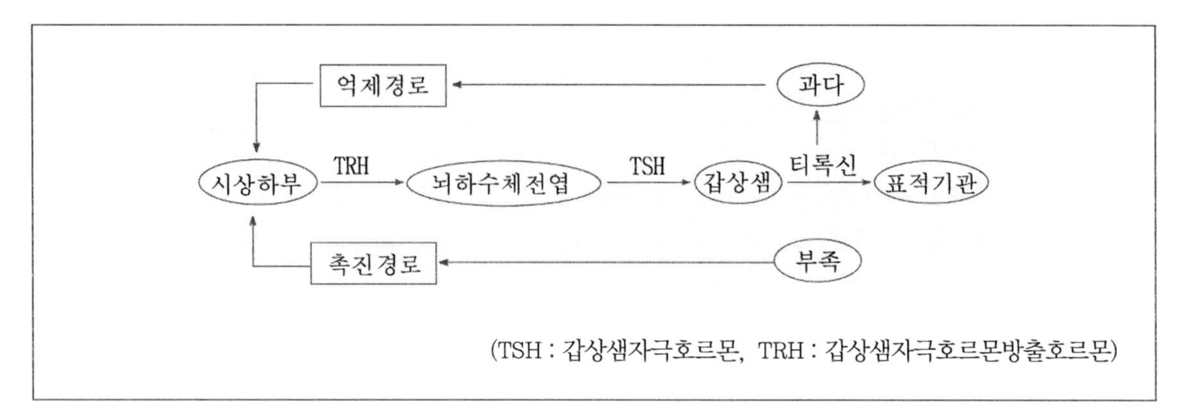

① 갑상샘자극호르몬량이 증가한다.
② TRH의 분비기능이 억제된다.
③ 티록신의 혈중농도가 증가하게 된다.
④ 갑상샘자극호르몬의 분비가 감소한다.

TIP 티록신 분비량이 감소하면 TRH와 TSH의 분비량이 증가하게 된다. TSH가 계속 분비되면 갑상샘을 지속적으로 자극시켜 세포분열이 커지게 되어 갑상샘 부종을 일으키게 된다.

4 항이뇨호르몬에 대한 설명으로 옳지 않은 것은?

① 신장에서의 물의 재흡수를 촉진하여 오줌의 양을 줄인다.
② 소동맥을 수축시켜 혈압을 증가시킨다.
③ 호르몬의 양이 부족하면 오줌의 양도 감소한다.
④ 요붕증을 예방하기 위해 물을 많이 마시면 된다.

TIP ③ 항이뇨호르몬의 양이 부족하면 오줌의 양이 증가하며 심한 갈증이 나타나는 요붕증의 증세가 나타난다.

Answer 3.① 4.③

5 **랑게르한스섬의 β 세포에서 분비되며 혈당량을 낮추는 기능을 하는 것은?**

① 글루카곤 ② 옥시토신
③ 인슐린 ④ 에스트로겐

TIP ① 랑게르한스섬의 α세포에서 분비되며 혈당량을 높인다.
② 뇌하수체후엽에서 분비되며 자궁수축호르몬이라고 한다.
④ 여포에서 분비되며 여성의 2차 성징을 발현시킨다.

6 **호르몬 분비의 조절 특징으로 옳은 것은?**

① 혈액 혹은 조직액에 의해 운반된다.
② 신경에 비해 자극의 전달 속도가 느리다.
③ 호르몬은 내분비샘에서 생성된다.
④ 체내 호르몬 양에 따라 분비를 억제 · 촉진하는 피드백 원리로 조절한다.

TIP 호르몬 분비의 조절 특성으로는 체내 호르몬 양이 어느 수준 이상 또는 이하가 되면 이 원인으로 인하여 호르몬의 분비가 억제되거나 촉진되는 피드백 원리로 조절된다.

7 **다음은 사람의 몸 속에서 분비되는 호르몬들이다. 사람의 생식주기에서 호르몬이 분비되는 순서가 알맞게 연결된 것은?**

① 에스트로겐 → 프로게스테론 → 황체형성호르몬 → 여포자극호르몬
② 여포자극호르몬 → 황체형성호르몬 → 에스트로겐 → 프로게스테론
③ 에스트로겐 → 황체형성호르몬 → 여포자극호르몬 → 프로게스테론
④ 여포자극호르몬 → 에스트로겐 → 황체형성호르몬 → 프로게스테론

TIP 생식주기 호르몬의 분비
㉠ 여포자극호르몬(FSH) : 여포를 자극하여 여포의 성숙을 촉진시키며, 여포호르몬의 생성을 촉진시킨다.
㉡ 여포호르몬(에스트로겐) : 자궁벽을 비후하게 하고 여성의 2차 성징을 발현시킨다. 황체형성호르몬의 분비를 촉진시킨다.
㉢ 황체형성호르몬(LH) : 배란을 유도하며, 황체호르몬의 분비를 촉진시킨다.
㉣ 황체호르몬(프로게스테론) : 자궁벽을 비후하게 하며, 젖샘의 발달을 촉진시킨다.

Answer 5.③ 6.④ 7.④

8 **성숙한 난소의 여포에서 분비되는 호르몬으로 여성의 2차 성징의 발달과 자궁내막을 두껍게 하는 것은?**

① 프로게스테론　　② 황체형성호르몬
③ 여포자극호르몬　　④ 에스트로젠

TIP 에스트로젠…여포에서 분비되는 여포호르몬으로 유방과 지방을 발달시키며 뼈의 성장에 관여하여 여성의 2차 성징을 발달시킨다. 또한 자궁이나 난소, 질 등 여성의 생식부속기관의 형성에 관여한다.

9 **올챙이가 개구리로 변태되는 과정에 작용하는 호르몬은?**

① 티록신　　② 엑디손
③ 지베렐린　　④ 글루카곤

TIP ② 곤충의 탈피를 촉진시키는 호르몬
③ 식물의 길이생장에 관여하는 호르몬
④ 동물의 혈당량을 높이는 데 관여하는 호르몬

10 **다음 중 어류, 양서류의 보호색과 관계되는 호르몬을 분비하는 내분비샘은?**

① 부신수질　　② 갑상샘
③ 뇌하수체중엽　　④ 뇌하수체후엽

TIP 피부색은 체내의 멜라닌색소의 양에 의해서 결정된다. 멜라닌색소가 많이 분비되면 체색이 어두워지고, 양이 적으면 밝은 색을 띠게 된다. 멜라닌색소를 자극하여 분비되도록 하는 호르몬(멜라닌세포자극호르몬)은 뇌하수체중엽에서 분비된다.

Answer 8.④ 9.① 10.③

11 다음 중 혈당량을 증가시키는 결과를 가져오는 호르몬으로만 짝지어진 것은?

① 인슐린, 아드레날린, 글루카곤
② 인슐린, 당질 코르티코이드, 무기질 코르티코이드
③ 글루카곤, 항이뇨호르몬, 아드레날린
④ 글루카곤, 아드레날린, 당질 코르티코이드

TIP 혈당량 증가 호르몬
㉠ 글루카곤: 이자의 랑게르한스섬에서 분비되며, 간에 저장된 글리코젠을 포도당으로 전환시켜 혈당량을 증가시킨다.
㉡ 아드레날린: 부신수질호르몬으로, 간의 글리코젠을 포도당으로 분해하여 혈당량을 증가시킨다.
㉢ 당질 코르티코이드: 부신피질호르몬으로, 단백질과 지방을 당분으로 전환시켜 혈당량을 증가시킨다.

12 다음 중 식물호르몬이 아닌 것은?

① 시토키닌
② 옥시토신
③ 지베렐린
④ 옥신

TIP ② 자궁수축에 관여하는 동물호르몬이다.

13 식물의 생장조절물질에 관한 설명으로 옳지 않은 것은?

① 시토키닌은 세포분열을 촉진한다.
② 앱시스산은 낙엽과 낙화현상에 관여한다.
③ 지베렐린은 줄기세포의 길이생장을 유도한다.
④ 에틸렌은 노화를 억제한다.

TIP 에틸렌은 열매를 성숙시키고, 낙엽을 형성하는데 관여함으로 결국은 노화의 촉진과 관계된 역할을 한다.

Answer 11.④ 12.② 13.④

14 식물의 호르몬인 옥신에 관한 설명으로 옳지 않은 것은?

① 식물의 굴광성에 관여한다.
② 빛의 반대방향으로 이동하는 특징이 있다.
③ 식물의 생장을 돕는 생장호르몬이다.
④ 식물의 키다리병을 유발한다.

TIP ④ 지베렐린에 대한 설명이다.

15 다음 중 종자의 발아에 필요하지 않은 조건은?

① 빛
② 온도
③ 물
④ 산소

TIP 종자가 발아되기 위해서는 적당한 온도와 충분한 수분, 호흡에 필요한 산소가 있어야 한다.

16 화분의 위치를 고정시켜 놓고 한쪽 방향에만 빛을 비추면 식물이 빛을 향해서 굽어 자라는 데 이 현상에 관여하는 호르몬은?

① 엑디손
② 알라타체
③ 지베렐린
④ 옥신

TIP ①② 곤충호르몬 ③④ 식물호르몬
※ 옥신 … 식물의 굴광성에 관여하는 호르몬

Answer 14.④ 15.① 16.④

17 주로 곤충에서 분비되는 것으로 개체간의 정보전달역할을 하는 물질이며, 외분비샘을 통해 체외로 분비되는 물질은?

① 호르몬　　② 페로몬
③ 효소　　④ 촉매

TIP 페로몬 … 호르몬과 달리 외분비샘을 통해 체외로 분비되는 물질로 나방의 성페로몬, 개미의 길잡이페로몬, 꿀벌의 여왕물질 등이 있다.

18 다음 중 교감신경 말단에서 분비되는 물질은?

① 인슐린　　② 크레아틴
③ 아트로핀　　④ 아드레날린

TIP ① 이자의 랑게르한스섬에서 분비되는 β세포로 간세포에 작용한다. 포도당을 글리코젠으로 합성하고 세포의 포도당 이용을 촉진시켜 혈당량을 감소시킨다.
② 척추동물의 근육 속에 다량 존재하며 아미노기 대신 구아니딘기를 가진 아미노산의 유사물질이다.
③ 가지과 식물에 함유되어 있는 알칼로이드로 흑색의 주상결정이다.

19 다음 중 내분비샘이 아닌 것은?

① 부신　　② 갑상샘
③ 뇌하수체　　④ 땀샘

TIP 내분비샘 … 동물에서 호르몬을 분비하는 기관을 말하며 분비관없이 호르몬을 직접 체액 내로 분비한다. 사람의 내분비샘으로는 갑상샘, 부갑상샘, 부신, 이자, 정소, 난소, 뇌하수체, 시상하부, 흉선 등이 있다.

Answer　17.②　18.④　19.④

04 항상성과 운동

01 항상성 조절기구

❶ 항상성의 조절

(1) 피드백의 원리

① 항상성의 조절기구 … 피드백의 원리에 의한다.

TIP 항상성 … 외부환경이 변하더라도 생물체가 체내 환경을 일정하게 유지하려는 성질을 말한다.

② 피드백 … 어떠한 원인에 의해서 신체의 내부에서 일어난 어떤 변화나 현상의 결과가 다시 원인에 영향을 미치는 것을 말한다.

(2) 호르몬의 분비조절

[피드백시스템]

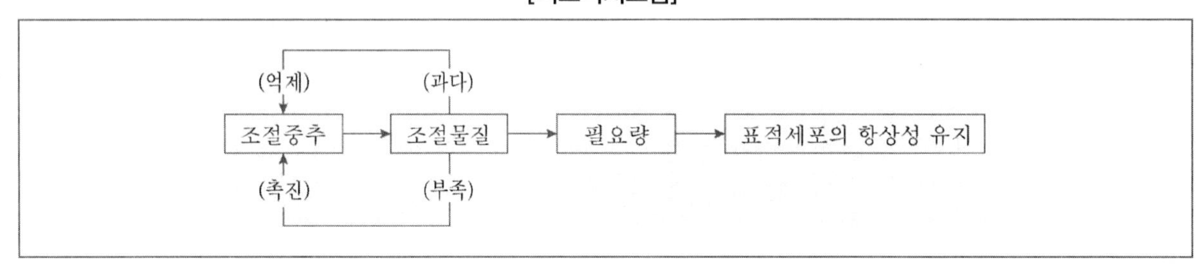

① 음성피드백 … 분비되는 호르몬의 양이 체내에서 필요로 하는 양보다 많으면 과다증이 일어나게 되므로, 과다한 양의 호르몬의 분비를 억제시켜 분비량을 조절한다. 이와 같이 분비물질이 과다하게 분비되어 조절작용을 통해 분비를 억제시키는 것을 음성피드백이라고 한다.

② 양성피드백 … 분비되는 호르몬의 양이 체내에서 필요로 하는 양보다 적으면 결핍증이 일어나게 되므로, 부족한 호르몬의 분비를 더욱 촉진시켜 필요한 양만큼의 호르몬을 분비하도록 하는 조절작용이 일어난다. 이와 같이 분비물질이 부족할 때 분비를 촉진시키는 것을 양성피드백이라고 한다.

③ 시상하부는 피드백에 의해 대뇌와 정보를 교환하여 자율신경을 통해 내장기관의 활동을 조절한다.

❷ 길항작용

(1) 길항작용

길항작용은 두 종류의 신경이나 호르몬이 같은 기관이나 세포의 활동을 촉진하고 억제하는 작용이다.

(2) 길항작용의 종류

① 교감신경과 부교감신경의 길항작용

㉠ 교감신경은 심장박동을 촉진시키는 반면, 부교감신경은 심장박동을 억제한다.

㉡ 교감신경은 혈액순환을 촉진시키는 반면, 부교감신경은 혈액순환을 느려지게 한다.

㉢ 동공은 교감신경의 영향을 받으면 커지고, 부교감신경의 영향을 받으면 작아진다.

㉣ 교감신경과 부교감신경은 신체기관에 작용하여 촉진과 억제의 반대작용을 한다.

② 갑상샘호르몬 칼시토닌과 부갑상샘호르몬 파라토르몬의 길항작용 … 칼시토닌은 뼈로부터 칼슘이 방출되는 것을 억제하여 혈액 내 칼슘농도를 낮추며, 파라토르몬은 뼈로부터의 칼슘방출을 촉진시켜서 혈액 내 칼슘농도를 높이는 작용을 한다.

02 혈당량 · 체온의 조절

❶ 혈당량의 조절

(1) 혈당량

혈당량이란 사람의 혈액 속에 포함되어 있는 포도당의 양으로, 정상인 사람의 경우 0.1% 정도의 포도당이 혈액 속에 포함되어 있다.

(2) 혈당량의 조절

① 혈당량이 높을 때

㉠ 혈당량의 증가 → 부교감신경의 자극 → 이자에서 인슐린의 합성 및 분비 촉진 → 인슐린의 작용으로 포도당을 글리코젠으로 합성하여 저장 → 혈당량을 낮춤

㉡ 당뇨병 : 인슐린의 작용이 원활하지 못하여 높아진 혈당량을 낮추지 못했을 때 혈액 속에 포함되어 있는 여분의 포도당이 오줌에 섞여서 배설되는 현상이다.

② 혈당량이 낮을 때

㉠ 혈당량의 감소→교감신경의 자극→이자에서 글루카곤의 합성 및 분비→간이나 세포에 저장되어 있는 글리코젠을 포도당으로 분해→혈당량을 높임

㉡ 혈당량의 감소→뇌하수체전엽→부신피질자극호르몬의 분비→부신피질→당질 코르티코이드 분비→단백질, 지방을 포도당으로 전환→혈당량을 높임

2 체온의 조절

(1) 체온조절장치

① **체온조절중추** … 항상 일정한 체온을 유지하는 항온동물인 포유류와 조류는 간뇌의 시상하부에 체온의 조절중추가 있어서 외부온도에 의해 체온이 급격하게 변하지 않도록 조절한다.

② **체온조절기구** … 체온조절중추에 외부의 뜨겁거나 차가운 환경이 전해지면 자율신경과 자율신경에 의한 호르몬의 피드백작용에 의해서 체온조절작용이 이루어진다.

(2) 체온의 조절

① 온도가 높아질 때

㉠ 티록신과 아드레날린의 분비량이 감소된다.

㉡ 체표의 모세혈관이 확장되고, 땀구멍이 확장되어 체표면의 열방출량을 증가시킨다.

㉢ 부교감신경에 의해 피부의 혈관이 확장되어 열의 발산을 촉진한다.

② 온도가 낮아질 때

㉠ **티록신의 분비량 증가** : 세포호흡을 촉진시켜 열생성량을 증가시킨다.

㉡ **아드레날린의 분비량 증가** : 혈당량을 증가시킨다.

㉢ 체표의 모세혈관이 수축되고, 땀구멍이 수축되어 체표면의 열방출량을 감소시킨다.

㉣ 교감신경에 의해 피부의 혈관이 수축되어 열의 발산을 억제한다.

(3) 역류교환

극지방의 동물들에게서 볼 수 있는 현상으로, 동맥과 정맥이 밀착되어 있어 차가운 정맥이 동맥의 열을 받아 더워지므로 체온손실을 최소로 한다.

❸ 삼투조절

(1) 수분과 이온의 양에 따른 삼투조절

수분과 이온은 체내의 물질대사에 의해 그 양이 수시로 변하기 때문에 흡수와 배출경로를 적절하게 조절하여 항상성을 유지하게 된다.

(2) 해산어류와 담수어류의 삼투조절

① **해산어류** … 체액의 염농도가 바닷물보다 낮으므로 체내의 수분이 삼투현상에 의해 바닷물로 빠져나간다. 이를 보충하기 위해 바닷물을 마신 다음 물을 능동적으로 흡수하며, 바닷물과 등장의 진한 오줌을 배설한다. 이 때 물과 함께 들어온 염은 아가미를 통해 능동적으로 배출시켜 체액의 수분과 염의 양을 조절하게 된다.

② **담수어류** … 체액의 삼투압을 물보다 높게 유지해야 하므로 염의 유출을 막기 위해 묽은 오줌을 배설하고, 아가미를 통해서는 염을 능동흡수하게 된다.

(3) 사람의 삼투조절

① 수분의 조절

㉠ **혈액에 수분이 부족할 때** : 세포가 수분을 혈액으로 방출하고, 세뇨관에서 수분의 재흡수가 왕성하게 일어난다.

- 수분의 부족 → 시상하부 → 뇌하수체에서 부신피질자극호르몬 분비 → 부신피질이 무기질 코르티코이드 분비 → 세포가 수분을 혈액으로 방출
- 수분의 부족 → 뇌하수체후엽의 바소프레신 분비 → 세뇨관의 수분재흡수 촉진

㉡ **체내에 수분이 많을 때** : 세포가 수분을 혈액에서 흡수하고, 땀 · 오줌의 양이 늘어 여분의 수분을 체외로 배출한다.

- 수분의 과잉 → 시상하부 → 뇌하수체에서 갑상샘자극호르몬 분비 → 갑상샘에서 티록신 분비 → 세포가 수분을 혈액에서 흡수
- 수분의 과잉 → 바소프레신의 억제 → 세뇨관의 수분재흡수 억제

② 무기염류의 조절

㉠ **Na^+, Cl^-, K^+의 조절** : 혈액 속의 Na^+과 Cl^-, K^+의 양은 부신피질호르몬의 하나인 무기질 코르티코이드에 의해서 조절된다. 이 호르몬은 신장의 세뇨관에서 Na^+과 Cl^-의 재흡수를 촉진하고, 또 K^+의 배출을 촉진한다.

㉡ **Ca^{2+}, PO_4^{3-}의 조절** : 갑상샘에서 분비되는 칼시토닌은 혈액 내의 Ca^{2+}의 양을 감소시키고 PO_4^{3-}의 양을 증가시키는 반면, 부갑상샘에서 분비되는 파라토르몬은 칼시토닌과 길항적으로 작용한다. 혈액 내의 Ca^{2+}과 PO_4^{3-}의 양은 장에서의 흡수량, 뼈에서의 방출량, 신장에서의 흡수량이 커지면 증가된다.

03 운동과 행동

❶ 운동

(1) 동물의 운동

① 원생생물의 운동

㉠ **위족운동** : 원형질의 졸(sol)과 겔(gel)의 가역적 변화에 의해 위족을 형성함으로써 운동하는 방식으로 아메바나 점균류, 백혈구가 이에 해당된다.

㉡ **섬모운동** : 많은 섬모가 물결치듯이 규칙성을 가지고 움직이는 것으로 사람의 기관상피, 짚신벌레, 원신관(불꽃세포) 등이 이에 해당된다.

㉢ **편모운동** : 1개 또는 몇 개의 편모를 앞뒤로 움직이는 운동으로 유글레나, 정자, 미역의 유주자, 해면동물의 동정세포 등이 이에 해당된다.

② 동물의 운동(근육운동)

㉠ **연동운동** : 종주근과 환상근을 교대로 이완 · 수축시켜 몸을 이동하는 운동으로, 사람의 소화관이나 지렁이와 같은 환형동물에서 볼 수 있다.

㉡ **파상운동** : 좌우측 또는 앞뒤의 근육을 물결치듯이 수축시켜 이동하는 운동으로 잉어, 붕어, 거머리, 달팽이, 뱀장어 등에서 볼 수 있다.

㉢ **분출운동** : 몸통의 빈 곳에 들어 있는 물을 환상근의 수축으로 내뿜어 그 반동으로 이동하는 운동으로 꼴뚜기, 오징어와 같은 동물에서 볼 수 있다.

㉣ **관족운동** : 근육질로 된 관족을 물체에 흡착시켜 이동하는 운동으로 불가사리, 해삼, 성게 등에서 볼 수 있다.

㉤ **관절운동** : 굴근과 신근을 사용하여 관절을 굽히고 펴는 운동으로 내골격을 가진 척추동물과 외골격을 가진 곤충류와 갑각류에서 볼 수 있다.

③ **근육의 구조** ⋯ 근육은 근원섬유(미오신과 액틴으로 구성)가 평행으로 배열된 근섬유들이 모여 구성된다.

㉠ I대(명대) : 밝게 보이고 액틴만 있는 부위

㉡ A대(암대) : 어둡게 보이고 미오신이 있는 부위

㉢ H대 : A대 가운데 미오신만 있는 부위

㉣ Z막 : I대의 중앙선으로 근절과 근절 사이의 막

㉤ 근절 : 근수축의 단위로서 Z막과 Z막 사이

(2) 식물의 운동

① 생장운동

㉠ 굴성운동 : 식물이 자극의 방향에 대해 일정한 방향으로 굽어 자라는 운동이다.

- 자극의 종류에 따라 굴광성, 굴지성, 굴촉성, 굴수성 등이 있다.
- 식물의 기관마다 생장호르몬에 대한 감수성의 차이도 굴성의 원인이 된다.

㉡ 감성운동 : 자극의 방향에 관계없이 자극의 세기에 따라 일정한 방향으로 생장하는 운동이다.

- 민들레, 채송화 : 낮에 꽃이 피고 밤에는 꽃잎이 닫힌다.
- 튤립 : 온도가 높아지면 꽃이 피고 온도가 낮아지면 꽃잎이 닫힌다.
- 꽃잎의 개폐에 나타나는 감성은 자극의 세기에 따라 꽃잎의 안쪽과 바깥쪽의 생장속도가 달라지기 때문이다.

② 팽압운동 … 산 세포 내의 수분량 변화로 인해 세포 내의 팽압이 변하여 나타나는 운동이다.

㉠ 수면운동 : 빛 자극에 의해 팽압이 변하여 나타나는 운동으로 콩, 토끼풀, 괭이밥 등이 낮에는 펴지나 밤에는 접히는 현상에서 볼 수 있다.

㉡ 기공의 개폐운동 : 잎의 기공이 팽압이 높으면 열리고 낮으면 닫힌다.

㉢ 미모사의 운동 : 미모사의 잎이나 잎자루를 건드리면 잎자루 기부의 엽침세포의 팽압이 갑자기 떨어져 소엽이 닫히고 잎자루가 아래로 떨어진다.

③ 건습운동 … 죽은 세포 내의 수분량 변화로 인해 나타나는 운동으로 고사리의 포자낭, 콩깍지, 봉숭아 열매 등에서 볼 수 있다.

④ 세포내 운동

㉠ 원형질유동 : 원형질이 세포막에 따라서 일정한 방향, 속도로 회전운동을 한다.

㉡ 엽록체의 이동 : 세포 내의 엽록체가 빛의 세기에 따라 위치를 바꾼다.

❷ 행동

(1) 선천적 행동

① 주성 … 자극에 대하여 몸 전체가 이동하는 행동이다.

② 반사 … 감각기에서 수용한 일정 자극에 대한 무의식적인 행동이다.

㉠ 척수반사 : 무릎반사, 배변, 배뇨, 말초혈관의 수축과 확장 등

㉡ 연수반사 : 재채기, 하품, 침과 눈물의 분비, 딸꾹질

㉢ 중뇌반사 : 홍채의 조절, 안구의 운동, 동공반사

③ **본능** … 경험이 없이 선천적으로 몸에 지니고 있는 행동이다. 본능은 일련의 여러 가지 반사가 차례로 연결되어 일어나는 행동으로 선천적 · 유전적이어서 학습과 관계가 없다. 생식 · 섭식 · 방어 · 모성 · 귀소본능 등이 있으며, 선천적 행동 중 가장 복잡한 행동으로, 내분비샘의 발달과 같은 신체적 조건을 갖춘 동물에서 일어난다.

(2) 후천적 행동

① **학습** … 경험을 통해서 새로운 행동을 습득하는 것이다.

㉠ **길들이기** : 해롭지 않은 자극이 반복될 때 처음에는 반응을 보이다가 나중에는 반응을 하지 않는 현상이다.

㉡ **각인** : 출생 직후 한 번의 경험에 의해 습득된 행동이 수 년 또는 일생 동안 지속되는 현상이다.

㉢ **조건반사** : 과거의 경험이나 반복된 훈련에 의해 일어나며 대뇌의 피질이 관계한다.

㉣ **시행착오학습** : 몇 번의 잘못을 거친 후 올바른 행동을 하게 되는 것으로, 이 때 벌을 주면 학습속도가 빨라진다.

② **지능행동** … 학습과 경험에 의해 새로운 상황에 대처하는 능력으로, 대뇌가 발달한 사람과 일부 동물에게서 볼 수 있다.

출제 예상 문제

1 다음 중 동물의 후천적 행동에 속하는 것은?

① 밤에 가로등으로 나방이 모여든다.
② 입 속에 음식을 넣으니 침이 분비된다.
③ 꿀을 따러 갔다온 벌이 원형춤을 춘다.
④ 석류를 보고 침을 흘린다.

TIP ① 주성 ② 연수반사 ③ 본능 ④ 조건반사
※ 동물의 행동
㉠ 선천적 행동 : 주성, 반사, 본능
㉡ 후천적 행동 : 학습(길들이기, 각인, 조건반사, 시행착오학습), 지능행동

2 다음 중 체액의 항상성을 조절하는 곳은?

① 신장 ② 간
③ 이자 ④ 허파

TIP 체액은 체내의 수분성분을 말한다. 체내로 흡수되는 수분은 소변과 땀의 형태로 체외로 배출되는데, 대부분이 소변의 형태로 배출된다. 소변의 양은 신장에서 재흡수의 과정을 통해 조절된다.

3 다음 중 외부환경의 변화에 관계없이 체온, 혈당량, 삼투압 등 내부환경을 일정하게 유지하려는 성질은?

① 활주설 ② 균일성
③ 항상성 ④ 최소율의 법칙

TIP 항상성은 외부환경이 변하더라도 생물체가 체내 환경을 일정하게 유지하려는 성질이다.

Answer 1.④ 2.① 3.③

4 다음 중 항상성이 유지되도록 조절되는 것이 아닌 것은?

① 체내 무기염류의 양
② 혈당량
③ 체내 수분의 양
④ 체내 지방의 양

TIP 항상성 … 생물체는 외계상태가 변하여도 pH, 삼투압, 온도, 화학물질의 구성 등을 일정하게 유지하는 기능을 말한다.

※ 항상성 조절
㉠ 혈당량 조절
㉡ 체내 수분량 조절
㉢ 무기염류 조절

5 체내에서 다음과 같은 현상이 일어났을 경우 얻을 수 있는 결과로 옳은 것은?

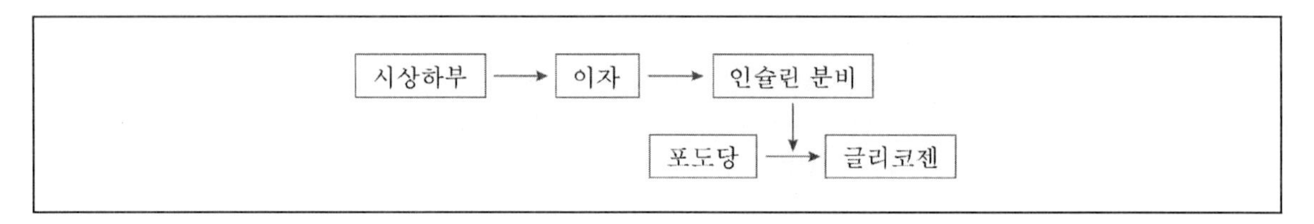

① 혈당량이 높아진다.
② 혈당량이 낮아진다.
③ 이뇨작용이 촉진되다.
④ 이뇨작용이 억제된다.

TIP 혈당량은 혈액 속에 있는 포도당의 농도를 의미한다. 인슐린은 혈액 속의 포도당을 글리코젠으로 전환시켜서 혈당량을 낮아지게 한다.

Answer 4.④ 5.②

6 다음 중 기온이 내려갈 때 일어나는 신체변화가 아닌 것은?

① 땀의 분비 감소
② 물질대사 촉진
③ 근육의 이완
④ 모세혈관의 수축

TIP 체온조절

㉠ 기온 하강시 : 모세혈관 수축, 땀분비 감소, 세포호흡증가, 근육수축
㉡ 기온 상승시 : 모세혈관 확장, 땀분비 증가, 세포호흡감소, 근육이완

Answer 6.③

생식과 발생

01 세포분열

01 세포분열과 염색체

❶ 세포분열

(1) 세포분열의 의의

① 생물체는 세포로 구성되어 있으며, 세포는 세포에 의해서만 생겨난다. 따라서 모든 생물체는 세포분열에 의해서만 생장과 증식을 할 수 있다.

② 단세포생물과 다세포생물의 세포분열

㉠ **단세포생물** : 세포분열 자체가 곧 증식이 된다.

㉡ **다세포생물** : 세포분열을 통해서 생장을 하며, 생식세포를 만들어 생식을 한다.

(2) 세포분열의 종류

① **무사분열** … 세포분열의 과정에서 염색체나 방추사가 형성되지 않고 핵과 세포질이 그대로 둘로 나누어지는 분열이다. 사람의 연골세포나 생쥐의 힘줄 등의 일부 특수세포와 암세포 등의 병적세포에서 볼 수 있는 세포분열형태이다.

② **유사분열** … 세포분열시 염색체나 방추사 등의 구조를 형성하며, 핵 내에서 여러 가지 변화가 일어나는 분열이다. 보통의 체세포와 생식세포에서 흔히 볼 수 있는 세포분열형태이다.

㉠ **체세포분열** : 보통의 체세포에서 생장을 위해 일어나는 세포분열이다.

㉡ **생식세포분열** : 생식을 위한 세포를 만들 때 일어나는 세포분열로, 분열 후에 생기는 딸세포의 염색체 수가 모세포의 염색체 수의 반을 가지므로 감수분열이라고도 한다.

② 염색체

(1) 염색체의 특징

① 어버이의 유전형질을 자손에게 전해 주는 DNA를 함유하고 있는 유전물질이다.

② 세포의 핵 속에 존재한다.

③ 세포분열을 할 때는 막대 모양의 염색체가 되지만, 세포분열을 하지 않을 때는 실 모양의 염색사로 존재한다.

④ 염기성 색소에 의해서 염색이 잘 된다.

(2) 염색체의 구조

① **염색체** … 염색사와 기질로 구성되어 있다.

㉠ 염색사
- DNA와 히스톤 단백질로 구성되어 있다.
- 이중나선구조이다.
- 염기성 색소에 의해서 염색이 잘 되는 부분이다.

㉡ 기질
- 히스톤이 아닌 단백질로 구성되어 있다.
- 염색이 잘 되지 않는 부분이다.

② **동원체** … 염색체 중앙의 잘록한 부분으로, 세포분열시 방추사가 부착되는 장소이다.

(3) 염색체의 수와 모양

① 염색체의 수와 모양과 크기

㉠ **염색체의 수 · 모양 · 크기** : 생물의 종에 따라 다르며, 같은 종의 생물이라면 모든 개체의 모든 조직세포에서 같은 수와 모양, 같은 크기의 염색체를 가진다.

㉡ **핵형** : 생물의 종류에 따라서 일정하게 정해져 있는 염색체의 수와 모양과 크기를 그 생물의 핵형이라고 한다.

② 각 생물의 염색체의 수

동물명	염색체 수	식물명	염색체 수
사람	46	완두	14
초파리	8	보리	14
회충	2	미역	44
비둘기(♀)	61	은행나무	24
비둘기(♂)	62	벼	24
개	78	양달개비	24

(4) 염색체의 종류

① 성염색체 … 성을 구분짓고, 성의 특징을 나타내는 유전자로 상염색체처럼 한 쌍의 상동염색체로 되어 있다. 사람의 경우 X와 Y의 두 종류의 성염색체가 존재하는데, X와 X가 만나 XX의 염색체를 가지면 여성으로, X와 Y가 만나 XY의 염색체를 가지면 남성으로 성이 결정된다.

② 상염색체 … 성염색체를 제외한 보통의 염색체로, 생물의 외형에 대한 정보나 질병의 인자 등 생물의 여러 가지 특징을 결정짓는 유전자를 가지고 있다.

③ 상동염색체 … 크기와 모양이 같은 염색체가 쌍으로 존재하는 것으로, 부모로부터 하나씩 물려받아서 쌍을 이루게 된다. 사람의 경우 46개의 염색체가 23쌍의 상동염색체를 이루며 존재한다.

02 체세포분열과 감수분열

❶ 체세포분열

(1) 체세포분열의 특징

① 체세포분열은 식물의 생장점이나 부름켜, 동물의 온몸에서 일어난다.

② 세포분열을 해도 염색체의 수는 모세포와 똑같이 유지된다.

③ 세포는 분열을 하기 전에 유전물질이나 단백질 등을 2배로 합성한 후에야 분열을 한다. 그러므로 분열을 하고 난 후의 유전물질이나 단백질이 모세포와 같은 수준을 유지할 수 있으며, 분열을 거듭해도 계속 같은 수준을 유지할 수 있다.

④ 세포가 지나치게 커져서 물질교환을 충분히 할 수 없게 되어 정상적인 활동이 어려워지지 않도록 세포의 표면적과 부피의 균형을 유지할 수 있게 하기 위하여 세포는 분열을 계속한다.

(2) 체세포분열의 과정

① 간기

㉠ G_1기

- 세포 분열이 끝난 직후부터 DNA 복제가 이루어지기 전까지의 시기이다.
- 단백질을 비롯한 여러 세포 구성물질이 합성되고, 세포소기관의 수가 늘어나면서 세포가 생장한다.

㉡ S기 : DNA가 복제되어 염색사로 존재하며 그 양이 2배로 증가된다.

㉢ G_2기

- 세포 분열을 준비하는 시기로 중심체가 2개로 복제된다.
- 방추사를 구성하는 단백질과 세포막을 구성하는 물질이 합성된다.

② 분열기(M기) … 핵분열이 먼저 일어나고 그 후에 세포질분열이 연속해서 일어난다.

㉠ 전기

- 핵막과 인이 소실된다.
- 실처럼 풀려 있던 염색사가 막대 모양의 염색체로 된다.
- 방추사가 형성된다.

㉡ 중기

- 염색체가 세포의 적도면에 배열하여 적도판을 형성한다.
- 방추사가 염색체의 동원체에 부착된다.
- 핵분열의 시기 중 가장 짧은 시기이며, 염색체가 가장 선명하게 관찰되는 시기이기도 하다.

㉢ 후기 : 염색체가 방추사에 끌려서 양극으로 이동하여 양편으로 갈라진다.

㉣ 말기

- 막대 모양으로 뭉쳤던 염색체가 다시 실 모양으로 풀어져서 염색사가 된다.
- 핵막과 인이 나타난다.
- 2개의 딸핵이 완성된다.

[체세포분열의 과정]

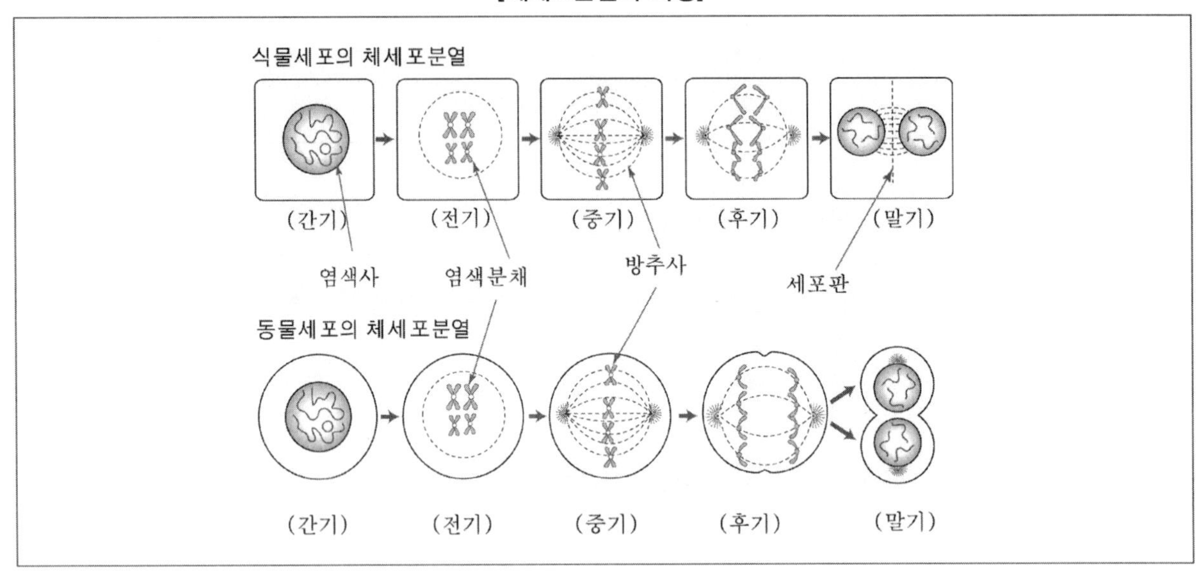

③ 세포질분열

㉠ **동물세포**: 적도면 주변의 세포막이 안으로 함입되어 세포질을 분리하는 세포질 만입의 형태로 세포질이 분열된다.

㉡ **식물세포**: 세포의 중앙에 세포판이 형성되어 세포질을 분리하는 세포판 형성의 형태로 세포질이 분열된다.

2 세포분열의 주기와 DNA량의 변화

(1) 세포분열의 주기

① **간기와 분열기** … 실제로 세포의 분열이 진행되는 분열기와 분열을 준비하는 간기로 이루어져 있다.

㉠ **간기**: 분열기와 분열기 사이의 기간으로 DNA의 복제가 일어나는 시기이다. 핵의 활동에 따라서 3기간으로 나눈다.

- G_1기 : 분열기와 S기 사이의 기간
- S기 : DNA가 복제되는 기간(DNA 합성기)
- G_2기 : S기와 분열기 사이의 기간

㉡ **분열기**: 실제로 세포의 분열이 이루어지는 시기로 전기, 중기, 후기, 말기로 나누어진다.

② **세포주기** … 간기의 시작에서 분열기의 마지막까지를 세포주기라고 한다.

(2) 세포분열과 DNA량

① **체세포분열과 DNA량** … 분열이 일어나기 전인 간기에 이미 DNA의 양이 2배로 복제되기 때문에 세포가 분열을 하여도 DNA의 양은 반감되지 않고 모세포와 같은 상태를 유지할 수 있다.

② **감수분열과 DNA량** … 제1분열 이후 제2분열에서 DNA의 양이 늘지 않은 상태에서 분열이 이루어지므로 분열 후에 생기는 딸세포의 DNA의 양은 보통 체세포가 가지는 DNA양의 반으로 줄게 된다.

❸ 감수분열

(1) 감수분열의 특징

① 동물의 정소와 난소, 식물의 밑씨와 꽃밥 등 생식기관에서 일어난다.

② 세포의 분열이 2회 연속해서 일어나며, 분열 후에 4개의 딸세포가 생긴다.

③ 분열 후에 생겨난 세포의 염색체는 모세포의 반이 된다.

④ 유성생식을 하는 생물의 암·수 생식세포가 결합하여 자손을 만들 때 감수분열을 통해 염색체 수가 반감된 상태에서 결합하기 때문에, 자손의 염색체 수가 부모의 2배가 되지 않고 부모와 같은 수를 유지할 수 있으며, 세대를 거듭해도 염색체의 수가 계속 유지될 수 있는 것이다.

(2) 감수분열의 과정

① **제1분열** … 염색체의 핵형이 2n에서 n으로 반감되므로 핵형이 변한다는 의미에서 이형분열이라고도 한다.
- ㉠ **간기** : 체세포분열과 마찬가지로 간기의 S기에 DNA의 복제가 이루어진다.
- ㉡ **전기** : 염색체가 갈라져 염색분체를 형성한 뒤 상동염색체끼리 결합하여 2가 염색체를 형성한다. 2가 염색체는 4개의 염색분체로 되어 있으므로 4분 염색체라고도 한다.
- ㉢ **중기** : 2가 염색체가 적도면에 모이고 방추사가 동원체에 부착된다.
- ㉣ **후기** : 상동염색체가 분리되어 양극으로 이동하여 염색체의 수가 반감된다.
- ㉤ **말기** : 핵막이 생기고 세포질이 분열되어 2개의 딸세포가 형성된다.

② **제2분열** … 염색체의 핵형이 n에서 n으로 변화가 없으므로 동형분열이라고도 한다.
- ㉠ 제1분열의 말기에 이어서 곧바로 제2분열의 전기가 시작된다.
- ㉡ 간기가 없으므로 DNA의 복제가 이루어지지 않는다.
- ㉢ 4개의 딸핵이 생기고 세포질이 분열된다(염색체 수는 변하지 않고 DNA의 양만 반감된다).

[감수분열의 과정]

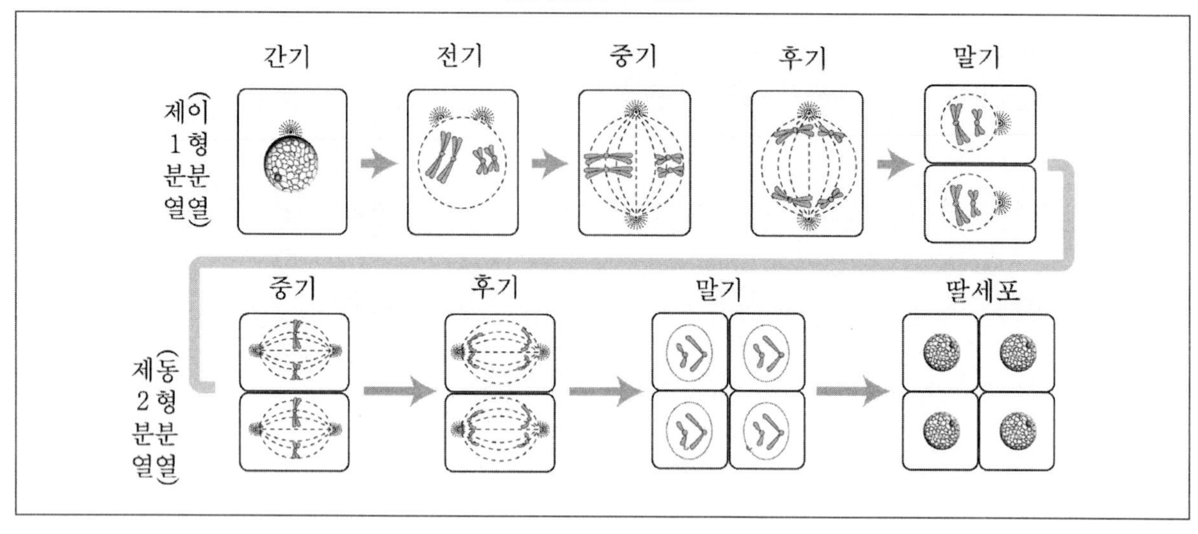

최근 기출문제 분석

2021. 6. 5. 제1회 서울특별시

1 동물세포의 세포주기에 대한 설명으로 가장 옳은 것은?

① 간기 동안 DNA 복제가 일어난다.

② 핵막은 간기에 사라진다.

③ 초기 배아세포는 상피세포보다 간기가 길다.

④ DNA가 손상되면 분열기에서 세포주기가 종료된다.

간기 동안 DNA 복제가 일어나고 분열기에 핵막이 사라진다.
② 핵막은 분열기에 사라진다.
③ 초기 배아세포의 발생 과정은 간기가 매우 짧아 세포 생장이 거의 일어나지 않고 DNA 복제만 일어나야 한다.
④ DNA 손상시 간기에서 세포주기가 종료된다.

2021. 6. 5. 제1회 서울특별시

2 성을 결정짓는 염색체에 대한 설명으로 가장 옳지 않은 것은?

① 성염색체에는 성을 결정하는 유전자 이외에도 다른 유전자가 존재한다.

② 포유류 암컷의 두 개의 X염색체 중 모계에서 유래된 X염색체가 불활성화된다.

③ X염색체가 불활성화되면 조밀한 구조로 응축된다.

④ 어떤 생물은 염색체 수에 의해 성이 결정된다.

TIP 성세포 생성 단계에서 부계 X염색체에 표식을 남겨서 수정 이후 부계 X염색체가 자동으로 불활성화되게 만든다. 불활성 과정도 2단계에 걸쳐서 철저히 이루어진다.

Answer 1.① 2.②

2020. 10. 17. 제2회 지방직(고졸경채)

3 **(가)는 서로 다른 동물 ㉠과 ㉡의 체세포에 들어 있는 염색체 수와 핵상을, (나)는 이들 중 한 동물의 세포에 들어 있는 염색체를 나타낸 것이다. 동물 ㉠과 ㉡이 모두 성염색체 조합으로 XX를 가질 때, 이에 대한 설명으로 옳지 않은 것은? (단, 돌연변이는 고려하지 않는다)**

(가)

동물	염색체 수	핵상
㉠	4	$2n$
㉡	8	$2n$

(나)

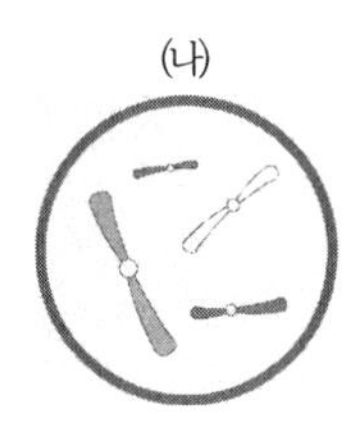

① (나)는 ㉡의 생식 세포이다.

② ㉠의 생식 세포 1개에 들어 있는 상염색체 수는 1이다.

③ ㉡의 감수 1분열 중기 세포 1개당 2가 염색체의 수는 4이다.

④ 체세포 1개당 $\frac{\text{상염색체 수}}{\text{성염색체 수}}$는 ㉡이 ㉠의 2배이다.

TIP (나)는 n=4의 핵상을 가지므로 2n일 때는 8개의 염색체를 가지므로 동물 ㉡이다. 생식세포의 핵상은 n이므로 ㉠의 생식세포의 핵상은 n=2로 성염색체 1개, 상염색체 1개를 가진다. 2가 염색체는 상동염색체 두 개가 붙어서 생성된다.

④ 체세포 1개당 $\frac{\text{상염색체 수}}{\text{성염색체 수}}$는 ㉠이 $\frac{2}{2}$, ㉡이 $\frac{6}{2}$이므로 ㉡이 ㉠의 3배이다.

Answer 3.④

2020. 10. 17. 제2회 지방직(고졸경채)

4 **그림은 어떤 체세포의 세포 주기를 나타낸 것으로, ㉠과 ㉡은 각각 후기와 전기 중 하나이다. 이에 대한 설명으로 옳은 것은? (단, 돌연변이는 고려하지 않는다)**

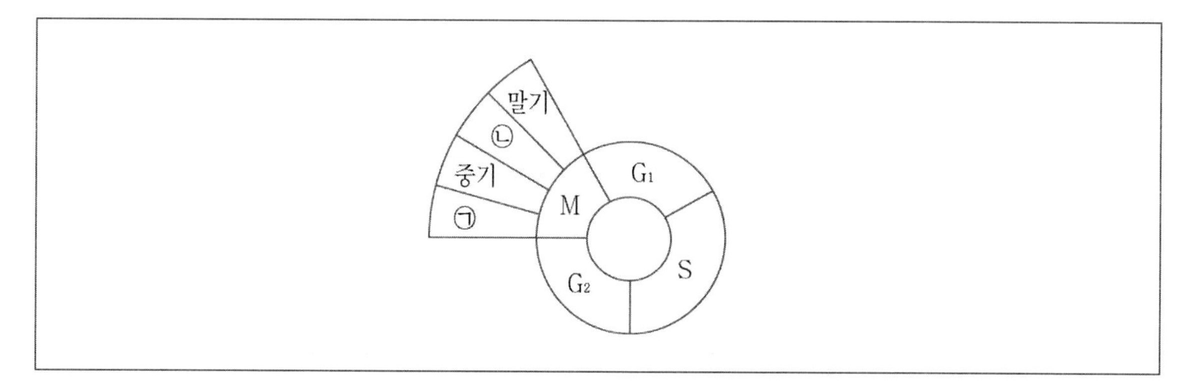

① ㉠에 핵막이 사라진다.

② ㉡에 상동 염색체가 분리된다.

③ S기에서 염색체가 관찰된다.

④ 체세포 1개당 DNA 양은 G_1기가 G_2기보다 많다.

TIP ㉠은 전기, ㉡은 후기이다. 핵막은 간기에 존재하고 분열기(M기)에는 사라진다.
② ㉡에서는 염색 분체가 분리되며 체세포 분열 과정에서는 상동염색체가 분리되는 과정이 일어나지 않는다.
③ 염색체는 M기에만 관찰된다.
④ 체세포 1개당 DNA양은 S기 때 복제가 일어나 G_2기 때 G_1기의 2배가 된다.

Answer 4.①

출제 예상 문제

1 감수분열의 특징으로 옳은 것은?

① 핵분열이 일어난 후에 세포질 분열이 일어난다.
② 분열 후 원래의 체세포와 똑같은 두 개의 새로운 체세포를 만들어낸다.
③ 두 번 연속하여 핵분열이 발생한다.
④ 분열 전 유전물질이나 단백질을 2배로 합성한 후 분열할 수 있다.

TIP 감수분열의 특성
㉠ 생식샘을 이루는 세포에서 발생한다.
㉡ 2가 염색체를 형성한다.
㉢ 두 번 연속하여 핵분열이 일어난다.
㉣ 핵상이 n인 4개의 딸세포를 형성한다.

2 감수분열에서 DNA의 복제가 일어나는 시기는?

① 간기 ② 전기
③ 중기 ④ 후기

TIP 간기 … 핵은 형태적 변화는 없지만 DNA의 복제가 일어나는 시기이다.
㉠ G_1기 : 단백질의 합성과 DNA의 합성 준비기
㉡ S기 : DNA 복제 시기
㉢ G_2기 : 세포분열 준비기

Answer 1.③ 2.①

3 **체세포분열과 감수분열(생식세포분열)에서 공통적으로 나타나는 현상은?**

① 간기에서 DNA 복제
② 2가(4분) 염색체
③ 4개의 딸세포 형성
④ 염색체 수의 반감

TIP ②③④는 모두 감수분열에서만 볼 수 있는 현상이다.

4 **어떤 체세포의 염색체 속에 들어 있는 DNA량을 4라고 할 때, 체세포분열이 끝난 다음 새로 생긴 2개의 낭세포(딸세포)에는 각각 얼마의 DNA가 들어 있는가?**

① 2
② 4
③ 6
④ 8

TIP 체세포분열은 핵상이 2n에서 2n으로 분열되는 동형분열이며, 감수분열은 핵상이 2n에서 n으로 분열되는 이형분열이다.

5 **다음은 감수분열과정에서 세포 1개가 갖는 DNA량의 변화를 나타낸 것이다. 감수분열과정에서 교차가 일어났다면 그 시기는 그래프에서 어느 단계에 해당하는가?**

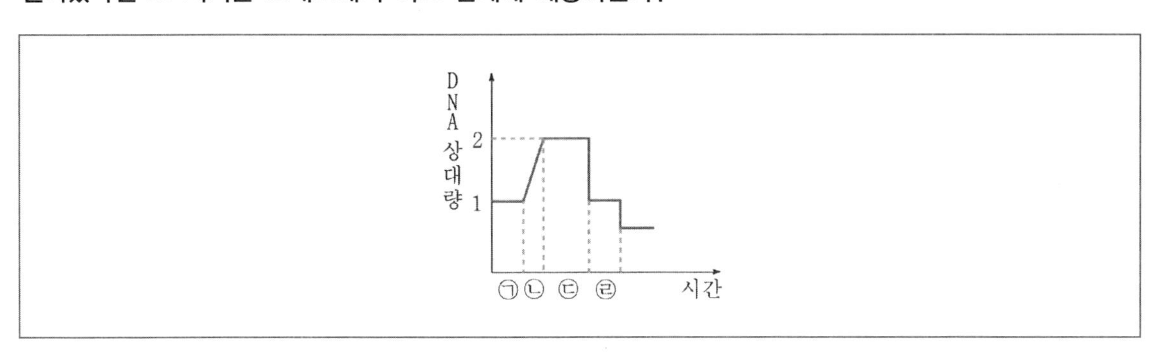

① ㉠
② ㉡
③ ㉢
④ ㉣

TIP 염색체의 교차현상은 상동염색체가 접합하여 2가 염색체를 형성하는 시기인 감수분열의 제1분열 전기에 일어난다. 그림에서 ㉡단계는 DNA의 복제가 일어나는 시기이며, ㉢단계는 간기에 이어서 진행되는 제1분열기이다.

Answer 3.① 4.② 5.③

6 **다음 중 염색체에 대한 설명으로 옳지 않은 것은?**

① 어버이의 형질을 다음 세대로 전달하는 유전물질이다.
② 세포질 속에 존재한다.
③ 세포관찰시 염기성 색소에 의해 염색이 잘 되는 부분이다.
④ 세포분열을 하지 않을 때는 실 모양의 염색사로 존재한다.

TIP 염색체는 세포의 핵 속에 존재한다.

7 **다음 중 항상 크기와 모양이 같은 것끼리 짝을 이루어 존재하는 염색체는?**

① 상염색체
② 성염색체
③ 쌍염색체
④ 상동염색체

TIP 염색체의 종류
㉠ 상동염색체 : 크기와 모양이 같은 염색체가 쌍을 이룬 것
㉡ 성염색체 : 개체의 성에 관한 정보를 가진 것
㉢ 상염색체 : 그 밖의 염색체

※ 염색체의 구조를 나타낸 것이다. 다음 물음에 답하시오. 【8～9】

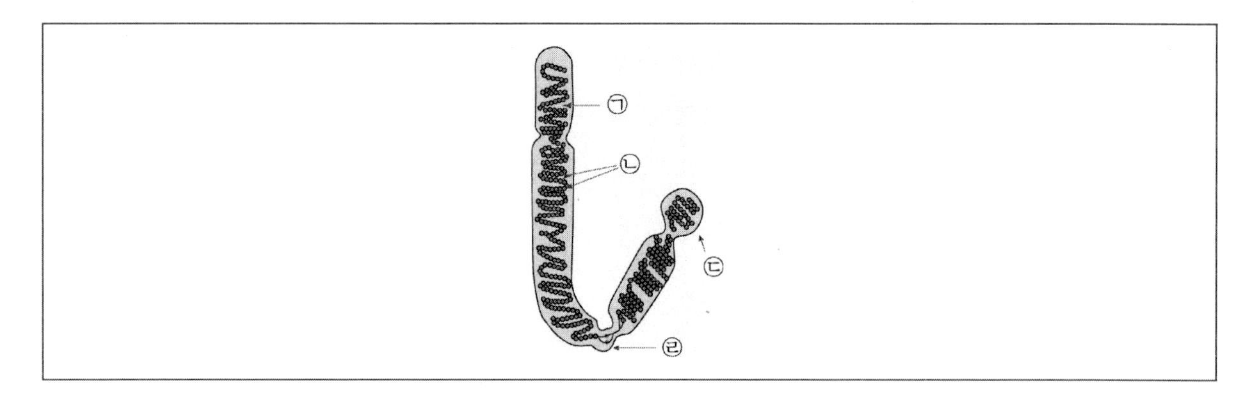

Answer 6.② 7.④

8 다음 중 세포분열시 방추사가 부착되는 부위는?

① ㉠ ② ㉡
③ ㉢ ④ ㉣

TIP ㉠ 기질 ㉡ 염색사 ㉢ 부수체 ㉣ 동원체
① 세포의 배경을 이루는 것으로 세포를 싸고 있는 세포사이의 물질을 말한다.
② 실모양의 구조물로 핵액 내에 존재하며 세포분열시 염색체가 된다.
③ 염색체 내에 존재하는 작은 구형의 구조체이다.
④ 방추사가 부착되는 장소로 잘룩하게 보인다.

9 ㉡의 부위에 관한 설명으로 옳지 않은 것은?

① DNA와 히스톤 단백질로 구성되어 있다.
② 단일나선구조이다.
③ 염색체의 기능의 중심이 되는 부위이다.
④ 염기성 색소에 의해서 염색이 잘 되는 부위이다.

TIP ② 염색사는 이중나선구조를 하고 있다.

10 벼의 체세포의 염색체 수는 2n = 24이다. 다음 부분의 염색체 수로 옳은 것은?

	화분	배	배젖
①	36	24	12
②	12	24	36
③	36	12	24
④	24	36	12

TIP 화분은 생식세포이므로 핵상이 n이다. 배는 정핵과 난세포가 결합하여 2n의 핵상을 가지며, 배젖은 정핵과 두 개의 극핵이 결합하여 3n의 핵상을 갖는다.

Answer 8.④ 9.② 10.②

11 염색체에 대한 설명으로 옳지 않은 것은?

① 염색체의 주성분은 DNA이다.
② 핵 분열시 방추사가 부착되는 부위를 동원체라고 한다.
③ 염색체에는 성에 관한 정보를 갖는 성염색체과 그 밖의 염색체인 상동염색체가 있다.
④ 염색체의 수는 생물의 종마다 다르며, 종이 같다면 염색체의 수도 같다.

TIP ③ 염색체가 가진 정보에 따라서 그 종류를 구분한다면 성염색체와 상염색체로 구분할 수 있으며 모양과 크기가 같은 염색체의 쌍을 상동염색체라고 한다.

12 다음 중 염색체를 구성하는 물질을 바르게 나열한 것은?

① DNA와 단백질
② DNA와 인지질
③ RNA와 단백질
④ RNA와 인지질

TIP 염색체의 염색사는 DNA와 히스톤 단백질로 이루어져 있으며, 염색사를 둘러싸고 있는 기질은 히스톤이 아닌 단백질로 이루어져 있다.

13 체세포분열과 감수분열의 차이점으로 볼 수 없는 것은?

① 분열 후에 생성되는 딸세포의 수
② 딸세포의 염색체 수
③ 분열이 일어나는 장소
④ 세포질이 분열되는 방식

TIP 체세포분열과 감수분열의 비교

구분	딸세포 수	염색체 수	분열장소
체세포분열	2개	모세포와 동일	신체의 모든 부분
감수분열	4개	모세포의 반	생식기관

Answer 11.③ 12.① 13.④

14 다음은 어떤 생물의 머리카락에서 분리한 세포의 염색체 모형이다. 이 생물의 정자에서 볼 수 있는 염색체 모형으로 옳은 것은?

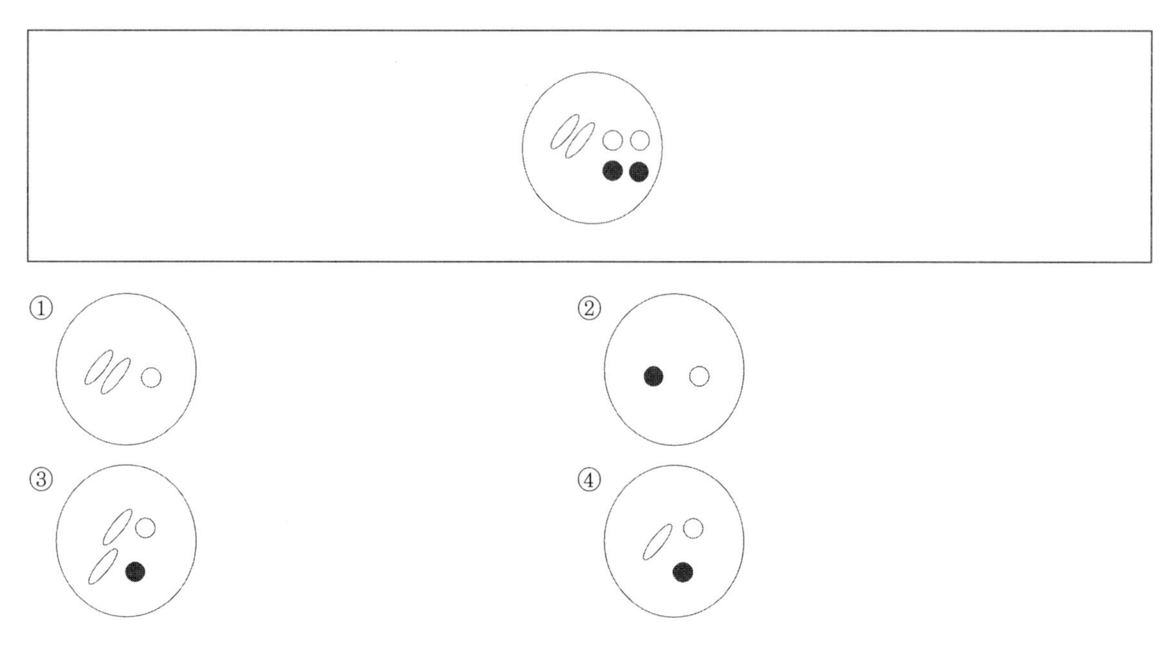

TIP 머리카락 세포는 체세포이므로 2n의 핵상을 가지며, 정자는 생식세포이므로 n의 핵상을 갖는다. 감수분열을 하여 염색체가 반감될 때는 상동염색체가 분리된다.

Answer 14.④

02 생식

01 무성생식과 유성생식

❶ 무성생식

(1) 무성생식

암수의 성과 관계없이 몸의 일부가 분리되어 새로운 개체를 만들어내는 생식방법이다.

(2) 무성생식의 종류

① 분열법

㉠ 한 개체가 둘이나 그 이상으로 나누어져 그 각각의 부분이 새로운 개체가 되는 생식법이다.

㉡ 주로 단세포생물에서 볼 수 있다.

㉢ 2분법과 다분법

- 2분법 : 몸이 둘로 갈라져서 2개의 개체가 만들어지는 생식법으로 세균, 아메바, 짚신벌레, 돌말, 유글레나 등의 생식법이다.
- 다분법 : 몸이 여러 개로 갈라져서 여러 개의 개체가 만들어지는 생식법으로 말라리아병원충이나 누에의 미립자병원균 등의 생식법이다.

② 출아법

㉠ 모체의 일부에 싹처럼 눈이 돋고 이것이 분리되어 새로운 개체가 되는 생식법이다.

㉡ 효모, 히드라, 해면, 멍게, 산호 등에서 볼 수 있다.

③ 포자법

㉠ 모체에서 포자라고 하는 생식세포가 만들어지고, 이것이 모체에서 분리되어 발아하여 새로운 개체가 되는 생식법이다.

㉡ 고사리, 이끼, 곰팡이, 버섯 등에서 볼 수 있다.

㉢ 유주자 : 바닷말의 포자와 같이 물이 있는 환경에 유리하도록 편모가 있어서 물 속을 헤엄칠 수 있게 된 포자를 유주자라고 한다.

④ 영양생식
㉠ 고등식물이 뿌리나 줄기, 잎 등 영양기관의 일부에서부터 새로운 개체를 형성하는 생식법이다.
㉡ 꺽꽂이, 휘묻이, 접붙이기, 포기나누기 등이 있다.
㉢ 양딸기의 기는줄기, 고구마의 덩이뿌리, 대나무의 땅속줄기 등에서도 볼 수 있다.

❷ 유성생식과 단위생식

(1) 유성생식

① **개념** … 암수의 배우자가 구별되어 있고, 두 배우자가 서로 결합하여 새로운 개체를 형성하는 생식법이다.

② **배우자** … 유성생식을 위해 암수에서 각각 만들어지는 생식세포를 말한다.
㉠ **동형배우자** : 암수에서 만들어지는 생식세포의 크기와 모양이 똑같은 경우를 동형배우자라고 한다.
㉡ **이형배우자** : 암수에서 만들어지는 생식세포의 크기와 모양이 각각 다른 경우를 이형배우자라고 한다.

③ 종류
㉠ **접합** : 동형배우자의 합체를 접합이라고 하며, 접합에 의하여 생긴 세포를 접합자라고 한다.
㉡ **수정** : 이형배우자의 합체를 수정이라고 하며, 수정에 의하여 생긴 세포를 수정란이라고 한다.

(2) 단위생식

① **개념** … 유성생식의 한 변형으로 접합이나 수정의 과정을 거치지 않고, 배우자가 단독으로 발생하여 개체를 형성하는 생식방법이다.

② 종류
㉠ **처녀생식** : 암배우자가 수정을 하지 않고 단독으로 발생하여 새로운 개체를 형성하는 생식법이다.
㉡ **유생생식** : 미성숙 개체에서 생긴 난자가 수정을 하지 않고 발생하여 새로운 개체를 형성하는 생식법이다.
㉢ **동정생식** : 정자의 정핵이 단독으로 발생하여 새로운 개체를 형성하는 생식법이다.

02 생식세포의 형성과 수정

❶ 동물의 생식세포 형성과 수정

(1) 정자의 형성

① **형성장소** … 정소에서 형성된다.

② **체세포분열단계** … 정자가 될 시초가 되는 세포인 생식원세포(2n)가 체세포분열을 하여 정원세포(2n)를 형성하고, 정원세포가 제 1 정모세포(2n)를 형성하게 된다.

③ **감수분열단계** … 제 1 정모세포(2n)가 감수분열을 하여 제 2 정모세포(n)를 거쳐서 정세포(n)를 형성한다. 정세포가 분화과정을 거치면 운동성을 갖는 정자(n)가 된다.

(2) 난자의 형성

① **형성장소** … 난소에서 형성된다.

② **체세포분열단계** … 생식원세포(2n)가 체세포분열을 하여 난원세포(2n)를 형성하고 난원세포가 제 1 난모세포(2n)를 형성한다.

③ **감수분열단계** … 제 1 난모세포(2n)가 감수분열의 제 1 분열을 하면 제 2 난모세포(n) 1개와 극체(n) 1개가 형성되고, 제 2 분열을 하여 1개의 난세포(n)와 3개의 극체(n)가 형성된다.

> TIP **난세포와 극체** … 난세포는 난자가 되고, 3개의 극체는 퇴화된다. 난모세포가 난세포와 극체로 분열될 때는 세포의 크기가 서로 다른 부등분열을 하는데, 이것은 세포질의 양의 차이에 따른 것으로, 난자가 될 난세포의 세포질의 양이 더 많아서 난세포가 극체보다 더 크게 형성된다.

(3) 동물의 수정

① **정자가 난자로 접근** … 정자가 편모를 통해 운동을 하며 난자로 접근한다. 이 때 난자는 정자를 유도하는 물질을 분비하다가 하나의 정자가 난자와 결합하게 되면 다른 정자의 접근을 억제하기 위해서 유도물질의 분비를 억제하고, 정자의 접근을 막는 물질을 다시 분비하게 된다.

② **정자의 침입** … 정자가 난자에 접근하면 정자의 첨체가 파열되면서 효소가 분비되어 난자의 젤리층을 분해한다. 그러면 정자의 머리부분에서는 첨체돌기가 나와 난자의 세포막에 붙게 되고 난자의 표면에서는 수정돌기가 형성된다. 수정돌기가 수축하면 정자의 머리부분만 난자의 속으로 들어가게 된다.

③ **수정막의 형성** … 정자가 난자 속으로 들어가게 되면 다른 정자들의 침입을 막기 위해서 난자의 표면에 수정막이 형성된다.

④ 수정핵의 형성(핵의 융합) … 난자의 내부로 들어간 정자의 정핵이 난자의 난핵과 만나서 수정되어 수정핵을 형성하면 수정이 완료된다.

TIP 다수정(polyspermy)

㉠ 여러 개의 정자가 하나의 난자에 동시에 수정되는 것을 말한다.

㉡ 난할 중 비정상적인 염색체 분리를 유발하며 결국에는 배아는 발생 중에 죽게 된다(삼배체의 핵은 두 정자의 중심체가 4개의 분열도구를 형성하기 때문에 4개의 세포로 분열) 그 결과 각 세포는 적절한 수와 종류의 염색체를 가지지 못하며, 동시에 염색체는 불균등하게 배분된다.

㉢ 다수정의 빠른 차단(fast block to polyspermy)

- 알의 막전위(membrane potential)의 변화로서 성취. 알의 세포질과 주변 바닷물 사이의 이온 농도는 매우 다르다.
- 특히 농도 차이는 Na^+과 K^+에서 발생하는데, 바닷물은 Na^+의 농도가 높고 알의 세포질에는 K^+의 농도가 높다.
- 성게의 성숙한 알에서 휴지막전위(resting membrane potential)는 −70mV이며, 알의 안쪽은 바깥쪽에 대해 음전하를 띠게 된다. 첫 번째 정자가 알의 원형질막에 닿으면 1~3초 내에 막전위가 +20mV로 바뀐다. 이 변화는 주로 Na^+이 알의 밖에서부터 세포질 안으로 유입됨으로써 일어난다. 성게의 경우 빠른 차단은 일시적이며 단지 1분 정도만 수정전위를 유지할 수가 있다.

㉣ 다수정의 느린 차단(slow block to polyspermy)

- 피질과립반응(cortical reaction)에 의해 느린 차단이 수행되어 정자와 난자가 결합한 후 약 1분 뒤에 일어난다.
- 수정막은 정자의 침입지점에서 형성되기 시작하여 알의 전역으로 확산되며, 이 반응은 포유류를 비롯하여 많은 종에서 발견된다.
- 성게의 성숙한 난자의 원형질막 바로 아래에 지름이 1mm인 약 15,000개의 피질과립이 존재한다.
- 수정 직후에 피질과립은 난자의 원형질막과 융합하여 피질과립의 내용물을 세포막과 난황막 사이에 방출한다.

❷ 식물의 생식세포 형성과 수정

(1) 화분의 형성

① 형성장소 … 꽃밥에서 형성된다.

② 화분의 형성과정 … 꽃밥 속의 화분모세포(2n)가 감수분열하여 4개의 화분세포(n)를 만들고 화분세포가 성숙하여 화분(n)이 된다.

③ 정핵의 형성과정 … 화분이 암술머리에 수분이 되면 핵분열을 하여 정핵의 통로인 화분관을 만드는 화분관핵과 수정에 관여하는 생식핵이 되고, 생식핵이 다시 분열하여 2개의 정핵(n)을 형성한다.

(2) 배낭의 형성

① 형성장소 … 밑씨에서 형성된다.

② 배낭세포의 형성과정

㉠ 밑씨 속의 배낭모세포(2n)가 감수분열을 하여 4개의 배낭세포(n)를 형성하면, 이 중 3개는 퇴화하고, 하나가 남아서 3회의 핵분열을 하여 8개의 핵을 갖는 배낭세포(n)를 형성한다.

㉡ 8개의 핵 중에서 1개는 난세포가, 2개는 극핵이 되어 수정에 참여한다. 나머지 5개의 핵은 직접 수정에 참여하지는 않고 2개의 조세포와 3개의 반족세포를 형성한다.

(3) 식물의 수정

① 속씨식물의 수정

㉠ 꽃밥에서 화분관핵은 씨방까지 정핵을 안내하는 길인 화분관을 만들고 퇴화한다.

㉡ 2개의 정핵(n) 중 하나는 씨방 속의 난세포(n)와 결합하여 배(2n)를 만들고, 다른 하나는 2개의 극핵(n)과 결합하여 배젖(3n)을 만든다.

㉢ 중복수정 : 속씨식물에서는 2개의 정핵이 난세포 및 극핵과 각각 결합하는 수정이 동시에 일어나므로 속씨식물의 수정을 중복수정이라고 한다.

② 겉씨식물의 수정

㉠ 겉씨식물에서는 속씨식물과는 달리 배낭세포의 핵이 여러 번 핵분열을 하여 많은 핵을 형성한다. 이 중에서 2개가 난세포가 되고, 나머지는 극핵이 된다.

㉡ 겉씨식물에서 형성된 2개의 난세포는 2개의 정핵과 결합하여 2개의 수정란을 형성하는데, 이 중에서 하나만 배가 되고, 나머지 하나는 퇴화한다.

㉢ 극핵들은 정핵과 결합하지 못하고 독립적으로 배젖으로 발생하여 핵상이 n인 배젖을 형성한다.

03 사람의 생식

❶ 사람의 생식기관

(1) 남자의 생식기관

① 남자의 생식기

㉠ 정소(고환) : 정자가 형성되는 장소이다.

㉡ 부정소(부고환) : 생성된 정자가 저장되는 장소이다.

㉢ **수정관, 음경** : 정자가 몸 밖으로 배출되는 통로이다.

㉣ **저정낭** : 정액을 만드는 점액질의 물질을 분비하는 곳이다. 저정낭에서 분비된 점액질이 전립선에서 분비되는 액체와 섞여서 정액을 만드는데, 정액은 정자의 운동을 돕고 양분을 제공하는 역할을 한다.

② **정액의 형성과 배출** … 남자의 음낭 속에는 1쌍의 정소가 있는데, 이 정소에서 형성된 정자들은 부정소에 도달했다가 성적인 자극을 받으면 수정관을 통해서 요도로 몸 밖에 배출된다.

(2) 여자의 생식기관

① 여자의 생식기

㉠ **난소** : 난자의 형성장소이다. 난자는 28일에 한 번씩 난소에서 배출되는데, 사람은 등쪽 좌우에 1개씩의 난소가 있어서 보통은 양쪽 난자에서 교대로 한 번씩 난소를 배출하게 된다.

㉡ **나팔관** : 난소의 끝에서 자궁을 향해 열려 있는 나팔 모양의 관으로 난자가 난소를 빠져나오는 통로가 된다.

㉢ **수란관** : 난소에서 배출된 난자를 받아들이는 관으로 자궁으로 연결되어 있다.

㉣ **자궁** : 수정된 수정란이 착상되어서 개체로 발생이 되는 곳이다.

② **난자의 형성과 배출** … 여자의 등쪽 좌우에 있는 난소에서 28일에 한 번씩 난자가 배출되면, 나팔관을 입구로 하는 수란관으로 들어가게 되고, 자궁에 연결되어 있는 수란관을 통해 자궁으로 이동하게 된다. 자궁은 질을 통해 외부로 이어져 있다.

(3) 정자와 난자

① 정자

㉠ 길이 $4\mu m$, 폭 $2\mu m$ 정도의 핵인 머리 부위와 $30 \sim 50\mu m$ 정도의 편모인 꼬리로 되어 있다.

㉡ 꼬리의 편모운동을 통해 난자에 접근한다.

㉢ 미토콘드리아를 통해 에너지를 형성하여 운동의 원동력으로 삼는다.

㉣ 한 번의 사정으로 약 3 ~ 5억 마리의 정자가 배출되지만, 실제로 수정에 참가하는 것은 오직 1마리뿐이다.

② 난자

㉠ 직경 약 $130\mu m$의 크기이며, 보호막으로 둘러싸여 있다.

㉡ 발생에 필요한 난황물질을 가지고 있기 때문에 정자보다 크기가 훨씬 크다.

❷ 사람의 생식과정

(1) 배란

① **개념** … 난소 내의 여포로부터 난자가 밖으로 배출되는 현상을 배란이라고 한다. 배란이 일어나는 것은 보통 월경 첫날부터 14일째가 되는 날이다.

② **과정** … 여포자극호르몬의 분비→여포의 발달과 여포 속 난자의 성숙→여포호르몬(에스트로젠)의 분비→황체형성호르몬의 분비→배란→황체호르몬(프로게스테론)의 분비→자궁벽의 비후

③ 배란에 관여하는 호르몬

㉠ **여포자극호르몬** : 난소 내의 여포를 발달시켜 여포 속의 난자를 성숙하게 한다.

㉡ **여포호르몬**(에스트로젠) : 자궁벽을 두텁게 하고, 뇌하수체를 자극하여 여포자극호르몬의 생성을 억제시키게 하며 황체형성호르몬의 분비를 촉진시키는 역할을 한다.

㉢ **황체형성호르몬** : 여포가 터지게 하여 배란을 유도한다.

㉣ **황체호르몬**(프로게스테론) : 자궁벽을 두텁게 하며, 뇌하수체를 자극하여 황체형성호르몬의 생성을 억제시킨다.

(2) 월경

① **개념** … 배란된 난자가 수정되지 않아서 자궁벽에 착상되지 않으면 황체가 급격히 퇴화하면서 자궁벽을 두텁게 만들어 주는 황체호르몬의 분비량이 줄어든다. 그러면 두터워진 자궁벽이 그 상태를 유지하지 못하고 파열되면서 혈액이 질을 통해 배출되는데, 이것을 월경이라고 한다.

② **월경주기** … 월경을 시작한 첫날부터 다음 월경 시작 전날까지를 월경주기 또는 생식주기라 하며, 보통은 28일을 주기로 한다. 월경이 시작되면 뇌하수체에서 여포자극호르몬이 분비되어 새로운 생식주기를 반복하게 된다.

(3) 수정과 착상

① **수정** … 배란된 난자가 나팔관을 통해서 수란관으로 들어가 수란관의 입구에서 정자를 만나, 정핵과 난핵이 결합하는 것을 수정이라고 한다. 배란된 난자가 시간이 지나도 정자를 만나지 못하면 퇴화되는데, 보통은 배란된 후 24시간 이내에 수정이 이루어져야 한다.

② **착상** … 배란된 난자가 정자를 만나 수정되면 수정란은 세포분열을 거듭하면서 수란관을 따라 내려와 자궁벽에 붙어 내막으로 뚫고 들어가 그 안에 매몰되는데, 이것을 착상이라고 한다. 보통 수정된 후 자궁까지 내려와 착상이 되는데는 5 ~ 6일 정도의 시간이 걸린다.

(4) 임신

① 수정이 되어 형성된 배가 자궁벽에 착상을 하면 월경이 중단되고, 배가 자궁벽에서 태반을 형성한다. 모체와 연결된 이 태반을 통해서 태아는 모체로부터 산소와 영양을 공급받는다.

② 임신이 되면 자궁 내 태반에서 황체호르몬이 계속 분비되어 자궁벽이 두터워진 상태가 계속 유지되므로 임신기간 중에는 배란과 월경을 하지 않는다.

③ 사람의 임신주기는 약 280일 정도이다.

④ 분만이 가까워지면 뇌하수체에서 자궁수축호르몬(옥시토신)과 젖분비자극호르몬을 분비시킨다. 자궁수축호르몬의 영향으로 자궁이 수축되어 분만이 이루어지며, 젖분비자극호르몬의 영향으로 젖샘이 발달하여 분만 후 젖이 잘 분비되게 한다.

(5) 시험관 아기

① 여자에게서 배란되는 난자를 취해서 배양액에 넣은 후, 남자에게서 얻은 정자를 넣어 수정을 시킨 후 일정 단계까지 발생을 시켜서 배의 단계가 되면 다시 여자의 자궁에 넣어서 태아를 자라게 하는 방법으로 아기를 낳게 하는 기술이다.

② 배양액에서 자란 배가 자궁벽에 착상되면 모체 내에서 태반을 형성하여 정상적인 발생과정을 거쳐서 아기가 태어나게 되는 것이다. 태아가 될 배가 시험관에서 자라는 기간은 약 5～6일 정도이다.

(6) 피임의 방법

① **생식주기의 이용** … 생식주기를 고려하여 배란의 시기를 피하여 피임을 하는 방법이다. 배란된 난자가 수정되지 않은 상태에서 살아남는 기간은 하루이며, 자궁 내에 들어온 정자가 자궁에서 살아남는 기간은 3일이므로 생식주기를 이용하면 수정을 피할 수 있다. 그러나 생식주기가 계산대로 일정한 것은 아니기 때문에 실패할 확률이 높다.

② **피임약** … 여성호르몬인 프로게스테론과 에스트로젠을 성분으로 하는 호르몬제이다. 피임약의 주성분인 프로게스테론은 황체형성호르몬의 분비를 억제하여 배란을 막는 역할을 하며, 에스트로젠은 여포자극호르몬의 분비를 억제하여 난자의 성숙을 막는 역할을 한다.

③ **난관수술** … 여자의 수란관을 졸라매거나 태워서 수정을 억제하는 피임법이다.

④ **정관수술** … 남자의 수정관을 졸라매서 수정을 억제하는 피임법이다.

⑤ **자궁 내 장치** … 플라스틱으로 된 링을 자궁 내에 장치하여 수정된 난자가 착상이 되지 못하게 하는 방법으로, 원할 경우에는 장치를 제거하면 정상적으로 임신할 수도 있다.

최근 기출문제 분석

2020. 6. 13. 제1 · 2회 서울특별시

1 **〈보기 1〉은 여성의 자궁주기에 따른 호르몬 변화에 관한 그래프이다. 〈보기 2〉에서 옳은 설명을 모두 고른 것은?**

보기 1

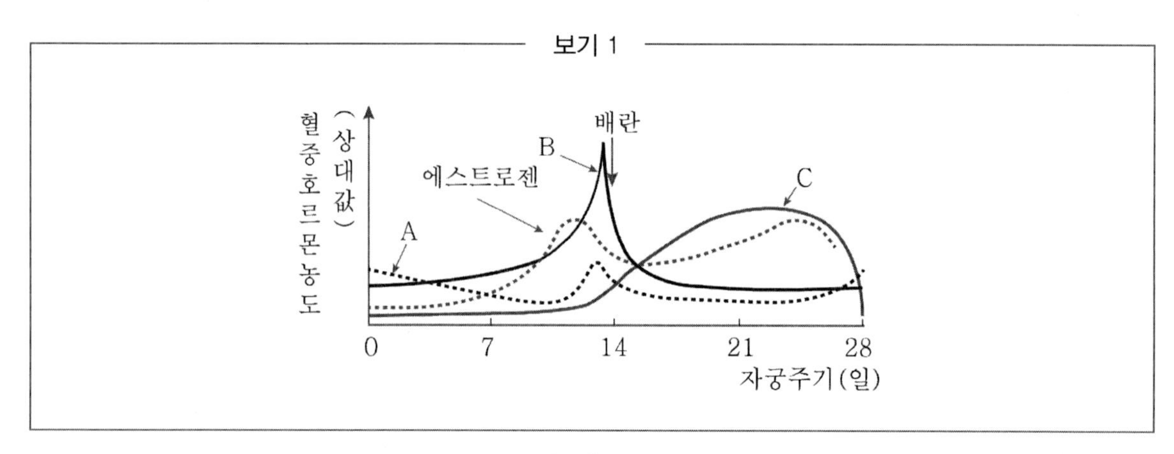

보기 2

㉠ 혈중 뇌하수체 호르몬은 A와 C이다.
㉡ B는 황체에서, 에스트로젠과 C의 분비를 촉진한다.
㉢ C는 에스트로젠과 함께 자궁내막을 두껍게 만든다.
㉣ 대부분의 임신 테스트기는 C의 존재 유무를 확인하는 것이다.

① ㉠㉡　　② ㉠㉢
③ ㉡㉢　　④ ㉡㉣

TIP A와 B는 생식샘 자극호르몬으로 뇌하수체 호르몬에 속한다. B가 분비되면 황체에서 에스트로젠과 프로게스테론 분비를 촉진한다. 이 호르몬에 의해 배란이 촉진되고, 남은 황체에서 C 호르몬을 분비하는데 이 호르몬과 에스트로젠이 함께 자궁 내막을 두껍게 만든다. C 호르몬은 프로게스테론이다. 일반적인 임신 테스트기는 베타 인간융모성 생식샘자극호르몬(beta human chorionic gonadotropin, hCG)을 검출하는 방법을 이용한다.

Answer 1.③

2020. 6. 13. 제1 · 2회 서울특별시

2 **수정(fertilization)에 대한 설명으로 가장 옳지 않은 것은?**

① 정자와 난자의 융합은 난자에 중요한 물질대사의 활성화를 불러온다. 여기에는 세포주기의 재개, 이후의 유사분열 그리고 DNA와 단백질의 합성 재개가 포함된다.

② 난자에서 분비되는 종 특이적 분자는 수정 능력을 가진 정자를 유인한다. 성게의 주화성 분자인 리색트와 스퍼렉트는 정자의 운동성을 증가시킬 수 있다.

③ 다수정의 느린 차단은 나트륨이온(Na^+)에 의한 것으로 이 나트륨이온(Na^+)은 후에 단백질 키나제 C를 활성화시켜서 유사분열 세포주기를 재개한다.

④ 다수정은 2개 혹은 그 이상의 정자가 1개의 난자와 수정하는 경우이다. 이로 인하여 할구의 염색체 수가 달라지기 때문에 치명적이다.

TIP ③ 다수정의 빠른 차단을 하는 방법은 성게는 탈분극에 의해 일어나고 포유류는 탈분극에 의한 빠른 차단이 일어나지 않는다. 느린 차단의 방법에 성게는 피질과립반응에 의한 수정막 형성이 되고 포유류는 피질과립반응에 의해 투명대 변형이 일어나고 수정막은 형성되지 않는다. 즉 나트륨이온이 관여하는 것은 성게 다수정 빠른 차단에서만 일어난다.

Answer 2.③

출제 예상 문제

1 난자의 형성에 대한 설명으로 옳은 것은?

① 난자는 제 2 난모 상태로 배출된다.
② 난자는 정자보다 염색체수와 양이 많아서 정자보다 크다.
③ 제 1 난모세포는 감수 제 1 분열을 하여 2개의 제 2 난모세포를 형성한다.
④ 극체는 염색체수와 양이 제 1 난모세포에 비해 작다.

TIP ② 난자는 정자보다 염색체수와 양이 적다.
③ 제1 난모세포는 감수 제1 분열을 하여 1개의 제2 난모세포와 1개의 극체를 형성한다.
④ 극체는 제1 난모세포에 비해 크기만 작고 염색체수나 양은 동일하다.

2 무성생식법으로 번식하는 생물의 자손이 일반적으로 나타내는 특징으로 옳은 것은?

① 어버이보다 유전적으로 발달된 형질을 가진다.
② 어버이와 유전적으로 동일하다.
③ 환경에 보다 잘 적응한다.
④ 생존경쟁에 유리한 형질을 가진다.

TIP 유성생식과 무성생식
㉠ 유성생식 : 부계와 모계의 형질이 유전적인 조합을 이루어 새로운 형질의 개체를 발생시키는 방법이다.
㉡ 무성생식 : 유전적인 조합없이 어버이의 형질이 그대로 자손에게 전달되므로 어버이와 유전적인 형질이 같은 자손이 발생된다.

Answer 1.① 2.②

3 **다음 중 생식의 의미로 옳은 것은?**

① 개체의 크기 유지
② 개체의 생장 유지
③ 개체의 숫자 유지
④ 종족 유지

TIP 생식 … 자신과 같은 개체를 생성하여 종족을 유지하는 것을 말한다.

4 **다음 중 유성생식에 의해 번식하는 생물의 염색체 수가 일정하게 유지되는 것을 나타내는 과정에 해당하는 것은?**

① 감수분열과정
② 체세포분열과 수정
③ 감수분열과 체세포분열
④ 감수분열과 세포질분열

TIP 모든 생물의 염색체 수는 2n이다. 유성생식을 하는 생물이 세대를 거듭해도 염색체수가 증가하지 않고, 2n의 수준을 유지할 수 있는 것은 생식세포를 형성하는 과정에서 감수분열을 통해 염색체 수를 n으로 감소시키기 때문이다. 즉 부계와 모계에서 각각 n개씩의 염색체를 물려받아 2n의 자손이 태어날 수 있는 것이다.

5 **태아의 주기 중 거의 대부분의 기관이 형성되는 시기는?**

① 수정 후 2주
② 수정 후 8주
③ 수정 후 3개월
④ 수정 후 6개월

TIP 임신기간은 대개 약 280일로 9개월 정도이다. 태아의 기관발생은 수정 후 8주 때 거의 다 형성이 되며 8주 후부터는 태아의 부피만 증가하는 것이다.

Answer 3.④ 4.① 5.②

6 **다음 중 생식방법이 나머지 셋과 다른 것은?**

① 해캄의 접합법
② 양딸기의 영양생식법
③ 고사리의 포자법
④ 히드라의 출아법

TIP ① 유성생식 ②③④ 무성생식

7 **다음 중 속씨식물에서 감수분열이 일어나는 시기는?**

① 배낭세포에서 배낭을 형성할 때
② 화분관 속의 생식핵이 정핵을 형성할 때
③ 화분이 발아하여 화분관핵을 형성할 때
④ 화분모세포에서 화분을 형성할 때

TIP 화분모세포(2n)가 4개의 화분세포(n)로, 배낭모세포(2n)에서 배낭세포(n)로 감수분열이 일어난다.

8 **다음 중 나머지 셋을 포괄하는 의미를 가지는 용어는?**

① 단위생식
② 유생생식
③ 처녀생식
④ 동정생식

TIP 단위생식 … 유성생식의 한 변형으로 수정과정을 거치지 않고 배우자가 단독으로 발생하여 개체를 형성하는 생식법으로, 유생생식과 처녀생식, 동정생식 등이 여기에 포함된다.

Answer 6.① 7.④ 8.①

9 고사리의 생활사 중 유성세대가 끝나고 무성세대가 시작되는 시기는?

① 포자체의 형성시기
② 포자낭의 형성시기
③ 포자의 형성시기
④ 전엽체의 형성시기

TIP 정자와 난자가 만나 포자체인 고사리를 형성하면서 무성세대가 시작되며 이것이 포자를 거쳐 배우체인 전엽체를 만들면서 무성세대가 끝나고 유성세대로 이어진다.

10 다음 중 무성생식의 특징으로 옳은 것은?

① 진화의 속도가 매우 빠르다.
② 다양한 유전자조합이 이루어진다.
③ 부모의 형질이 자손에게 그대로 유전된다.
④ 번식의 속도가 느리고, 자손의 수가 적다.

TIP 무성생식 … 몸의 일부가 분리되어 새로운 개체를 형성하는 것으로 자손의 유전자 구성이 어버이와 같게 되는 생식방법이다. 분열법(남조류 · 세균 · 짚신벌레), 출아법(효모 · 히드라), 포자법(선태류, 자낭균, 양치류, 잠자균), 영양생식(종자식물의 영양기관으로 번식하는 경우) 등의 방법이 있다.

11 다음 중 체외수정을 하는 생물로 짝지어진 것은?

① 닭과 비둘기
② 도마뱀과 악어
③ 개구리와 잉어
④ 나비와 잠자리

TIP 일반적으로 양서류나 어류 등의 수생동물은 체외수정을 하며 포유류나 조류, 파충류 등의 육상동물은 체내수정을 한다.

Answer 9.① 10.③ 11.③

※ 밑씨에서 이루어지는 속씨식물의 생식세포의 형성과정이다. 다음 물음에 답하시오. 【12 ~ 13】

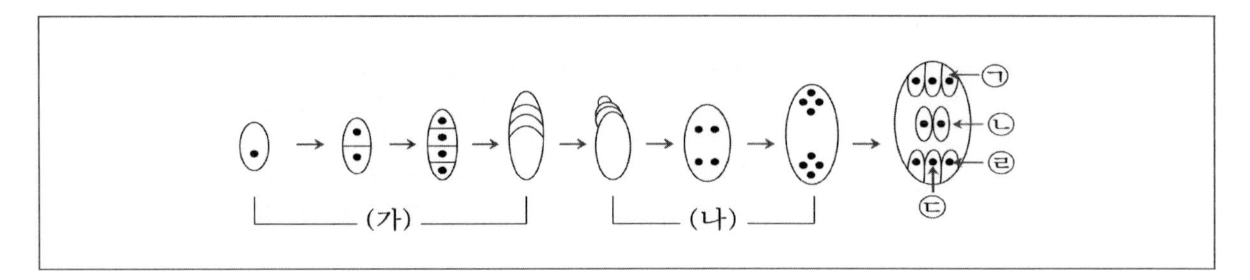

12 그림에서 (가)와 (나)에 알맞은 용어가 바르게 짝지어진 것은?

	(가)	(나)
①	체세포분열	감수분열
②	감수분열	체세포분열
③	감수분열	핵분열
④	핵분열	감수분열

TIP 속씨식물에서 배낭모세포가 감수분열을 하여 형성된 4개의 세포 중에 3개는 퇴화하여 없어지고 1개가 배낭세포가 된다. 배낭세포는 다시 3번의 핵분열을 하여 8개의 핵을 형성하는데 이 중 하나의 난세포와 2개의 극핵이 수정에 참여하게 된다.

13 그림에서 수정에 참여하여 배를 형성하는 것은?

① ㉠
② ㉡
③ ㉢
④ ㉣

TIP ㉠ 반족세포 ㉡ 극핵(정핵과 결합하여 배젖을 형성) ㉢ 난세포(정핵과 결합하여 배를 형성) ㉣ 조세포

Answer 12.③ 13.③

14 수정과 접합의 구분 기준에 대한 설명으로 옳은 것은?

① 수정은 유성생식이며, 접합은 무성생식이다.
② 수정은 동물의 생식법이며, 접합은 식물의 생식법이다.
③ 수정은 배우자를 형성하며, 접합은 배우자를 형성하지 않는 생식법이다.
④ 수정은 이형배우자의 합체이며, 접합은 동형배우자의 합체이다.

TIP 수정과 접합은 모두 배우자를 형성하여 생식하는 유성생식으로 수정에 참여하는 배우자는 서로 모양이 다른 이형배우자이며, 접합에 참여하는 배우자는 서로 모양이 같은 동형배우자이다.

15 다음 중 유성생식에서 생물의 성이 결정되는 시기는?

① 감수분열을 통해서 생식세포가 형성되는 시기
② 수정을 통해서 수정란이 형성되는 시기
③ 수정란이 난할을 하여 발생이 진행되는 시기
④ 수정란이 모체에 착상되는 시기

TIP 암수의 배우자가 만나서 수정란을 형성할 때 수정에 참여하는 생식세포가 가진 성염색체의 종류에 의해서 성이 결정된다.

16 중복수정에 대한 설명으로 옳은 것은?

① 하나의 정핵이 난세포, 극핵과 이중으로 수정을 함으로 중복수정이라 한다.
② 겉씨식물과 일부 속씨식물에서 일어난다.
③ 정핵이 난세포와 결합하면 배젖이 만들어진다.
④ 중복수정이 일어나는 장소는 씨방이다.

TIP 중복수정은 속씨식물에서만 일어나며, 두 개의 정핵이 씨방으로 들어가 하나는 난세포와 결합하여 배가 되고, 또 하나는 두 개의 극핵과 결합하여 배젖이 된다.

Answer 14.④ 15.② 16.④

17 다음 동물의 수정과정 중 (　　) 안에 들어갈 말로 알맞은 것은?

> 정자가 난자로 접근 → 정자의 침입 → (　　)의 형성 → 핵융합 → 수정의 완료

① 수정막　　② 수정체
③ 수정핵　　④ 수정란

TIP 동물의 수정과정
㉠ 정자의 접근
㉡ 정자의 침입
㉢ 수정막의 형성
㉣ 수정핵의 형성(핵의 융합)

18 다음은 사람의 생식 호르몬의 분비과정이다. ㉠의 시기에 나타나는 현상으로 옳은 것은?

> 여포자극호르몬의 분비 → 에스트로젠의 분비 → 황체형성호르몬의 분비 → 프로게스테론의 분비
> ㉠

① 여포의 성숙　　② 배란
③ 수정　　④ 월경

TIP 사람의 생식호르몬
㉠ 여포자극호르몬 : 난소 내의 여포를 발달시켜서 여포 속의 난자를 성숙하게 한다.
㉡ 에스트로젠 : 자궁벽을 투텁게 하고, 여포자극호르몬의 생성을 억제시키며, 황체형성호르몬의 분비를 촉진시킨다.
㉢ 황체형성호르몬 : 여포가 터지게 하여 배란을 유도한다.
㉣ 프로게스테론 : 자궁벽을 두텁게 하며, 황체형성호르몬의 생성을 억제시킨다.

Answer 17.① 18.②

19 사람의 생식에 대한 설명으로 옳지 않은 것은?

① 사람의 임신주기는 보통 280일이다.
② 임신 중에는 배란도 월경도 하지 않는다.
③ 난자는 배란된 후 일주일 이내에 수정이 이루어져야 한다.
④ 수정된 난자는 수란관을 따라 내려와 자궁벽에 착상된다.

TIP 난자는 배란 후 24시간 이내에 수정되어야 하며, 그렇지 않으면 퇴화된다.

20 중복수정의 결과 생성된 배와 배유의 핵상이 바르게 짝지어진 것은?

	배	배유
①	3n	2n
②	2n	3n
③	2n	2n
④	3n	n

TIP 중복수정 … 화분관이 배낭에 도달하면 화분관핵은 소멸하고, 2개의 정핵 중 1개는 난세포와 다른 1개는 두 개의 극핵과 수정한다.
㉠ 수정 후 난세포는 수정란(2n)이 되고 발육하여 2n의 배가 된다.
㉡ 수정한 극핵은 3n의 배젖핵이 되고 발육하여 3n의 배젖이 된다.
㉢ 배와 배젖은 종피에 싸여 종자가 된다.

Answer 19.③ 20.②

03 발생

01 발생과 배엽의 분화

❶ 난할

(1) 발생과 난할

① **발생** … 수정란이 세포분열을 반복하여 세포의 수를 늘리고, 그 세포들이 분화되어 조직과 기관을 형성하며 하나의 개체를 완성해 가는 것을 발생이라고 한다.

② **난할** … 하나의 세포였던 수정란이 세포분열을 하여 여러 개의 세포로 되는 것을 난할이라고 한다.

㉠ 난할은 체세포분열과 같은 방식으로 분열하지만, 체세포분열과는 달리 분열속도가 매우 빨라서 딸세포가 성장하기 전에 또다시 난할이 진행된다.

㉡ 난할이 진행되어 할구의 수가 많아질수록 세포들은 점점 작아진다.

③ **할구** … 수정란이 난할을 하여 세포 수를 늘려가는데, 난할의 결과 만들어진 작은 세포들을 할구라고 한다. 발생초기에는 할구의 수로 발생의 시기를 나타낸다.

④ **난할방식** … 제 1 난할과 제 2 난할은 세로로 분할되는 경할이며, 제 3 난할은 가로로 분할되는 위할이다. 그 이후부터 난할의 방향은 경할과 위할이 반복해서 되풀이된다.

[알의 난할방식]

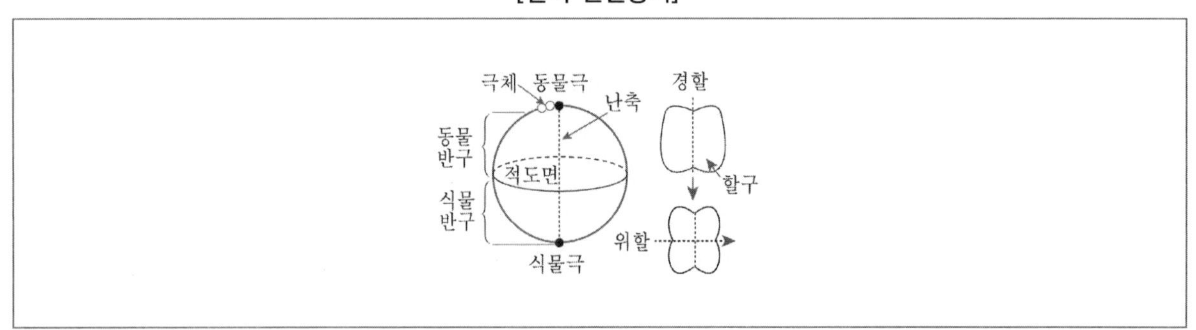

(2) 난황과 난할

① **난황** … 수정란에 들어 있는 발생에 필요한 영양물질을 난황이라고 한다.

② **난황과 난할** … 난황은 난할을 방해하기 때문에 수정란에 난할이 어떻게 분포하는지에 따라서 알의 종류가 구분되고, 난할의 방식과 속도가 달라지게 된다.

③ 알의 종류

㉠ **등황란** : 난황의 양이 적고 알 전체에 골고루 퍼져 있으며, 성게와 포유류의 수정란이 등황란에 포함된다.

㉡ **단황란** : 난황이 식물극쪽에 치우쳐서 분포하고, 동물극쪽에는 거의 분포하지 않는다. 난황의 양에 따라서 강단황란과 약단황란의 2종류가 있다.

- 약단황란 : 난황의 양이 적고 양서류가 여기에 포함된다.
- 강단황란 : 난황의 양이 많고 어류와 파충류, 조류 등이 여기에 포함된다.

㉢ **중황란** : 알의 중앙에 난황이 몰려 있으며, 곤충류의 수정란이 중황란에 포함된다.

[알의 종류와 난할방식]

알의 종류		난황분포	난할방식		예
등황란		소량 (전체)	전할	등할	성게, 포유류
단황란	약단 황란	다량 (식물극쪽)	전할	부등할	개구리, 도롱뇽
단황란	강단 황란	다량 (알의 대부분)	부분할	반할	조류, 파충류
중황란		다량 (중앙부)	부분할	표할 (핵)	곤충류, 갑각류

④ 난할의 방식

㉠ 전할

- 알의 전체에 걸쳐서 난할이 일어난다.
- 등할 : 등황란의 경우 수정란의 전체에 난할이 골고루 일어나서 할구의 크기가 전체적으로 같은데, 이러한 난할의 방식을 등할이라고 한다.
- 부등할 : 약단황란의 경우 난황이 적은 동물극쪽의 난할이 빨리 일어나서 동물극쪽의 할구가 식물극쪽의 할구에 비해서 작은 것을 볼 수 있는데, 이러한 난할의 방식을 부등할이라고 한다.

㉡ 부분할

- 알의 일부분에서만 난할이 일어난다.
- 반할 : 강단황란의 경우 난황의 양이 많아 알의 대부분에서 난할이 일어나지 못하고 동물극의 일부분에서만 난할이 일어나게 되는데, 이러한 난할의 방식을 반할이라고 한다. 이 때 생기는 접시 모양의 배를 배반이라고 한다.
- 표할 : 중황란의 경우 중앙에 난황이 몰려 있어 중앙에는 난할이 일어나지 않고 난황이 없는 표층에서만 일어나는데, 이러한 난할의 방식을 표할이라고 한다.

❷ 배엽의 형성

(1) 상실배와 포배, 낭배

① 상실배 … 수정란이 난할을 거듭하여 할구의 수가 32 ~ 64가 될 때까지 난할이 진행된 배를 상실배라고 한다.

② 포배

㉠ 난할이 진행되어 수정란에 있던 난황의 양이 줄어서 배의 안쪽에 난할강(할강)이라는 빈 공간이 생기는데 이 때의 배를 포배라고 하며, 포배가 되었을 때는 할구들이 외부로부터 산소를 직접 얻기 위해서 할강의 주위를 둘러싸게 된다.

㉡ 포배가 되면 세포의 크기가 보통의 체세포만큼 작아지게 되므로 더이상 난할이 진행되지 않고, 이후부터는 보통의 체세포분열처럼 세포가 성장과 분열을 반복하게 된다.

③ 낭배

㉠ 포배 후에 세포가 재배열하여 식물극쪽이 내부로 함입될 때 원장이라는 중심강이 생긴다. 원장의 입구인 구멍을 원구라고 하는데, 장차 입이나 항문의 기원이 된다.

㉡ 바깥 세포층은 외배엽이라고 하며, 함입되어 생긴 원장의 세포들은 내배엽이라고 한다. 후에 외배엽과 내배엽 사이에 중배엽이 생겨 3층의 배엽으로 된 낭배가 형성되며, 이 시기를 낭배기라고 한다.

㉢ 낭배기가 끝날 무렵 각 배엽으로부터 조직과 기관의 원기가 형성되기 시작한다.

(2) 중배엽의 형성

① 형성방법 … 편형동물 이상의 동물에서 외배엽과 내배엽 사이에 중배엽이 형성되는 방법은 2가지가 있다.

㉠ **원장체강계** : 원장벽의 일부가 돌출되어서 원장낭이라는 주머니를 형성하고 이 주머니가 떨어져서 중배엽이 된다.

㉡ **원중배엽세포계** : 낭배초기에 외배엽과 내배엽에서 분리된 원중배엽세포가 난할강 속에서 분열, 증식하여 중배엽이 된다.

② 선구동물과 후구동물

㉠ **선구동물** : 원구가 입이 되고 원구의 반대쪽에 항문이 생기는 동물을 선구동물이라고 하는데, 선구동물들은 원중배엽세포계의 방식으로 중배엽이 형성된다.

㉡ **후구동물** : 원구가 항문이 되고 입은 나중에 생기는 동물을 후구동물이라고 하는데, 후구동물들은 원장체강계의 방식으로 중배엽이 형성된다. 극피동물과 척삭동물이 후구동물에 해당된다.

❸ 배엽의 분화와 기관의 형성

(1) 배엽의 분화

① **신경관과 척삭의 분화** … 기관 가운데 가장 먼저 분화되어 형성되는 것이 신경관과 척삭이다. 낭배기가 끝날 무렵 등쪽의 외배엽이 두터워져 평평한 신경판을 형성하고, 신경판에 주름이 생겨서 신경구을 만든다. 신경구의 양쪽 주름이 만나면 신경관이 형성되는데, 신경관의 아래쪽에는 중배엽에서 유래된 척삭이 만들어진다. 신경관은 장차 신경기관인 뇌와 척수로 발달된다.

② **척추의 형성** … 신경관과 척삭이 형성되면 체절 중배엽에서 분리된 세포가 신경관과 척삭을 둘러싸고 척추를 형성한다. 어류 이상의 고등동물에서는 척추가 형성되고 난 후 척삭이 퇴화되어 없어진다.

③ **뇌와 척수의 형성** … 신경관의 앞부분이 팽대해져서 뇌포가 되고, 뇌포가 전뇌 · 중뇌 · 후뇌가 된다. 그 중에서 전뇌는 간뇌가 되고, 후뇌는 소뇌와 연수가 된다.

④ **소화기관의 형성** … 원장의 앞뒤쪽의 외배엽이 함입되어 입과 항문이 형성되며 소화관에서 아가미나 폐가 형성된다. 소화관의 중간부위에서는 주머니가 생겨서 이 주머니로부터 간과 이자, 방광 등이 생겨난다.

(2) 기관의 형성

① **구분** … 각 배엽으로부터 기관이 각각 분화되는데 동물체의 각 기관은 어디에서 유래되었는가에 따라서 외배엽성 기관과 중배엽성 기관, 내배엽성 기관으로 나누어진다.

② **외배엽성 기관** … 표피, 신경계, 감각기관 등이 형성된다.

③ **중배엽성 기관** … 척삭이 형성되어 척추로 분화되며 척삭과 측판으로부터 골격과 근육, 생식계, 순환계, 배설계 등이 형성된다.

④ **내배엽성 기관** … 소화계와 호흡계가 형성된다.

❹ 배막과 태반의 형성

(1) 배막

① **기능** … 배를 보호하고 양분과 산소를 공급하며 노폐물의 배출을 담당한다.

② **구조** … 장막, 양막, 요막, 난황막으로 구성되어 있다.

㉠ **장막** : 배를 싸고 있는 가장 바깥쪽의 막으로, 배와 배막을 보호하는 역할을 한다. 외배엽과 중배엽에서 유래한 기관이다.

㉡ **양막** : 배를 직접 싸고 있는 기관으로, 양수가 차 있어서 외부의 충격을 완화시켜 주는 기능이 있다. 외배엽과 중배엽에서 유래한 기관이다.

㉢ **요막** : 노폐물을 저장하고 있는 기관으로, 노폐물이 이곳에 저장되었다가 배출된다. 중배엽과 내배엽에서 유래한 기관이다.

㉣ **난황막** : 난황을 둘러싸고 있는 막이다. 중배엽과 내배엽에서 유래한 기관이다.

(2) 태반

① **태반의 형성** … 태반은 모체와 태아를 연결시켜 주는 것으로 장막과 요막이 자궁점막과 결합하여 형성된다.

② **태반의 기능** … 사람과 같은 포유류는 태반을 통해서 모체와 태아가 연결되므로 태아가 모체로부터 산소와 영양분을 공급받고 이산화탄소와 노폐물을 모체에 넘겨주게 된다.

③ **난황의 양**

㉠ **사람의 태아** : 발생에 필요한 영양을 모체로부터 공급받기 때문에 난자에 영양물질인 난황이 많이 필요하지 않다.

㉡ **조류나 파충류와 같이 알에서 발생하는 동물** : 배 발생에 필요한 모든 영양을 난황에서 공급받아야 하기 때문에 난황의 양이 많이 필요하다.

02 발생의 기구

❶ 전성설과 후성설

(1) 전성설과 후성설

① **전성설** … 난자나 정자의 각 부분에 이미 성장했을 때의 몸의 여러 기관의 기본이 축소되어 들어 있고, 그 기본모형이 발생과정을 통해서 발전하여 성숙한 개체가 된다는 학설이다.

② **후성설** … 초기 배의 각 할구의 발생운명이 처음부터 결정되어 있는 것이 아니고, 발생과정을 거치면서 각 세포가 분화되어 개체를 이룬다는 학설이다.

(2) 발생의 운명에 대한 실험

① **루우의 실험** … 개구리의 알이 2세포기가 되었을 때 뜨겁게 달군 바늘로 한 쪽의 할구를 찔러서 세포를 죽게 하였더니 다른 쪽의 할구만 살아서 발생해 몸이 반쪽만 있는 어린 배가 생겼다. 전성설을 증명한 실험이다.

② **드리쉬의 실험** … 성게의 알이 2세포기가 되었을 때 가느다란 실로 두 할구를 떼어 놓았더니 각각의 할구가 독립적으로 발생하여 두 개의 완전한 개체가 생겨났다. 후성설을 증명한 실험이다.

③ **슈페만의 실험** … 도롱뇽의 2세포기 알을 머리카락으로 세게 묶었을 때는 두 마리의 온전한 개체가 형성되고, 느슨하게 묶었을 때는 머리가 둘이고 꼬리가 하나인 기형의 개체가 생기는 결과가 나왔다. 후성설을 증명한 실험이다.

❷ 배의 예정배역도

(1) 배의 예정배역도

① **예정배역도** … 독일의 포크트가 국소생체염색법을 사용하여 배의 각 부분이 장차 어떤 기관으로 발생할 것인지를 그림으로 표시한 것을 예정배역도라고 한다.

② **국소생체염색법** … 양서류의 포배나 낭배초기에 배의 표면을 부분적으로 염색하여 후에 배가 발생되어 생긴 개체의 어느 기관에서 그 색이 나타나는가를 알아보는 방법이다.

(2) 배의 이식실험

① **슈페만의 실험** … 슈페만은 배의 발생운명 결정시기를 알아보기 위하여 도롱뇽의 배로 교환이식실험을 하였다.

㉠ **낭배초기** : 낭배초기에 다른 색으로 염색한 두 종류의 배를 이용해 신경예정역을 표피예정역에 이식하면 표피가 되고, 표피예정역을 신경예정역에 이식하면 신경이 된다는 것을 확인하였다.

㉡ **낭배후기** : 낭배후기에 같은 실험을 하였더니 신경예정역과 표피예정역을 각각 표피예정역과 신경예정역에 이식하여도 이식된 장소가 아니라 본래의 예정역에 따라서 기관이 발생하였다.

㉢ **실험결과** : 발생의 운명이 낭배초기와 후기 사이에 결정이 된다는 것을 의미한다.

② **브릭스의 실험** … 브릭스와 킹은 포배나 낭배의 핵을 꺼내서 핵을 제거한 미수정란에 이식시켜 발생하게 하는 실험을 하였다.

㉠ 실험결과 정상배를 얻었는데 이 실험에서 정상배를 얻은 확률은 낭배보다 포배의 핵에서 더 높았으며, 낭배 이후의 핵을 이식했을 때는 성공률이 매우 낮았다.

㉡ 이 실험결과도 역시 낭배에 이미 발생운명이 결정되기 시작했음을 의미한다.

❸ 형성체와 유도

(1) 형성체

① **형성체의 발견** … 낭배초기의 도롱뇽 배에서 원구상순부를 떼어내 다른 낭배의 외배엽에 이식시키면 이식된 원구상순부의 이식편이 이식된 장소의 영향을 받아 기관을 형성하는 것이 아니라, 이식 전의 운명대로 척색이나 그 밖의 중배엽성 조직으로 분화하며, 표피가 될 외배엽에까지 작용하여 외배엽을 신경관으로 변화시킨다. 또 새로운 2차 배를 형성하기도 한다. 이것은 원구상순부에 특이한 물질이 있어서 이식된 장소인 외배엽을 신경계가 되도록 유도했음을 의미하는 것이다.

② **형성체** … 원구상순부와 같이 배의 다른 부분에 작용하여 분화를 유도시켜 일정한 기관을 형성시키는 물질을 형성체라고 한다.

(2) 유도작용

① **개념** … 형성체가 다른 부분에 영향을 미쳐서 어떤 기관이 형성되게 하는 것을 유도작용이라고 한다.

② **기관의 형성** … 원구상순부는 분화의 중심이 되는 1차 형성체이며 2차, 3차 형성체가 연속적으로 유도작용을 함으로 복잡한 기관이 차례대로 형성된다.

(3) 기관형성의 기구

① **유도작용에 의한 기관의 형성** … 동물의 발생에서 기관형성의 기구는 형성체에 의한 연속적인 유도작용에 의한 것이다.

② **도롱뇽의 눈의 발생**

㉠ 원구상순부가 1차 형성체로 작용하여 외배엽으로부터 신경관을 유도하고, 신경관의 머리부분이 부풀어 올라 장차 뇌가 될 뇌포를 형성한다.

㉡ 뇌포의 양쪽이 돌출되면 안포가 되고, 안포가 함입되면 안배가 된다.

㉢ 안배는 2차 형성체로 작용하여 수정체를 유도하고, 수정체가 3차 형성체가 되어 각막을 유도하여 눈을 형성하게 되는 것이다.

[형성체에 의한 눈의 유도과정]

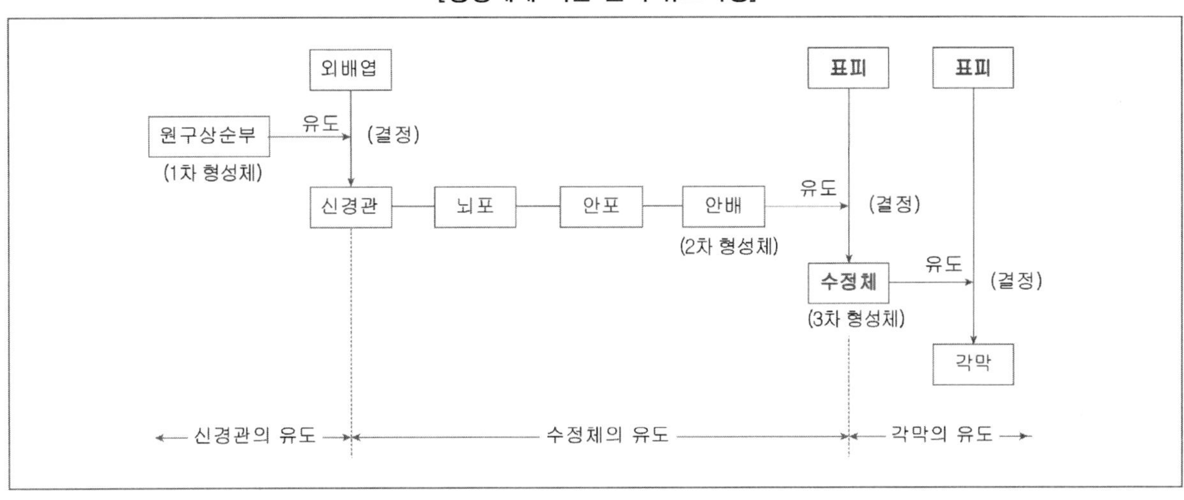

최근 기출문제 분석

2020. 6. 13. 제1 · 2회 서울특별시

1 조류의 배외막에 대한 설명 중 옳은 것을 <보기>에서 모두 고른 것은?

보기

㉠ 요막은 융모막과 난황낭 사이 빈 공간의 대부분을 차지한다.
㉡ 양막은 배의 가장 바깥쪽에 있는 것으로, 양막강을 형성한다.
㉢ 난황낭은 중배엽과 내배엽에서 자란 세포들이 난황을 둘러싸는 막이다.
㉣ 융모막은 외배엽과 중배엽에서 만들어지며 배의 가장 안쪽에 있는 막이다.

① ㉠㉡
② ㉠㉢
③ ㉡㉢
④ ㉡㉣

TIP ㉠ 요막은 융모막과 난황낭 사이 빈 공간의 대부분을 차지하며 중배엽과 내배엽에서 만들어지며 가스 교환 및 대사 노폐물의 저장과 배출을 담당한다.
㉡ 양막은 배아를 싸고 있는 막으로 가장 안쪽에 있다. 중배엽과 외배엽에서 만들어지며 내부가 양수로 채워져 있어 배아의 충격을 완화하고 건조로부터 보호한다.
㉢ 난황낭은 중배엽과 내배엽에서 만들어지며 배아에 양분을 공급한다.
㉣ 융모막은 중배엽과 외배엽에서 만들어지며 배의 가장 바깥에 있는 막으로 바깥 환경과 기체 교환을 가능하게 한다.

2019. 6. 15. 제2회 서울특별시

2 동물의 발생에 대한 설명으로 가장 옳지 않은 것은?

① 새로운 배아 형성에 필요한 성분들은 난자의 세포질에 고르게 분포되어 있다.
② 양서류 난모 세포는 수정 후에 회색신월환을 동등하게 나누면 2개의 할구로부터 2개의 정상적인 유충이 발달한다.
③ 난황의 양이 많은 물고기 알의 경우 난할이 난황 꼭대기에 있는 세포질 층에 한정되어 일어난다.
④ 한 배아의 등쪽 입술 세포를 다른 배아에 이식하면 새로운 신체부분이 형성된다.

TIP 새로운 배아 형성에 필요한 성분들은 난자 세포질의 뒤쪽 극에 분포한다.

Answer 1.② 2.①

2019. 2. 23. 제1회 서울특별시

3 **개구리의 수정란은 분할(난할, cleavage)을 계속하여 포배를 형성한다. 분할에 대한 설명으로 가장 옳지 않은 것은?**

① 분할은 발생의 초기 단계로서 다세포를 만들어내는 빠른 세포분열을 말한다.

② DNA 복제, 유사분열, 세포질 분열이 매우 빠르게 일어난다.

③ 개구리에서는 단단한 세포구를 만드는 분할과정이 4일 정도 걸린다.

④ 유전자 전사는 실제적으로 일어나지 않아 새로운 단백질이 거의 합성되지 않는다.

TIP 조류와 포유류의 경우 외배엽 전구체가 증식하여 난황을 감싸 이동하는데 대략 4일이 소요된다.

Answer 3.③

출제 예상 문제

1 다음 중 등황란인 것은?

① 어류, 파충류
② 성게, 포유류
③ 곤충류, 갑각류
④ 양서류

TIP ① 강단황란 ③ 중황란 ④ 약단황란
※ 알의 종류
㉠ 등황란: 난황의 양이 적고 알 전체에 고루 퍼진 모양으로 성게, 포유류가 있다.
㉡ 단황란: 난황이 식물극쪽에 치우쳐 분포하며 약단황란과 강단황란으로 구분할 수 있다.
- 약단황란: 난황의 양이 비교적 적은 양서류가 속한다.
- 강단황란: 난황의 양이 많은 어류, 파충류, 조류가 이에 속한다.

㉢ 중황란: 난황이 알의 중앙에 몰려 분포하며 곤충류, 갑각류가 속한다.

2 다음의 특징에 해당되는 동물은?

- 중배엽 형성은 원장체강계이다.
- 성체의 몸은 방사대칭이다.
- 수관계를 가진다.

① 극피동물
② 환형동물
③ 강장동물
④ 원삭동물

TIP 극피동물의 특징
㉠ 극피동물은 유생의 시기에는 몸이 좌우대칭이지만 성체에서는 방사대칭이다.
㉡ 몸의 표피 밑에는 중배엽성의 석회질 골판이 있고, 여기에서 돌기 또는 가시가 돋는다.
㉢ 호흡과 순환을 담당하는 수관계가 분화되어 있고, 수관에 붙어 있는 관족으로 물을 출입시켜 관족운동을 한다.

Answer 1.② 2.①

3 발생과정에서 배가 양막에 둘러싸이는 것은?

원구류 → 어류 → 양서류 → 파충류 → 조류 → 포유류

① 양서류 이상의 동물군
② 파충류 이상의 동물군
③ 포유류에서만
④ 어류 이상의 동물군

TIP 유양막류와 무양막류 … 척추동물은 발생의 과정에 따라서 유양막류와 무양막류로 분류한다.
㉠ 유양막류 : 체내수정을 하는 파충류, 조류, 포유류
㉡ 무양막류 : 체외수정을 하는 원구류, 어류, 양서류

4 눈의 유도과정에서 형성체로 작용하지 않는 것은?

① 원구상순부
② 안배
③ 수정체
④ 각막

TIP ① 1차 형성체로 외배엽에서 신경판이 형성되도록 유도한다.
② 2차 형성체로 표피에서 수정체가 형성되도록 유도한다.
③ 3차 형성체로 표피에서 각막이 형성되도록 유도한다.

Answer 3.② 4.④

5 **다음 동물의 발생과정에서 '알의 종류 → 난할형식 → 동물'의 순으로 바르게 연결된 것은?**

① 등황란 → 부등할 → 양서류
② 중황란 → 표할 → 곤충류
③ 약단황란 → 등할 → 어류
④ 강단황란 → 반할 → 성게, 창고기

TIP ① 양서류는 단황란이며 부등할을 한다.
③ 어류는 단황란이며 반할을 한다.
④ 성게와 창고기는 등황란이며 등할을 한다.

6 **다음 설명 중 옳지 않은 것은?**

① 양막 – 배를 둘러싸고 있는 가장 바깥쪽의 막이며, 외배엽과 중배엽으로 되는 2겹의 막으로 되어 있다.
② 양막 – 림프액과 같은 성분인 양수로 채워져 있어 충격과 건조온도의 변화로부터 배를 보호한다.
③ 요막 – 중배엽과 내배엽으로 되어 있는 2겹의 막으로 되며, 배의 노폐물의 저장과 배설을 맡는다.
④ 난황막 – 혈관이 분포되어 있어 이 곳을 통하여 난황을 배에 공급하며, 부화 직전에 몸 속으로 들어간다.

TIP ① 장막에 대한 설명이다.
※ 양막 … 배를 둘러싸고 있는 가장 안쪽의 막으로 양수로 채워져 있어 배를 보호한다.

Answer 5.② 6.①

7 다음 중 발생의 과정을 설명하는 용어의 설명으로 옳지 않은 것은?

① 발생에 필요한 영양물질을 난황이라고 한다.
② 수정란의 난할의 결과 만들어진 작은 세포들을 할구라고 한다.
③ 수정란이 분화되어 조직과 기관을 만들고 개체를 형성하는 과정을 난할이라고 한다.
④ 수정란이 세로의 방향으로 분할되는 것을 경할이라고 한다.

TIP 난할 … 하나의 세포였던 수정란이 세포분열을 하여 여러 개의 세포로 되는 것을 말한다.
※ 발생의 과정 … 수정란의 분화로 조직과 기관이 형성되고 새로운 개체를 만들어가는 과정을 의미한다.

8 다음 중 수정란의 발생과정이 순서대로 바르게 나열된 것은?

① 수정란→상실배→낭배→포배
② 수정란→포배→상실배→낭배
③ 수정란→상실배→포배→낭배
④ 수정란→낭배→포배→상실배

TIP 상실배 · 포배 · 낭배
㉠ 상실배 : 할구의 수가 32～64가 될 때까지 난할이 진행되었을 때의 배를 상실배라고 한다.
㉡ 포배 : 난할이 진행되어 수정란에 있던 난황의 양이 줄어서 배의 안쪽에 할강이라는 빈 공간이 생기는 때의 배를 포배라고 한다.
㉢ 낭배 : 포배 후의 세포가 재배열하여 식물극쪽이 내부로 함입될 때 원장이라는 중심강이 생기는 때의 배를 낭배라고 한다.

9 다음 중 나머지 셋을 포함하는 의미를 갖는 것은?

① 배막
② 양막
③ 장막
④ 난황막

TIP 배막 … 배를 보호하고 양분과 산소를 공급하며 노폐물의 배출을 담당하는 것으로 장막과 양막, 요막, 난황막으로 구분할 수 있다.

Answer 7.③ 8.③ 9.①

10 **낭배 초기 도롱뇽의 배에서 원구상순부를 떼어내 다른 낭배의 외배엽에 이식시켰을 경우 얻을 수 있는 결과로 옳은 것은?**

① 원구상순부의 이식편이 이식된 장소의 영향을 받아 기관을 형성한다.
② 주변의 기관과 관계없이 자신만 이식 전의 운명대로 분화한다.
③ 주변의 기관에 영향을 주어 외배엽을 중배엽으로 변화시키며, 자신은 외배엽성 기관으로 분화한다.
④ 주변의 기관에 영향을 주어 외배엽을 중배엽으로 변화시키고, 자신도 이식 전의 운명대로 분화한다.

TIP 원구상순부에는 특이한 물질이 있어서 이식된 장소인 외배엽을 중배엽성 기관인 신경계가 되도록 유도하고 자신도 이식 전의 운명대로 분화한다. 이와 같이 배의 다른 부분에 작용하여 분화를 유도시켜 일정한 기관을 형성시키는 물질을 형성체라고 한다.

11 **다음 중 형성체로 작용하는 배의 예정부위로 옳은 것은?**

① 척삭과 중배엽으로 되는 부위
② 내배엽으로 되는 부위
③ 외배엽으로 되는 부위
④ 체강으로 되는 부위

TIP 척삭과 중배엽이 되는 부위는 원구상순부로 유도작용을 일으키는 특이한 물질이 있어 1차 형성체로 작용한다.

Answer 11.①

12 다음 〈보기〉의 설명에서 (　　) 안에 들어갈 알맞은 말은?

보기

포배나 낭배초기에 배의 표면을 부분적으로 염색하여 후에 배가 발생되어 생긴 개체의 어느 기관에서 그 색이 나타나는가를 알아보는 국소생체염색법을 사용하여 배의 각 부분이 장차 어떤 기관으로 발생할 것인지를 그림으로 표시한 것을 (　　)라고 한다.

① 조정란
② 모자이크란
③ 원구상순부
④ 예정배역도

TIP ① 발생운명이 발생초기에 결정되는 것이 아니라 발생진행과정에서 결정되는 알
② 발생운명이 발생초기에 결정되는 알
③ 배의 다른 부분에 작용하여 분화를 유도시켜 기관을 형성하는 부분

13 다음과 같이 도롱뇽의 배 이식실험을 하였을 경우 이식편의 분화결과로 옳은 것은?

- 실험 ㉠ – 낭배 초기에 표피예정역의 일부를 잘라 신경예정역에 이식하였다.
- 실험 ㉡ – 낭배 후기에 표피예정역의 일부를 잘라 신경예정역에 이식하였다.

① 실험 ㉠과 ㉡ 모두 신경계로 분화되었다.
② 실험 ㉠과 ㉡ 모두 표피계로 분화되었다.
③ 실험 ㉠은 표피계로, 실험 ㉡는 신경계로 분화되었다.
④ 실험 ㉠은 신경계로, 실험 ㉡는 표피계로 분화되었다.

TIP 도롱뇽의 배는 발생과정 중에 발생운명이 결정되는 조정란으로, 낭배의 초기와 후기 사이에 발생운명이 결정된다. 실험 ㉠은 낭배 초기에 아직 발생운명이 결정되지 않았으므로 이식된 장소의 영향을 받아서 신경계로 분화되지만, 실험 ㉡는 이미 발생운명이 결정된 상태에서 이식되었으므로 이식된 장소의 영향을 받지 않고 표피계로 분화된다.

Answer 12.④ 13.④

유전과 진화

01 유전

01 유전의 법칙

❶ 멘델의 유전법칙

(1) 멘델의 유전연구

① 멘델의 완두콩 교배실험 … 멘델은 완두콩의 교배실험을 통하여 부모의 유전형질이 다음 세대로 전달되는데는 일정한 법칙이 있음을 발견하였다. 1865년 「식물잡종의 연구」라는 멘델의 저서에서 멘델이 실험을 통해 알게 된 유전법칙을 발표하였다.

② 실험재료 선택의 유의점
- ㉠ 대립형질이 뚜렷하고 변하지 않는 것이어야 한다.
- ㉡ 자가수정이나 타가수정이 가능한 것이어야 한다.
- ㉢ 한 세대가 짧은 것이어야 한다.
- ㉣ 자손의 수가 많은 것이어야 한다.
- ㉤ 재배나 사육이 쉬운 것이어야 한다.

③ 멘델의 가설
- ㉠ 한 가지 형질은 1쌍의 요소에 의해서 결정된다.
- ㉡ 1쌍의 요소는 부계와 모계로부터 각각 하나씩 물려받아 쌍을 이루는 것이다.
- ㉢ 생식세포를 만들 때 1쌍의 요소는 서로 분리되어 다른 생식세포로 나뉘어 들어간다.
- ㉣ 1쌍의 요소가 잡종일 때는 한 가지의 형질만 나타나게 되는데, 이 때 겉으로 나타나는 형질을 우성이라고 하고, 나타나지 않는 형질을 열성이라고 한다.

> **TIP 순종 및 표현형과 유전자형**
> ㉠ 순종 : 대립유전자쌍이 같은 개체(RR, rr, YY, yy, RRYY, rrYY, rryy 등)
> ㉡ 표현형 : 외관상 나타나는 형질(둥글다, 주름지다, 황색, 녹색 등)
> ㉢ 유전자형 : 표현형을 유전자기호로 나타낸 것(RR, Yy, RrYy 등)

(2) 멘델의 실험

① 단성잡종의 실험

㉠ 완두콩의 겉모양을 둥글게 하는 유전자를 R(우성유전자), 주름지게 하는 유전자를 r(열성유전자)이라고 한다. 유전자형이 RR, rr인 두 개체를 부모세대(P)로 하여 교배를 한다면, 이들에게서 만들어지는 생식세포는 R과 r의 2종류가 된다. 이 2종류의 생식세포가 서로 결합하여 만들어지는 자손 1세대(F_1)는 모두 Rr의 유전자형을 가지며, 표현형은 모두 우성인 둥근 모양이 된다.

㉡ 이들 자손 1세대를 다시 자가수분한다면, 이들에게서 생겨나는 생식세포는 R과 r의 두 가지이므로 이들이 결합하여 생기는 자손 2세대(F_2)의 4개체는 각각 RR, Rr, Rr, rr의 유전자형을 갖게 되어 순종우성과 잡종우성 그리고 순종열성이 1 : 2 : 1의 비율을 갖게 되고, 표현형으로 보면 둥근 개체가 3개, 주름진 개체가 1개가 나와서 우성과 열성이 3 : 1의 비율을 갖게 된다.

② 양성잡종의 실험

㉠ 완두콩의 겉모양이 둥근 것은 R, 주름진 것은 r로, 떡잎의 색이 황색인 것은 Y, 녹색인 것은 y로 유전자를 표시할 때, 유전자형이 RRYY, rryy인 두 개체를 부모세대(P)로 하여 교배하면, 이들에게서 만들어지는 생식세포는 RY와 ry의 두 종류가 결합하여 RrYy의 유전자형을 갖는 잡종우성의 자손 1세대(F_1)가 만들어진다.

㉡ 이들 자손 1세대가 생식세포를 만들면 RY, Ry, rY, ry의 네 종류의 생식세포가 생긴다. 이들 네 종류의 생식세포가 서로 결합하게 되어 생기는 자손 2세대(F_2)의 16개체는 표현형이 둥글고 황색인 것, 둥글고 녹색인 것, 주름지고 황색인 것, 주름지고 녹색인 것의 네 가지로 표현되고, 그 비율은 9 : 3 : 3 : 1의 비율을 갖는다.

③ **검정교배** … 겉으로 드러나는 표현형이 우성인 개체의 유전자형이 순종인지 잡종인지를 알기 위하여 표현형이 열성인 개체(열성순종)와 교배시키는 것을 검정교배라고 한다.

㉠ **단성잡종** : 유전자형을 모르는 둥근 완두콩(RR, Rr)을 주름진 완두콩(rr)과 교배시킨다.

- 둥근 모양의 완두콩의 유전자형이 RR로 순종인 경우는 열성순종인 주름진 완두콩과 교배하였을 때 모두 Rr의 유전자형을 가지므로, 둥근 모양의 완두콩만 생겨난다. 그러므로 표현형이 열성순종인 개체와 교배하였을 때 표현형이 우성인 자손만 나온다면 그 개체의 유전자형은 순종이라고 할 수 있다.
- 둥근 모양의 완두콩의 유전자형이 Rr인 우성잡종인 경우는 순종의 개체와 교배하였을 때는 표현형이 둥근 것과 주름진 것이 1 : 1로 나오게 된다. 그러므로 열성순종의 개체와 교배하여 열성의 자손이 나온다면 그 개체의 유전자에는 열성의 인자가 포함되어 있으므로 잡종이라고 할 수 있다.

㉡ **양성잡종** : 유전자형을 모르는 둥글고 황색인 완두콩(RRYY, RRYy, RrYY, RrYy)을 주름지고 녹색인 완두콩(rryy)과 교배시킨다.

- 둥글고 황색인 완두콩의 유전자형이 RRYY로 순종인 경우는 열성순종인 주름지고 녹색인 완두콩과 교배하였을 때 모두 RrYy의 유전자형을 가지므로 둥글고 황색인 완두콩(RY)만 생겨난다.
- 둥글고 황색인 완두콩의 유전자형이 RRYy로 우성잡종인 경우는 열성순종인 주름지고 녹색인 완두콩과 교배하면 RrYy의 유전자형을 갖는 둥글고 황색인 완두콩(RY)과 Rryy의 유전자형을 갖는 둥글고 녹색인 완두콩(Ry)이 생겨난다.

• 둥글고 황색인 완두콩의 유전자형이 RrYY로 우성잡종인 경우는 열성순종인 주름지고 녹색인 완두콩과 교배하면 RrYy의 유전자형을 갖는 둥글고 황색인 완두콩(RY)과 rrYy의 유전자형을 갖는 주름지고 황색인 완두콩(rY)이 생겨난다.
• 둥글고 황색인 완두콩의 유전자형이 RrYy로 우성잡종인 경우는 열성순종인 주름지고 녹색인 완두콩과 교배하면 RrYy, Rryy, rrYy, rryy의 유전자형을 갖는 둥글고 황색인 완두콩(RY), 둥글고 녹색인 완두콩(Ry), 주름지고 황색인 완두콩(rY), 주름지고 녹색인 완두콩(ry)이 1 : 1 : 1 :1로 생겨난다.

(3) 멘델의 유전법칙

① **우열의 법칙** … 어떠한 개체가 하나의 형질에 대해서 우성유전자와 열성유전자를 모두 가지고 있을 때 열성의 형질은 억제되고 우성의 형질만 표현되는 것을 우열의 법칙이라고 한다.

② **분리의 법칙** … 자손 1세대를 자가교배할 때 형질이 발현되지 못하던 열성유전자가 생식세포로 분리되어 들어가서, 자손 2세대에는 자손 1세대에서 발현되지 못했던 형질이 다시 나타나고 우성과 열성의 형질이 3 : 1로 분리가 되는데, 이러한 현상을 분리의 법칙이라고 한다.

③ **독립의 법칙** … 2쌍 이상의 대립형질이 동시에 유전되어도 하나의 대립형질이 다른 쪽의 대립형질에 영향을 미치지 않고 각각의 대립형질이 독립적으로 우열과 분리의 법칙에 따라서 유전되는 것을 독립의 법칙이라고 한다. 예를 들면 완두콩의 떡잎의 색과 콩의 둥글고 주름진 모양은 동시에 나타나더라도 자손으로의 유전에 영향을 주지는 않는다.

2 멘델의 유전법칙의 변형

(1) 중간유전

① **중간유전** … 대립유전자들의 우열관계가 뚜렷하지 못하여 자손세대에서는 부모세대의 중간형질이 나타나는 것을 중간유전이라고 하며, 우열관계가 완전하지 못하기 때문에 불완전우성이라고도 한다.

② **분꽃의 꽃색 유전** … 분꽃의 꽃색이 중간유전을 하는 대표적인 경우이다. 붉은색의 분꽃과 흰색의 분꽃을 교배하면 분홍꽃의 자손 1세대가 나오며, 이 자손 1세대를 자가교배하여 얻은 자손 2세대에서는 붉은꽃, 분홍꽃, 흰꽃이 1 : 2 : 1의 비율로 나온다.

> TIP **테이-삭스병** … 아기의 뇌세포에서 결정적인 효소가 작용하지 않아서 특정 지질의 대사가 이루어지지 않아 특정 지질이 뇌세포에 축적되면서 유아에게 경련, 시력상실, 운동, 지적능력의 퇴화 등을 초래하는 병으로써 유아는 수 년 이내에 사망하게 된다. 테이-삭스병의 동형접합자의 아이만이 테이-삭스병에 걸리는데, 이는 이형접합자의 경우 생성된 정상적인 효소가 축적을 막기에 충분하기 때문이다. 테이-삭스병을 생화학적 관점에서 보면 이형접합자의 대사되는 지질의 양이 일반인과 동협접합자의 중간 정도를 보이는 불완전 우성을 보인다.

(2) 복대립유전

① **복대립유전** … 보통의 경우 대립유전자는 우성과 열성의 2가지 형질이 쌍을 지어 있지만, 때로 3개 이상의 유전자가 대립유전자가 되는 경우가 있는데, 이와 같은 경우를 복대립유전자라고 하고, 복대립유전자에 의한 유전을 복대립유전이라고 한다.

② **사람의 혈액형 유전** … 사람의 혈액형을 나타내는 유전자가 대표적인 복대립유전자인데 A, B, O의 세 대립유전자에 의해서 A, B, AB, O형의 4가지 종류의 혈액형이 결정된다. A와 B는 서로 중간유전을 하며 O에 대해서는 우성이다.

(3) 치사유전

① **치사유전** … 그 유전자를 가지고 있는 개체를 죽게 하는 유전자를 치사유전자라고 하는데, 치사유전자는 열성으로 작용하며 순종의 유전자형을 가질 때 개체를 치사시킨다.

② **생쥐의 털색 유전** … 생쥐의 털의 색을 나타내는 유전자는 색에 있어서 우성인 황색(Y)과 열성인 회색(y)유전자가 있는데, Y유전자는 색에 대해서는 우성이지만 치사작용에 있어서는 열성이기 때문에 순종인 Y유전자를 가지는 개체를 치사시킨다. 따라서 황색의 털을 갖는 쥐들은 모두 유전자형이 Yy로 잡종인 개체들이고, 황색의 쥐들을 교배시키면 황색(Yy) 개체와 회색(yy) 개체가 2 : 1의 비율로 나오게 된다.

(4) 보족유전

① **보족유전** … 두 종류의 유전자가 단독으로 있을 때는 각각의 형질을 나타내지만, 같이 있을 때는 두 유전자가 상호작용을 하여 새로운 형질을 나타내는 것을 보족유전이라고 한다.

② **스위트피의 꽃색 유전** … 스위트피의 꽃색을 나타내는 유전자가 보족유전자에 해당되는데, 꽃색을 나타내는 두 유전자 중에서 우성인 유전자가 없거나 하나만 우성인 경우 흰색의 꽃이 피고, 두 유전자 모두 우성인 경우 자주색의 꽃이 핀다. 또 닭의 벼슬모양에서도 보족유전의 현상을 볼 수 있다.

(5) 다면발현

① 한 개의 유전자가 서로 관련 없어 보이는 여러 형질에 영향을 주는 현상을 말한다.

② **낭포성섬유증**(cystic fibrosis) … 열성 유전병

㉠ **진행과정**

- 첫 번째, 7번 염색체의 CFTR 유전자 결함이 나타남
- 두 번째, 상피세포 밖으로 염소이온을 수송하는 채널에 변이가 발생
- 세 번째, 염소이온이 과다하게 배출되어 많은 수분이 상피세포 밖으로 배출

㉡ **증상** : 진한 점액의 축적, 반복되는 폐 감염, 소화장애, 간 기능 손상, 수명 단축

㉢ 미국의 백인 기준 2,500명 중 한 명 꼴로 발생

③ **혈우병** … 과다 출혈, 멍, 관절 통증 및 붓기, 시력상실 등

④ **겸상 적혈구 빈혈증**(sickel cell anemia) … 류마티스 관절염, 동맥경화, 치매, 면역력 약화, 뇌졸중, 심장 약화 등의 현상이 나타난다.

㉠ 헤모글로빈의 β 사슬의 6번째 아미노산이 글루탐산(Glu, 친수성)에서 발린(Val, 소수성)으로 바뀐 질병이다.

㉡ N 말단 – Val – His – Leu – Thr – Pro – Glu / Val – Glu – …

㉢ 친수성 아미노산이 소수성 아미노산으로 바뀌면서 입체구조가 크게 바뀐다.

㉣ **우성 동형접합자** : 정상 적혈구

㉤ **열성 동형접합자** : 낫 모양의 적혈구, 말라리아 저항성 증가, 산소 전달 효율 감소

㉥ **이형접합자** : 일부만 낫 모양의 적혈구, 말라리아 저항성 증가, 산소 전달 효율 감소

⑤ **페닐케톤뇨증**(PKU) … 상염색체 질환

㉠ 페닐알라닌을 수화시켜 티로신으로 바꾸는 phenyl alanin hydrogenase를 합성하지 못하는 질환이다.

㉡ **티로신** : 티록신 생성, 에피네프린 · 노르에피네프린 생성, 멜라닌 생성

㉢ **페닐알라닌** : 검정색 오줌 생성, 페닐 피루브산으로 변하여 신경 발달 장애 → 정신박약, 창백한 피부

㉣ 태아 상태일 때부터 식이요법을 통해 치료가 가능하다.

(6) 다인자유전

① 하나의 표현형에 둘 이상의 유전자(좌위)가 관여하는 것으로 양적유전이라 한다.

② 하나의 표현형이라는 점에서 복대립 유전자와 구분된다.

③ **피부색, 눈동자 색**

여러 멜라닌 합성효소(티로시나아제) + 운반 단백질 → 멜라닌 함량

㉠ 멜라닌은 티로신으로부터 만들어지는 흑갈색 색소 물질

㉡ 티로시나아제가 결핍 시 백색증

④ 키를 결정하는 유전자는 적어도 3가지 이상이 된다.

㉠ AABBCC × aabbcc로 생긴 F_1 : AaBbCc를 자가 교배할 때, 정규분포가 관찰

㉡ **정규분포** : ${}_6C_0 : {}_6C_1 : {}_6C_2 : {}_6C_3 : {}_6C_4 : {}_6C_5 : {}_6C_6$

⑤ cis AB형

㉠ 돌연변이로 인해 A 유전자와 B 유전자가 하나의 염색체상 서로 다른 좌위에 존재하는 경우

㉡ AB형 부모로부터 O형 자녀가 태어날 수 있다.

(7) 상위

① 하나의 유전자가 다른 유전자의 표현형에 영향을 주는 경우를 말한다.

② 개의 털색 유전 … 9 : 3 : 4

㉠ 색소 유전자와 색소 침전 유전자가 관여한다.

㉡ 9 : 3 : 3 : 1에서 색소 침전 유전자가 열성 동형접합인 3과 1이 4로 반영된다.

㉢ 임의의 실험에서 12 : 3 : 1, 9 : 6 : 1, 9 : 3 : 4, 9 : 7이 관찰되면 상위이다.

③ 보족유전자 … 서로 보충하여 하나의 형질을 표현하는 비대립 유전자로 나타난다.

④ 봄베이 O형(Bombay O phenotype)

㉠ H 유전자 : 적혈구 표면에 혈액형을 결정하는 fucose 당을 붙이는 유전자

㉡ H 유전자가 열성 동형접합인 경우 O형 자녀가 태어날 수 없는 조합에서 O형 자녀가 태어날 수 있다. 즉 H 유전자 좌위는 I 유전자 좌이보다 상위에 있다.

㉢ H 유전자는 19번 염색체 상에 존재

㉣ ABO 대립유전자는 9번 염색체 상에 존재

(8) 유전체 각인과 비핵 유전

① 유전체 각인(imprinting)

㉠ 부모 중 누구로부터 형질을 전해 받았나에 의해 표현형이 달라지는 현상

㉡ DNA 메틸화(C 염기)에 의해 발생 : 주로 CpG island의 메틸화가 영향

㉢ 생식세포 생성 시 모든 유전자가 탈메틸화하여 각인이 해제된 뒤 정자인지 난자인지에 따라 재메틸화된다.

㉣ 모계 각인을 받아 이형대립자이자 열성 형질인 수컷 개체는 부계 각인으로 인해 우성 형질을 보일 수 있다.

② 모계영향 유전(maternal effect) : 세포질 결정인자

㉠ 발생 초기에 필요한 단백질은 전사시킬 시간이 부족하기 때문에 모계로부터 mRNA로 전달받는다.

㉡ 생식세포 유전자형과 무관하게 모계에 대립유전자가 하나라도 있으면 해당 세포질 결정인자가 생식세포로 전달된다.

㉢ 유전자형과 표현형을 따로 고려해야 한다.

㉣ 어미의 유전자형을 자식들의 표현형으로 추론해야 한다.

- 자식들이 모두 우성 형질인 경우 어미의 유전자형은 우성
- 자식들이 모두 열성 형질인 경우 어미의 유전자형은 열성

③ 세포질 유전

㉠ 색소체 유전

㉡ 미토콘드리아 유전 : 모계유전

- 전자전달계 및 ATP 합성효소는 미토콘드리아 DNA가 암호화
- 이형세포질(heteroplasmy) 현상 : 미토콘드리아는 다수의 세포소기관(주로 핵)과 협력하기 때문에 질환자인 엄마의 자녀라고 모두 질환자인 것은 아니다.

02 염색체와 유전자

❶ 염색체설과 유전자설

(1) 염색체설

① **염색체와 유전자의 공통점** … 서턴은 멘델이 유전자에 대해서 세웠던 가설과 염색체의 행동 사이에 공통점이 있음을 발견했는데, 그 공통점은 다음의 두 가지이다.
  ㉠ 멘델이 어떤 형질을 지배하는 유전자는 짝을 이루고 있다고 했는데, 염색체도 상동염색체로 짝을 이루고 있다.
  ㉡ 멘델은 짝을 이루는 유전자가 생식세포 형성시 분리되어 각 생식세포에 하나씩 들어가 수정으로 다시 쌍을 이룬다고 했는데, 염색체도 상동염색체가 하나씩 분리되어 생식세포에 들어가 수정으로 다시 쌍을 이룬다.

② **염색체설** … 서턴은 멘델의 가설에서 밝힌 유전자에 대한 내용과 염색체에서 볼 수 있는 행동의 공통점을 근거로 하여 유전자는 염색체 속에 존재하는 것이라고 주장을 했는데, 이것을 유전자의 염색체설이라고 한다.

(2) 유전자설

모건은 초파리의 눈의 색을 결정하는 유전자가 X염색체 위에 존재함을 증명하여 유전자가 염색체에 존재한다는 것을 재확인하였으며, 각각의 유전자는 염색체의 일정한 위치에 있고 대립유전자는 각각 상동염색체의 동일한 위치에 존재한다는 유전자설을 발표하였다.

❷ 연관과 교차

(1) 연관

① 연관과 연관군
  ㉠ **연관** : 한 염색체 위에 두 쌍 이상의 유전자가 같이 위치하고 있어서 생식세포를 만들 때 서로 분리되지 못하고 같은 쪽의 생식세포에 들어갈 수 밖에 없는 경우에, 한 염색체 위에 있는 유전자들은 서로 연관되었다고 하며, 같은 염색체 위에 존재하며 함께 유전되는 형질의 유전자들을 연관군이라고 한다.
  ㉡ **연관군** : 연관군은 상동염색체의 쌍과 같은 수가 존재하므로 염색체 수의 반과 같은 수의 연관군이 존재한다. 유전자의 연관현상은 각 형질을 나타내는 유전자들이 독립적으로 행동한다는 독립의 법칙을 벗어나는 것이다.

② 상인과 상반

㉠ **상인** : 연관된 유전자가 우성이나 열성끼리 짝을 이루어 유전하는 경우를 상인이라고 한다.

㉡ **상반** : 연관된 유전자가 우성과 열성이 섞여서 짝을 이루어 유전하는 경우를 상반이라고 한다.

(2) 교차

① **교차** … 감수분열을 할 때, 상동염색체가 서로 꼬이면서 염색분체의 일부가 교환되는 경우에 염색체 위에 있던 유전자들도 교환되어 새로운 연관군을 형성하는 것을 교차라고 한다.

② 과정

㉠ 복제된 상동염색체끼리 접합하여 4분 염색체를 만든다.

㉡ 마주 닿은 염색분체가 서로 꼬인다(꼬인 부분 ; 키아스마).

㉢ 키아스마에서 염색체가 잘려서 염색체의 일부가 교환되어 재조합 염색체를 형성한다.

③ **교차율** … 교차에 의해서 새로운 유전자조합을 갖는 배우자가 출현하는 빈도를 교차율이라고 한다. 연관되어 있는 두 유전자 사이의 거리가 멀수록 염색분체가 꼬여서 교차가 일어날 확률이 높아지므로, 교차율은 두 유전자 사이의 거리가 멀수록 커지고, 거리가 가까울수록 작아진다.

㉠ **계산** : 교차율은 교차로 생긴 생식세포의 수를 전체 생식세포의 수로 나누어서 100을 곱한 식으로 계산한다. 그러나 실제로는 교차로 생긴 생식세포의 수를 가려낼 수 없으므로 검정교배를 하여 자손의 표현형의 분리비를 계산하여 추정한다.

$$\text{교차율}(\gamma) = \frac{\text{교차로 생긴 생식세포의 수}}{\text{전체 생식세포의 수}} \times 100$$

- A와 B, a와 b가 연관되어 있는 경우에 생겨나는 생식세포는 AB, ab 두 종류인데, 교차가 일어난다면 Ab, aB도 생겨날 수 있다.
- AaBb의 개체를 aabb와 검정교배를 하여 표현형이 4 : 1 : 1 : 4가 나왔다면 생식세포의 비율도 같다고 볼 수 있으므로 전체 10개의 생식세포 중에서 교차로 생겨난 생식세포는 2개가 된다. 따라서 이 때의 교차율은 20%가 되는 것이다.

$$\text{교차율}(\gamma) = \frac{\text{교차로 생긴 생식세포의 수}}{\text{검정교배에서 얻은전 개체 수}} \times 100$$

㉡ **교차율의 의미** : 교차율의 범위는 0 ~ 50%이다.

- γ =0이면 교차가 전혀 일어나지 않은 것으로 완전연관인 경우이다.
- γ =50이면 생식세포나 자손의 분리비가 연관되지 않고 독립되었을 때와 같은 수준의 경우이므로 매우 교차가 많은 일어나는 경우이다.
- 교차율이 적을수록 연관이 강한 것이고, 교차율이 클수록 연관이 약한 것이다.

❸ 성과 유전

(1) 성의 결정

① 성염색체의 종류

㉠ X염색체 : 암컷과 수컷에 다 있고, 암컷이 호모인 염색체

㉡ Y염색체 : 수컷에만 있는 염색체

㉢ Z염색체 : 암컷과 수컷에 다 있고, 수컷이 호모인 염색체

㉣ W염색체 : 암컷에만 있는 염색체

② 성의 결정

㉠ XY형 : 암컷은 성염색체를 호모(XX)로 가지고, 수컷은 헤테로(XY)를 가진다.

㉡ XO형 : 암컷은 호모의 성염색체를 2개(XX) 가지지만, 수컷은 성염색체를 1개(XO)만 가진다.

㉢ ZW형 : 수컷은 성염색체를 호모(ZZ)로 갖고, 암컷은 헤테로(ZW)를 갖는다.

㉣ ZO형 : 수컷은 호모의 성염색체를 2개(ZZ) 가지지만, 암컷은 성염색체를 1개(ZO)만 가진다.

(2) 성과 유전

① **반성유전** … 정상에 대하여 열성인 유전자가 X염색체나 Z염색체 위에 존재하여 성에 따라서 발현정도가 다르게 나타나는 유전현상을 반성유전이라고 한다.

㉠ **사람의 색맹 유전** : 색맹유전자는 X염색체 위에 있다. 따라서 여자의 경우 XX, XX', X'X'의 세 가지 유전형이 있고, 남자의 경우 XY, X'Y의 두 가지 유전형이 있다.

- XX와 XX', XY의 경우는 정상의 형질이, 그리고 X'X'와 X'Y의 경우 색맹인 형질이 나타난다.
- XX'의 유전형을 갖는 여자의 경우 표현형은 정상이지만 유전정보에는 색맹의 유전인자가 들어 있는데, 이러한 경우를 보인자라고 한다.

㉡ **혈우병 유전** : 혈우병은 혈액응고효소가 부족하여 출혈이 일어났을 때 지혈이 잘 되지 않는 병이다. 혈우병의 유전자도 X염색체 위에 있으므로 색맹과 같은 유전얼개를 가진다.

- X'X'와 같이 열성순종의 유전자를 가지게 되면 태내에서 치사작용이 일어난다. 그러므로 여자의 경우는 혈우병이 있을 수 없다.
- 혈우병은 X'Y의 유전자형을 갖는 남자에게서 나타나며, XY의 유전자를 갖는 남자나 XX 또는 XX'의 유전자를 갖는 여자는 정상이다.

㉢ **초파리의 눈색 유전** : 야생종 초파리는 붉은색의 눈이지만, 돌연변이종은 흰색의 눈을 갖는 것이 있다. 흰눈의 유전자는 X염색체 위에 존재하며, 붉은눈에 대하여 열성이다.

- 초파리의 경우도 사람의 색맹이나 혈우병의 유전과 같이 수컷은 X염색체 위에 흰눈 유전자가 있으면 흰눈으로 나타나지만, 암컷은 두 개의 X염색체 모두에 흰눈 유전자가 있어야만 흰눈으로 나타난다.
- 붉은눈을 가지는 초파리는 XX나 XX'의 유전자를 가지는 암컷과 XY의 유전자를 가지는 수컷이 있고, 흰눈을 가지는 초파리는 X'X'의 유전자를 가지는 암컷과 X'Y의 유전자를 가지는 수컷이 있다.

② 한성유전

㉠ **한성유전** : Y염색체나 W염색체처럼 한쪽의 성에만 있는 성염색체 위에 유전자가 존재하여 한쪽의 성에만 형질이 나타나는 유전현상을 한성유전이라고 한다.

㉡ **누에의 범무늬 유전** : 누에는 암컷은 ZW의 성염색체를 가지며 수컷은 ZZ의 성염색체를 가지는데, 누에의 범무늬를 나타내는 유전자가 W염색체 위에 있으므로, 누에의 범무늬는 암컷에서만 나타날 수 있고, 수컷에서는 나타나지 않는 형질이다.

③ 종성유전

㉠ **종성유전** : 암 · 수에 따라서 우성과 열성이 다르게 나타나는 유전으로, 종성유전에 관계하는 유전자는 성염색체가 아닌 상염색체에 존재한다.

㉡ **사람의 대머리 유전** : 사람의 대머리 유전자는 여자에게는 열성으로 작용하지만, 남자에게는 우성으로 작용한다. 그러므로 남자에게서 대머리가 훨씬 더 많이 나타나고 여자에게서는 유전자형이 호모일 때만 나타나서 그 수가 적게 나타나는 것이다.

㉢ **염소의 뿔 유전** : 염소의 뿔도 수컷에게는 우성으로, 암컷에게는 열성으로 작용하는 종성유전의 예이다.

03 변이

❶ 개체변이

(1) 개체변이와 변이곡선

① **개체변이** … 부모에게서 동일한 유전자를 물려받은 자손이라고 할지라도 환경에 따라서 다른 형질이 발현되는 것을 개체변이 또는 방황변이라고 한다.

② **획득형질** … 개체변이는 환경에 의해 영향을 받아서 후천적으로 형질을 획득하는 것인데 이러한 것을 획득형질이라고 하며, 개체변이의 획득형질은 유전되지 않는다.

③ **변이곡선** … 개체변이의 모습을 그래프로 나타낸 것을 변이곡선이라고 한다. 변이곡선은 중앙값을 중심으로 좌우대칭의 산 모양을 나타내는 정규분포곡선을 이룬다.

(2) 순계설

① **순계** … 요한센이 강낭콩을 심어서 씨의 무게를 분류한 결과를 보면, 처음 몇 세대 동안은 무거운 씨를 심은 포기에서는 무거운 씨가 얻어지고 가벼운 씨를 심은 포기에서는 가벼운 씨가 얻어졌다. 그러나 어느 한계에 도달하면 무거운 씨를 심거나 가벼운 씨를 심거나 똑같은 변이곡선을 나타냈다. 이것을 순계라고 한다.

② **순계설** … 요한센은 이 실험의 결과를 바탕으로 개체변이는 유전하지 않으므로 어느 한도까지 이동하고 일단 순계에 도달하면 선택의 효과가 나타나지 않는다는 학설을 발표했는데, 이것을 순계설이라고 한다.

2 돌연변이

(1) 돌연변이와 유전

부모에게 없던 형질이 자손에게 새로이 나타나서 발현되는 것을 돌연변이라고 하는데, 다음 자손에게도 대대로 유전된다.

(2) 돌연변이의 종류

① **유전자 돌연변이** … 유전자 돌연변이는 DNA의 염기서열에 변화가 일어나서 생기는 변이이다. DNA 염기서열에 변화가 생기면 DNA의 정보로부터 만들어지는 아미노산의 배열순서가 달라지게 되고, 따라서 효소 단백질에도 이상이 생겨서 새로운 유전형질이 나타나게 되는 것이다.

㉠ **낫 모양 적혈구 빈혈증**(sickle-cell anemia ; 겸상 적혈구 빈혈증) … 유전자 이상에 따른 헤모글로빈 단백질의 아미노산 서열 중 하나가 정상의 것과 다르게 변이하여 적혈구가 낫 모양으로 변하여 악성 빈혈을 유발하는 유전병이다. 주로 아프리카의 흑인의 일부에서 나타난다. 말라리아에 저항성이 있어 이 이상 유전자를 가진 사람은 말라리아에는 잘 걸리지 않지만 적혈구가 쉽게 파괴되어 심각한 빈혈을 유발하는 질병이다. 적혈구 속의 헤모글로빈 단백질을 구성하는 아미노산의 구성 중 하나가 비정상적으로 바뀌어 일어나는 아프리카 일부 지역의 유전병으로 사람의 11번 염색체 상에 존재하는 헤모글로빈 베타 유전자의 염기서열 하나가 바뀌어(GAG → GTG) 아미노산 서열 중 6번째 글루탐산이 발린으로 바뀌게 되며, 이러한 돌연변이 헤모글로빈은 산소와 결합하지 않은 상태에서 서로 달라붙어 긴 바늘모양의 구조를 형성할 수 있게 되므로 적혈구의 모양이 길게 찌그러진 낫 모양으로 바뀌게 된다. 따라서 염색체 한 쌍 모두에 이상 유전인자를 가지고 있는 환자(호모형)는 대단히 쉽게 적혈구가 파괴되므로 심각한 빈혈 증상과 말초 모세혈관의 괴사를 일으키게 된다.

㉡ **알비노**(백자) : 정상적인 우성유전자가 변이를 일으켜서 색소를 형성하지 못하므로 몸의 전체 또는 부분이 하얗게 되는 현상으로, 사람의 백화병, 흰쥐(정상적인 쥐가 변이를 일으켜서 생기는 것)를 알비노의 예로 들 수 있다.

ⓒ **페닐케톤뇨증** : 페닐알라닌이나 페닐피루브산이 체내에 축적되어 정신박약이 되고, 소변 속에 페닐케톤이 섞여서 나오는 현상으로, 체내에서 페닐알라닌을 티로신으로 아미노 전이시키는 과정에 작용하는 효소를 만드는 DNA의 코드가 변하여 일어나는 변이이다. 근친결혼의 경우에 빈도가 높게 나타난다.

② **염색체 돌연변이** … 염색체의 구조 이상이나 수적 변화로 나타나는 변이이다.

㉠ **염색체의 구조 이상**

- 결실 : 염색체의 일부가 없어지는 것
- 중복 : 상동염색체의 일부가 절단되어 한쪽에 추가됨으로 하나의 염색체에 똑같은 유전자가 2개 이상 존재하는 것
- 역위 : 염색체의 일부가 끊어져서 거꾸로 붙음으로 유전자의 배열순서가 달라지는 것
- 전좌 : 상동염색체가 아닌 염색체 사이에서 염색체의 일부가 교환되는 것

㉡ **염색체의 수적 이상**

- 이수성 : 감수분열이 일어날 때 염색체의 일부가 분리되지 못하여 생기는 수적 이상이다. 이러한 경우에 염색체의 수가 $2n \pm 1$ 또는 $2n \pm 2$인 생식세포가 생기는데, 이 생식세포가 수정되어 생기는 자손은 염색체의 수적 이상으로 인한 변이가 일어난다.
  - 다운증후군 : 염색체의 수적 이상으로 생기는 대표적인 돌연변이로, 21번 염색체가 3개가 되어 정상인보다 염색체가 하나 많은 47개의 염색체를 갖는다. 정신박약 및 육체적 이상의 증상을 보인다.
  - 클라인펠터증후군 : XXY의 성염색체를 가지는 외관상 불완전한 남자로, 정상인보다 성염색체가 하나 더 많아서 47개의 염색체를 가진다.
  - 터너증후군 : X의 성염색체를 가지는 외관상 불완전한 여자로, 정상인보다 성염색체가 하나 더 적어서 45개의 염색체를 가진다.
- 배수성 : 염색체의 일부분이 더해지거나 빠지는 것이 아니라 상동염색체(n) 전체가 많아지거나 적어져서 생기는 수적 이상이다.
  - 정상적으로는 2n의 핵상을 가져야 하는데, 이것이 n의 핵상을 가지는 반수체가 되거나 3n의 핵상을 가진 3배체, 4n의 핵상을 가진 4배체 등이 되는 경우가 여기에 해당된다.
  - 씨 없는 수박은 염색체의 수가 3n인 3배체라서 씨를 형성하지 못하는 것으로, 염색체 돌연변이 중에서 배수성에 해당하는 대표적인 예가 된다.

최근 기출문제 분석

2021. 6. 5. 제1회 서울특별시

1 **〈보기〉는 개의 털색깔을 결정하는 유전자 A와 B에 대한 자료이다. ㉠에 해당하는 것은?**

보기

- 개의 털색깔은 합성된 색소(검정색 또는 갈색)가 털에 침착되면서 결정되는데, 색소 침착이 안 되면 노란색이 된다.
- 검정색 색소 합성 유전자 A는 갈색 색소 합성유전자 a에 대해 우성이다.
- 색소 침착이 되는 유전자 B는 색소 침착이 안 되는 유전자 b에 대해 우성이다.
- 색소 합성 유전자와 색소 침착 유전자는 서로 다른 염색체에 존재한다.
- 유전자형이 AaBb인 검정색 암수를 교배하여 얻은 자손의 털색깔이 노란색일 확률은 ___㉠___이다.

① 9/16
② 4/16
③ 3/16
④ 1/16

TIP AaBb를 자가교배 했을 경우 아래 표와 같은 확률로 노란색 개체가 나오므로 확률은 4/16이다.

	AA	2Aa	aa
BB	AABB (검)	2AaBB (검)	aaBB (갈)
2Bb	2AABb (검)	4AaBb (검)	2aaBb (갈)
bb	AAbb (노)	2Aabb (노)	aabb (노)

Answer 1.②

2020. 10. 17. 제2회 지방직(고졸경채)

2 **그림은 재석이의 핵형을 나타낸 것으로, 21번 염색체 3개 중 2개는 어머니로부터 유래하였다. 이에 대한 설명으로 옳은 것은? (단, 염색체 수의 이상을 제외한 돌연변이는 없다)**

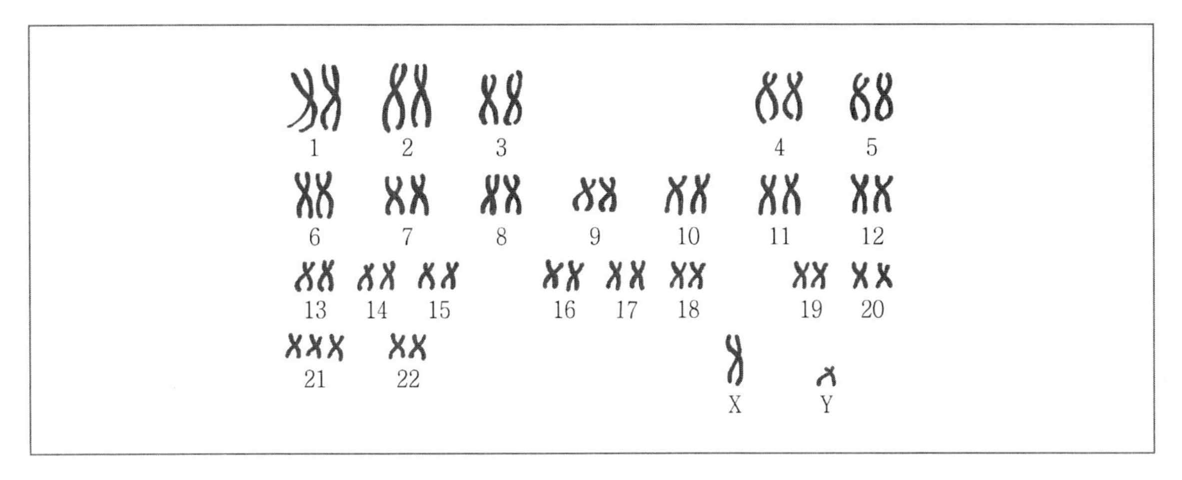

① 재석이는 터너증후군의 염색체 이상을 보인다.

② 재석이와 같은 염색체 이상은 남자에게만 나타난다.

③ 재석이의 핵형 분석 결과로 혈액형을 알 수 있다.

④ 염색체 비분리 현상이 일어난 난자와 정상 정자가 수정되어 재석이가 태어났다.

TIP 재석이는 어머니에게서 난자 형성 시 21번 염색체 비분리로 인한 염색체 수가 $n+1$인 수 이상이 일어난 난자를 물려받아 다운증후군이 있다.

① 터너증후군은 성염색체 비분리로 인한 병으로 성염색체로 X를 가진다.

② 다운증후군은 남녀 상관없이 나타난다.

③ 혈액형은 염색체 위에 있는 유전 정보로 핵형 분석을 통해 알 수 없다.

Answer 2.④

2020. 10. 17. 제2회 지방직(고졸경채)

3 **그림은 형질 A에 대한 가계도를 나타낸 것이다. 형질 A에 대한 개체 1과 2의 유전자형이 모두 동형 접합성일 때, 이에 대한 설명으로 옳지 않은 것은? (단, 돌연변이는 고려하지 않는다)**

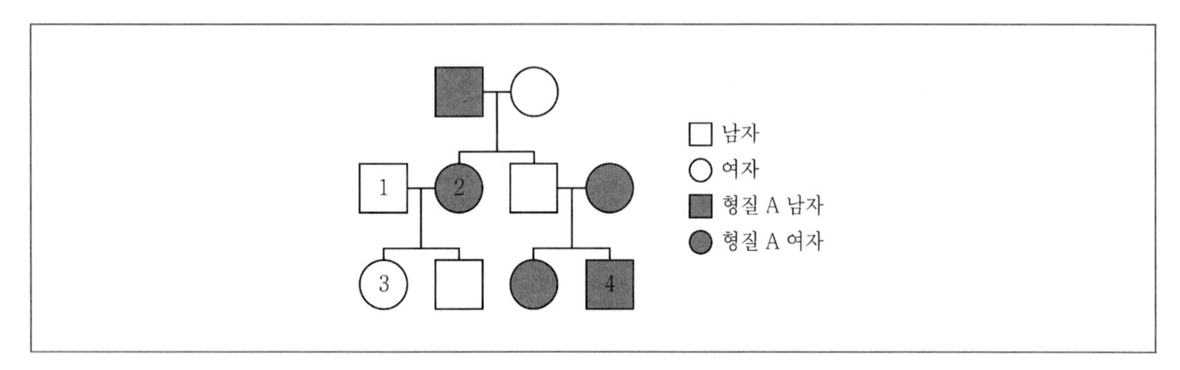

① 형질 A의 대립유전자는 상염색체에 존재한다.

② 형질 A는 우성이다.

③ 개체 3은 형질 A에 대한 열성 대립유전자를 갖는다.

④ 개체 4의 부모가 세 번째 아이를 출산한다고 가정할 때 이 아이가 형질 A일 확률은 $\frac{1}{2}$이다.

TIP 형질 A에 대한 유전자형이 1과 2에서 모두 동형 접합인데 1과 2의 자녀가 모두 정상인 것으로 보아 정상 형질이 우성인 열성 유전병에 대한 가계도이며, 어머니인 2가 유전병인데 아들이 정상인 것으로 보아 상염색체 유전이라는 것을 알 수 있다.

② 형질 A는 열성이다.

Answer 3.②

2020. 10. 17. 제2회 지방직(고졸경채)

4 **㈎는 사람의 질병 A~C에서 특징 ㉠~㉢의 유무를, ㈏는 ㉠~㉢을 순서 없이 나타낸 것이다. A~C가 각각 콜레라, 홍역, 낫모양 적혈구 빈혈증 중 하나라고 할 때, 이에 대한 설명으로 옳은 것은?**

㈎

질병＼특징	㉠	㉡	㉢
A	×	○	○
B	○	×	×
C	×	○	×

(○ : 있음, × : 없음)

㈏

특징(㉠ ~ ㉢)
− 유전병이다. − 항생제로 치료할 수 있다. − 다른 사람에게 전염될 수 있다.

① A는 홍역이다.

② B는 낫모양 적혈구 빈혈증이다.

③ ㉡은 "항생제로 치료할 수 있다."이다.

④ C는 콜레라이다.

TIP 유전병이다.'에 해당하는 것은 낫모양 적혈구 빈혈증이다. '항생제로 치료할 수 있다.'는 세균성 질병인 콜레라에 대한 설명이며, '다른 사람에게 전염될 수 있다.'는 콜레라와 홍역에 대한 설명으로 특징 ㉠은 '유전병이다.'이며, ㉡은 '다른 사람에게 전염될 수 있다.'이고 ㉢은 '항생제로 치료할 수 있다.'에 해당한다. 따라서 질병 A는 콜레라, B는 낫모양 적혈구 빈혈증, C는 홍역이다.

Answer 4.②

2020. 6. 13. 제1 · 2회 서울특별시

5 부모 중 어느 쪽으로부터 대립유전자를 받았는가에 따라 표현형이 달라지는 현상은?

① 불완전 우성(incomplete dominance)

② 비분리(nondisjunction)

③ 상위(epistasis)

④ 유전체 각인(genomic imprinting)

TIP 유전체 각인이란 일종의 표식을 남기는 행위로 유전자 기원이 아버지 또는 어머니 중 누구로부터 온 것인지를 methylation을 통해서 표지하는 것이다. 특정 유전자에서는 부계 또는 모계로부터 유전된 유전자만 발현이 되도록 조절하는 것으로 알려져 있으며 일반적인 유전자 발현은 부모로부터 온 두 쌍의 유전자가 모두 발현되는 것이지만 몇몇 특정 유전자에서는 그 발현 패턴이 이러한 유전체 각인을 통해 일어난다.

2020. 6. 13. 제1 · 2회 서울특별시

6 사성잡종 교배에서 F_1 개체의 유전자형은 AaBbCcDd이다. 이 4종류의 유전자가 각각 독립적으로 분리된다고 가정하고 F_1 개체를 자가수분 시켰을 때, F_2 개체가 AaBBccDd의 유전자형을 가질 확률은?

① 1/4

② 1/16

③ 1/64

④ 1/256

TIP 모든 대립 유전자가 독립적으로 유전되므로 각 대립 유전자를 분리해 생각하면 된다. Aa×Aa→AA, 2Aa, aa이므로 Aa는 $\frac{1}{2}$ 확률을 가지고 있다. B, C, D유전자도 같은 방법으로 해 보면 BB를 가질 확률은 $\frac{1}{4}$, cc를 가질 확률도 $\frac{1}{4}$, Dd를 가질 확률은 $\frac{1}{2}$이므로 각각의 경우의 수를 곱해보면 $\frac{1}{64}$이다.

Answer 5.④ 6.③

2019. 6. 15. 제2회 서울특별시

7 **〈보기〉에서 설명하는 유전병에 해당하는 것은?**

보기

이 병을 갖는 아기의 뇌세포는 결정적인 효소가 제대로 작동하지 않기 때문에 특정 지질을 대사하지 못한다. 이 지질이 뇌세포에 축적되면서 유아는 경련, 시력 상실, 운동 및 지적 능력의 퇴화를 겪게 된다. 이 질환에 걸린 아이는 출생 후 수 년 이내에 사망한다.

① 테이-삭스병(Tay-Sachs disease)
② 낭성섬유증(cystic fibrosis)
③ 헌팅턴병(Huntington's disease)
④ 연골발육부전증(achondroplasia)

TIP 낭성섬유증은 유전자 이상으로 인해 점액물질의 점성이 제대로 조절되지 못해 발생되는 병이며, 헌팅턴병도 유전자 이상으로 인한 병으로 뇌손상으로 인해 운동 증상에 문제가 생기는 병이다. 연골발육부전증은 염색체 이상으로 인한 병으로 키가 작고 어깨와 엉덩이관절에 의한 팔다리가 짧으며 비균형적으로 몸통이 길며 돌출된 앞이마 등이 나타난다.

2019. 6. 15. 제2회 서울특별시

8 **〈보기〉처럼 유전적 질환이나 암 발생과 관계될 수 있는 염색체 구조변화의 예로 옳지 않은 것은?**

보기

다운증후군과 같이 염색체 수의 변화에 따른 유전적 질환 외에도, 염색체에서의 여러 구조적 변화는 헌팅턴병, 불임, 림프종과 같은 다양한 질병 또는 질환을 일으킬 수 있다.

① 감수분열 중에 두 개의 상동염색체가 서로 상응하는 유전자를 교환하는 교차(crossing over)
② 염색체 일부가 상동 염색체로 옮겨감으로 인해 특정 DNA 염기서열이 두 번 이상 반복되는 중복(duplication)
③ 염색체 일부가 반전되어 반대 방향이 되는 역위(inversion)
④ 비상동성 염색체 간에 염색체의 일부가 교환되는 전좌(translocation)

TIP 교차는 유전적 다양성을 높이는 대표적인 예이다. 중복, 역위, 전좌는 염색체 구조의 변화로 인해 유전적 질환을 일으킬 수 있다.

Answer 7.① 8.①

2019. 2. 23. 제1회 서울특별시

9 **어떤 콩의 껍질의 색이 독립적으로 유전되는 두 개의 유전자에 의해 조절되는 다인자유전의 결과라고 가정하자. 같은 정도의 검은 색을 나타내는 유전자 A와 B는 대립유전자 a와 b에 대해 불완전우성이다. 가장 검은 콩(AABB)과 가장 흰 콩(aabb)의 교배로 얻은 F1세대의 색깔과 동일한 색의 콩을 F1끼리 교배한 F2 세대에서 얻을 확률은?**

① 1/16
② 4/16
③ 5/16
④ 6/16

TIP AABB와 aabb의 교배로 얻은 F1세대의 유전자형은 AaBb이다. F1을 자가교배 했을 때 다인자유전의 경우 나타날 수 있는 경우의 수는 ${}_4C_2/2^4$으로 구할 수 있다.

2019. 2. 23. 제1회 서울특별시

10 **양인자이형접합자(양성잡종, dihybrid)에 대한 설명으로 옳지 않은 것을 〈보기〉에서 모두 고른 것은?**

보기

㉠ 두 쌍 중 한 쌍의 유전자의 각 대립인자가 서로 다르다.
㉡ 이배체 단일 유전자의 대립인자에 대한 표현이다.
㉢ 서로 교배하면 9종류의 서로 다른 유전자형이 나온다.
㉣ 검정교배를 하면 4종류의 표현형이 동일한 비로 나온다.
㉤ 표현형은 우성형질의 것으로 나타난다.

① ㉠㉡
② ㉡㉢
③ ㉢㉣
④ ㉣㉤

TIP ㉠ 양성잡종은 두 쌍의 유전자의 각 대립인자가 다르다.
㉡ 이배체의 두 가지 유전자의 대립인자에 대한 표현이다.

Answer 9.④ 10.①

2019. 2. 23. 제1회 서울특별시

11 **사람의 수정란에서 45개의 염색체가 발견되었다. 이에 대한 설명으로 가장 옳은 것은?**

① 난자 또는 정자의 감수분열 후기에 오류가 일어났다.

② 제1감수분열 전기에 키아즈마(chiasma)가 생기지 않았다.

③ 제2감수분열 중기에 염색체의 정렬이 일어나지 않았다.

④ 23개의 염색체를 가진 난자와 22개의 염색체를 가진 정자의 수정이 일어났다.

TIP 염색체 수 이상으로 감수분열 시기에 제대로 분열이 일어나지 않을 경우 발생된다.
② 키아즈마는 유전적 다양성을 높여주는 것으로 염색체 수와는 관련 없다.
③ 염색체 정렬과 염색체 수 이상과는 관련이 없다.
④ 정자, 난자 관계없이 n, n−1의 생식세포 결합시 45개 염색체를 가진 수정란 생성이 가능하다.

2019. 2. 23. 제1회 서울특별시

12 **낫모양적혈구빈혈(sickle−cell anemia)은 베타−헤모글로빈을 구성하는 유전자에 돌연변이가 일어나 글루탐산이 발린으로 치환된 질환이다. 변이가 일어난 발린의 특징에 해당하는 것은?**

① 단백질의 표면에 있어 물과 직접 접한다.

② 단백질의 내부를 구성할 것이다.

③ 산소와 결합하는 활성부위를 구성한다.

④ 헴(heme)과 결합하는 부위를 구성한다.

TIP 발린은 소수성 아미노산으로 단백질의 내부를 구성한다.

Answer 11.① 12.②

2019. 2. 23. 제1회 서울특별시

13 **3가지의 다른 유전자 A, B, C가 3종의 유전자 좌위(loci)에 위치한다. 각각 두 가지의 표현형을 나타내는데 그 중 하나는 야생 표현형과는 다르다. A의 비정상 대립유전자인 a의 표현형은 B 또는 C의 표현형과 50% 정도 함께 유전이 된다. 또 다른 경우, b와 c유전자는 약 14.4% 정도 함께 유전되는 것으로 보인다. 이에 대한 설명으로 가장 옳은 것은?**

① 각각의 유전자는 독립적으로 분리된다.

② 세 유전자는 서로 연관된 유전자이다.

③ A는 연관유전자이나 B와 C는 아니다.

④ B와 C는 연관유전자이며 A와는 독립적으로 분리된다.

TIP 독립일 경우 교차율이 50%, 상인 완전 연관과 상반 완전 연관일 경우 교차율이 0%이다. 또한 상인 불완전 연관, 상반 불완전 연관이 일어나 교차가 일어날 경우 교차율이 0%보다 크고 50% 미만이다. 즉 B와 C는 교차가 일어난 연관유전자이며 A와는 독립적으로 분리된다.

2016. 6. 25. 서울특별시

14 **멘델식 유전양상을 보이는 형질에 대해 다음의 교배 결과 동형접합체와 이형접합체 자손 수의 비가 1 : 1로 나올 수 있는 경우를 모두 고르면? (단, R과 r은 동일한 형질에 대한 대립유전자이다.)**

㉠ RR×Rr
㉡ Rr×Rr
㉢ rr×Rr

① ㉠㉡
② ㉠㉢
③ ㉡㉢
④ ㉠㉡㉢

TIP ㉠ RR×Rr → (RR, RR) : (Rr, Rr)
㉡ Rr×Rr → (RR, rr) : (Rr, Rr)
㉢ rr×Rr → (rr, rr) : (Rr, Rr)

Answer 13.④ 14.④

출제 예상 문제

1 **철수가 색맹인데 가족 중 외할머니, 외할아버지, 아버지, 어머니, 할아버지, 할머니, 누나는 모두 정상이다. 철수의 색맹인자는 누구로부터 받은 것인가?**

① 외할머니 ② 아버지
③ 할아버지 ④ 할머니

TIP 색맹의 유전자는 X염색체 위에 있고 정상눈에 대해서는 열성이며 Y염색체에는 대립유전자가 없다. 남자의 경우 X염색체에 색맹유전자가 있으면 색맹이 되지만 여자는 색맹유전자가 호모로 모일 때만 색맹이 된다.
남자 – XY(정상), X'Y(색맹)
여자 – XX(정상), XX'(잠재), X'X'(색맹)
위 문제에서 부모가 모두 정상이므로 엄마가 잠재성이라면 XX'×XY이므로 남자아이가 색맹이 될 확률은 XX, XX', XY, X'Y이므로 50%이다.
외할머니가 잠재성(X'X), 외할아버지가 정상(XY)에서 잠재성을 가진 어머니가 태어난 것이므로 외할머니에게서 받은 것이다.

2 **붉은색 분꽃과 흰색 분꽃을 각각 400송이씩 교배시킨 결과 잡종 제1대의 꽃이 모두 800송이의 분홍꽃으로 나타났다. 이 분홍꽃을 자가수분시키면 잡종 제2대에 나타나는 분홍꽃의 수는?**

① 200송이 ② 300송이
③ 400송이 ④ 500송이

TIP 분리비는 1 : 2 : 1이기 때문에 400송이가 된다. 대립유전자의 우열관계가 불완전하여 잡종 제1대에서 중간형질이 나타나는 것은 중간유전이라 한다.

Answer 1.① 2.③

3 **붉은 눈, 날개가 우성인 초파리 PPVV와 열성인 초파리 ppvv를 교배하여 F_1에 PpVv가 나왔다. 이 F_1과 ppvv를 교배하였더니 PV : pV : Pv : pv = 1 : 0 : 0 : 1의 결과가 나왔다면 이에 대한 설명으로 옳은 것은?**

① 초파리와 눈을 결정하는 인자와 날개를 결정하는 인자는 서로 연관되어 있다.
② 초파리와 눈을 결정하는 인자와 날개를 결정하는 인자는 서로 교차되어 있다.
③ 눈을 결정하는 우성인자와 열성인자 사이의 우열관계는 불완전하다.
④ 열성인자와 우성인자는 서로 교차되어 있다.

TIP P와 V, p + v는 같은 염색체로 연관되어 같이 붙어 있기 때문이다.

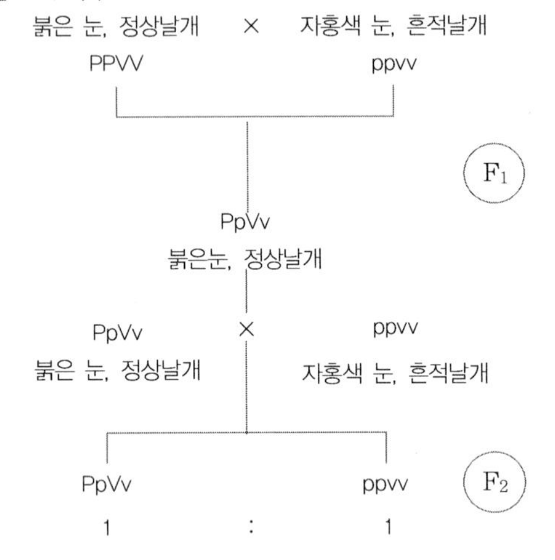

4 **하디-바인베르그 법칙이 적용될 수 없는 것은?**

① 집단에 다른 개체군의 이입이 없어야 한다.
② 개체의 교배방식이 변하지 않아야 한다.
③ 돌연변이가 일어나야 한다.
④ 자연선택이 일어나지 않아야 한다.

TIP 하디-바인베르그 법칙 … 집단의 대립유전자 빈도 및 유전자형 빈도는 대를 거듭해도 변하지 않고 평형상태를 이루게 되는 것을 말한다. 멘델 집단에서만 적용이 가능하고 집단에 돌연변이, 이입, 교배방식변화, 자연선택이 일어나지 않아야 한다.

Answer 3.① 4.③

5 다음 중 수컷은 ZZ, 암컷은 ZW의 성염색체를 가진 것은?

① 닭 ② 사람
③ 누에 ④ 메뚜기

TIP ① 암컷은 성염색체를 1개만 가진 ZO이고 수컷은 ZZ이다.
② 여성은 XY, 남성은 XY이다.
④ 암컷은 XX, 수컷은 성염색체를 1개만 가진 XO이다.

6 아버지가 색맹이고 어머니가 보균자일 경우 다음 세대에서 색맹이 태어날 확률은?

① 25% ② 50%
③ 75% ④ 100%

TIP 아버지가 색맹이면 X'Y, 어머니가 보균자이면 (X'X)이므로 다음 세대에는 X'X', X'X, X'Y, XY가 나타난다. 색맹은 X'X', X'Y이므로 50%이다.

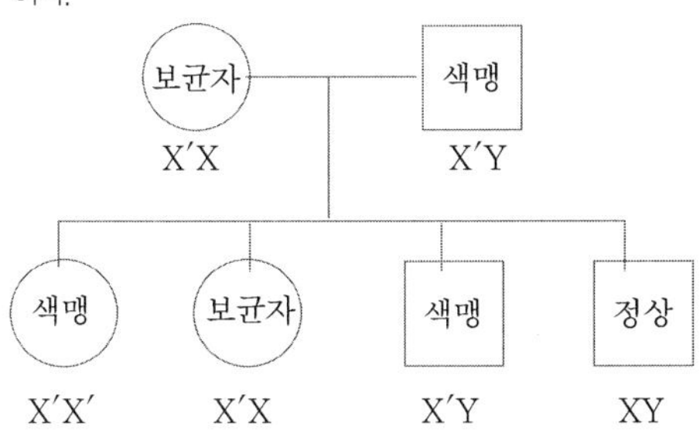

Answer 5.③ 6.②

7 **유전자 A−B, a−b가 연관된 AaBb가 감수분열 결과 생성된 생식세포의 분리비가 AB : Ab : aB : ab = 1 : 1 : 1 : 1이었다면 교차율은?**

① 0%　　② 10%

③ 25%　　④ 50%

TIP 생식세포의 분리비가 연관되지 않고 독립적으로 존재할 때와 같은 비율로 나왔다. 교차율은 최소 0에서부터 최대 50까지 분포하는데, 독립할 때와 같은 경우는 50%의 교차율을 보이는 경우이다. 교차율은 $\frac{\text{교차로 생긴 생식세포의 수}}{\text{전체 생식세포의 수}} \times 100$으로 계산한다. 그러므로 $\frac{2}{4} \times 100 = 50\%$이다.

8 **색맹의 유전에 있어서 아버지가 정상이고 어머니가 색맹일 때 아들과 딸의 색맹관계는 어떻게 되는가?**

① 아들과 딸은 모두 색맹이다.

② 아들은 정상이고, 딸만 색맹이다.

③ 아들은 잠재성이고, 딸만 색맹이다.

④ 아들은 색맹이고, 딸은 잠재성이다.

TIP 색맹은 X염색체 위에 유전인자가 있어서 성에 따라 그 발생빈도가 다른 반성유전을 하는 형질이다. 어버이의 유전형을 보면 아버지는 정상이므로 XY의 유전형을, 어머니는 색맹이므로 X'X'의 유전형을 가진다. 그러므로 이들로부터 형성되는 생식세포와 그 결합 결과는 다음과 같다.

아버지	어머니	
	X'	X'
X	XX'	XX'
Y	X'Y	X'Y

Answer 7.④ 8.④

9 **멘델이 유전연구를 위해 완두콩을 선택한 이유로 옳지 않은 것은?**

① 재배가 쉽다.
② 한 세대가 길다.
③ 자손의 수가 많다.
④ 자가수정이나 타가수정이 가능하다.

TIP 유전연구를 위한 재료로 사용되기 위해서는 한 세대의 길이가 짧은 것이 좋다.

10 **다음 중 표현형과 유전자형이 같은 비율을 가지는 것은?**

① 중간유전 ② 복대립유전
③ 한성유전 ④ 반성유전

TIP 중간유전 … 대립유전자 사이의 우열관계가 분명하지 않아서 잡종의 유전형을 갖는 개체가 양친의 중간형질을 나타내는 것을 말한다.

11 **순종의 둥근 모양의 완두콩(RR)과 주름진 모양의 완두콩(rr)을 교배하여 얻은 자손 1 세대에 대한 설명으로 옳지 않은 것은?**

① 유전자형은 Rr이다.
② 모두 둥근 모양의 완두콩만 나온다.
③ 자손 1 세대의 유전자형과 표현형은 분리의 법칙을 잘 설명한다.
④ 자가수분하여 자손 2 세대를 얻으면 둥근 것과 주름진 것이 3 : 1의 비율로 나온다.

TIP ③ 유전자형이 Rr인 잡종의 표현형이 모두 둥글게 나타나는 것은 우성과 열성의 인자를 모두 가지고 있는 개체에서 우성의 형질만 표현된다는 우열의 법칙을 잘 나타내주는 결과이다.

Answer 9.② 10.① 11.③

12 자손 1 세대를 자가교배할 때, 자손 1 세대에서 발현되지 못했던 형질이 자손 2 세대에는 다시 나타나고 우성과 열성의 형질이 3 : 1로 분리가 되는 현상과 관계있는 유전법칙은?

① 독립의 법칙
② 우열의 법칙
③ 분리의 법칙
④ 대립의 법칙

TIP ① 2쌍 이상의 대립형질이 동시에 유전되어도 하나의 대립형질이 다른 쪽의 대립형질에 영향을 미치지 않고, 각각의 독립형질이 독립적으로 유전된다.
② 개체가 하나의 형질에 대해서 우성유전자와 열성유전자를 모두 가지고 있을 때 열성형질은 억제되고 우성형질만 표현된다.

13 다음 ( ) 안에 들어갈 알맞은 말은?

> 두 종류의 유전자가 단독으로 있을 때는 각각의 형질을 나타내지만 같이 있을 때는 두 유전자가 상호작용을 하여 새로운 형질을 나타내는 것을 ( )이라고 한다.

① 중간유전
② 한성유전
③ 보족유전
④ 치사유전

TIP ① 대립유전자들의 우열관계가 뚜렷하지 못하여 자손세대에서는 부모세대의 중간형질이 나타나는 것이다.
② Y염색체나 W염색체처럼 한쪽의 성에만 있는 성염색체 위에 유전자가 존재하여 한쪽의 성에만 형질이 나타나는 유전현상이다.
④ 그 유전자를 가지고 있는 개체를 죽게하는 유전자를 치사유전자라 하며 치사유전자에 의해 열성으로 작용하며 순종의 유전자형을 가질 때 치사시킨다.

14 유전방식 중 사람의 혈액형에 해당하는 것은?

① 중간유전
② 복대립유전
③ 치사유전
④ 반성유전

TIP 복대립유전 … 3개 이상의 유전자가 대립유전자가 되는 복대립유전자에 의한 유전을 말한다. 사람의 혈액형을 나타내는 유전자는 A, B, O의 세 가지가 존재한다. A와 B는 O에 대하여 우성이며, A와 B 상호간에는 우열의 관계가 성립하지 않는다.

Answer 12.③ 13.③ 14.②

15 닭볏의 유전은 어느 방식인가?

① 보족유전　　② 억제유전
③ 동의유전　　④ 복대립유전

TIP 보족유전 … 두 종류의 유전자가 단독으로 있을 때는 각각의 형질을 나타내지만, 같이 있을 때는 두 유전자가 상호작용을 하여 새로운 형질을 나타내는 것을 말한다. 닭볏의 종류에는 4종류가 있는데, 장미볏(RRpp)과 완두볏(rrPP)을 교배하면 호도볏(RrPp)이 나오고, 호도볏을 자가교배하면 호도볏(RRPP)과 장미볏(RRpp), 완두볏(rrPP), 홑볏(rrpp)의 4종류가 나온다.

16 둥글고 황색인 완두(RRYY)와 주름지고 녹색인 완두(rryy)를 교배하여 얻은 잡종 1 세대를 자가교배하여 얻은 잡종 2 세대에 대한 설명으로 옳은 것은?

① 둥글고 황색인 것과 둥글고 녹색인 것의 두 가지 표현형이 나온다.
② 표현형을 둥근 것과 주름진 것으로 분리하면 3 : 1의 분리비를 갖는다.
③ 표현형을 황색인 것과 녹색인 것으로 분리하면 9 : 1의 분리비를 갖는다.
④ 표현형과 유전자형의 분리비는 같다.

TIP 잡종 2 세대에서는 둥글고 황색인 것과 둥글고 녹색인 것, 주름지고 황색인 것과 주름지고 녹색인 것의 4종류의 표현형이 모두 나온다. 이들의 표현형의 분리비는 9 : 3 : 3 : 1이며, 둥글고 주름진 형질에 의해서만 비교하거나 색을 나타내는 형질에 의해서만 비교하여도 분리의 법칙에 의해서 3 : 1의 분리비가 성립된다.

17 쥐의 털색유전은 치사유전자에 의하여 유전된다(황색이 우성). 황색쥐와 회색쥐를 교배시켰을 때 F_1에서 나타나는 현상으로 옳은 것은?

① 모두 황색쥐만 나타난다.
② 모두 회색쥐만 나타난다.
③ 황색쥐와 회색쥐가 1 : 1의 비율로 나타난다.
④ 황색쥐와 회색쥐가 2 : 1의 비율로 나타난다.

TIP 황색 순종은 치사되어 태어날 수 없으므로, 황색쥐는 모두 Yy의 유전자형을 갖는 잡종이다. 따라서 Y와 y의 두 종류의 생식세포가 1 : 1의 비율로 만들어진다. 회색쥐는 열성으로 yy의 유전자형을 가지므로 한 종류의 생식세포 y가 만들어진다. 따라서 두 쥐의 교배 결과 Yy의 유전자형을 갖는 황색쥐와 yy의 유전자형을 갖는 회색쥐가 같은 비율로 태어나게 된다.

Answer 15.① 16.② 17.③

※ 〈보기〉는 교차의 과정이다. 다음 물음에 답하시오. 【18 ~ 19】

〈보기〉

㉠ 복제된 상동염색체끼리 접합하여 4분 염색체를 만든다.
㉡ 마주 닿은 염색분체가 서로 꼬인다.
㉢ 꼬인 부분에서 염색체가 잘려서 염색체의 일부가 교환된다.
㉣ 재조합 염색체가 형성된다.

18 교차과정을 순서대로 바르게 나열한 것은?

① ㉠ − ㉡ − ㉢ − ㉣
② ㉡ − ㉢ − ㉠ − ㉣
③ ㉡ − ㉢ − ㉣ − ㉠
④ ㉢ − ㉡ − ㉠ − ㉣

TIP 교차과정
㉠ 복제된 상동염색체끼리 접합하여 4분 염색체를 만든다.
㉡ 마주 닿은 염색분체가 서로 꼬인다.
㉢ 키아스마에서 염색체가 잘려 염색체의 일부가 교환되어 재조합 염색체를 형성한다.

19 ㉡의 과정에서 염색분체가 꼬이는 위치는?

① 성상체
② 동원체
③ 모양체
④ 키아스마

TIP 키아스마 … 마주 닿은 염색분체가 서로 꼬일 때 꼬이는 부분을 말한다.

Answer 18.① 19.④

20 다음 설명 중 옳지 않은 것은?

① 한 염색체 위에 두 쌍 이상의 유전자가 같이 위치하고 있는 것을 연관이라고 한다.
② 연관된 유전자가 우성이나 열성끼리 짝을 이루어 유전하는 경우를 상반이라고 한다.
③ 감수분열을 할 때 상동염색체가 서로 꼬이면서 염색분체의 일부가 교환되는 것을 교차라고 한다.
④ 교차에 의해 새로운 유전자 조합을 갖는 배우자가 출현하는 빈도를 교차율이라고 한다.

TIP 우성이나 열성끼리 짝을 이루어 연관된 것을 상인연관, 우성과 열성이 짝을 이루어 연관된 것을 상반연관이라고 한다.

21 초파리의 침샘염색체에 대한 설명으로 옳은 것은?

① 거대염색체라고 한다.
② 세포분열과정의 중기에만 관찰할 수 있다.
③ 항상 단상(n)으로 존재한다.
④ 가로무늬가 있는 곳에 RNA가 있다.

TIP 초파리와 같은 쌍시목곤충 유충의 침샘세포에 있는 염색체는 보통의 염색체보다 크기가 100배 이상 되기 때문에 거대염색체라고 한다. 거대염색체는 염기성 색소로 염색하였을 때 선명한 가로무늬가 보이고, 이러한 가로무늬가 있는 곳에 DNA가 있다. 거대염색체는 크기가 크기 때문에 세포분열의 과정 중 간기에도 볼 수 있고, 항상 2가 염색체로 존재한다.

22 돌연변이에 대한 설명으로 옳지 않은 것은?

① 자손에게도 유전된다.
② 돌연변이를 일으키는 원인에 따라서 유전자 돌연변이와 염색체 돌연변이로 구분된다.
③ 다운증후군은 염색체의 구조 이상으로 인한 대표적인 돌연변이이다.
④ 씨 없는 수박은 염색체의 수적 이상으로 인한 돌연변이를 이용한 것이다.

TIP 다운증후군 … 생식세포 형성시 부계나 모계의 어느 한쪽에서 염색체의 비분리현상이 일어나서 자녀의 21번 염색체가 3개가 되어 발생하는 염색체의 수적 이상으로 인한 돌연변이이다.

Answer 20.② 21.① 22.③

23 염색체의 구조적 변화의 그림과 명칭이 바르게 짝지어진 것은? 단, (오른쪽이 정상염색체, 왼쪽이 구조적 변화가 일어난 염색체이다)

①
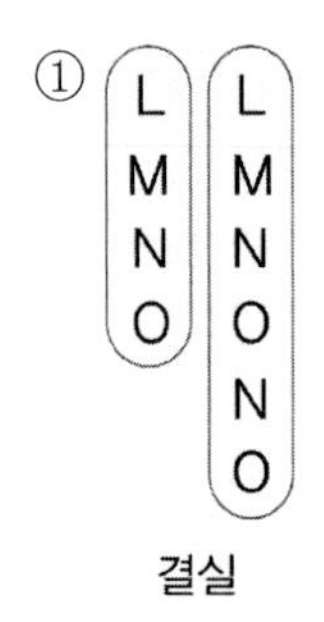

결실

②
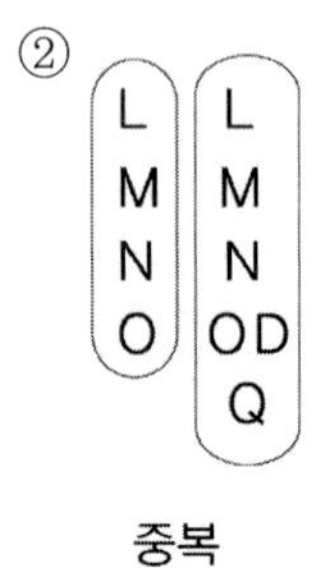

중복

③

역위

④
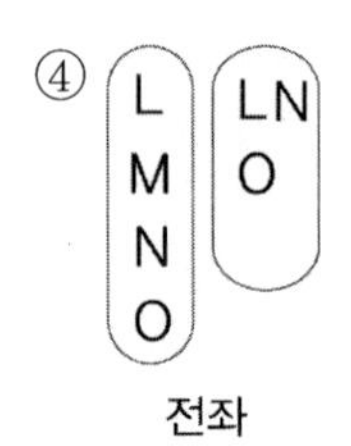

전좌

TIP ① 중복 ② 전좌 ④ 결실

Answer 23.③

02 유전자와 형질발현

01 유전자

❶ 유전자의 본질

(1) 유전물질

유전자를 전달하는 유전정보는 DNA라고 하는 물질에 들어 있다. 그러므로 DNA가 곧 유전자의 본질인 유전물질이다.

(2) 유전물질의 실험적 증명

① 폐렴쌍구균의 형질전환실험

㉠ 그리피스의 실험 : 폐렴쌍구균에는 S형균과 R형균이 있다. S형균은 피막이 있고 독성이 있으나, R형균은 피막이 없고 독성도 없다. 그리피스는 살아 있는 S형균과 R형균, 그리고 열로 살균처리하여 죽은 S형균과 R형균을 가지고 쥐에 주사하는 실험을 하였다.

• 실험결과

–살아 있는 S형균을 쥐에 주사하니 쥐가 죽었다.

–살아 있는 R형균을 쥐에 주사하니 쥐가 죽지 않았다.

–죽은 S형균을 쥐에 주사하니 쥐가 죽지 않았다.

–죽은 S형균과 살아 있는 R형균을 섞어서 쥐에 주사하니 쥐가 죽었고, 죽은 쥐의 몸에서 살아 있는 S형균이 검출되었다.

• 결론 : 죽은 S형균에서 어떤 물질이 나와서 R형균을 S형균으로 형질을 전환시킨다.

㉡ 에이버리의 실험 : S형균에서 나온 형질전환물질이 무엇인지에 대해서 밝히는 실험을 하였다.

• 실험결과

–죽은 S형균에 DNA 분해효소를 넣어 DNA를 분해시킨 후, 살아 있는 R형균을 섞어 쥐에 주사하니 쥐가 죽지 않았다.

–죽은 S형균에 단백질 가수분해효소를 넣어 단백질을 분해시킨 후, 살아 있는 R형균을 섞어 쥐에 주사하니 쥐가 죽었고, 죽은 쥐의 몸에서 살아 있는 S형균이 검출되었다.

-피막을 제거한 후 열처리를 한 S형균을 살아 있는 R형균과 섞어 쥐에 주사하니 쥐가 죽었고, 죽은 쥐의 몸에서 살아 있는 S형균이 검출되었다.

• 결론 : 죽은 S형균의 DNA가 R형균 속으로 들어가 R형균을 S형균으로 형질전환시켰다. 이 때 R형균을 S형균으로 형질전환시키는 물질은 DNA이다.

② 박테리오파지의 증식(허시와 체이스의 실험) … 박테리오파지는 세균에 기생하는 바이러스이다. 이 바이러스는 머리가 단백질로 싸여 있고 그 속에 DNA가 들어 있다. 허시와 체이스는 단백질은 황(S)을, DNA는 인(P)을 포함하고 있는 것에 착안하여, 이들의 방사성 동위원소를 이용해서 박테리오파지의 증식에 대한 실험을 하였다.

㉠ 실험결과

• 파지를 방사성 동위원소인 ^{32}P가 들어 있는 배지에 증식시켜서 파지의 DNA에 방사능을 띠게 한 후, 파지를 방사성 동위원소가 없는 배지에서 자란 대장균에 감염시켰다. 그 후 대장균과 파지의 껍질을 원심분리하여 검사하였더니 대장균에서만 방사능이 검출되었다. → 대장균에 없던 방사성 동위원소 ^{32}P가 검출되었다는 것은 그것이 파지에서 유래된 것임을 의미한다. 또 파지에서 방사능이 검출되지 않았다는 것은 방사능을 띠는 물질인 ^{32}P가 파지에서 빠져나갔음을 의미한다.

• 파지를 방사성 동위원소 ^{35}S가 들어 있는 배지에 증식시켜서 파지의 단백질 껍질에 방사능을 띠게 한 후, 파지를 방사성 동위원소가 없는 배지에서 자란 대장균에 감염시켰다. 그 후 대장균과 파지의 껍질을 원심분리하여 검사하였더니 단백질 껍질에서만 방사능이 검출되었다. → 대장균에서는 방사능이 검출되지 않았고, 파지에서만 검출되었다는 것은 방사능을 띠는 물질이 대장균으로 들어가지 못하고 파지에 남아 있음을 의미한다.

㉡ 결론

• 파지가 대장균에 기생할 때 대장균 내로 들어가는 부분은 파지의 DNA부분이며, 단백질로 된 껍데기는 대장균 내로 들어가지 않는다.

• 대장균 내에서 새로운 파지를 만들도록 하는 것은 DNA이며, DNA가 파지의 유전자이다.

③ 유전물질의 발견

㉠ DNA : 많은 과학자들은 박테리아의 형질전환실험과 파지의 증식실험을 통해 모든 생물에서 DNA가 유전물질임을 인정하였다.

㉡ RNA : 담배모자이크바이러스나 선천성면역결핍증을 일으키는 AIDS바이러스 등은 단백질 껍질 속에 DNA가 아닌 RNA라는 핵산이 들어있다. 이런 바이러스들의 RNA만이 숙주세포에 들어가도 많은 수의 새로운 바이러스들이 증식될 수 있다는 것이 밝혀짐으로써, RNA 역시 유전물질로 작용한다는 것을 보여준다.

❷ DNA의 분자구조

(1) 핵산

① **핵산** … 핵산은 염기와 당, 인산을 기본구성요소로 하는 뉴클레오타이드가 여러 개 결합된 고분자 화합물이다. 핵산은 뉴클레오타이드를 구성하는 염기의 종류에 따라서 DNA와 RNA의 두 종류로 구분된다.

② **염기** … 핵산을 구성하는 염기는 아데닌(A), 구아닌(G), 사이토신(C), 타이민(T) / 유라실(U)의 모두 4종류가 있다.

㉠ **DNA 염기** : 아데닌과 구아닌, 사이토신, 타이민이 있는데, 이 중에서 아데닌과 구아닌은 퓨린계열의 염기이고 사이토신과 타이민은 피리미딘계열의 염기이다.

㉡ **RNA 염기** : 아데닌, 구아닌, 사이토신이 있고 DNA 염기와는 달리 타이민 대신 유라실로 구성되어 있다.

③ **당** … 핵산을 구성하는 당의 종류는 5개의 탄소로 이루어진 5탄당이다.

㉠ **DNA의 당** : 데옥시리보스를 포함하고 있다.

㉡ **RNA의 당** : 리보스를 포함하고 있다.

④ **인산** … 핵산을 구성하는 인산은 무기인산으로, DNA와 RNA에 공통으로 포함되어 있다.

(2) DNA의 입체적 구조

① **이중나선구조** … DNA의 입체적 구조는 웟슨과 크릭에 의해서 발견되었다. 이들은 DNA 염기의 A와 T, G와 C가 항상 1 : 1의 비율을 갖는다는 사실(샤가프의 법칙)과 DNA의 X선 회절사진을 기초로 하여 DNA의 입체 구조가 이중나선구조라는 것을 밝혀냈다.

② DNA 분자는 두 가닥의 뉴클레오타이드가 하나의 축을 중심으로 나선상으로 꼬여 있다.

③ 당과 인산은 DNA 분자의 바깥쪽에서 골격을 이루고 있으며 염기는 안쪽에 배열되어 있다.

④ DNA를 이루고 있는 두 가닥은 염기 사이의 수소결합에 의해서 서로 연결되어 있다.

⑤ 염기 사이의 수소결합은 A과 T, G과 C 사이에서만 이루어진다. A와 T의 사이에서는 2개의 수소결합이, G와 C의 사이에서는 3개의 수소결합이 이루어진다.

⑥ DNA 사슬의 폭은 2nm(20Å)이며, 길이가 3.4nm(34Å)가 될 때마다 나선이 한 바퀴씩 회전한다. 나선 한 바퀴에는 10개의 염기쌍이 존재한다.

❸ DNA의 복제

(1) DNA의 자기복제

① DNA를 복제하기 위해서 먼저 2가닥의 사슬을 연결시키고 있던 염기 사이의 수소결합이 풀어져서 이중나선이 2가닥으로 나누어진다.

② 나누어진 각 사슬에는 복제를 시작하는 부위가 있어서 그 부위에 DNA 중합효소가 붙게 되고, 2개의 사슬에 대하여 상보적인 2가닥의 DNA를 각각 만들어낸다.

③ 이렇게 만들어진 2분자의 DNA는 원래의 DNA와 똑같게 된다.

④ 새로 만들어진 DNA 중에서 한쪽의 사슬은 원래의 DNA 사슬이고, 다른 한쪽의 사슬은 새로 생성된 사슬이다.

⑤ 본래의 사슬과 새로 생성된 사슬이 나선으로 꼬여서 이중나선구조를 이루며 완전한 DNA 분자가 되는 것이다.

(2) DNA의 반보존적 복제

① **DNA의 반보존적 복제실험** … 메셀슨과 스탈은 동위원소 ^{15}N을 이용하여 DNA의 복제실험을 하였다.

② **실험과정**

㉠ 대장균을 ^{15}N이 있는 배지에서 배양하여 ^{15}N으로 표지되게 만들어, ^{14}N과 구별되게 하였다.

㉡ ^{15}N으로 표지된 대장균을 ^{14}N이 있는 배지에 옮겨서 새로 합성된 분자에는 ^{14}N이 들어가도록 하였다.

㉢ 분열을 할 때마다 대장균을 채취하여 DNA를 추출해 초원심분리를 시켜 DNA의 위치를 조사하였다.

③ **실험결과**

㉠ ^{14}N 배지로 옮기기 전의 DNA는 관의 아래쪽에 한 층의 띠만 형성된다. 즉 DNA의 무게가 모두 같으며, 그 무게가 무거움(^{15}N를 포함하는)을 의미한다.

㉡ 대장균이 1회 분열했을 때 관의 중간에 한 층의 띠가 형성된다. 즉, DNA의 무게가 모두 같으며, 그 무게가 중간정도임(^{15}N과 ^{14}N를 모두 포함하는)을 의미한다.

㉢ 대장균이 2회 분열했을 때 관의 중간과 관의 위쪽에 2층의 띠가 형성된다. 즉, DNA의 무게가 중간인 것(^{15}N과 ^{14}N를 모두 포함하는)과 가벼운 것(^{14}N를 포함하는)의 2종류가 생겼음을 의미한다.

㉣ 대장균이 분열을 거듭할수록 관의 위쪽에 생기는 띠가 두꺼워진다. 즉, 가벼운 DNA의 양이 증가함을 의미한다.

④ **결론**

㉠ DNA가 복제될 때 각각의 사슬이 새 이중나선의 한쪽 사슬이 된다.

㉡ 한 번 복제될 때마다 한쪽 사슬은 남고, 다른 한쪽은 새로이 사슬이 생성되는 반보존적인 복제가 이루어진다.

02 형질발현

❶ 유전정보의 전달

(1) DNA의 유전암호

① **유전정보의 저장과 암호화** … DNA를 구성하는 염기의 배열순서를 유전정보라고 한다. 이렇게 저장된 유전정보는 DNA의 4종류의 염기 중 3개가 짝을 이루어서 암호를 설정하면 그 암호에 맞는 아미노산이 지정되고, 이렇게 지정된 아미노산들이 단백질을 합성하여 형질을 발현시키게 된다.

② **트리플렛코드** … DNA의 암호는 3개의 염기로 되어 있기 때문에 트리플렛코드라고 하며, 4종류의 염기의 조합으로 만들 수 있는 트리플렛코드는 모두 64종류이다.

(2) RNA의 종류와 기능

① **miRNA**(마이크로 RNA) … 생물의 유전자 발현을 제어하는 역할을 하는 작은 RNA로, mRNA와 상보적으로 결합해 세포 내 유전자 발현과정에서 중추적인 조절인자로 작용한다.

② **tRNA**(운반 RNA) … mRNA의 코돈에 대응하는 안티코돈을 가지고 있으며, 꼬리 쪽에는 해당하는 안티코돈에 맞추어 tRNA와 특정한 아미노산을 연결해 주는 효소에 의해 안티코돈에 대응하는 아미노산을 달고 있다.

③ **rRNA**(리보솜 RNA) … 리보솜을 구성하는 RNA이다.

④ **mRNA**(전령 RNA) … DNA의 유전 정보를 옮겨 적은 일종의 청사진 역할을 한다. 이를 기본으로 하여 리보솜에서 단백질을 합성하게 된다. 이를 세 부분으로 나누면, (Poly) cap, Polyadenyl, translation sequence(실제 번역되는 부분)로 나뉜다.

(3) 유전정보의 전달과정

① **전사** … DNA에서 mRNA를 합성하는 과정을 전사라고 한다. 전사가 일어날 때는 DNA의 이중나선의 일부가 풀어져서 그 중 1가닥이 주형으로 작용하게 되는데, 이 때 만들어지는 RNA는 DNA와 상보적인 관계를 갖게 된다. 예를 들어, DNA가 G염기를 가지고 있으면 RNA는 C염기를 갖게 되고, DNA가 T염기를 가지면 RNA는 A염기를 가지게 된다는 것이다. RNA는 DNA와는 달리 외가닥으로 되어 있다.

② **번역** … DNA의 정보를 바탕으로 전사된 mRNA의 유전정보를 코돈이라고 한다.

㉠ 코돈은 모든 생물에 공통적인 것이다.

㉡ 하나의 아미노산을 지정하는 코돈이 두 가지 이상인 경우 대부분 3개의 염기 중 앞의 두 염기는 서로 같다. 예를 들자면 발린이라는 아미노산을 지정하는 코돈은 GUU, GUC, GUA, GUG의 네 가지로 모두 앞의 두 염기가 같고 마지막 염기만 다르다.

㉢ **개시코돈** : 아미노산 메싸이오닌을 지정하는 코돈인 AUG는 단백질 합성의 개시를 명령하는 암호인 개시 코돈으로도 사용된다.

㉣ **정지코돈** : UAA, UAG, UGA 3개의 코돈은 단백질 합성의 정지를 명령하는 정지(종결)코돈이다.

> **TIP 레트로트랜스포존(retrotransposon)**
>
> 레트로트랜스포존은 양쪽에 긴 말단반복서열(LTRs, Long terminal repeats)이 존재하고, 역전사를 통해 증식할 수 있다. mRNA로 전사된 후에, 자신이 암호화하고 있는 역전사효소를 사용하여 새로운 dsDNA 조각을 만든 후, 유전체의 다른 위치에 삽입된다. 기존의 레트로트랜스포존은 그대로 남기 때문에 전이가 반복될수록 그 수가 늘어나지만 대부분은 돌연변이가 축적돼 이동능력을 상실한다. 전이과정에 필요한 역전사효소는 레트로트랜스포존이 가진 유전자로부터 만들어진다.

(4) 단백질의 합성

① **개념** … DNA의 유전정보를 전사한 mRNA는 핵에서 세포질의 리보솜으로 이동하여 유전암호에 맞게 아미노산을 결합시켜서 단백질을 합성한다. 이 때 지정된 아미노산을 운반하는 운반체 역할을 하는 것이 tRNA이다.

㉠ **리보솜** : 단백질과 rRNA로 구성되어 있으며, 단백질의 합성장소이다.

㉡ **tRNA의 구조** : 클로버 모양을 하고 있는데, 한쪽의 말단은 CCA로 되어 있으며, 이 곳에 아미노산이 부착된다. CCA의 반대편인 둥근 모양을 한 쪽에는 mRNA와 결합하는 안티코돈이 있다.

② **단백질의 합성과정**

㉠ mRNA가 단백질의 합성장소인 리보솜에 결합하여 mRNA-리보솜 복합체를 만든다. 상보성 안티코돈을 가진 tRNA가 아미노산을 운반해서 mRNA-리보솜 복합체에 부착시킨다. 이렇게 운반되어 온 아미노산들은 서로 펩타이드결합을 통해서 그 사슬을 늘려가며 단백질을 형성해 간다.

㉡ 아미노산의 운반은 mRNA에 정지코돈이 나올 때까지 계속 이어진다. 정지코돈이 나오면 지금까지 만들어진 폴리펩타이드와 tRNA, 리보솜은 mRNA로부터 분리된다. 이러한 과정으로 만들어진 폴리펩타이드가 여러 개 모이면 단백질이 되는 것이다.

> **TIP mRNA 가공(mRNA processing)**
>
> 진핵세포에서 RNA의 가공은 핵 내, 세포질에서 모두 발생하며 가공은 크게 3가지 단계로 발생한다. 이때, 첫 번째와 두 번째 과정은 핵 내에서, 마지막 과정은 세포질에서 발생하게 된다.
>
> ㉠ 5′ cap : 원핵생물에서와 같이 진핵생물의 전사는 일반적으로 A 나 G로 시작하고 20~40의 뉴클레오타이드가 전사된 후에 5'에는 변형된 구아닌 뉴클레오타이드(G)가 부착되어 5' cap을 형성한다.
> 5′ cap의 형성과정은 다음과 같다. 먼저, 1개의 인산이 가수분해 되어 떨어져나가고 이인산의 5′ 말단이 GTP의 σ-인 원자를 공격하여 5′-5′ 삼인산결합을 형성한다. 이어서 말단에 있는 G의 N-7이 S-adenosylmethionine에 의해 메틸화되어 cap0을 만들고 인접한 ribose들이 메틸화되어 cap1, cap2를 만든다.
>
> ㉡ Poly A tail : RNA의 전사단계에서 설명한 것처럼 RNA는 종결코돈에 의해 전사가 끝난 후에 다중 아데닐화 신호인 'AAUAAA'가 전사된 후 바로 종결되지 않고 조금 더 전사가 진행되다가 종결하게 된다. 이때, 3'말단에서 50~250개의 A(아데닌)을 붙여 Poly A tail을 형성한다.

㉢ 5' cap과 Poly A tail의 기능

• 성숙한 mRNA가 핵 밖으로 빠져나가는 것을 돕는다.
• mRNA가 가수분해효소에 의해 분해되지 않도록 보호해준다.
• mRNA가 세포질에 도달하게 되면 리보솜이 mRNA의 5'말단에 부착되도록 한다.

㉣ Splicing : Splicing과정은 mRNA에 5' cap과 poly A tail이 붙은 후에 핵공을 통해 세포질로 빠져나간 후 발생하게 되며, 유전자를 암호화하지 않는 인트론들을 제거하는 과정이다. (유전자를 암호화하는 부분은 엑손(exon)이라 함) 인트론의 제거는 스플라이싱 복합체(spliceosome)에 의해 수행되는데 스플라이싱 복합체는 인트론 말단의 핵심 서열 및 하나의 인트론에 걸쳐있는 몇 개의 짧은 뉴클레오타이드 서열에 결합한다.

❷ 형질발현의 조절

(1) 1유전자 1효소설

① 의의 … 하나의 유전자는 하나의 특정한 효소의 형성을 지배하며, 이 효소의 작용에 의해서 특정 형질이 발현된다. 그러므로 하나의 유전자가 하나의 형질을 나타내게 되는 것이다.

② 붉은빵곰팡이의 영양요구주실험 … 비들과 테이텀이 붉은빵곰팡이를 재료로 한 실험을 하여 1유전자 1효소설을 밝혀냈다.

㉠ 영양요구주 : 붉은빵곰팡이의 야생종은 생존에 필요한 최소한의 영양분만 공급된 최소 배지에서 스스로 생존할 수 있다. 그러나 X선을 쬐어 얻은 돌연변이주 가운데 어떤 것은 특정 영양물질을 외부에서 더 공급해 주어야만 살 수 있는 개체가 있는데. 이러한 것을 영양요구주(영양요구성 돌연변이주)라고 한다.

㉡ 실험결과

• 오르니틴 요구주 : 최소 배지에 오르니틴, 시트룰린, 아르지닌 중 한 가지를 넣어 주면 산다.
• 시트룰린 요구주 : 최소 배지에 오르니틴을 넣어 주면 살지 못하고, 시트룰린이나 아르지닌 중 한 가지를 넣어 주면 산다.
• 아르지닌 요구주 : 최소 배지에 오르니틴이나 시트룰린을 넣어 주면 살지 못하고, 아르지닌을 넣어 주어야 산다.

㉢ 결론

• 오르니틴 요구주는 오르니틴이나 시트룰린을 가지고 아르지닌을 전환할 수 있으나, 시트룰린 요구주는 오르니틴을 아르지닌으로 전환할 수 없다.
• 이것은 시트룰린 요구주가 가진 유전자는 시트룰린을 아르지닌으로 바꾸는 효소를 만드는 유전자를 가지고 있으나, 오르니틴을 시트룰린으로 바꾸는 효소를 만드는 유전자는 가지고 있지 못함을 뜻한다. 즉, 하나의 유전자가 하나의 효소만을 합성할 수 있음을 의미하는 것이다.

(2) 오페론설

① **의의** … 자콥과 모노에 의해 주장된 학설로, 유전자의 단백질 합성에 대한 조절능력을 밝힌 것이다.

② **자콥과 모노의 실험**

㉠ **실험 1** : 포도당과 젖당을 혼합한 배지에서 대장균을 배양하였더니, 대장균은 주로 포도당을 이용하고 젖당은 이용하지 않았다.

㉡ **실험 2** : 포도당만 들어 있는 배지에서 대장균을 배양하였더니, 대장균은 젖당분해효소가 생성되지 않았다.

㉢ **실험 3** : 포도당 배지에서 배양된 대장균을 젖당 배지로 옮겨 배양하였더니, 처음에는 젖당을 이용하지 못하였으나, 시간이 지나면서 젖당분해효소가 생성되어 젖당을 이용할 수 있게 되었다.

③ **오페론** … 생물체 내에서는 구조유전자가 작동유전자의 통제를 받으면서 효소를 합성하고, 작동유전자는 조절유전자에 의해서 그 기능이 조절됨으로써 필요한 물질만 합성하고 필요하지 않은 물질의 생성은 억제한다. 이러한 작동유전자와 그 지배를 받는 구조유전자를 합해서 오페론이라고 한다.

㉠ **조절유전자**

- 억제물질을 만드는 정보를 지니고 있는 유전자이다.
- 억제물질을 만들어 작동유전자와 결합하게 함으로써 작동유전자의 활동을 억제한다.
- 억제물질이 작동유전자와 결합하지 않고 유도물질과 결합하면 작동유전자가 활성화되어 구조유전자가 단백질을 합성하게 한다.

㉡ **작동유전자**

- 조절유전자에 의해서 합성된 억제물질과 결합하면 불활성화되어 구조유전자의 기능을 중지시켜 단백질을 합성하지 못하게 한다.
- 작동유전자 앞에는 mRNA 합성효소가 붙는 자리가 있다.

㉢ **구조유전자**

- 단백질의 합성을 명령하는 유전자로 작동유전자에 의해서 지배를 받는다.
- 단백질 합성에 관한 정보, 즉 아미노산의 배열순서를 결정하는 정보를 가지고 있다.

㉣ **유도물질** : 억제물질과 결합하여 작동유전자를 활성화시켜 결과적으로 구조유전자를 활성화시켜 주는 물질이다.

④ **젖당 오페론** … 자콥과 모노의 실험에서는 젖당이 유도물질의 역할을 하기 때문에 젖당이 없을 때는 젖당분해효소를 생성하지 못하다가, 젖당을 넣어 주었더니 젖당분해효소를 생성하였다.

03 유전학의 응용

❶ 유전자 재조합

(1) 개요

① 개념 … 사람이 인위적으로 유전자의 일부를 잘라내거나 붙여서 변형된 유전자를 만들어내는 기술을 유전자 재조합이라고 한다.

② 제한효소와 연결효소

㉠ 제한효소 : 인위적으로 한 생물의 DNA를 잘라서 다른 생물의 DNA의 특정부위에 이식하려고 할 때 DNA를 잘라내는 기능을 하는 효소를 제한효소라고 한다. 지금까지 밝혀진 제한효소는 약 1,000여 가지가 있는데, 제한효소마다 절단부위가 다르기 때문에 절단하고자 하는 DNA의 부위에 맞는 제한효소를 선택하여야 한다.

㉡ 연결효소 : 제한효소로 잘라낸 DNA 조각들을 서로 섞어놓으면 절단부위의 염기들이 서로 상보적으로 결합하여 새로운 DNA를 만들어내게 되는데, 이 때 DNA 조각들의 결합을 돕는 것이 DNA 연결효소이다. DNA 연결효소는 DNA 라이게이스라고도 한다.

③ 운반체 DNA(DNA벡터) … 사용하고자 하는 DNA(공여러한 DNA의 운반체를 운반체 DNA라고 하며, 스스로 복제능력을 가진 고리 모양의 DNA인 플라스미드를 운반체 DNA로 주로 사용한다.

④ 유전자 클로닝(DNA 클로닝) … 원하는 DN체 DNA)를 숙주세포에서 배양하기 위해서 숙주세포에 넣을 때는 DNA를 운반하는 운반체가 필요하다. 이A를 다량으로 얻기 위해서 초기의 공여체 DNA가 많아야 한다. 공여체 DNA를 다량 복제하는 것을 유전자 클로닝이라고 한다.

(2) 유전자(DNA) 재조합의 과정

① 플라스미드를 대장균에서 분리한다.

② 같은 제한효소를 사용하여 공여체 DNA와 플라스미드를 절단한다.

③ DNA 연결효소로 두 DNA를 연결하여 재조합 DNA를 만든다.

④ 재조합 DNA를 플라스미드를 갖지 않는 대장균에 삽입한다.

⑤ DNA가 삽입된 대장균의 수가 증가하면서 재조합 DNA도 복제되어 그 수가 증가한다.

❷ 핵치환

(1) 핵치환

① 핵을 제거한 난자에 어떤 세포로부터 꺼낸 핵을 넣어 완전한 개체로 발생시키는 것을 핵치환이라고 한다.

② 고든이 아프리카산 발톱개구리의 난자에 자외선을 쪼여 핵을 제거한 후 다른 올챙이의 소장세포의 핵을 이식하여 발생시킴으로써 복제개구리를 만드는 데 성공하였다.

(2) 클론

핵치환과 같은 방법으로 단일세포 또는 개체로부터 무성적으로 생겨나서 동일한 유전자형을 갖게 되는 자손들을 클론이라고 하며, 클론을 얻는 방법을 클로닝이라고 한다.

TIP 생거기법(Sanger sequencing)

㉠ 개념 : 영국의 생화학자 프레드 생거(Fred Sanger)와 그의 동료들이 1977년 개발한 DNA 시퀀싱 방법으로 시험관 DNA 복제 중에 DNA 사슬을 종결시키는 'dideoxynucleotide termination method'에 기반하였다. 휴먼게놈프로젝트에서 상대적으로 작은 DNA 조각들을 시퀀싱하기 위해 사용되었으며, 최근에는 NGS 분석으로 많이 대체되었으나 여전히 500bp 이상의 긴 염기서열 분석을 위해 클로닝, PCR 분야 등에서 사용되고 있다.

㉡ 구성요소

- DNA template : 시퀀싱 될 DNA 주형
- DNA 중합효소 : DNA를 합성하여 연장해나감
- 프라이머 : 방사성 표지 프라이머를 제작하여 DNA polymerase의 스타터로서 역할
- 4개의 Deoxynucleotides(dNTP) : dATP, dTTP, dCTP, dGTP
- 4개의 Dideoxynucleotides(ddNTP)

–ddATP, ddTTP, ddCTP, ddGTP

–ddNTP가 끼어들 때 복제를 멈추며, 다양한 길이의 DNA 가닥들이 합성됨

최근 기출문제 분석

2021. 6. 5. 제1회 서울특별시

1 한 사람의 근육세포와 신경세포가 다른 이유에 대한 설명으로 가장 옳지 않은 것은?

① 각 세포가 서로 다른 유전자를 발현하기 때문이다.
② 각 세포가 서로 다른 유전자 발현 조절인자를 가지고 있기 때문이다.
③ 각 세포가 서로 다른 유전암호를 사용하기 때문이다.
④ 각 세포가 서로 다른 인핸서(enhancer)가 활성화되기 때문이다.

TIP 한 사람의 세포내에 있는 모든 유전자는 동일하다. 각 세포에서 어떤 인핸서가 활성화되냐에 따라 유전자 발현이 조절되어 각기 다르게 발현된다. 근육세포와 신경세포는 모두 같은 유전 암호를 사용한다.

2021. 6. 5. 제1회 서울특별시

2 생명공학 기술의 발달로 유전자를 이용한 여러 물질들이 생성되는데 이때 유전자 클로닝(cloning) 기술이 많이 이용된다. 〈보기〉에서 제한효소(restriction enzyme)에 대한 설명으로 옳은 것을 모두 고른 것은?

보기

㉠ 제한효소는 제한자리(restriction site)라는 특정 염기서열을 인식한다.
㉡ 제한효소는 박테리아가 자신을 보호하기 위해 다른 생물에서 유래한 DNA를 자르는 효소이다.
㉢ 제한효소에 의해 잘라진 조각을 DNA 연결효소(ligase)로 연결할 수 있다.

① ㉠, ㉡
② ㉠, ㉢
③ ㉡, ㉢
④ ㉠, ㉡, ㉢

TIP 제한효소는 특정 자리 염기서열을 인식해 자른다. 박테리아는 파지 DNA가 들어왔을 때 특정 서열을 자르기 위해 제한효소를 가지는 경우가 있다. 또한 제한효소에 의해 잘라진 조각을 DNA 연결효소로 연결할 수 있다.

Answer 1.③ 2.④

2021. 6. 5. 제1회 서울특별시

3 **사람의 암조직에서 높게 발현되는 암 관련 유전자의 mRNA로부터 만들어진 cDNA에 대한 설명으로 가장 옳지 않은 것은?**

① RNA와 같이 단일 가닥으로 이루어져 있다.

② 단일 가닥 RNA로부터 역전사효소에 의해 만들어진다.

③ cDNA에 인트론은 존재하지 않는다.

④ 폴리-dT(Poly-dT)로 이루어진 프라이머를 이용해 DNA 가닥이 합성된다.

TIP 진핵세포가 DNA를 RNA로 전사하고 변형까지 마친 후 인트론이 제거되고 아데닐산 중합반응과 5'cap 형성된 후 일어나는 반응이다. 프라이머로 올리고-dT를 이용해 폴리-A tail이 프라이머와 염기쌍을 이루는 것을 이용한다. 또한 역전사효소가 작용해 프라이머가 결합한 이중가닥 분절에서 역전사가 일어나며 이와 같은 과정이 진행되면 원래 mRNA와 동일한 서열로 이루어진 두 가닥의 cDNA를 얻을 수 있다.

2021. 6. 5. 제1회 서울특별시

4 **바이러스에 대한 설명으로 가장 옳은 것은?**

① 비로이드(viroid)는 단백질 껍질에 싸인 원형의 RNA로 단백질을 암호화하며 식물세포를 감염시킨다.

② 박테리오파지(bacteriophage)는 용원성(lysogenic) 감염 상태에서 일부 단백질을 발현하여 용균성(lytic) 감염으로 전환을 가능케 한다.

③ 프로파지(prophage)는 숙주 염색체에 삽입된 DNA이며 숙주세포 분열 시 복제되며 새로운 바이러스를 생산한다.

④ 일부 동물바이러스는 수년간 잠복감염(latent infection)을 일으키기도 하며 이 시기에 지속적으로 새로운 바이러스를 생산한다.

TIP 박테리오파지 중 일부는 DNA 속으로 끼어 들어가 대장균의 증식에 따라 함께 증식하며 생활하는 '용원성 생활사'를 갖는다. 그러나 자외선을 쐬는 등 특정한 자극을 받으면 람다 파지도 T4 파지와 같이 용균성 생활사로 바뀌기도 한다.
① 비로이드는 단백질 껍질이 없다. 짧은 원형 단일가닥 RNA로 이루어진 관다발식물에 감염하는 병원성 물질이다.
③ 프로파지는 숙주세포 내부에서 활성화되기 전에 숙주세포 DNA에 삽입된 게놈 형태의 바이러스를 의미한다.
④ 잠복기간 동안은 바이러스 입자 증식은 중단되어있으나 핵산이 남아있는 상태이다.

Answer 3.① 4.②

2020. 10. 17. 제2회 지방직(고졸경채)

5 **대장균과 박테리오파지의 공통점은?**

① 세포 구조를 갖는다.

② 독립적으로 물질대사를 한다.

③ 비생물적 특성이 있다.

④ 유전 물질로 핵산을 갖는다.

TIP 대장균은 원핵생물인 세균으로 단세포생물, 원핵세포를 가지며, 막성 세포소기관과 핵막이 없다는 특징이 있다. 독립적인 물질대사는 가능하며 핵산을 가진다.
박테리오파지는 바이러스로 세포 구조를 갖지 않고 숙주 세포 내에서 활물기생해 살아가므로 독립적으로 물질대사를 할 수 없다. 또한 숙주 밖에서는 단백질 결정체로 존재하므로 비생물적 특징을 가지며 유전 물질로 핵산을 가진다.

2020. 6. 13. 제1·2회 서울특별시

6 **생거기법(Sanger)을 통한 DNA 염기서열분석에 필요한 요소를 〈보기〉에서 모두 고른 것은?**

보기

㉠ 프라이머(primer) ㉡ dNTP
㉢ ddNTP ㉣ DNA 연결효소(DNA ligase)

① ㉠㉡㉢ ② ㉠㉡㉣

③ ㉡㉢㉣ ④ ㉠㉡㉢㉣

TIP 생거기법에는 우선 DNA합성에 쓰이는 재료로 dNTP가 사용된다. dNTP는 디옥시리보스와 삼인산기, 그리고 4종류의 염기로 이루어진 분자 구조로 되어 있으며 ddNTP는 5번 탄소가 인산기와 반응하는 것이 불가능하므로 DNA 중합 효소가 ddNTP를 만나게 된다면 더 이상 합성이 불가능해진다. 따라서 ddNTP는 DNA합성을 순간순간 멈추기 위한 물질이다. 또한 프라이머는 초기에 필요하다.
㉣ DNA 연결효소는 DNA 복제나 수선, 재조합 등에서 사슬을 연결시키는 반응을 할 때 필요하므로 생거기법에서는 필요하지 않다.

Answer 5.④ 6.①

2020. 6. 13. 제1 · 2회 서울특별시

7 **진핵세포의 mRNA는 전구체 형태로 만들어져 세포질로 나가기 전에 가공(processing) 과정을 거쳐 변형된다. 진핵세포의 RNA 가공(processing) 과정에 해당하는 것을 〈보기〉에서 모두 고른 것은?**

보기

㉠ 인트론 제거
㉡ 5′ 캡(5′ cap) 형성
㉢ 폴리 A 꼬리(poly A tail) 형성
㉣ 엑손 뒤섞기(exon shuffling)

① ㉠㉣
② ㉡㉢
③ ㉠㉡㉢
④ ㉠㉡㉢㉣

TIP 인트론을 제거하고 5′ cap 형성 후 poly A tail을 형성하는 과정으로 일어난다. 이렇게 되면 인트론은 제거되고 엑손끼리 연결되는 스플라이싱 과정이 완료된다. 이 과정을 거쳐야만 성숙한 mRNA가 생성되어 번역에 이용된다.
㉣ 엑손 뒤섞기는 유전자 재조합을 의미하므로 유전적 다양성을 가진다.

2020. 6. 13. 제1 · 2회 서울특별시

8 **레트로트랜스포존(retrotransposon)에 대한 설명으로 가장 옳지 않은 것은?**

① 진핵생물에서 발견된다.
② 단일 가닥의 RNA 중간산물을 생성한다.
③ 유전체에 RNA로 삽입된다.
④ 역전사효소를 사용한다.

TIP 트렌스포존이란 genome 내에서 위치를 이동할 수 있는 유전자로 진핵생물의 염기서열 중 많은 비암호화 염기서열이 유전자 발현조절에 포함되어 있다. 레트로트렌스포존이란 트랜스포존 돌연변이에 속하며 RNA를 매개체로 유전체 내에서 이동하는 전위인자이다. 레트로트랜스포존은 양쪽에 긴 말단반복서열이 존재하고 역전사를 통해 증식한다. mRNA로 전사된 후에 자신이 암호화하고 있는 역전사효소를 이용해 새로운 dsDNA조각을 만든 후 유전체의 다른 위치에 삽입된다. 따라서 진핵생물에서 발견되며, 단일가닥의 RNA 중간산물을 만들며 역전사효소를 사용한다.

Answer 7.③ 8.③

2019. 2. 23. 제1회 서울특별시

9 **생물체의 RNA 종류 중 그 양이 특정 단백질의 생산량에 영향을 줄 수 있는 것으로 옳게 짝지은 것은?**

① mRNA – rRNA

② rRNA – tRNA

③ tRNA – 마이크로RNA(miRNA)

④ mRNA – 마이크로RNA(miRNA)

TIP rRNA는 리보솜을 구성하는 RNA이다. tRNA는 mRNA의 코돈에 대응하는 안티코돈을 가지고 있으며, 꼬리쪽에는 해당하는 안티코돈에 맞추어 tRNA와 특정한 아미노산을 연결해 주는 효소에 의해 안티코돈에 대응하는 아미노산을 단다. miRNA는 mRNA와 상보적으로 결합해 세포 내 유전자 발현과정에서 중추적 조절인자로 작용한다.

2019. 2. 23. 제1회 서울특별시

10 **〈보기〉의 DNA 시료를 제한효소 1과 2로 처리한 후 젤 전기영동으로 분리하여 A, B, C 세 개의 절편을 얻었다. 젤 전기영동으로 얻어진 DNA 절편의 순서로 가장 옳은 것은?**

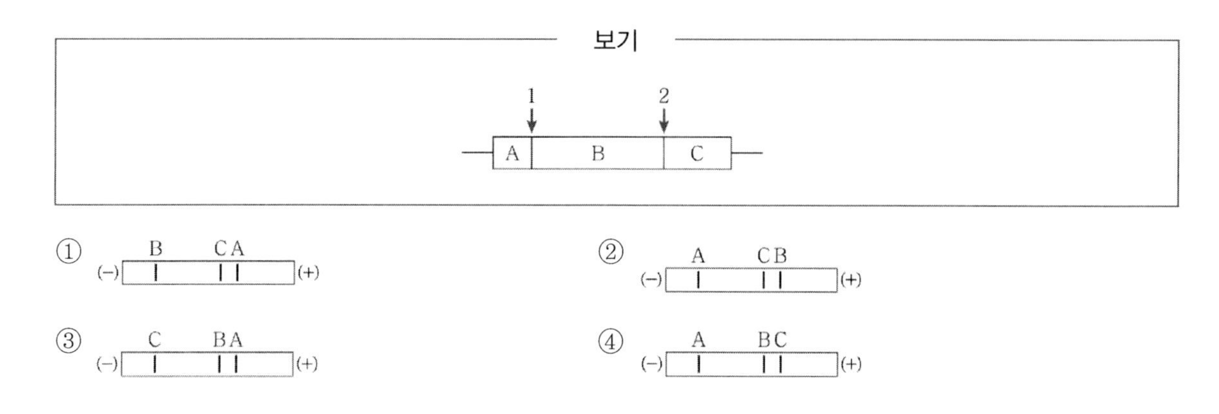

TIP DNA는 (−)극을 띠는 물질로 전기영동을 통해 얻어진 절편 중 크기가 작은 것이 (+)극으로 가장 많이 이동하고 크기가 클수록 (+)극으로 이동을 적게 하므로 절편의 크기가 B>C>A 이므로 가장 (+)쪽으로 이동한 절편은 A, (−)극 쪽에 가장 가깝게 있는 절편은 B이다.

Answer 9.④ 10.①

2016. 6. 25. 서울특별시

11 **단백질과 핵산 같은 생체 고분자 물질은 비공유결합을 통해 그 입체적 구조를 유지한다. 다음 중 수용액에 녹아 있는 DNA의 이중나선구조에서 볼 수 있는 비공유결합에 대한 설명으로 옳은 것은?**

① 반데르발스 인력 – 염기와 데옥시리보스 간의 결합

② 소수성 상호작용 – 인산과 물 분자와의 결합

③ 수소결합 – 염기쌍을 이루는 두 염기 사이의 결합

④ 이온결합 – 이중나선구조 내부에 쌓인 염기쌍들 사이의 결합

TIP DNA는 염기쌍을 이루는 두 염기 사이의 수소결합으로 이루어진 이중나선구조이다.

2016. 6. 25. 서울특별시

12 **대장균의 젖당오페론(lactose operon)이 활성화될 경우, 전사과정을 통해 RNA가 생성된다. 이 RNA로부터 3종류의 단백질이 만들어지고, 이들 단백질은 젖당을 이용하여 물질대사를 수행한다. 다음 중 위의 3종류 단백질을 암호화하는 유전자에 해당하지 않는 것은?**

① *LacZ*

② *LacY*

③ *LacI*

④ *LacA*

TIP 대장균의 젖당오페론이 활성화될 경우, 전사과정을 통해 RNA가 생성되고 이 RNA로부터 3종류의 단백질이 만들어지는데 이를 암호화하는 유전자는 *LacZ*, *LacY*, *LacA*이다.

2016. 6. 25. 서울특별시

13 **알츠하이머 병을 앓다가 사망한 사람의 뇌조직에서 질환의 원인이 되는 유전자를 탐색(screening)하고자 한다. 다음 중 어떤 연구방법을 이용하는 것이 가장 적절한가?**

① DNA 지문감식(DNA fingerprinting)

② DNA 유전자 미세배열(DNA microarray)

③ 중합효소 연쇄반응(polymerase chain reaction, PCR)

④ 단백질체학(proteomics)을 이용한 구조의 분석

TIP 유전자 미세배열 … 조사해야 할 대상물(DNA 또는 단백질 등)을 많이 배열, 토막(CHIP)으로 배치한 다음 고정화한 것을 말한다. 특정 세포가 발현하는 유전자가 무엇인지를 알아내기 위험에 이용된다.

Answer 11.③ 12.③ 13.②

출제 예상 문제

1 다음 DNA의 염기서열이 AGCGTAC일 때, mRNA에 대응하는 tRNA의 안티코돈은?

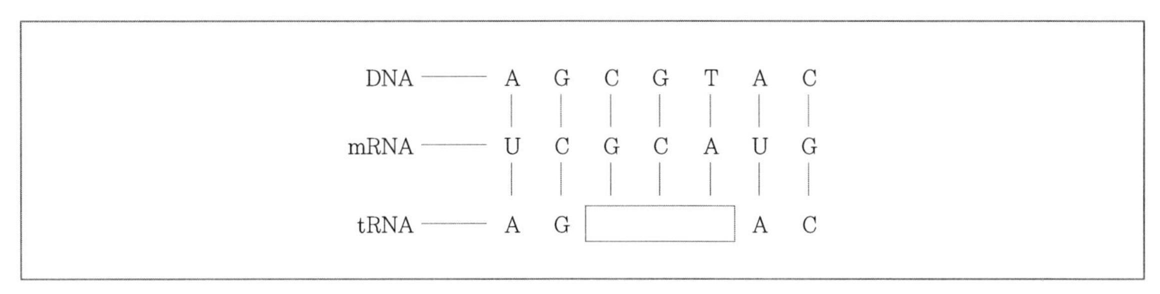

① CGA
② GUA
③ CGU
④ GUC

TIP

DNA		mRNA		tRNA
A	---	U	---	A
C	---	G	---	C
G	---	C	---	G
C	---	G	---	C
T	---	A	---	U
G	---	C	---	G

2 유전연구에서의 방법과 내용의 연결이 잘못 짝지어진 것은?

① 유전자 재조합 – 단일클론항체
② 조직배양 – 당근의 대량 생산
③ 핵치환 – 황우석 박사의 복제 소 영롱이
④ 세포융합 – 감자와 토마토를 합성한 포마토

TIP 유전자 재조합의 예로는 사람의 생장호르몬 생산 DNA를 생쥐의 수정란에 재조합하여 정상 쥐보다 2배 이상의 거대한 쥐를 탄생시킨 것을 들 수 있다. 가축이나 농작물에도 사용되고 있다.

Answer 1.③ 2.①

3 다음 〈보기〉가 설명하고 있는 것은?

보기

RNA 바이러스에서의 DNA 합성

① 전사
② 번역
③ 역전사
④ 중심설

TIP ① DNA의 정보가 RNA로 전달되는 과정을 말한다.
② RNA에서 단백질이 합성되는 과정을 말한다.
④ 유전 정보는 DNA → RNA → 단백질의 순서대로 옮겨간다는 것을 말한다.

4 제한효소와 운반체 즉 플라스미드에 대한 설명으로 옳지 않은 것은?

① 플라스미드는 복제되지 않는다.
② DNA를 이식하려고 할 때 DNA를 자르는 가위역할을 하는 것이 제한효소이다.
③ 공여체 DNA를 숙주세포에 넣기 위한 운반체 역할을 하는 것이 플라스미드이다.
④ 제한효소는 세균이 외부에서 침입한 바이러스의 DNA를 잘라내어 자신을 보호하는데 사용한다.

TIP 플라스미드는 세균의 주염색체와는 별개로 존재하는 복제능력을 가진 작은 고리모양의 DNA이다.

5 다음 중 유전자가 염색체 위에 있다는 증거로 볼 수 있는 것은?

① 생식세포는 체세포의 반이다.
② 돌연변이를 일으킨다.
③ 자손에게 같은 형질이 유전된다.
④ 체세포의 염색체는 상동 염색체끼리 짝을 짓고 있다.

TIP 유전자가 염색체에 있기 때문에 자손에게 전달이 된다. 모건의 유전자설을 바탕으로 유전자는 염색체 위의 특정한 위치에 존재하며 대립유전자는 상동염색체 위 동일한 위치에 존재한다.

Answer 3.③ 4.① 5.③

6 다음 중 DNA의 특성이 아닌 것은?

① 이중나선으로 되어 있다.
② 반보존적인 자기복제를 한다.
③ 뉴클레오타이드를 구성의 기본단위로 한다.
④ 주된 구성성분은 단백질이다.

TIP DNA는 당과 인산과 염기를 구성성분으로 하는 뉴클레오타이드로 되어 있다.

7 다음 〈보기〉가 설명하고 있는 것은?

보기

프렌킬-콘레트와 싱어에 의해 이 물질이 RNA임이 증명되었으며 DNA는 없고 RNA만을 가진 바이러스로 피막 안에 들어 있는 구조를 형성하고 있다.

① 폐렴쌍구균
② TMV
③ 박테리오파지
④ 붉은빵곰팡이

TIP ① 그리피스와 에이버리의 실험으로 유전자가 DNA라는 것을 밝히는 데 사용한 균으로 피막을 가진 S형균과 피막이 없는 R균 중 R균은 폐렴을 일으키지 않는 것이다. S형균을 가열하여 핵산인 DNA가 형질변환을 시킨 물질임을 알게 된 것이다.
③ 허시의 실험으로 대장균 내로 들어가는 부분이 파지의 DNA이며 단백질성 껍질은 대장균 내로 들어가지 않음을 증명했다. 또, 대장균 내 새로운 파지를 형성시킨 DNA가 유전물질임을 증명하였다.
④ 비들과 데이텀의 실험으로 하나의 효소합성은 하나의 유전자 지시에 의해 합성된다는 1유전자 1효소설을 입증하게 되었다.

8 포메이토에 해당하는 유전자 조작과 같은 방법으로 생산된 것은?

① 단일클론항체
② 복제 양 돌리
③ 복제 소
④ 인슐린 생산

TIP ① 세포융합 ②③ 핵이식 ④ DNA 재조합
※ 포메이토 … 서로 다른 두 세포(감자와 토마토)를 합쳐 새로운 잡종 세포(포메이토)를 만드는 기술을 세포융합이라고 한다.

Answer 6.④ 7.② 8.①

9 **유전학의 조직배양에 대한 설명으로 옳은 것은?**

① 무수히 많은 작물의 생산이 가능하다.
② 영양배지에서 세포조직을 키우는 방법이다.
③ 번식력이나 바이러스에 강한 종자를 생산할 수 있다.
④ 두 생물의 형질이 모두 발현되는 세포를 생성하는 기술이다.

TIP ④ 세포융합에 대한 설명이다.

10 **땅 밑에 감자가 달리고 땅 위에 토마토가 열리는 포메이토에 해당하는 유전자 조작은?**

① 핵이식
② 세포융합
③ 조직배양
④ 염색체 조작

TIP ① 세포에서 핵을 꺼내 미리 핵을 제거한 난자에 넣어 발생시키는 기술이다.
③ 생물의 조직 일부나 세포를 떼어 내어 영양배지에서 키우는 것을 말한다.
④ 염색체 수를 인위적으로 조작하여 목적하는 형질을 얻어내는 것을 말한다.
※ 세포융합 … 서로 다른 두 세포를 합쳐 새로운 잡종세포를 만드는 것을 말한다. 잡종 식물의 예로 포메이토를 들 수 있는데 크기나 질이 감자나 토마토에 못 미치는 것으로 알려져 있다.

11 **DNA 전체가 300일 때 G가 50이면 A의 값은?**

① 50
② 100
③ 150
④ 200

TIP A와 T, G와 C의 양은 생물에 상관없이 항상 1 : 1의 비를 유지하기 때문에 G가 50이면 C도 50이다. 총 DNA가 300이므로 300−(50+50)=200이 A와 T의 양이다. A와 T는 1 : 1이기 때문에 A와 T는 각각 100이 된다.

Answer 9.④ 10.② 11.②

12 **생명공학기법에 대한 설명으로 옳지 않은 것은?**

① 생물의 몸을 구성하는 조직의 일부나 세포를 떼어 내어 영양배지에 키우는 방법을 조직배양이라 한다.

② 세포 내의 핵을 채취하여 핵을 제거한 난자에 넣어 발생시키는 것을 핵이식이라 한다.

③ 서로 다른 두 종류의 세포를 합하여 새로운 세포를 만드는 것을 세포융합이라 한다.

④ 염색체 수를 인위적으로 조작하여 새로운 형질을 생성시키는 것을 DNA 조작이라 한다.

TIP ④ 염색체 조작에 대한 설명이다.

※ DNA 조작 … DNA의 합성이나 분해과정에 관여하는 효소를 순수분리하여 인위적으로 유전자를 재조합하는 것을 말한다.

13 **다음은 DNA의 복제실험의 과정이다. 이 실험의 결과와 그로부터 유추해낼 수 있는 사실의 연결이 잘못 짝지어진 것은?**

- 대장균을 ^{15}N이 있는 배지에서 배양하여 ^{15}N로 표지되게 만들어, ^{14}N과 구별되게 하였다.
- ^{15}N으로 표지된 대장균을 ^{14}N이 있는 배지에 옮겨서 새로 합성된 분자에는 ^{14}N이 들어가도록 하였다.
- 분열을 할 때마다 대장균을 채취하여 DNA를 추출한 후 초원심분리시켜 DNA의 위치를 조사하였다.

① ^{14}N 배지로 옮기기 전의 DNA는 관의 아래쪽에 한 층의 띠만 형성된다. − DNA의 무게가 모두 같으며, 그 무게가 무거움(^{15}N를 포함하는)을 의미한다.

② 대장균이 1회 분열했을 때 관의 중간과 아래쪽에 각각 한 층씩의 띠가 형성된다. − DNA의 무게가 중간정도인 것(^{15}N과 ^{14}N를 모두 포함하는)과 무거운 것(^{15}N를 포함하는)의 두 종류가 있음을 의미한다.

③ 대장균이 2회 분열했을 때 관의 중간과 관의 위쪽에 두 층의 띠가 형성된다. − DNA의 무게가 중간인 것(^{15}N과 ^{14}N를 모두 포함하는)과 가벼운 것(^{14}N를 포함하는)의 두 종류가 생겼음을 의미한다.

④ 대장균이 분열을 거듭할수록 관의 위쪽에 생기는 띠가 두꺼워진다. − 가벼운 DNA의 양이 증가함을 의미한다.

TIP 대장균이 1회의 분열을 하면 ^{15}N만을 포함하는 DNA는 존재하지 않고, ^{15}N와 ^{14}N를 포함하는 중간무게의 DNA만 생긴다.

Answer 12.④ 13.②

14 **핵산의 설명으로 옳지 않는 것은?**

① DNA와 RNA가 있다.

② 핵산의 구성단위는 뉴클레오타이드이다.

③ DNA의 구성염기는 A, T, G, C이다.

④ RNA는 이중나선구조로 되어 있다.

TIP 핵산의 종류에는 DNA와 RNA의 두 종류가 있는데, 이 중에서 이중나선구조로 되어 있는 것은 DNA이다. RNA는 한 가닥의 긴 사슬로 되어 있다.

15 **일정량의 이중나선 DNA를 분해하였더니 구아닌과 아데닌이 각각 0.3몰과 0.1몰씩 추출되었다. 이 DNA에서 분리할 수 있는 사이토신과 타이민의 양은?**

	사이토신	타이민		사이토신	타이민
①	0.1몰	0.3몰	①	0.3몰	0.1몰
③	0.4몰	0.6몰	③	0.6몰	0.4몰

TIP 아데닌과 타이민, 구아닌과 사이토신은 상보적 결합을 하므로 DNA 분자 내에 같은 양이 들어 있다.

Answer 14.④ 15.②

03 진화

01 생명의 기원과 생물의 진화

❶ 생명의 기원에 대한 학설들

(1) 자연발생설

① 자연발생설 … 생물은 비생물에서 자연적으로 발생한다는 학설로 아리스토텔레스, 헬몬트, 니담 등의 학자들이 주장하였다.

② 아리스토텔레스 … 진흙이나 습기찬 곳에서 뱀장어가 생겨난다.

③ 헬몬트 … 땀에 젖은 더러운 셔츠와 밀 이삭을 오랫동안 방치해 두면 쥐가 생겨난다.

④ 니담 … 닭고기즙과 야채즙을 가열하여 시험관에 넣고 코르크마개를 막은 후 다시 가열하여 방치해 두었는데 미생물이 발생하였다. 이것은 고기즙의 특수한 생명력이 미생물로 변한 것이다.

⑤ 레벤후크 … 우유를 따뜻한 곳에 두면 미생물이 생겨난다.

(2) 생물속생설

① 생물속생설 … 생물은 생물에서만 유래한다는 학설로 자연발생설을 전면 부정하는 학설이다. 레디, 스팔란자니, 파스퇴르 등의 학자들이 주장하였다.

② 레디

㉠ 실험 : 생선도막을 각각 2개의 병에 넣어두고 한쪽은 뚜껑을 씌우고 다른 한쪽은 열어두었다. 그 결과 뚜껑을 씌운 쪽은 구더기가 생기지 않았고, 뚜껑을 열어 둔 쪽은 구더기가 생겼다.

㉡ 실험결과 : 이것은 구더기가 생선도막에서 생긴 것이 아니라 외부로부터 옮겨온 것임을 증명하는 것으로, 이 결과를 통해서 자연발생설의 오류를 지적하였다.

③ **파스퇴르**

㉠ **실험** : 플라스크에 유기물 용액을 넣고 플라스크의 목을 가열하여 가늘고 길게 만든 후(공기유입 방지), 플라스크의 유기물 용액을 다시 끓이고 이것을 공기 중에 그대로 방치하였다. 그 결과 플라스크 속에서 미생물이 발생하지 않았다. 그리고 공기 중에서 미생물이 유입되었을 수도 있는 플라스크의 목의 입구에 유기물 용액을 묻혔더니 그 곳에서는 미생물이 발생하였다.

㉡ **실험결과** : 생물은 반드시 생물의 씨로부터 발생하여 번식하는 것이고, 자연적으로는 생겨나는 것이 아니라는 것을 증명한다.

㉢ **생물속생설의 완성** : 파스퇴르의 실험으로 인해 생물속생설이 완성되었다.

❷ 진화의 증거

(1) 화석상의 증거

① **화석** … 고생물체의 유해나 흔적이 지층에 남아 있는 것을 말하는데, 고생물과 현대의 생물을 비교하면 생물이 진화했음을 알 수 있다.

② **화석의 종류**

㉠ **표준화석** : 특정한 지질시대의 지층에서만 발견되는 화석으로, 지층의 연대를 추정하는 기준이 된다.

- 고생대의 표준화석 : 삼엽충, 필석, 갑주어 등
- 중생대의 표준화석 : 암모나이트, 공룡, 시조새 등
- 신생대의 표준화석 : 화폐석, 맘모스, 에오히푸스 등

㉡ **시상화석** : 특정한 서식환경의 지층에서만 발견되는 화석으로, 지층의 과거환경을 추정하는 기준이 된다.

- 산호, 유공충 : 과거에 바다였던 지층
- 고사리 : 과거에 늪지대였던 지층

③ **화석에 나타난 진화의 증거**

㉠ **말** : 화석에 나타난 과거의 말은 앞다리에 4개, 뒷다리에 3개의 발굽을 가지던 것이 차츰 줄어서 앞다리와 뒷다리 모두 발굽이 하나만 있는 현재의 형태가 되었다. 또한 몸집도 과거에는 개만하던 것이 진화하면서 현재와 같이 크게 되었다.

㉡ **시조새** : 시조새의 화석은 날개와 깃털이 있는 것으로 보아 조류의 특징을 보이며, 날개에 발가락이 있고 부리에 이가 있으며, 꼬리가 있는 것으로 보아 파충류의 특징도 보이고 있다. 이것으로 보아 시조새는 파충류와 조류의 중간형태를 하고 있음을 알 수 있다.

㉢ **소철고사리** : 시조새와 같이 소철고사리도 양치식물과 겉씨식물, 두 종의 중간형태를 나타내고 있다.

(2) 비교해부학상의 증거

① 현존하는 생물의 형태나 구조와 같은 해부학적 특성으로부터 진화의 근거를 찾을 수 있다.

② 상동기관

㉠ 사람의 팔과 새의 날개는 외형과 작용은 다르지만 해부학적으로 근본구조가 같다. 이와 같이 다르게 발달했지만 발생의 기원이 같은 기관을 상동기관이라고 한다.

㉡ 상동기관은 공통적인 조상에서 갈라져 나와 서로 다른 환경에 적응하면서 진화해 왔다는 것을 보여 주는 증거이다.

③ 상사기관

㉠ 새의 날개와 곤충의 날개는 기능은 같지만 해부학적인 근본구조가 다르다. 이와 같이 같은 기능을 갖는 기관으로 발달했지만 발생의 기원이 다른 기관을 상사기관이라고 한다.

㉡ 상사기관은 생물이 비슷한 환경에서 생활하기 위해 유사한 형태나 기능을 가지는 방향으로 진화한다는 것을 보여 주는 것이다.

④ 흔적기관

㉠ 사람의 꼬리뼈나 사랑니, 두더지의 눈, 타조의 날개와 같이 과거의 조상생물들에게는 필요하여 사용되던 기관이었으나 환경이나 생활양식이 달라지면서 사용하지 않아 퇴화되고 흔적만 남은 기관을 흔적기관이라고 한다.

㉡ 선조와 계통관계를 밝히는 데 중요한 수단이 된다.

(3) 발생학상의 증거

① 성체는 다른 종이라고 해도 이들의 배 발생을 보면 발생의 초기에는 배의 형태가 비슷하거나 유생이 서로 비슷한 경우가 있는데, 이러한 사실을 진화의 증거로 설명한다.

② **초기 배의 모양** … 척추동물의 경우 초기 배에 아가미구멍과 꼬리가 있는 등 발생초기의 배의 모양이 서로 비슷하다.

③ **유생의 공통성** … 변태를 하는 동물 중에 현재는 종이 다르더라도 변태의 초기에 거치는 유생의 종류가 공통적인 것들이 있다. 갯지렁이와 조개는 트로코포라 유생시기를 거치고, 게와 새우는 노플리우스 유생시기를 거친다.

④ **발생반복설** … 개체발생은 계통발생을 되풀이한다는 이론으로, 각 동물의 개체발생과정에서 보이는 형태적인 변화는 각 동물이 진화해 온 계통발생을 되풀이한다. 진화재연설이라고도 한다.

(4) 생물지리학상의 증거

① 같은 조상을 가지는 생물들이 지리적으로 격리되어 다른 방향으로 진화해 독특한 생물군이 형성되었다.

② **월리스 선** … 월리스가 인도네시아의 발리섬과 롬보코섬 사이를 경계로 동쪽의 오스트레일리아구와 서쪽의 동남아시아구로 구분하는 월리스 선(생물분포선)을 설정하였다.

㉠ 월리스 선을 경계로 한 포유류의 비교
- 서쪽의 동남아시아구 : 태반이 발달한 포유류가 많이 분포한다.
- 동쪽의 오스트레일리아구 : 태반이 발달하지 않은 포유류(난생포유류, 유대류)가 많이 분포한다.

㉡ 이것은 포유류의 조상이 아직 태반이 발달하지 않은 시기에 지리적인 격리가 일어나 서로 다르게 진화하였음을 의미하는 것이다.

③ **갈라파고스군도의 멧새** … 남아메리카 페루 서쪽에 있는 갈라파고스군도의 멧새들은 섬마다 각기 부리의 모양이 다르다. 이것은 한 땅덩어리였던 지역이 여러 개의 섬으로 나누어지면서 지리적인 격리가 일어나서, 각 섬의 새들이 그 지역에서 얻을 수 있는 먹이에 맞게 진화하였기 때문이다.

(5) 생화학상의 증거

① 생물체를 구성하는 물질의 생화학적 특성을 비교해서 생물의 유연관계를 밝힐 수 있다.

② **단일생명체 진화증거** … DNA에서 전사되는 유전정보(mRNA), 원형질의 구성성분과 에너지전달계는 모든 생명체에서 공통적이다.

③ **혈청단백질의 유사** … 토끼의 정맥에 사람의 혈청을 주사해서 얻은 면역혈청에 여러 종류의 동물들의 피를 섞어서 침강반응을 조사해 보면 침강률이 각기 다르게 나타나는데, 계통상 유연관계가 가까울수록 침강률이 큰 것으로 나타난다.

④ **헤모글로빈분자 내 아미노산 배열의 차이** … 사람의 헤모글로빈은 α 사슬과 β 사슬로 구성되어 있다. 사람의 β 사슬은 146개의 아미노산으로 되어 있는데, 여러 동물들의 헤모글로빈 β 사슬의 아미노산을 분석해 보면 사람과의 유연관계에 따라서 β 사슬을 구성하는 아미노산의 수가 차이남을 알 수 있다. 이것은 유연관계가 가까운 동물일수록 생화학적인 성질이 비슷함을 의미한다.

(6) 분류학상의 증거

① **중간형** … 생물을 분류하다 보면 서로 다른 두 동물의 특징을 모두 가지는 중간형의 생물을 발견하게 되는데, 이러한 동물들도 진화의 과정에서 나타난 진화의 증거라고 할 수 있다.

② **유글레나** … 유글레나는 엽록체를 가지고 있어 광합성을 하는 식물적인 특성과 시각기인 안점을 가지고 있고, 편모가 있어 운동을 하는 동물적인 특성도 함께 가지고 있는 생물이다. 이것은 동물과 식물이 같은 생명체에서 진화했다는 증거이다.

③ **오리너구리** … 오리너구리는 부리가 있고 난생이라는 조류의 특성과 젖으로 새끼를 기르고 온몸에 털이 있는 포유류의 특징도 함께 가지고 있다. 이것은 같은 조상에서부터 포유류와 조류가 진화해 왔음을 보여 주는 증거이다.

02 진화설

❶ 다윈 이전의 진화설

(1) 18세기 후반

뷔퐁이 처음으로 종의 변화가능성을 주장했다.

(2) 퀴비에의 대격변설

퀴비에는 생물들이 주기적으로 지구적인 대격변에 의해 대량으로 멸종되고, 새로운 종이 창조되었다고 주장했다.

(3) 휴톤과 라이엘의 동일과정설

허턴과 라이엘은 지구의 역사가 상당히 오래되었다면 자연과정만으로도 지구상에서 일어난 변화를 충분히 설명할 수 있다고 주장하였다.

(4) 라마르크의 용불용설

① **용불용설** … 라마르크는 환경에 따라서 많이 쓰는 기관은 발달하고, 쓰지 않는 기관을 퇴화한다는 용불용설을 주장하였다.

② **획득형질의 유전**

㉠ 용불용설에 따르면 같은 종이라도 환경에 따라서 발달하거나 퇴화하는 기관이 다를 수 있는데, 이렇게 후천적으로 얻어진 획득형질이 자손에게 유전되고 세대를 거듭하면서 새로운 특징을 갖도록 진화되었다고 한다.

㉡ 획득형질은 유전되지 않으므로 현대에는 인정받지 못하고 있는 학설이다.

❷ 다윈의 진화설

(1) 자연선택설

다윈은 「종의 기원」이라는 그의 저서에서 많은 생물들 중에서 생존경쟁에서 유리한 형질을 가진 종만 살아남게 되고, 살아남은 개체들의 그 유리한 형질이 자손에게 유전되어 새로운 종이 형성된다고 하는 자연선택설을 주장하였다.

(2) 자연선택의 과정

① **과잉생산** … 대부분의 생물들은 환경이 수용할 수 있는 수준보다 훨씬 많은 수의 자손을 생산(개체 수의 과도한 증가)하므로 생존에 필요한 환경과 먹이가 부족하게 된다.

② **생존경쟁** … 환경의 제약으로 인해서 생존경쟁이 일어난다.

③ **적자생존과 자연선택** … 환경에 유리한 형질을 가진 개체가 살아남고, 환경에 적합하지 못한 개체는 도태된다.

④ **종의 다양화** … 살아남은 개체의 형질이 다음 세대에 전달(유전)되고, 세대가 거듭되면서 종이 분화되어 다양해진다.

❸ 다윈 이후의 진화설

(1) 드 브리스의 돌연변이설

① **돌연변이설** … 생식과정에서 돌연변이가 발생하고, 이 돌연변이가 유전되어서 새로운 형질을 자손에게 전달한다. 이러한 과정 중에 돌연변이로 인해서 새로운 종이 형성된다.

② **한계** … 대부분의 돌연변이는 생존에 불리하게 일어나므로 연속적인 진화를 설명하기에는 한계가 있다. 그러나 돌연변이가 진화의 원동력으로 중요한 것은 사실이다.

(2) 아이머의 정향진화설

① **정향진화설** … 생물은 일정 방향으로 변하는 내적 요인에 의해서 진화하며, 새로운 종을 형성한다.

② **한계** … 진화의 방향과 말발굽의 진화에 대한 설명에는 적합하지만, 내적 요인이 무엇인지 설명하지 못하였다.

(3) 로마네스와 바그너의 격리설

① 격리설 … 유전적인 변이가 있어도 격리가 일어나야만 새로운 종이 형성될 수 있다.

② 지리적 격리 … 바다나 산, 사막 등과 같이 지리적으로 격리되면 각각의 환경에 의해서 각기 다른 방향으로 종이 분화된다.

③ 생식적 격리 … 생식기관이 변하거나 생식시기가 변하여 생식적으로 교배가 이루어지지 않으면 각각 다른 종으로 분화된다.

(4) 로티의 교잡설

서로 다른 종의 교잡에 의해서 잡종이 만들어지고, 이 잡종에서부터 새로운 종이 형성된다.

03 집단유전과 진화

❶ 집단유전과 멘델집단

(1) 집단유전

① 집단 … 유전학에서 말하는 집단이란 개체간에 자유롭게 상호교잡이 이루어질 수 있는 개체의 모임을 말하는 것으로, 집단 전체의 유전적 상태를 연구하는 것이 집단유전이다.

② 집단유전학상의 진화 … 유전자 풀을 구성하는 대립유전자의 빈도에 변화가 일어난 것을 뜻한다.

③ 유전자 풀의 변화는 구성이 불변인 멘델집단을 가정하여 생각할 수 있다.

(2) 멘델집단

① 멘델집단 … 유성생식을 하고 있는 종으로 구성된 개체군을 말한다.

② 조건

㉠ 집단의 개체 수가 많고 교배가 자유롭게 일어난다.
㉡ 돌연변이, 자연선택, 격리 등 유전자 풀의 변화가 없다.
㉢ 이입, 이출 등이 없고 집단을 구성하는 각 개체는 생존율이나 번식률이 같고 도태가 일어나지 않는다.

❷ 유전자 풀과 유전자 빈도

(1) 유전자 풀

① **유전자 풀** … 한 집단 내의 모든 개체들이 가지는 대립유전자를 통틀어 유전자 풀이라고 한다.

② **유전자 풀과 진화** … 한 개체가 가지는 유전자는 교잡을 통해서 다른 개체의 유전자와 섞여 다음 세대로 전달된다. 그러므로 유전자 풀 내에서 어떤 대립유전자의 상대적인 비율은 세대가 지나면서 변화할 수도 있다. 진화란 유전자 풀 내의 대립유전자의 빈도가 변하는 것을 말한다.

③ **유전자 풀의 변화** … 집단의 유전자인 유전자 풀의 변화에서부터 생물의 진화는 시작된다. 유전자 풀이 변하는데는 몇 가지 요인이 있다.

㉠ **돌연변이** : 돌연변이는 일어날 확률도 적고 또 대부분이 환경에 불리한 것이라서 자연선택에 의해서 도태되지만, 돌연변이율이 높고 세대가 짧은 생물집단 내에서 환경의 변화가 일어나, 돌연변이가 환경에 유리하게 작용할 경우에는 돌연변이의 수가 증가하여 유전자 풀을 변화시켜 생물집단에 진화를 일으키는 요인으로 작용할 수 있다.

㉡ **자연선택** : 특정 유전자형이 다른 것에 비해서 생존력이나 번식력이 높을 경우 유전자 빈도가 자연히 변하여 그 집단의 유전자 풀을 변화시킬 수 있다. 반대로 생존력이나 번식력이 낮은 유전자형이 유전자 빈도가 낮아져 유전자 풀을 변화시킬 수도 있다. 자연선택은 오랜 시간에 걸쳐서 일어나는 것이지만 환경이 급변할 경우에는 짧은 시간에 일어날 수도 있다.

㉢ **이주** : 인접집단에서 이주해 온 개체가 생식에 참여함으로써 새로운 유전자가 도입되어 대립유전자가 변하는 경우도 있다.

㉣ **격리** : 원래는 하나의 집단이던 것이 지리적 격리나 생식적 격리에 의해서 서로 교잡이 일어나지 않게 되면 각각의 집단은 고유한 유전자 풀을 가지며 다른 종으로 변화할 수 있다.

㉤ **유전적 부동** : 어떤 유전자의 유전자 빈도가 변하여 나타나는 것으로, 작은 집단에서 특정 개체는 교배에 참여하고 다른 개체는 참여하지 못하는 일이 일어나면 대립유전자가 기회의 차이에 의해서 고정되거나 소멸되는 결과를 가져오기 때문에 유전자 풀에 변화가 생긴다.

(2) 유전자 빈도

① **유전자 빈도** … 한 생물집단 내의 모든 유전자 중에서 특정 대립유전자가 차지하는 비율을 유전자 빈도라고 한다.

② **계산방법** … 유전자 빈도는 집단 내의 모든 개체가 가지고 있는 유전자형을 조사하여 대립유전자들의 상대빈도를 계산한다. 그러므로 특정 유전자를 가지는 개체의 수를 전체 유전자의 수로 나누어 계산하면 된다.

❸ 하디 · 바인베르크의 법칙

(1) 하디 · 바인베르크의 법칙

생물집단에서의 유전자 분포를 나타내는 기본원칙으로, 생물집단의 대립유전자 빈도 및 유전자형 빈도는 몇 세대가 지나도 변하지 않고 평형상태를 이루게 된다고 하는 집단유전의 원리를 하디 · 바인베르크의 법칙이라고 한다.

(2) 검증

① 하나의 생물집단에서 대립유전자 A와 a가 존재할 때 A와 a의 유전자 빈도를 각각 p, q라고 하면 AA와 Aa, aa의 빈도는 다음과 같다. 또한 $(p+q)^2=p^2+2pq+q^2=1$로 나타낼 수 있다.

② 자손인 F_1에서의 유전자 빈도

㉠ A 유전자 빈도 : $p^2+\frac{1}{2}\cdot 2pq=p^2+pq=p(p+q)=p$

㉡ a 유전자 빈도 : $q^2+\frac{1}{2}\cdot 2pq=q^2+pq=q(p+q)=q$

③ 부모세대에서 A 유전자 빈도가 p이면 자손세대에서도 p가 됨을 알 수 있다. 또한 부모세대에서 a 유전자 빈도가 q이면 자손세대에서도 q가 됨을 알 수 있다.

(3) 하디 · 바인베르크 평형상태의 유지조건

① 대립유전자에서 돌연변이가 일어나지 않는다.

② 집단 내에서는 자유롭게 무작위적으로 교배가 일어난다.

③ 집단의 크기가 충분히 크다.

④ 집단간 개체의 이동이 없다.

⑤ 특정한 대립유전자에 대해 자연선택이 작용하지 않는다.

⑥ 이러한 조건들 중 어느 하나라도 충족되지 않는다면 하디 · 바인베르크의 유전적 평형은 깨지고, 그 집단의 유전자 빈도는 변하게 된다. 그것은 곧 진화가 일어났다는 것을 의미하는 것이다.

최근 기출문제 분석

2021. 6. 5. 제1회 서울특별시

1 **하디-바인베르크 평형(Hardy-Weinberg equilibrium)을 깨트리는 진화에 대한 설명으로 옳은 것을 모두 고른 것은?**

보기

㉠ 대부분의 종에서 교배는 무작위적이지 않고 성선택(sexual selection)을 비롯해 선호도를 보이며 대립유전자는 특정 유전자형에 집중된다.
㉡ 집단의 크기가 급격히 감소할 때 많은 대립유전자가 무작위적으로 제거되는 병목현상(bottleneck)은 다시 개체번식으로 집단크기를 회복해도 유전적 다양성을 확보하지 못한다.
㉢ 돌연변이는 유전적 다양성을 증가시키며, 진화에 영향을 주기 위해서는 다세포 생물은 생식세포에 돌연변이가 나타날 때만 가능하다.
㉣ 모집단을 떠나 작은 개체군이 형성되면 개체군 내 무작위적인 대립유전자는 모집단의 대립유전자 빈도와 다를 수 있고 모집단에서 희소했던 대립유전자가 더 많이 나타나는 것을 창시자 효과(founder effect)라 한다.

① ㉠, ㉢
② ㉡, ㉣
③ ㉠, ㉡, ㉢
④ ㉠, ㉡, ㉢, ㉣

TIP 하디-바인베르크 평형은 멘델집단에서 유지된다. 즉 세대가 바뀌어도 대립유전자의 종류와 빈도가 변하지 않는 상태를 의미한다. 돌연변이, 자연 선택, 유전적 부동(창시자 효과, 병목 효과) 등은 이러한 유전적 평형을 깨뜨리는 요인이 된다.
㉠ 집단내 교배가 자유롭고 무작위적이지 않을 경우 하디-바인베르크 평형이 깨진다.
㉡ 병목 현상은 유전자풀 변화의 요인이므로 하디-바인베르크 평형이 깨지는 요인이 된다.
㉢ 생식 세포에 돌연변이가 생길 경우 다음 세대에 전달되므로 유전적 평형이 깨지게 된다.
㉣ 창시자 효과도 유전적 평형을 깨뜨리는 요인이다.

Answer 1.④

2020. 10. 17. 제2회 지방직(고졸경채)

2 **다음 설명에 공통적으로 해당하는 생명 현상의 특성으로 가장 적절한 것은?**

> • 눈신토끼는 겨울이 되면 털 색깔을 갈색에서 흰색으로 바꿔 천적으로부터 자신을 보호한다.
> • 뱀은 머리뼈의 관절에서 아래턱을 분리하여 큰 먹이를 삼킬 수 있다.

① 적응과 진화
② 생식과 유전
③ 발생과 생장
④ 항상성 유지

TIP 생물이 환경에 오랫동안 적응하면서 이루어진 진화 과정에 해당하는 특성이다.

2019. 6. 15. 제2회 서울특별시

3 **〈보기〉가 설명하는 생식적 격리에 기여하는 생식적 장벽 중 접합 전 장벽에 해당하는 것은?**

> 보기
>
> *Bradybaena* 속의 달팽이 두 종의 껍데기가 다른 방향으로 꼬여 있다. 가운데로 모여들 때 한 종은 반시계 방향으로, 다른 종은 시계 방향으로 꼬여 들어간다. 따라서 달팽이의 생식공이 정렬되지 못하여 짝짓기를 완성할 수 없다.

① 시간적 격리
② 행동적 격리
③ 기계적 격리
④ 생식세포 격리

TIP 접합 전 장벽
㉠ 서식지 격리 : 서식지가 서로 달라 만날 수가 없는 경우
㉡ 시간적 격리 : 번식하는 시기가 달라 짝짓기를 할 수 없는 경우
㉢ 행동적 격리 : 구애 의식 등으로 인해 짝으로 정해지지 않는 경우
㉣ 기계적 격리 : 짝짓기를 시도하지만 몸의 형태로 인해 성공하지 못하는 경우
㉤ 생식세포 격리 : 정자가 난자 속으로 들어가지 못하는 경우

Answer 2.① 3.③

2019. 6. 15. 제2회 서울특별시

4 지질학적 기록을 바탕으로 지구 생물 역사를 설명한 내용으로 가장 옳지 않은 것은?

① 신생대에 이족 보행 인간의 조상이 출현하였다.

② 곤충은 중생대에 출현하였다.

③ 현화식물은 중생대에 출현하였다.

④ 종자식물은 고생대에 출현하였다.

TIP 곤충은 지금으로부터 4억 년 전인 고생대에 최초로 출현했으며, 처음으로 유사 곤충이 나타난 것은 3억 5천만 년 전인 석탄기라 할 수 있다. 신생대에 인류가 출현했고, 중생대에 겉씨식물이 우세했고, 고생대에 종자식물이 출현하였다.

Answer 4.②

출제 예상 문제

1 **다음 중 갈라파고스 군도의 핀치새와 호주의 캥거루의 진화를 설명할 수 있는 것은?**

① 격리설　　② 돌연변이설
③ 정향 진화설　　④ 용불용설

TIP ① 로마네스(G.J. Romanes)와 바그너(M.F. Wagner)에 의해 제창된 것으로 갈라파고스의 핀치새를 예로 들을 수 있으며 환경적인 격리현상이 진화의 요인이 되는 것이다.
② 네덜란드의 드 브리스(Hygo De Vries)에 의해 제창된 것으로 생식과정에서 돌연변이가 발생하고, 이 돌연변이가 유전되어 새로운 형질을 자손에게 전달한다. 이러한 과정에서 돌연변이로 인해 새로운 종이 생겨난다는 것이다.
③ 아이머(T. Eimer)가 제창된 거승로 말발굽수의 진화, 코끼리상아의 진화 등 생물의 진화는 환경과 상관없이 내부요인에 의해 일정한 방향으로 진행된다는 주장이다.
④ 라마르크(J. Lamarck)에 의해 제창된 것으로 동물은 생활환경이 변하면 습성도 변하고 새로운 습성에 따라 사용하는 기관은 발달하고 사용 안하는 기관은 퇴화한다는 주장이다.

2 **오파린설에서 주장하고 있는 지구에 출현한 최초 생명체의 전구체가 되는 물질은?**

① 바이러스　　② 세균
③ 코아세르베이트　　④ 암모니아

TIP 오파린은 지구에서 최초의 원시생명체는 코아세르베이트라고 하는 유기물 복합체를 전구체로 해서 생겨났다고 하는 코아세르베이트설을 주장하였다. 코아세르베이트가 단백질과 지질로 된 막에 싸이고, 그 속에 핵산이나 ATP, 촉매작용을 하는 단백질 등이 들어 있는 하나의 정돈된 형태를 갖추게 되면서 원시세포가 되었을 것이며, 이 원시세포가 DNA에 의한 자기복제능력을 갖게 되고, 핵산에 의한 단백질합성능력과 ATP에 의한 에너지대사능력을 가지게 되면서 원시생명체가 탄생되었을 것이라고 설명하였다.

Answer 1.① 2.③

3 다음 중 원시대기에 거의 존재하지 않았던 기체는?

① H_2, H_2O
② O_2, CO_2
③ CH_4, NH_3
④ H_2O, CH_4

TIP 원시대기는 이산화탄소나 산소는 거의 없고, 수소, 메탄, 암모니아, 수증기 등으로 구성되어 있었을 것으로 추측된다. 또 대기 중에는 오늘날과 같은 오존층이 형성되어 있지 않아서 태양으로부터 오는 강한 자외선이 지표면까지 도달했을 것이다.

4 격리된 집단에서 유전자의 돌연변이나 도태를 무시하면 대립유전자의 빈도는 거의 변하지 않고 유전자형의 비율이 평형을 유지하게 되는 법칙은?

① 멘델의 법칙
② 베르그만의 법칙
③ 레비그의 법칙
④ 하디 · 바인베르크의 법칙

TIP 하디 · 바인베르크의 법칙 … 임의교배가 가능한 생물집단에서의 유전자의 빈도나 유전자형의 비는 몇 세대를 지나도 변하지 않는다.

5 오파린의 가설에 의한 원시생명체의 출현순서로 옳은 것은?

① 독립영양생물→무기호흡을 하는 종속영양생물→유기호흡을 하는 종속영양생물
② 무기호흡을 하는 독립영양생물→유기호흡을 하는 독립영양생물→종속영양생물
③ 무기호흡을 하는 종속영양생물→독립영양생물→유기호흡을 하는 종속영양생물
④ 유기호흡을 하는 독립영양생물→종속영양생물→무기호흡을 하는 독립영양생물

TIP 원시생명체의 진화과정 … 무기호흡을 하는 종속영양생물→독립영양생물→유기호흡을 하는 종속영양생물

Answer 3.② 4.④ 5.③

6 **영국의 후추나방은 과거에는 회색나방만이 살고 있었으나, 그을음으로 오염된 현재의 공업도시 주변에는 검은나방이 더 많이 살고 있다. 이러한 사실과 내세울 수 있는 가장 타당한 진화설은?**

① 용불용설
② 자연선택설
③ 정향진화설
④ 격리설

TIP 자연선택설 … 다윈에 의해서 주장된 학설로 많은 생물들 중에서 생존경쟁에서 유리한 형질을 가진 종만 살아남게 되고, 살아남은 개체들의 그 유리한 형질이 자손에게 유전되어 새로운 종이 형성된다고 하는 이론이다.

7 **원시대기에 존재하지 않던 오존층의 발생이 생물의 진화에 미친 영향으로 볼 수 있는 것은?**

① 육상생물의 등장
② 독립영양생물의 등장
③ 최초의 원시생명체의 탄생
④ 유기호흡을 하는 생물의 등장

TIP 원시대기에는 산소의 양이 매우 희박하였으나, 독립영양생물이 출현하여 광합성을 시작함으로써 대기 중의 산소의 양이 급격히 증가하게 되었고, 이로 인해 오존층이 형성되었다. 오존층의 형성은 태양으로부터 오는 자외선을 막아 주어서 육상에서도 생물이 살 수 있는 환경을 조성해 주었다.

8 **파스퇴르가 생물속생설을 증명하기 위해서 행한 실험에 대한 설명으로 옳지 않은 것은?**

① 플라스크에 유기물을 넣고 가열한 것은 유기물 속에 있는 미생물을 제거하기 위한 것이다.
② 플라스크의 목을 늘인 것은 공기 중의 미생물이 들어가지 못하도록 하기 위한 것이다.
③ 유기물을 충분히 끓여서 잘 씻은 플라스크에 넣은 후, 플라스크의 목을 길게 늘여 공기 중에 방치하였다.
④ 유기물에서는 미생물이 발생하지 않았으나, 플라스크의 입구에서는 미생물이 발생하였다.

TIP ③ 유기물을 플라스크에 넣은 후 플라스크와 함께 가열하고, 플라스크의 목을 늘인 후에도 또 충분히 가열하여 미생물을 완전히 제거하였다.

Answer 6.② 7.① 8.③

9 **갈라파고스군도의 멧새로 설명할 수 있는 진화의 증거는?**

① 생물지리학상의 증거
② 화석상의 증거
③ 비교해부학상의 증거
④ 생화학상의 증거

TIP 남아메리카 페루 서쪽에 있는 갈라파고스 군도의 멧새들은 섬마다 각기 부리의 모양이 다르다. 이 사실은 한 땅덩어리였던 지역이 여러 개의 섬으로 나누어지면서 지리적으로 격리되어, 각 섬의 새들이 그 지역에서 얻을 수 있는 먹이에 맞게 진화하였기 때문에 나타난 사실이다.

10 **진화의 증거 중 개의 앞다리와 닭의 날개는 상동기관이고, 고래에는 뒷다리의 흔적이 있다는 사실을 뒷받침할 수 있는 증거는?**

① 분류상의 증거
② 분포상의 증거
③ 개체발생상의 증거
④ 비교해부학상의 증거

TIP 고래의 뒷다리 흔적은 흔적기관으로 비교해부학상의 증거이다.

Answer 9.① 10.④

11 다음 중 표준화석이 아닌 것은?

① 삼엽충　　② 암모나이트
③ 공룡　　④ 산호

TIP ④ 지층이 쌓일 당시의 환경이 바다였음을 알게 해주는 것으로, 이러한 화석을 시상화석이라고 한다.
※ 표준화석 … 화석이 발견된 지층의 시대를 알게 해주는 것으로, 짧은 시대에 크게 번성했던 생물의 화석이 표준화석이 된다. 삼엽충은 고생대의 표준화석이며, 암모나이트와 공룡은 중생대의 표준화석이다.

Answer 11.④

생물의 다양성

01 원생생물계

02 식물계

03 동물계

01 원생생물계

01 원생생물의 분류기준

❶ 핵막과 동화색소에 따른 분류

(1) 핵막의 유무에 따른 분류

① **원핵생물** … 핵막이 없어서 핵과 세포질의 구분이 뚜렷하지 않은 원핵세포로 이루어진 생물이다. 세균류와 남조류가 원핵생물에 속한다.

② **진핵생물** … 핵막이 있어 핵이 뚜렷이 구분되는 진핵세포로 이루어진 생물이다. 편모류, 섬모류, 위족류, 점균류, 포자류가 진핵생물에 속한다.

(2) 동화색소(엽록소)의 유무에 따른 분류

엽록소를 가지고 있어서 광합성을 할 수 있는 원생생물에는 남조류와 유글레나, 볼복스 등이 있다. 대부분의 원생생물은 엽록소가 없어 광합성을 할 수 없는 종속영양생물이다.

❷ 세포구조의 발단단계에 따른 분류

(1) 세포구조의 발달단계

비세포단계 → 원핵단계 → 진핵단계

(2) 비세포단계의 생물군

세포의 구조가 발달된 단계를 보면, 먼저 바이러스와 같이 세포의 체제를 갖추지 못한 비세포단계의 생물이 있었다.

(3) 원핵생물군

세포막과 핵산 등 기본적인 세포의 체제를 갖추었으나 핵막이 없고, 핵과 소포체 등 다른 막성 소기관들이 분화되지 못한 원핵단계의 생물군이 있었다.

(4) 진핵생물군

핵막이 있고 세포막, 소포체, 골지체, 미토콘드리아 등의 막성 소기관들도 분화되어 있는 진핵단계의 생물군이 있었다.

02 원생생물의 분류

❶ 비세포생물

(1) 바이러스

① 특성

㉠ 바이러스는 크기가 0.01 ~ 0.2μm 정도로서 리보솜보다도 작은 가장 단순한 형태의 생물이다.

㉡ 바이러스는 단백질의 껍질과 그 속에 들어 있는 핵산으로 구성되어 있다.

㉢ 생물적 특성과 무생물적 특성을 모두 가지고 있는 중간형의 존재이다.

- 생물적 특성 : 유전물질인 핵산을 가지고 있으며, 살아 있는 세포 내에서 자기증식능력을 가진다.
- 무생물적 특성 : 살아 있는 세포 밖에 존재하면 증식하지 못하며, 공기 중에서는 단백질 덩어리에 불과하다.

② 종류

㉠ 핵산의 종류에 따른 바이러스

- DNA 바이러스 : 박테리오파지, 천연두 · 뇌염 · 수두 바이러스 등
- RNA 바이러스 : 담배 모자이크 바이러스(TMV), 소아마비 바이러스, HTV[후천성면역결핍(AIDS) 바이러스] 등

㉡ 기생하는 숙주의 종류에 따른 바이러스

- 동물성 바이러스 : 천연두 바이러스, 소아마비 바이러스, 뇌염 바이러스 등
- 식물성 바이러스 : 담배 모자이크 바이러스(TMV), 감자의 위축병 바이러스 등
- 세균성 바이러스 : 박테리오파지(T_2 파지) 등

TIP **박테리오파지** … T_2 파지는 유전연구에 중요한 재료로 쓰인다.

㉢ 볼티모어의 바이러스 분류

- dsDNA바이러스(겹가닥 DNA 바이러스) : 아데노바이러스, 헤르페스바이러스, 마마바이러스 등
- ssDNA바이러스(외가닥 DNA 바이러스) : 파르보바이러스 등
- dsRNA바이러스(겹가닥 RNA 바이러스) : 레오바이러스 등
- (+)ssRNA바이러스(양성-극성 외가닥 RNA 바이러스) : 피코르나바이러스, 코로나바이러스, 토가바이러스 등
- (−)ssRNA바이러스(음성-극성 외가닥 RNA 바이러스) : 오르토믹소바이러스, 라브도바이러스 등
- ssRNA-RT바이러스(외가닥 RNA-RT 바이러스) : 레트로바이러스 등
- dsDNA-RT바이러스(겹가닥 DNA-RT 바이러스) : 헤파드나바이러스 등

TIP 인체면역결핍바이러스(HIV)

인체면역결핍바이러스(HIV)는 다른 많은 바이러스들과 마찬가지로 DNA보다 RNA에 유전 정보를 저장하는 레트로 바이러스이다. HIV가 인체 세포에 침투했을 때, HIV는 HIV의 RNA를 배출하고, 역전사효소라 불리는 효소가 HIV RNA의 DNA 복제본을 만든다. 위 결과로 발생되는 HIV DNA는 감염된 세포의 DNA로 통합된다. 이 과정은 DNA의 RNA 복제본을 만드는 인체 세포에 의해 사용되는 것과는 반대되는 과정이다. 따라서, HIV는 반대된(거꾸로) 과정으로 언급되는 레트로 바이러스에 해당된다.

HIV는 점진적으로 $CD4^+$ 림프구라는 특정 유형의 백혈구를 파괴한다. 림프구는 이물 세포, 감염성 생물 및 암에 대하여 신체를 보호한다. 따라서, HIV가 $CD4^+$ 림프구를 파괴할 때, 사람들은 다른 많은 감염성 생물에 의한 공격에 감염되기가 쉽다. 사망을 포함한 HIV 감염으로 인한 많은 합병증은 대개 이러한 다른 많은 감염성 생물에 의한 감염들로 인해 기인하고 HIV 감염이 직접적으로 기인하는 것은 아니다.

HIV-1은 밀접하게 관련된 침팬지 바이러스에 처음 사람들이 감염되었던 20세기 전반 동안 중앙 아프리카에서 유래되었다. HIV-1의 세계적인 확산은 1970년대 후반에 시작되었고, 1981년에 AIDS가 처음으로 인식되었다.

(2) 리케차

① 특성

㉠ 바이러스보다 크고 세균보다는 작은 비세포단계의 기생생물로, 비세포성이어서 살아 있는 생물세포에서만 생장과 증식을 할 수 있다.

㉡ 약간의 물질대사능력이 있으나 생활에는 부족하므로 다른 생물체에 기생생활을 한다(생명을 유지하기 위해서는 숙주세포로부터 ATP 등을 공급받아야 한다).

㉢ 바이러스와 같이 생물과 무생물의 중간단계에 있는데, 바이러스가 DNA와 RNA의 2가지 핵산 중에서 하나만을 가지는 것과는 달리 리케차는 2종류의 핵산을 모두 가진다.

㉣ 리케차는 약간의 효소를 가지고 있으므로 바이러스보다는 고등하다.

② 종류 … 발진티푸스, 발진열 등의 병원체가 있다.

❷ 원핵생물

(1) 세균류

① 특성

㉠ 크기가 평균 $1 \sim 5\mu m$ 정도로 생물들 중에서 가장 작으며 단세포이다. 보통 박테리아라고 불린다.

㉡ 핵막이 없으며 미토콘드리아, 소포체, 골지체 등의 막성 소기관은 없지만 리보솜이 있어 물질대사를 할 수 있는 효소를 합성한다.

㉢ 종속영양과 독립영양

• 종속영양 : 대부분이 엽록소가 없어 광합성을 하지 못하므로 숙주에 기생하는 종속영양을 한다.

• 독립영양

−광합성 : 일부는 세균엽록소를 가지고 있어서 광합성을 한다.

−화학합성 : 토양세균의 일종인 질화세균이나 철세균, 황세균 등은 화학합성을 한다.

㉣ 보통은 분열을 통해서 번식한다. 환경이 좋지 않을 때는 두꺼운 막의 내생포자를 형성하여 휴면함으로써 불리한 환경을 견뎌가는 것도 있다.

② 종류

㉠ **진정세균류** : 종속영양을 하는 세균들로 병원체가 되거나, 죽은 생물을 분해하여 생활한다.

• 구균 : 폐렴균, 화농균 등

• 간균 : 대장균, 결핵균, 장티푸스균 등

• 나선균 : 콜레라균, 스피로헤타 등

㉡ **광합성 세균류** : 빛에너지를 사용하여 양분을 합성한다.

• 홍색광합성 세균 : 세균엽록소 a와 b를 가지고 있어서 광합성을 통해 양분을 합성한다.

• 녹색광합성 세균 : 세균엽록소 c와 d를 가지고 있어서 광합성을 통해 양분을 합성한다.

㉢ **화학합성 세균류** : 화학에너지를 사용하여 양분을 합성한다. 철세균, 황세균, 질산균, 아질산균 등이 여기에 속한다.

(2) 남조류

① 특성

㉠ 단세포생물이지만 군체를 이루어 생활하는 것이 많아서 다세포생물처럼 보이기도 한다.

㉡ 엽록소 a와 남조소라는 색소를 가지고 있어서 광합성을 하는데, 남조류의 엽록소는 고등식물과 같이 엽록체에 들어 있지 않고 세포질에 흩어져 있다.

㉢ 건조한 환경에 잘 견디며, 분열법 또는 포자로 번식한다.

② **종류** … 흔들말, 염주말 등이 있다.

❸ 진핵생물

(1) 편모류

① 특성

㉠ 원생생물 중에서는 가장 진화한 생물이다.

㉡ 단세포생물이며, 운동기관인 편모를 가진다.

㉢ 분열법을 통해서 번식하고 환경이 나빠지면 포자를 형성하여 휴면상태로 지낸다.

② 종류

㉠ **식물성 편모류**: 엽록소를 가지고 있어서 광합성을 통해 양분을 합성한다. 유글레나, 클라미도모나스, 판도리나, 볼복스 등이 있다.

㉡ **동물성 편모류**: 양분을 합성하지 못하므로 종속영양을 한다. 뿔말, 트리파노소마, 야광충 등이 있다.

㉢ **유글레나**: 식물성 기관인 엽록체와 동물성 기관인 편모, 안점, 수축포를 동시에 갖는 생물로서 식물과 동물의 중간단계에 있다.

(2) 섬모류

① 특성

㉠ 영양핵인 대핵(RNA를 합성하여 세포의 대사작용 조절)과 생식핵인 소핵을 갖는다.

㉡ 세포기관이 발달하여 분화된 세포기관인 수축포, 세포입, 식포를 갖는다.

㉢ 체표면에 섬모가 많아서 섬모로 운동한다.

㉣ 분열법을 통해서 번식하나, 환경이 나쁠 때는 접합을 통한 유성생식을 한다.

② 종류 … 짚신벌레, 나팔벌레, 종벌레 등이 있다.

(3) 위족류

① 특성

㉠ 위족으로 운동하고, 식세포작용을 통해 먹이를 잡아 양분을 섭취한다.

㉡ 수축포를 통해서 배설하며, 분열법을 통해서 번식한다.

㉢ 발생의 과정 중에 편모가 나타나는 시기가 있어서 편모류와 유연관계가 있는 것으로 추측된다.

② 종류 … 아메바, 태양충, 방산충, 유공충 등이 있다.

(4) 포자류

① 특성

㉠ 운동성이 없고, 모두 기생생활을 하기 때문에 세포기관의 분화는 거의 없다.

㉡ 주로 포자로 번식하는데, 숙주에 감염하여 유성생식과 무성생식의 단계를 거치는 복잡한 생활사를 갖는다.

㉢ 생활사 중에 위족이나 편모를 갖는 시기가 있어서 위족류나 편모류와 유연관계가 있는 것으로 추측된다.

② 종류 … 말라리아 병원충, 미립자 병원충 등이 있다.

(5) 점균류(변형균류)

① 특성

㉠ 세포벽이 없는 원형질 덩어리로, 다핵의 변형체이며 위족운동을 한다.

㉡ 변형체는 주로 습한 곳에서 산다.

㉢ 생활사 중 편모형, 아메바형, 피막형의 시기를 거친다.

㉣ 변형체가 고착해서 포자낭이 되고 그 속에서 포자가 생겨 발아하여 유주자가 된다. 유주자 2개가 접합한 후 분열하여 변형체를 형성하는 방식으로 생식을 한다(변형체기→포자형성기→유성생식기).

② 종류 … 점균, 털먼지곰팡이, 자주먼지곰팡이 등이 있다.

최근 기출문제 분석

2020. 6. 13. 제1 · 2회 서울특별시

1 〈보기 1〉은 사람면역결핍바이러스(HIV)의 모식도이다. 〈보기 2〉에서 옳은 것을 모두 고른 것은?

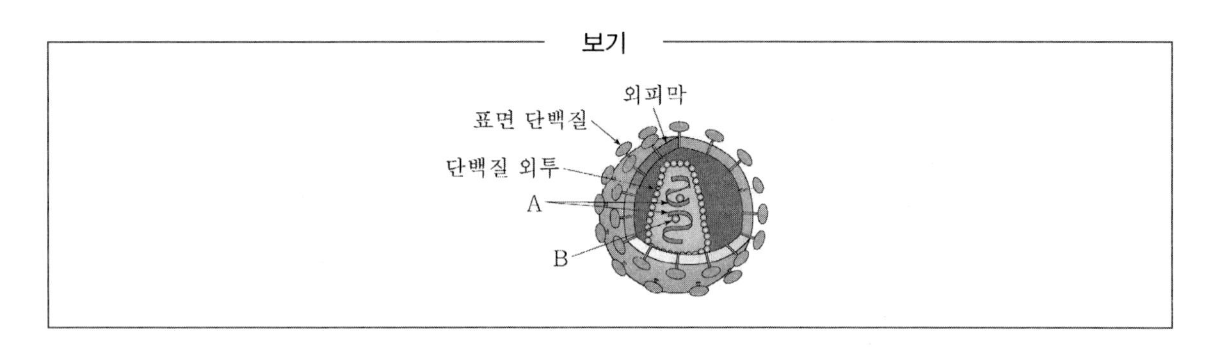

보기

㉠ A는 RNA이다.
㉡ B는 숙주세포에 침투 시 필요한 단백질분해효소이다.
㉢ HIV는 주로 CD8 T세포를 감염시켜 면역력을 약화시킨다.
㉣ HIV는 아데노바이러스에 속한다.

① ㉠　　② ㉠㉡
③ ㉠㉢　　④ ㉠㉣

TIP HIV는 RNA바이러스로 주로 헬퍼 T세포(T세포의 $CD4^+$부위), 대식세포, 수지상 세포등의 살아있는 면역 세포들을 감염시킨다. CD8 세포독성 림프구가 감염된 $CD4^+$ T세포를 인지하여 파괴하면 $CD4^+$ T세포수가 급감하여 세포매개성 면역이 상실되어 기회감염에 쉽게 노출된다. 아데노바이러스는 감기를 유발하는 바이러스로 HIV와는 관계가 없다. A는 RNA이고 B는 역전사효소(reverse transcriptase)이다.

Answer 1.①

2020. 6. 13. 제1 · 2회 서울특별시

2 **각 생물체의 특성에 대한 설명으로 가장 옳지 않은 것은?**

① 세균 – 핵이 있는 가장 다양하고 잘 알려진 단세포 생물집단

② 균류 – 외부의 물질을 분해하여 이 과정에서 방출되는 영양분을 흡수하는 단세포 또는 다세포 진핵생물집단

③ 고세균 – 세균보다 진핵생물과 밀접한 관련이 있는 단세포 생물집단

④ 원생생물 – 식물, 동물 또는 균류가 아닌 진핵생물집단

TIP ① 세균은 핵막이 없는 원핵세포로 구성되어 있으므로 핵이 없는 단세포 생물의 집단이다.

2019. 6. 15. 제2회 서울특별시

3 **바이러스(virus) 중에서 이중가닥 RNA를 유전체로 가지고 있는 것은?**

① 아데노바이러스(adenovirus)

② 파보바이러스(parvovirus)

③ 코로나바이러스(coronavirus)

④ 레오바이러스(reovirus)

TIP 아데노바이러스는 이중가닥 DNA 바이러스, 파보바이러스는 단일가닥 DNA 바이러스, 코로나바이러스는 단일가닥 RNA 바이러스이다.

2016. 6. 25. 서울특별시

4 **지구상의 생명체는 세균(진정세균), 고세균 및 진핵생물의 세 영역(domain)으로 이루어져 있다. 다음 세 영역에 대한 설명으로 옳은 것은?**

① 세균(진정세균)의 막지질은 에테르(ether) 결합이다.

② 고세균의 리보솜(ribosome)은 80S이다.

③ 진핵생물의 개시 tRNA는 포르밀메싸이오닌(formylmethionine)이다.

④ 고세균에는 오페론(operon)이 있다.

TIP ① 세균의 막지질은 에스터(ester) 결합이다.
② 고세균의 리보솜은 70S이다.
③ 진핵생물의 개시 tRNA는 메싸이오닌이다.

Answer 2.① 3.④ 4.④

출제 예상 문제

1 **동물 virus 중 DNA를 가지고 있는 것은?**

① 에볼라 바이러스 ② 홍역 바이러스
③ 인플루엔자 바이러스 ④ 대상포진 바이러스

TIP ①②③ RNA 바이러스이다.

2 **바이러스의 생물적 특징이 아닌 것은?**

① 스스로 효소합성하지 못한다. ② DNA, RNA를 가지고 있다.
③ 돌연변이가 발생한다. ④ 공기 중에서 단백질 결정체로 추출된다.

TIP 바이러스의 특성
㉠ 생물적 특성
• DNA와 RNA를 가지고 있다.
• 효소나 세포 구조를 지니지 않아 스스로 물질대사를 하지 못한다.
• 숙주세포 내에서만 증식이 가능하다.
• 돌연변이를 발생시킨다.
㉡ 비생물적 특성 : 공기 중에서 결정체 상태로 존재한다.

3 **다음 중 원핵생물에 속하는 박테리아와 남조류의 차이점은?**

① 단세포 ② 균사의 유무
③ 엽록소의 유무 ④ 미토콘드리아의 유무

TIP 박테리아는 화학합성을 하는 철세균, 황세균류와 광합성 세균류를 제외하고는 엽록체가 없는 종속영양생물이며, 남조류는 엽록소 a와 남조소라는 색소를 가지고 있어서 광합성을 한다.

Answer 1.④ 2.④ 3.③

4 **원생생물을 분류할 때 원핵생물과 진핵생물로 분류하는 기준은?**

① 단세포와 다세포
② 동화색소의 유무
③ 핵막의 유무
④ 생식의 방법

TIP 원생생물
㉠ 원핵생물 : 핵막이 없어서 핵과 세포질의 구분이 뚜렷하지 않은 원핵세포로 이루어진 생물로 세균류와 남조류가 원핵생물에 속한다.
㉡ 진핵생물 : 핵막이 있어 핵이 뚜렷이 구분되는 진핵세포로 이루어진 생물로 편모류, 섬모류, 위족류, 점균류, 포자류가 진핵생물에 속한다.

5 **원생생물 중 편모를 가지고 운동하며, 광합성도 할 수 있고 분열에 의하여 번식하는 것은?**

① 짚신벌레
② 유글레나
③ 아메바
④ 바이러스

TIP 유글레나 … 운동성이 있는 동물의 특성과 광합성을 하는 식물의 특성을 모두 가지고 있는 동물과 식물의 중간형의 생물이다.

6 **다음은 무엇에 관한 설명인가?**

> 바이러스보다 크고 세균보다는 작은 비세포단계의 기생생물로, 약간의 물질대사능력이 있으나 생활에는 부족하므로 다른 생물체에 기생생활을 한다. DNA와 RNA의 두 가지 종류의 핵산을 모두 가진다.

① 박테리아
② 남조류
③ 캘러스
④ 리케차

TIP 리케차 … 바이러스와 같이 생물과 무생물의 중간단계에 있는데, 바이러스가 DNA와 RNA의 두 가지 핵산 중에서 하나만을 가지는 것과는 달리 리케차는 두 종류의 핵산을 모두 가진다. 또한 리케차는 약간의 효소를 가지고 있으므로 바이러스보다는 고등하다고 인정되고 있으며 발진티푸스, 발진열 등의 병원체를 예로 들 수 있다.

Answer 4.③ 5.② 6.④

7 **진핵생물의 종류 중 운동성이 없는 것은?**

① 섬모류　　② 편모류

③ 위족류　　④ 포자류

TIP ①②③ 섬모, 편모, 위족 등의 운동성을 가지고 있다.

※ 포자류 … 운동성이 없고 기생생활을 하기 때문에 세포기관의 분화는 없다. 포자로 번식을 하고 숙주에 감염하여 유성·무성생식의 단계를 거치는 복잡한 생활사를 갖는다.

Answer 7.④

02 식물계

01 식물의 분류기준

❶ 영양획득방법과 동화색소에 따른 분류

(1) 영양획득방법에 따른 분류

① 독립영양식물 … 균류를 제외한 모든 조류와 육상식물은 엽록소가 있어 광합성을 통해서 양분을 합성한다.

② 종속영양식물 … 균류는 엽록소가 없어서 양분을 합성할 수 없다.

(2) 동화색소의 종류에 따른 분류

① 엽록소 a 함유식물 … 균류를 제외한 모든 식물은 엽록소를 가지는데, 엽록소 중에서 엽록소 a는 모든 식물에 다 포함되어 있고, 종류에 따라서 엽록소 b, c, d 등을 가진다.

② 엽록소 a, b 함유식물 … 녹조식물, 차축조식물, 선태식물, 양치식물, 종자식물이 엽록소 a, b를 함유하고 있다.

③ 엽록소 a, c 함유식물 … 규조식물, 갈조식물이 엽록소 a, c를 함유하고 있다.

④ 엽록소 a, d 함유식물 … 홍조식물이 엽록소 a, d를 함유하고 있다.

❷ 기관의 분화와 관다발 · 꽃에 따른 분류

(1) 기관의 분화에 따른 분류

① 경엽식물 … 잎, 줄기, 뿌리의 구별이 뚜렷한 것들로 양치식물이나 종자식물이 해당된다.

② 엽상식물 … 잎, 줄기, 뿌리의 구별이 뚜렷하지 않은 것들로 균류나 조류가 해당된다.

(2) 관다발의 유무에 따른 분류

① **관다발식물** … 관다발이 분화되어 있는 식물로, 육상생활을 하는 양치식물이나 종자식물이 해당된다.

② **비관다발식물** … 관다발이 분화되어 있지 않은 식물로, 물 속이나 습한 곳에서 사는 선태식물이나 조류 등이 해당된다.

(3) 꽃의 유무에 따른 분류

① **종자(꽃)식물** : 꽃이 피고, 종자로 번식하는 식물로 겉씨식물과 속씨식물이 있다.

② **민꽃식물** : 꽃이 없고 포자로 번식하는 식물로 조류, 균류, 양치식물, 선태식물 등이 있다.

02 식물의 분류

❶ 조균식물

(1) 조균식물의 특성

① 엽록소가 없어서 낙엽이나 식물에 기생 또는 부생생활을 하는 종속영양식물이다.

② 실 모양의 균사체로 되어 있고, 균사에 격막(격벽)이 없고 다핵성이다.

③ 세포벽은 셀룰로스와 키틴질로 되어 있다.

④ 일반적으로는 균사 끝에서 포자나 유주자에 의해 무성생식으로 번식한다. 그러나 환경이 나빠지면 균사의 접합을 통한 접합포자를 만들어서 유성생식을 하기도 하며, 접합포자는 불리한 환경에서 휴면상태로 지낸다.

(2) 조균식물의 종류

털곰팡이, 빵곰팡이, 물곰팡이, 거미줄곰팡이 등이 있다.

❷ 진균식물

(1) 진균식물의 특성

① 엽록소가 없어 기생생활을 하는 종속영양생물이다.

② 몸은 대부분 다세포의 균사체로 되어 있고, 균사에는 격막이 있다.

③ 조균식물과 같이 평상시에는 포자를 통한 무성생식을 하고, 환경이 불리해지면 접합포자를 만들어 유성생식을 한다.

(2) 진균식물의 종류

① 자낭균류

㉠ 푸른곰팡이, 누룩곰팡이, 붉은빵곰팡이 등의 곰팡이 무리와 효모 등이 자낭균류에 속한다.

㉡ 효모를 제외하고는 모두 다세포의 격막을 가진 균사로 되어 있다.

㉢ 남조류나 녹조류와 공생하여 지의류를 만든다.

㉣ 자낭포자, 분생포자, 출아법에 의한 생식법

- 자낭포자에 의한 번식 : 균사의 끝이 접합해서 자낭을 만들고 그 속에 8개의 자낭포자가 생겨서 번식한다. 붉은빵곰팡이는 자낭포자에 의해서 번식한다.
- 분생포자에 의한 번식 : 균사의 끝이 잘라져서 생기는 포자를 분생포자라고 한다. 누룩곰팡이와 푸른곰팡이는 분생포자에 의해서 번식한다.
- 출아법에 의한 번식 : 효모는 몸의 일부가 혹처럼 부풀어올라서 떨어져 나가 개체를 이루는 출아법에 의해서 번식한다.

② 담자균류

㉠ 버섯 종류와 깜부기균, 녹병균 등이 담자균류에 속한다.

㉡ **담포자에 의한 번식** : 포자가 발아하면 격막이 있는 균사가 되고, 두 개의 균사가 접합한 후 생장하면 버섯의 몸을 이루는 포자의 집합체인 자실체가 된다. 자실체의 끝에 담자자루를 만들어서 4개의 담포자(담자포자)를 생성한다.

TIP 포자를 형성하는 방법에 따라서 자낭균류와 담자균류로 나눈다.

❸ 홍조식물

(1) 홍조식물의 특성

① 대부분 바다에 살고(해조류라고 부르는 식물 중 대부분을 차지), 몸은 다세포이며 기관의 분화는 없다.

② 동화색소로 엽록소 a와 d, 홍조소와 남조소를 가지며 광합성 산물은 홍조녹말이다.

③ 일반적으로 붉은색을 띤다. 같은 종이라도 깊이에 따라 색이 다른데, 이것은 수심별로 광합성에 이용할 수 있는 빛에 적응한 것이다.

④ 수정에 의한 유성생식과 포자에 의한 무성생식을 반복하는 세대교번을 한다. 포자에 편모가 없어서 운동성이 없으므로 홍조식물의 포자를 부동포자라고 한다.

(2) 홍조식물의 종류

김, 우뭇가사리, 풀가사리, 해인초 등이 있다.

❹ 규조식물

(1) 규조(황조)식물의 특성

① 바다나 민물에서 플랑크톤 생활을 하며, 대부분 단세포이다.

② 동화색소로 엽록소 a와 c, 카로티노이드계 색소, 규조소를 가지고 있으며, 광합성 산물은 다당류나 유지이다.

③ 세포벽에는 규산질이 있어서 단단하며, 해저에 퇴적되어 규조토를 형성한다.

④ 세포벽은 상하 2개의 껍질로 되어 있는데, 2개의 껍질이 떨어지고 각각 반대쪽 껍질을 새로 만드는 방법으로 번식한다. 분열을 통한 번식이므로 세대를 거듭하면 개체가 점점 작아진다. 그러면 증대포자를 형성하여 유성생식을 하기도 한다.

(2) 규조식물의 종류

별돌말, 실패돌말, 뿔돌말, 깃돌말, 부채돌말 등이 있다.

❺ 갈조식물

(1) 갈조식물의 특성

① 몸은 다세포이며 뿌리, 줄기, 잎의 구분이 없는 엽상체이다.

② 동화색소로 엽록소 a와 c, 갈조소를 가지고 있으며, 광합성 산물은 다당류의 일종인 라미나린(laminarin)과 만니톨(mannitol)이다.

③ 무성생식과 유성생식을 교대로 하는 세대교번의 방식으로 번식한다.

④ 대부분 바다에 살며 식용으로 이용된다.

(2) 갈조식물의 종류

미역, 다시마, 모자반, 톳 등이 있다.

❻ 녹조식물

(1) 녹조식물의 특성

① 단세포 또는 다세포식물로, 독자생활을 하거나 군집생활을 한다.

② 세포벽은 셀룰로스이다.

③ 동화색소로 엽록소 a와 b, 카로틴, 크산토필을 가지고 있으며 광합성 산물은 녹말이다.

④ 동화색소와 광합성 산물로 보아 육상생물과 유연관계가 있다.

⑤ 생식법

㉠ **분열법** : 클로렐라, 반달말, 장구말 등의 단세포 개체들은 분열법을 통해서 증식한다.

㉡ **포자법**(유주자, 포자에 의한 생식) : 파래나 청각과 같은 다세포 개체들은 유주자나 포자를 만들어 증식한다.

㉢ **접합** : 해캄은 동형배우자의 결합인 접합을 통해서 증식한다.

(2) 녹조식물의 종류

클로렐라, 반달말, 장구말, 파래, 청각, 해캄 등이 있다.

❼ 차축조식물

(1) 차축조식물의 특성

① 대부분 다세포로 되어 있으며, 잎이 줄기를 축으로 방사상으로 돌려나 있어서 윤조식물이라고도 한다.

② 동화색소로 엽록소 a와 b를 가지며, 고유한 색소는 가지지 않는다.

③ 가지의 장정기와 장란기에서 각각 정자와 난세포를 만들어 수정하여 수정란을 만들고, 수정란이 발아하여 새로운 개체를 만드는 방법의 유성생식을 한다. 수정란이 발아하여 새로운 개체가 될 때 감수분열이 일어나므로 본체의 핵상은 언제나 단상(n)이다.

(2) 차축조식물의 종류

쇠뜨기말, 깔때기말 등이 있다.

❽ 선태식물

(1) 선태식물의 특성

① 보통 이끼라고 불리는데, 우산이끼의 태류와 솔이끼의 선류를 합하여 선태류라고 한다.

② 그늘지고 습한 곳에서 서식하는 것으로 보아 수중생활에서 육상생활로 진화하는 중간단계의 식물이다.

③ 관다발이 없고 조직의 분화가 뚜렷하지 않으며, 뿌리는 헛뿌리이고 대부분 자웅이주이다.

④ 동화색소로는 엽록소 a와 b를 가지고 있으며, 광합성 산물은 녹말이다.

⑤ 뚜렷한 세대교번을 한다. 암·수의 구별이 있는 배우체에서 장정기와 장란기가 생기고 여기에서 각각 정자와 난세포를 만든다. 정자와 난세포가 수정되면 복상(2n)인 포자체가 생기고 포자체에서 다시 단상(n)인 포자를 만들어 번식한다.

(2) 선태식물의 종류

① **선류** … 외관상 줄기와 잎의 구별이 있는 것으로 솔이끼와 물이끼가 여기에 속한다.

② **태류** … 줄기와 잎의 구분이 없이 전체가 엽상체로 되어 있는 것으로 우산이끼, 뿔이끼, 뱀이끼 등이 여기에 속한다.

❾ 양치식물

(1) 양치식물의 특성

① 뿌리, 줄기, 잎의 구분이 있다.

② 관다발이 발달하기 시작하는데, 형성층이 없이 물관부와 체관부로만 되어 있고 물관부는 헛물관이다.

③ 동화색소로는 엽록소 a와 b를 가지며, 광합성 산물은 녹말이다.

④ 뚜렷한 세대교번을 한다. 식물의 본체인 포자체(2n)의 뒷면에 포자가 생겨서 땅에 떨어져 발아하면 배우체인 전엽체(n)가 된다. 전엽체가 각각 장정기와 장란기가 되어 정자와 난세포를 만들고, 이들이 수정되어 본체인 포자체가 된다.

(2) 양치식물의 종류

① **석송류** … 솔입난, 석송·부처손 등이 있다.

② **속새류** … 쇠뜨기·속새 등이 있다.

⑩ 종자식물

(1) 종자식물의 특성

① 뿌리, 줄기, 잎의 구별이 뚜렷하고 관다발이 발달한 가장 고등한 식물문이다.

② 생식기관으로 꽃이 피고 씨를 맺어 번식한다.

③ 배우체는 생식세포인 수술의 화분과 암술의 밑씨 속에 들어 있는 배낭으로 꽃의 한 부분을 이루고 있으므로 세대교번은 없다. 배우체에서 만들어진 정자와 난세포의 수정을 통해서 새로운 개체를 만드는 양성생식을 한다.

(2) 종자식물의 종류

① **겉씨식물** … 밑씨가 씨방이 없이 밖으로 노출되어 있는 것으로, 과일이 없이 종자만 생기는 식물이다. 소나무, 은행나무, 소철, 잣나무 등이 여기에 속한다.

② **속씨식물** … 밑씨가 씨방 속에 들어 있는 것으로, 오늘날 가장 번성하고 있는 식물이다. 떡잎의 수에 따라서 외떡잎식물과 쌍떡잎식물로 구분된다.

㉠ **외떡잎식물** : 잔디, 강아지풀, 보리, 벼, 옥수수 등

㉡ **쌍떡잎식물** : 아카시아, 배추, 개나리, 강낭콩, 호박 등

③ 겉씨식물과 속씨식물

구분	겉씨식물	속씨식물
밑씨	노출	씨방에 싸여 있다.
물관부	헛물관	물관
체관부	반세포가 없다.	반세포가 있다.
수정	중복수정을 하지 않는다.	중복수정을 한다.
배젖	제 1 차 배젖(n)	제 2 차 배젖(3n)

④ 외떡잎식물과 쌍떡잎식물

구분	외떡잎식물	쌍떡잎식물
떡잎수	1장	2장
잎맥	나란히맥(평행맥)	그물맥
뿌리	수염뿌리	원뿌리와 곁뿌리
형성층	없다.	있다.
꽃잎	3장 또는 그 배수	4, 5장 또는 그 배수
중심주	부제 중심주(관다발이 산재)	진정 중심주(관다발이 환상으로 배열)

최근 기출문제 분석

2020. 6. 13. 제1 · 2회 서울특별시

1 목본식물이 2기 생장을 통하여 얻을 수 있는 결과로 가장 옳은 것은?

① 뿌리와 어린 싹을 신장시킨다.

② 줄기와 뿌리를 두껍게 한다.

③ 개화 시기를 조절할 수 있다.

④ 정단분열조직의 수가 늘어난다.

TIP 목본식물이란 나무를 뜻하는 것으로 목질화되는 식물이다. 1차 생장은 뿌리와 줄기 끝에 있는 생장점(growing point, meristem)이 자라는 것을 말하고 2차 생장은 물관부와 체관부 사이에 형성층을 만들고 표피 아래 코르크 형성층을 만드는 것을 뜻한다. 따라서 2차 생장이 일어나면 줄기와 뿌리가 두꺼워진다.

Answer 1.②

출제 예상 문제

1 균류를 조균식물문과 진균식물문으로 분류할 때 그 기준으로 가장 중요한 것은?

① 영양방법
② 서식장소
③ 균사의 격벽유무
④ 생식방법

TIP 균류
㉠ 조균식물 : 몸은 실 모양의 균사체로 되어 있고, 균사에 격벽(격막)이 없으며 다핵성이다.
㉡ 진균식물 : 몸은 다세포의 균사체로 되어 있고, 균사에는 격벽이 있다.

2 다음과 같은 특징을 갖는 식물문은?

• 단세포식물이다.	• 분열법으로 번식한다.
• 담수와 해수에 사는 식물성 플랑크톤이다.	• 증대포자를 가지고 있다.

① 관상식물
② 종자식물
③ 규조식물
④ 홍조식물

TIP 규조식물 … 대부분 단세포이며, 플랑크톤 생활을 한다. 동화색소로 엽록소 a와 c, 규조소를 가지고 있다. 규조류의 세포벽은 상하 2개의 껍질로 되어 있는데, 2개의 껍질이 떨어지고 각각 반대쪽 껍질을 새로 만드는 방법으로 번식한다. 분열을 통한 번식이므로 세대를 거듭하면 개체가 점점 작아진다. 그러면 증대포자를 형성하여 유성생식을 한다. 별돌말, 실패돌말, 뿔돌말, 깃돌말 등이 여기에 포함된다.

Answer 1.③ 2.③

3 다음 엽상식물 중 진균류에 속하는 것은?

① 자낭균, 갈조식물
② 자낭균, 담자균
③ 지의류, 규조
④ 물곰팡이, 털곰팡이

TIP 진균류는 포자의 생성방식에 따라서 자낭균류와 담자균류로 구분된다.

4 다음 중 식물의 분류기준이 될 수 없는 것은?

① 양분의 합성유무
② 핵막의 유무
③ 기관의 분화
④ 동화색소의 종류

TIP 플랑크톤을 제외한 대부분의 식물은 다세포성 생물이며, 핵막과 세포내 막성구조물을 가지고 있으므로 핵막의 유무는 식물의 분류기준이 될 수 없다.

5 진균식물을 다음과 같이 분류하였다. ㉠㉡의 분류기준에 해당하는 것은?

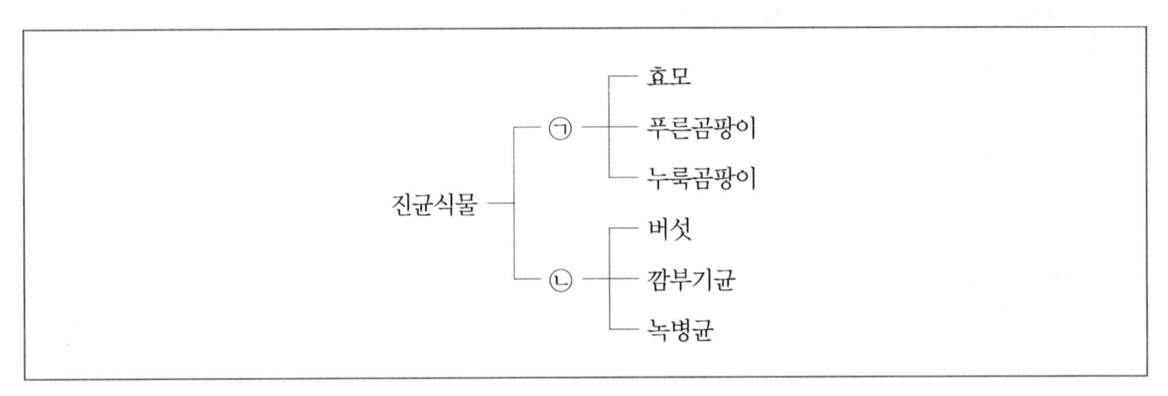

① 동화색소의 유무
② 격막의 유무
③ 포자생성방법의 차이
④ 생식방법의 차이

TIP 진균식물의 종류
㉠ 자낭균류 : 자낭포자, 분생포자, 출아법에 의해 번식하며 효모, 푸른곰팡이, 누룩곰팡이, 붉은곰팡이 등이 있다.
㉡ 담자균류 : 담포자(담자포자)에 의해 번식하며 버섯, 깜부기균, 녹병균 등이 있다.

Answer 3.② 4.② 5.③

6 **다음 중 광합성을 하는 모든 식물에 공통적으로 포함되어 있는 엽록소는?**

① 엽록소 a
② 엽록소 b
③ 엽록소 c
④ 엽록소 d

TIP 엽록소 a는 광합성을 하는 모든 식물에 공통적으로 존재하며, 그 외에 홍조식물에는 엽록소 d가, 갈조식물과 규조식물에는 엽록소 c가 존재한다. 녹조식물 이상에는 엽록소 b가 존재한다.

7 **종자식물을 다음과 같이 분류하였다. ㉠㉡의 분류기준으로 옳은 것은?**

> ㉠ 소나무, 잣나무, 소철, 은행나무
> ㉡ 아카시아, 배추, 옥수수, 벼

① 관다발의 유무
② 종자형성의 유무
③ 씨방의 유무
④ 떡잎의 수

TIP ㉠ 씨방이 없어 밑씨가 외부에 노출되어 있는 겉씨식물이며, ㉡ 밑씨가 씨방 속에 들어 있는 속씨식물이다.

8 **외떡잎식물과 쌍떡잎식물의 차이점으로 옳지 않은 것은?**

① 떡잎의 수
② 잎맥의 모양
③ 관다발의 배열
④ 수정의 과정

TIP ④ 외떡잎식물과 쌍떡잎식물은 모두 속씨식물에 해당하므로 중복수정을 한다.

※ 쌍떡잎식물과 외떡잎식물

구분	떡잎의 수	뿌리	잎맥	형성층	중심주
쌍떡잎식물	1장	원뿌리, 곁뿌리	그물맥	있다.	환상배열
외떡잎식물	2장	수염뿌리	나란히맥	없다.	산재

Answer 6.① 7.③ 8.④

※ 그림은 식물의 계통수이다. 다음 물음에 답하시오. 【9 ~ 11】

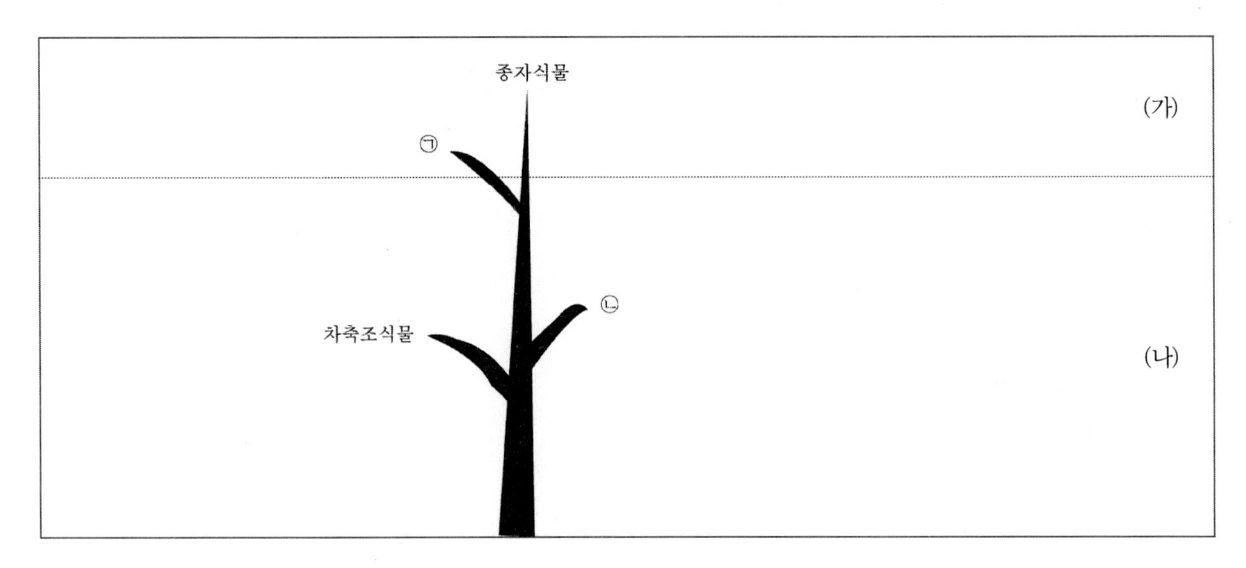

9 그림과 같이 식물을 (가)와 (나)의 두 종류로 구분하는 기준은?

① 서식장소
② 관다발의 유무
③ 꽃의 형성유무
④ 부피생장의 여부

TIP 종자식물은 꽃이 피고 씨를 맺어서 번식하는 반면, 양치식물 이하의 식물들은 꽃이 피지 않는 민꽃식물이다.

10 ㉠㉡에 해당하는 식물이 바르게 짝지어진 것은?

	㉠	㉡
①	버섯	곰팡이
②	버섯	우산이끼
③	고사리	솔이끼
④	고사리	옥수수

TIP ㉠ 양치식물 ㉡ 선태식물

Answer 9.③ 10.③

11 꽃이 피지 않는 민꽃식물 중 가장 발달된 형태를 가지고 있는 식물과 그 판단 기준이 바르게 짝지어진 것은?

① 양치식물 – 관다발을 가진다.
② 선태식물 – 관다발을 가진다.
③ 양치식물 – 세대교번을 한다.
④ 선태식물 – 세대교번을 한다.

TIP 종자식물 이외에 관다발을 가지는 것은 양치식물뿐이므로 양치식물은 다른 식물들보다 종자식물과의 유연성이 크다고 할 수 있다.

12 식물을 다음과 같이 ㉠과 ㉡으로 분류하였을 때 그 분류기준으로 옳은 것은?

> ㉠ 홍조류, 갈조류, 녹조류, 차축조식물, 선태식물
> ㉡ 양치식물, 종자식물

① 동화색소의 종류
② 서식장소
③ 관다발의 유무
④ 종자의 유무

TIP 관다발은 선태식물 이하에서는 볼 수 없으며, 양치식물에서 관다발이 발달되기 시작하여 종자식물에서 뚜렷하게 나타난다.

13 다음 중 유연성이 가장 적은 것은?

① 홍조류
② 남조류
③ 녹조류
④ 갈조류

TIP 남조류는 원생생물 중에서 원핵생물에 속하는 것이고 홍조류와 녹조류, 갈조류는 식물에 속하는 것이다.

Answer 11.① 12.③ 13.②

14 엽록소를 가지고 있어 광합성을 하는 독립영양생물이라는 것은 식물의 가장 큰 특징이다. 다음 중 엽록소가 없어 광합성을 하지 못하는 식물은?

① 균류　　② 갈조류
③ 선태류　　④ 양치류

TIP 조균식물과 진균식물로 분류되는 균류는 엽록체가 없어 기생생활을 하는 종속영양식물이다. 일반적으로 효모와 곰팡이류, 버섯 등이 여기에 해당된다.

15 다음 중 중복수정을 하는 식물은?

① 솔이끼　　② 소나무
③ 은행나무　　④ 옥수수

TIP ① 선태식물　②③ 겉씨식물　④ 속씨식물
중복수정은 속씨식물에서 볼 수 있는 수정의 형태이다.

16 다음은 식물의 계통수를 나타낸 것이다. 점선 안에 있는 식물에서 관찰할 수 없는 것은?

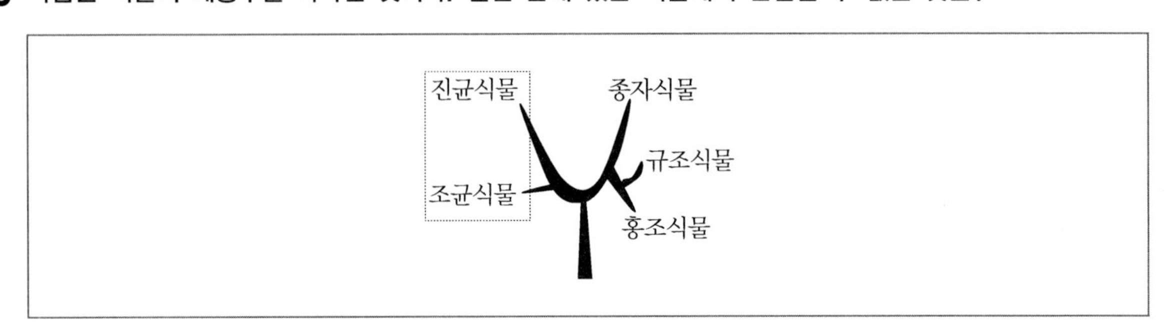

① 양분합성　　② 포자형성
③ 세포호흡　　④ 세포분열

TIP 조균식물과 진균식물의 균류는 엽록소가 없어 양분을 합성하지 못하고 기생생활을 하는 식물이다.

Answer　14.①　15.④　16.①

17 다음과 같은 특징을 갖는 식물은?

- 대부분이 다세포로 되어 있다.
- 색소로 엽록소 a와 b를 가지며, 고유한 색소를 가지지 않는다.
- 잎이 줄기를 축으로 방사상으로 돌려나 있어서 윤조식물이라고도 한다.
- 수정란이 발아하여 새로운 개체가 될 때 감수분열이 일어나므로 본체의 핵상은 언제나 단상(n)이다.

① 규조식물
② 갈조식물
③ 녹조식물
④ 차축조식물

TIP ① 바다나 민물에서 플랑크톤 생활을 하며 대부분 단세포이다. 엽록소 a와 c, 카로티노이드계 색소, 규조소를 가지고 있으며 광합성 산물은 다당류, 유지이다.

② 다세포이며 뿌리, 줄기, 잎의 구분이 없는 엽상체이다. 엽록소 a와 c, 갈조소를 가지며 광합성 산물은 다당류이다. 무성생식과 유성생식을 교대로 하는 세대교번을 한다.

③ 단세포 또는 다세포로 독자 혹은 군집생활을 하며 세포벽은 셀룰로스이다. 엽록소 a와 b, 카로틴, 크산토필을 가지고 있으며 광합성 산물은 녹말이다. 분열법, 포자법, 접합 등의 생식방법으로 번식하며 육상생물과 유연관계에 있다.

Answer 17.④

03 동물계

01 동물의 분류기준

❶ 발생단계의 배엽 수와 중배엽의 기원 및 체강의 유형에 따른 분류

(1) 발생단계의 배엽 수에 따른 분류

① 포배단계의 동물 … 해면동물이 있다.

② 2배엽성 동물 … 내배엽과 외배엽의 두 배엽으로부터 기관이 분화된 동물들로, 강장동물이 여기에 속한다.

③ 3배엽성 동물 … 내배엽과 중배엽 · 외배엽의 세 배엽으로부터 기관이 분화된 동물들로, 편형동물 이상은 3배엽성 동물에 해당된다.

(2) 중배엽의 기원에 따른 분류

① 원중배엽세포계 동물 … 원중배엽세포가 생기고 이로부터 중배엽이 생겨난 동물들로, 원구가 바로 입이 되는 선구동물이다. 편형 · 윤형 · 선형 · 환형 · 연체 · 절지동물이 여기에 속한다.

② 원장체강계 동물 … 내배엽에서 원장이 생기고 이것으로부터 중배엽이 형성된 동물들로, 원구가 항문이 되는 후구동물이다. 모악 · 극피 · 원삭 · 척추동물이 여기에 속한다.

(3) 체강의 유형에 따른 분류

① 무체강동물 … 편형동물은 체강에 해당하는 부분이 중배엽성 조직으로 차 있어 체강이 없는 무체강동물이다.

② 원체강동물 … 선형동물과 윤형동물은 체강이 중배엽으로 완전히 싸이지 않고 난할강이 그대로 체강이 된 원체강동물이다.

③ 진체강동물 … 체강이 중배엽으로 완전히 둘러싸인 동물들로, 환형 · 연체 · 절지 · 모악 · 극피 · 원삭 · 척추동물이 여기에 속한다.

❷ 척삭과 척추의 유무에 따른 분류

(1) 무척삭동물

극피동물 이하의 동물은 척삭을 형성하지 않는다.

(2) 척삭동물

① 원삭동물과 척추동물은 발생의 과정 중 신경배 시기에 척삭을 형성한다.

② 원삭동물 … 발생초기에만 척삭을 가지기도 하고, 일생 동안 가지기도 한다.

③ 척추동물 … 발생초기에만 척삭을 가지고 후에 척삭이 연골이나 경골로 대체되어 척추가 발달한다.

02 동물의 분류

❶ 해면동물

(1) 해면동물의 특성

① 몸의 형태는 항아리 모양이고, 몸 속은 텅빈 위강으로 되어 있다. 위강 안쪽의 세포층은 많은 동정세포로 덮여 있다. 체벽에는 내 · 외 두 겹의 세포층 골편이 있어서 몸을 지탱한다.

② 몸의 옆에는 입수공이, 위쪽에는 출수공이 있는데, 동정세포에 있는 편모의 운동을 통해서 물이 입수공으로 들어와 출수공으로 나가는 과정 중 물 속에 포함되어 있던 먹이를 잡아 세포내 소화를 한다.

③ 보통은 출아법으로 번식한다. 그러나 알과 정자를 만들어 유성생식을 하기도 한다. 자웅동체로 대부분 바다에서 살고, 유생은 편모로 유영하고 성체는 고착생활을 한다.

④ 다세포 동물이지만 발생과정의 포배단계에 있는 동물로 세포의 분화정도가 낮아 체제가 간단하여 신경계, 근육계, 배설계 등이 없다.

(2) 해면동물의 종류

목욕해면, 화산해면, 해로동혈 등이 있다.

❷ 강장동물

(1) 강장동물의 특성

① 몸은 주머니 모양이며 방사대칭형이고, 몸 속에는 빈 공간인 강장이 있다.

② 입 주위에는 촉수가 있고, 촉수에는 자세포가 있어서 몸을 보호하며 작은 동물을 마비시킨 후 입으로 넣어 강장에서 소화시킨다. 입은 있으나 항문은 없다.

③ 원시적인 신경계인 산만신경계를 갖는다.

④ 대부분은 분열과 출아에 의해서 번식하지만 알과 정자를 만들어 유성생식을 하기도 한다(세대교번).

(2) 강장동물의 종류

① **폴립형** … 고착생활을 하는 것으로 산호나 말미잘, 히드라 등이 여기에 속한다.

② **메두사형** … 유영생활을 하는 것으로 해파리가 있다.

❸ 편형동물

(1) 편형동물의 특성

① 몸은 좌우대칭이고 납작하다.

② 입에서부터 소화관이 여러 갈래로 갈라져 위수관계(소화와 순환을 담당)를 형성한다.

> TIP **소화관** … 몸이 납작하여 대사에 필요한 가스가 쉽게 세포 사이로 확산되어 호흡계와 순환계가 없다. 입은 있으나 항문은 없으며, 여러 갈래로 갈라진 소화관이 순환계의 역할까지 하고 있다.

③ 배설기는 원신관으로, 그 끝에 있는 불꽃세포의 섬모운동을 통해 노폐물을 배설하는데, 항문이 없어서 찌꺼기를 입으로 배출한다.

④ 사다리신경계를 갖는다.

⑤ 대부분이 자웅동체이고 유성생식으로 번식한다.

(2) 편형동물의 종류

① **와충강** … 자유생활을 하며, 섬모가 몸의 표면에 있고, 배쪽으로 입이 나 있다. 플라나리아가 여기에 속한다.

② **흡충강** … 기생생활을 하며, 섬모와 소화관과 입이 없고, 비편절성이다. 디스토마 종류들이 여기에 속한다.

③ **촌충강** … 기생생활을 하며, 섬모와 소화관과 입이 없고, 편절성이다. 촌충이 여기에 속한다.

❹ 선형동물

(1) 선형동물의 특성

① 몸의 표면은 키틴질(큐티클층)로 덮여 있고, 원통형의 긴 모양을 하고 있으며 체절이 없다.

② 호흡기와 순환기는 없으나 입, 장, 항문으로 발달된 소화기가 있다.

③ 배설기는 원신관이 변형된 배출관(측선관)이 있다.

④ 신경계는 신경환을 가진다.

⑤ 보통 자웅이체이며, 생식기가 발달하여 유성생식을 한다.

(2) 선형동물의 종류

회충, 요충, 십이지장충, 편충, 선충 등이 있다.

❺ 윤형동물

(1) 윤형동물의 특성

① 몸은 좌우대칭으로, 2mm 미만의 작은 크기이며 부유생활을 한다.

② 머리에 섬모환이 있어서 섬모운동을 통해 먹이를 잡거나 이동한다.

③ 소화관에는 항문이 있고, 순환계는 없다.

④ 신경계와 배설기로 원신관이 있다.

⑤ 자웅이체로, 봄과 여름에는 단위생식을 하고, 가을에는 양성생식을 한다.

(2) 윤형동물의 종류

민물윤충, 거머리윤충 등이 있다.

❻ 환형동물

(1) 환형동물의 특성

① 몸은 가늘고 긴 원통형이며, 크기가 비슷한 많은 체절로 이루어져 있다. 몸의 표면은 큐티클로 덮여 있으며, 강모가 나 있다.

② 체벽에 환상근과 종주근이 있어서 이들의 연동운동으로 몸을 이동한다.

③ 소화기는 입, 식도, 창자, 항문 등으로 분화되어 있으며, 배설은 각 체절마다 있는 신관으로 한다.

④ 신경계는 사다리신경계이고, 순환계는 폐쇄혈관계를 갖는다.

⑤ 자웅동체(지렁이와 거머리)이거나 자웅이체(갯지렁이)로 주로 유성생식을 하며, 갯지렁이는 트로코포라(담륜자)라는 유생시기를 거친다.

(2) 환형동물의 종류

거머리, 지렁이, 갯지렁이 등이 있다.

❼ 연체동물

(1) 연체동물의 특성

① 몸은 연하고 외투막으로 싸여 있으며 체절구조가 없다.

② 소화계는 입과 장, 항문으로 구성되어 있다.

③ 배설기는 신관이며, 조개류는 신관의 변형인 보야누스기관을 갖는다.

④ 신경계는 쌍을 이루는 몇 개의 신경절과 신경절을 잇는 신경색으로 구성되어 있다.

⑤ 순환계는 개방혈관계이며, 혈액에는 산소의 운반을 돕는 헤모사이아닌이 있다.

⑥ 대부분이 수중생활을 하기 때문에 아가미로 호흡한다. 달팽이는 육상에 서식하므로 외투막으로 공기호흡을 한다. 조개와 소라 종류의 껍질은 외투막의 분비물로 이루어진 것이다.

⑦ 대부분이 유성생식을 하고, 조개류는 성장 중에 트로코포라와 벨리저 유생시기를 거친다.

(2) 연체동물의 종류

① **복족류** … 머리에 눈과 촉각이 있으며, 입에는 치설이라는 치아와 같은 구조가 있어서 먹이를 갉아 먹는다. 달팽이, 다슬기, 우렁이, 소라, 전복 등이 여기에 속한다.

② **부족류** … 보통 2장의 껍질을 가지며(이매패), 도끼 모양의 발을 가지고 있으므로 부족류라고 부른다. 대합, 바지락, 굴 등이 여기에 속한다.

③ **두족류** … 머리부분이 잘 발달되어 있어서 두족류라고 부르는데, 흡판이 달린 긴 다리와 척추동물과 같은 카메라눈을 가진다. 오징어, 낙지, 문어, 꼴두기 등이 여기에 속한다.

❽ 절지동물

(1) 절지동물의 특성

① 몸은 단단한 키틴질의 외골격으로 싸여 있어서 자라면서 탈피를 한다. 체절구조로 되어 있는데, 체절마다 한 쌍의 부속지가 있다.

② 수중생활을 하는 것은 아가미와 신관을, 육상생활을 하는 것은 폐서나 기관과 신관이 변형된 말피기관을 호흡기와 배설기로 갖는다.

③ 신경계는 사다리신경계이고 순환계는 개방혈관계이며, 심장은 등쪽에 있다.

④ 시각기와 청각기 등의 감각기가 잘 발달되어 있다.

⑤ 대부분 자웅이체이며 양성생식을 하고, 성장의 과정 중에 변태를 하는 것이 많다.

(2) 절지동물의 종류

① **곤충류** … 몸은 머리 · 가슴 · 배의 세 부분으로 나누어지며, 머리에는 1쌍의 촉각과 1쌍의 겹눈, 3쌍의 홑눈이 있다. 가슴에는 3쌍의 다리와 1쌍의 날개가 있다. 대부분이 육상생활을 하고 변태의 과정을 거친다. 매미, 메뚜기, 벌, 모기, 파리, 나비 등이 여기에 속한다.

② **갑각류** … 몸은 머리가슴과 배의 두 부분으로 나누어지며, 머리가슴에는 2쌍의 촉각과 1쌍의 겹눈, 5쌍의 다리가 있다. 대부분이 수중생활을 한다. 새우, 게, 가재, 따개비, 물벼룩 등이 여기에 속한다.

③ **거미류** … 몸은 머리가슴과 배의 두 부분으로 나누어지며, 머리가슴에는 4쌍의 다리가 있고, 촉각은 없다. 변태의 과정을 거치지 않는다. 거미, 전갈, 진드기 등이 여기에 속한다.

④ **다지류** … 몸은 머리와 몸통으로 나누어지며, 여러 개의 체절로 되어 있고, 1쌍의 촉각이 있다. 다리는 체절마다 1, 2쌍씩 있어 매우 많은 다리를 가지므로 다지류라고 하며, 변태의 과정을 거치지 않는다. 지네, 노래기, 그리마 등이 여기에 속한다.

⑤ **유조류** … 환형동물과 곤충의 중간형 동물로, 절지동물 중 가장 원시적이다. 몸은 머리와 몸통으로 나누어지며, 체절마다 1쌍의 부속지가 있고, 부속지에는 끝이 두 가닥으로 갈라진 발톱이 있다. 발톱벌레라고 하는 유조충이 여기에 속한다.

[절지동물의 5강의 특징]

구분	체제	촉각	다리	날개	눈	변태	호흡기	배설기
곤충류	머리, 가슴, 배	1쌍	3쌍	1쌍	홑눈 3개, 겹눈 1쌍	한다.	기관	말피기관
갑각류	머리가슴, 배	2쌍	5쌍	없음	겹눈 1쌍	한다.	아가미	촉각선
거미류	머리가슴, 배	없음	4쌍	없음	홑눈	안한다.	기관(폐서)	말피기관
다지류	머리, 몸통	1쌍	여러 쌍	없음	홑눈	안한다.	기관	말피기관
유조류	머리, 몸통	1쌍	여러 쌍	없음	홑눈	안한다.	기관	신관

⑨ 모악동물

(1) 모악동물의 특성

① 몸은 머리, 몸통, 꼬리의 세 부분으로 나누어지며, 좌우대칭이다. 물고기 모양으로 무색투명하다.

② 플랑크톤의 일종으로 바다에 살며, 입 주위의 강모를 이용하여 먹이를 섭취한다.

③ 신경계와 감각기는 비교적 발달되어 있으나, 순환기와 배설기는 없다.

④ 자웅동체이고 유성생식으로 번식한다.

(2) 모악동물의 종류

화살벌레 등이 있다.

⑩ 극피동물

(1) 극피동물의 특성

① 몸의 표면에는 석회질로 된 골편이 있고 가시가 달린 것도 있으며, 유생 때는 좌우대칭, 성체는 방사대칭의 몸을 가진다.

② 호흡기와 순환기의 역할을 하는 수관계를 가지고 있으며, 여기에 연결된 관족으로 몸을 이동하거나 먹이를 잡는다.

③ 신경계, 소화관, 생식소 등의 모든 기관들이 방사상으로 배열되어 있다.

④ 대부분 자웅이체로 재생력이 강하며, 유성생식을 하고 변태의 과정을 거친다.

(2) 극피동물의 종류

바다나리, 불가사리, 성게, 해삼, 갯고사리 등이 있다.

⓫ 원삭동물

(1) 원삭동물의 특징

① 몸은 좌우대칭으로 모두 바다에 산다.

② 소화관 위쪽에 관상신경계가 있으며, 소화관과 신경계 사이에 척삭이 존재한다.

③ 척삭을 일생 동안 또는 유생시기의 어느 기간 동안 갖는다.

④ 호흡기로는 아가미를, 배설기로는 신관을 갖는다.

⑤ 무척추동물과 척추동물의 중간형으로 양성생식을 한다.

(2) 원삭동물의 종류

창고기, 우렁쉥이(멍게), 미더덕, 별벌레아재비 등이 있다.

⓬ 척추동물

(1) 척추동물의 특성

① 동물 중에서 가장 발달된 형태의 동물로, 몸은 좌우대칭인 머리와 몸통으로 나누어진다.

② 원구류 외의 모든 척추동물은 발생의 초기에 척삭이 생겼다가 성체가 되면서 없어지고, 척추가 생긴다.

③ 수중생활을 하는 것들은 아가미를, 육상생활을 하는 것들은 폐를 호흡기로 갖는다.

④ 신장을 배설기관으로 갖는다.

⑤ 혈관계는 폐쇄혈관계로 발달된 심장을 가지고 있다.

⑥ 신경계는 관상신경계이며, 뇌와 척수로 된 중추신경계와 말초신경계로 되어 있다.

⑦ 자웅이체로 육상생활을 하는 것들은 체내수정을, 수중생활을 하는 것들은 체외수정을 주로 한다.

⑧ 발생의 과정 중에서 양막이 생기는지의 여부에 따라서 무양막류(원구류, 어류, 양서류)와 유양막류(파충류, 조류, 포유류)로 구분한다.

(2) 척추동물의 종류

① 무양막류

㉠ **원구류** : 척추동물 중에서 가장 하등한 종류로 일생 동안 척삭을 지니고 있으며, 1심방 1심실의 심장과 여러 쌍의 아가미 구멍을 갖는다. 배설기는 전신이며, 칠성장어와 먹장어가 여기에 속한다.

㉡ **어류** : 몸은 비늘로 덮여 있으며, 유선형의 모양을 하고 있다. 가슴과 배에 지느러미가 쌍으로 존재하고 1심방 1심실의 심장을 가지고 있으며, 중신으로 배설한다. 뼈가 연골인지, 경골인지에 따라서 연골어류와 경골어류로 구분된다.

- 연골어류 : 상어, 가오리 등
- 경골어류 : 잉어, 도미, 고등어, 뱀장어, 붕어 등

㉢ **양서류** : 수중생활에서 육상생활로 넘어오는 중간단계의 동물이다. 유생시기에는 아가미로 호흡하며 수중생활을 하고, 변태를 하여 성체가 되면 피부호흡을 하며 육지에서 생활한다. 체표면은 항상 축축하게 젖어 있고, 2심방 1심실의 심장을 가지며 중신으로 배설한다. 개구리, 두꺼비, 맹꽁이, 도롱뇽 등이 여기에 속한다.

② 유양막류

㉠ **파충류** : 피부가 단단한 각질의 비늘로 덮여 있다. 폐로 호흡하며, 2심방 불완전 2심실의 심장을 가지고 후신으로 배설한다. 뱀, 도마뱀, 거북, 악어, 자라 등이 여기에 속한다.

㉡ **조류** : 몸의 표면이 깃털로 덮여 있으며 날개가 있다. 소화관에 모이주머니와 모래주머니가 있다. 폐로 호흡하는데, 폐에는 공기주머니가 있어서 몸을 가볍게 하여 날기에 적합하도록 돕는 역할을 한다. 2심방 2심실의 심장을 가지고 있으며, 후신으로 배설한다. 체온이 일정한 수준을 유지하는 정온동물이다. 참새, 비둘기, 까치, 까마귀 등이 여기에 속한다.

㉢ **포유류** : 척추동물 중 가장 발달된 종류로, 몸의 표면에 털이 있으며 태생이고, 새끼는 일정기간 동안 어미의 젖을 먹고 자란다. 폐로 호흡하고 2심방 2심실의 심장을 가지고 있으며, 후신으로 배설한다. 사람, 토끼, 원숭이, 돼지, 소, 박쥐, 고래 등이 여기에 속한다.

[척추동물 6강의 특징]

구분		체표	호흡기	심장	배설기	체온	생식과 수정
무양막류	원구류	피부	아가미, 구멍	1심방 1심실	전신	변온	난생, 체외수정
	어류	비늘	아가미	1심방 1심실	중신	변온	난생, 체외수정
	양서류	피부	아가미, 폐	2심방 1심실	중신	변온	난생, 체외수정
유양막류	파충류	비늘	폐	2심방 불완전 2심실	후신	변온	난생, 체내수정
	조류	깃털	폐	2심방 2심실	후신	정온	난생, 체내수정
	포유류	털	폐	2심방 2심실	후신	정온	태생, 체내수정

최근 기출문제 분석

2021. 6. 5. 제1회 서울특별시

1 경골어류에 해당하는 것은?

① 상어

② 가오리

③ 참치

④ 홍어

TIP 대부분의 어류는 경골어류에 속한다.
① 상어는 연골어류에 속한다.
② 가오리는 연골어류에 속한다.
④ 홍어는 연골어류에 속한다.

2020. 6. 13. 제1 · 2회 서울특별시

2 윤형동물의 특징으로 가장 옳은 것은?

① 등배로 납작하며 체절이 없다.

② 소화관을 가지고 있으며 머리에 섬모관이 있다.

③ 체절성의 체벽과 내부기관을 가지고 있다.

④ 등쪽에 속이 빈 신경삭이 있으며 항문 뒤에 근육질 꼬리를 가진다.

TIP ① 등배로 납작하며 체강이 없는 것은 편형동물이다.
③ 체절성의 체벽과 내부기관을 가지는 것은 절지동물이다.
④ 등쪽에 속이 빈 신경삭이 있으며 항문 뒤에 근육질 꼬리를 가지는 것은 척삭동물이다.

Answer 1.③ 2.②

출제 예상 문제

1 **다음의 특징에 해당되는 동물은?**

- 수관계를 가진다.
- 중배엽 형성은 원장체강계이다.
- 성체의 몸은 방사대칭이다.

① 극피동물 ② 환형동물
③ 강장동물 ④ 원삭동물

TIP 극피동물
㉠ 유생 때는 몸이 좌우대칭이지만, 성장하면 방사대칭이다.
㉡ 수관계가 있어서 호흡과 순환의 일을 담당한다.
㉢ 중배엽 형성은 원장체강계이다.

2 **동물을 다음과 같이 분류하였을 경우 분류기준으로 옳은 것은?**

㉠ 편형동물, 선형동물, 윤형동물, 환형동물, 연체동물, 절지동물
㉡ 모악동물, 극피동물, 원삭동물, 척추동물

① 2배엽성 동물과 3배엽성 동물 ② 선구동물과 후구동물
③ 무체강동물과 진체강동물 ④ 무성생식동물과 양성생식동물

TIP 선구동물과 후구동물
㉠ 선구동물 : 중배엽의 형성과정에서 원중배엽세포계에 해당하는 동물들로 원구가 입이 된다.
㉡ 후구동물 : 원장체강계에 해당하는 동물들로 원구가 항문이 된다.

Answer 1.① 2.②

3 다음 중 동물의 분류기준이 될 수 없는 것은?

① 척삭의 유무
② 체강의 형성방법
③ 중배엽의 형성방법
④ 종속영양과 독립영양의 여부

TIP 동물은 모두 동화색소가 없어서 스스로 양분을 합성하지 못하고 외부에서 필요한 양분을 섭취하는 종속영양을 한다.

4 다음은 척추동물을 ㉠과 ㉡으로 분류한 것이다. 분류의 기준이 될 수 없는 것은?

㉠ 원구류, 어류, 양서류	㉡ 파충류, 조류, 포유류

① 체온
② 배설기
③ 수정장소
④ 양막의 유무

TIP 척추동물 6강의 특징

구분		배설기	체온	수정
무양막류	원구류	전신	변온	체외
	어 류	중신	변온	체외
	양서류	중신	변온	체외
유양막류	파충류	후신	변온	체내
	조 류	후신	정온	체내
	포유류	후신	정온	체내

Answer 3.④ 4.①

5 지구상의 동물 중 가장 다양한 종류의 개체 수를 이루어 다양한 분화에 성공한 부류는?

① 포유류
② 곤충류
③ 조류
④ 파충류

TIP 고등하게 진화한 생물일수록 많은 개체 수를 가지며, 분화가 다양하게 이루어진다. 포유류는 척추동물 중에서도 가장 발달한 무리이다.

6 동물 상호간의 유연관계에 따라 (　　) 안에 들어갈 수 없는 것은?

선형동물 → 윤형동물 → 환형동물 → (　　) → 절지동물

① 오징어
② 전복
③ 개구리
④ 달팽이

TIP ①②④ 연체동물에 해당한다.
③ 척추동물의 양서류에 해당하는 동물로, 절지동물보다 월등히 발달된 동물이다.

7 다음 중 포유류에 해당하는 동물이 아닌 것은?

① 박쥐
② 도마뱀
③ 오리너구리
④ 고래

TIP ② 파충류이다.

Answer 5.① 6.③ 7.②

8 **동물의 분류와 이에 속하는 동물의 연결이 잘못 짝지어진 것은?**

① 강장동물 – 해파리, 산호, 말미잘
② 편형동물 – 촌충, 간디스토마, 폐디스토마
③ 환형동물 – 갯지렁이, 지렁이, 거머리
④ 극피동물 – 성게, 불가사리, 문어

TIP 성게와 불가사리는 극피동물에 속하지만, 문어는 연체동물에 속한다.

9 **다음 중 3배엽성 동물에 해당하는 것은?**

① 강장동물 ② 해면동물
③ 편형동물 ④ 원생동물

TIP 3배엽성 동물 … 내배엽 · 중배엽 · 외배엽의 세 배엽으로부터 기관이 분화된 동물로 편형동물 이상에서 나타난다.

10 **다음 중 환형동물의 특징에 대한 설명으로 옳지 않은 것은?**

① 몸은 가늘고 긴 원통형이며, 크기가 비슷한 많은 체절로 이루어져 있다.
② 신경계는 산만신경계이고, 개방혈관계를 갖는다.
③ 체벽에 환상근과 종주근이 있어서 이들의 연동운동으로 몸을 이동한다.
④ 갯지렁이는 트로코포라 유생시기를 거친다.

TIP 지렁이, 갯지렁이, 거머리 등의 환형동물은 사다리신경계와 폐쇄혈관계를 갖는다.

Answer 8.④ 9.③ 10.②

11 다음은 척추동물의 계통수를 그린 것이다. 다음 설명 중 옳지 않은 것은?

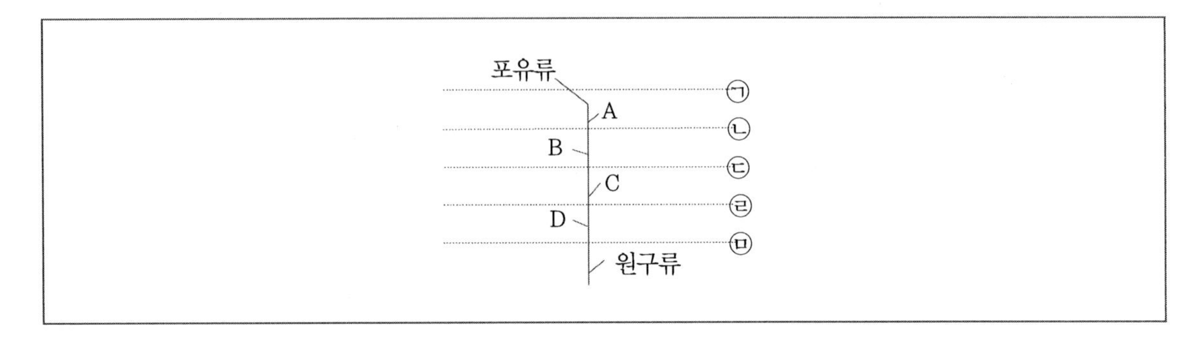

① 경계 ㉢은 무양막동물과 유양막동물을 나누는 기준이 된다.

② A 무리의 심장은 2심방 1심실로 되어 있는 정온동물이다.

③ C 무리 이상은 호흡기로 허파가 분화된다.

④ D 무리의 심장은 1심방 1심실이므로 심장을 흐르는 혈액은 정맥혈이다.

TIP A : 조류 B : 파충류 C : 양서류 D : 어류

② 조류는 2심방 2심실의 심장을 갖는다.

12 칠성장어과 창고기가 서로 가까운 유연관계를 가지고 있다고 판단할 수 있는 근거로 옳은 것은?

① 무성생식을 한다.

② 산만신경계를 가진다.

③ 척삭을 가진다.

④ 발생의 단계가 서로 같다.

TIP 칠성장어와 창고기는 척추동물과 무척추동물의 중간형으로 일생 동안 또는 일생 중의 어느 한 시기에 척삭을 가지는 원색동물이다.

Answer 11.② 12.③

13 다음 중 곤충에 대한 설명으로 옳은 것은?

① 몸은 머리와 몸통으로 나누어진다.
② 5쌍의 다리와 2쌍의 촉각을 가진다.
③ 3쌍의 홑눈과 1쌍의 겹눈을 가진다.
④ 매미, 메뚜기, 벌, 모기, 파리, 나비, 거미 등이 곤충류에 속하는 종류들이다.

TIP 곤충류 … 절지동물 중에서는 가장 발달된 종류로 몸은 머리 · 가슴 · 배의 세 부분으로 구분되며, 머리에는 1쌍의 촉각과 1쌍의 겹눈, 3쌍의 홑눈이 있다. 가슴에는 3쌍의 다리와 1쌍의 날개가 있다. 대부분 육상생활을 하고, 변태의 과정을 거친다.
※ 거미류 … 몸은 머리가슴과 배 두 부분으로 나누어지며, 머리가슴에는 4쌍의 다리가 있고 촉각은 없다. 거미, 전갈, 진드기 등이 속한다.

14 척추동물 중 발생의 초기에 척삭이 나타났다가 성체가 되면서 없어지지 않고 계속 남아 있는 것은?

① 원구류
② 어류
③ 파충류
④ 포유류

TIP 원구류 … 가장 하등한 척추동물로 척추가 있으나 척삭도 일생 동안 갖는다. 비늘이 없고 점액성 피부로 덮여 있으며 콧구멍은 한 개다. 심장은 1심방 1심실이며 여러 쌍의 아가미 구멍이 있고, 배설은 전신으로 하며 칠성장어와 먹장어가 해당된다.

Answer 13.③ 14.①

생물과 환경

01 생태계의 물질순환과 에너지의 흐름

01 생태계의 구성

❶ 생태계의 구성

(1) 생태계

생물들은 상호간에 영향을 주고 받으며 생활하고, 생활장소 주변의 무기환경과도 밀접한 관계를 맺으며 살고 있다. 이렇게 생물이 살아가는데 영향을 주는 생물군집과 이를 둘러싼 비생물적 환경을 생태계라고 한다.

(2) 생물환경

① **구성** … 생태계 내의 모든 생물은 생태적 지위(생태계 내의 기능적 · 공간적 위치)와 생활양식에 따라 크게 생산자, 소비자, 분해자로 나눌 수 있다.

② **생산자** … 자연계에서 유기물을 합성하는 생물을 의미하는 것으로, 대표적으로 녹색식물을 들 수 있다. 그 외에도 광합성 세균이나 화학합성 세균 등 동화작용을 하는 생물들이 여기에 포함된다. 이들은 생물군집 내에서 생물들에게 물질과 에너지를 공급해 주는 역할을 한다.

③ **소비자** … 생산자가 생산한 양분을 섭취해서 생활하는 생물로, 대부분의 동물이 소비자에 해당한다.

㉠ **1차 소비자** : 생산자를 직접 섭취하는 초식동물

㉡ **2차 소비자** : 1차 소비자인 초식동물을 잡아먹는 육식동물

㉢ **3차 소비자** : 2차 소비자인 육식동물을 잡아먹는 대형육식동물

④ **분해자** … 생산자와 소비자의 시체나 배설물 등을 분해하는 것들로, 세균이나 미생물 등이 여기에 속한다. 이들은 생태계의 물질순환과 깊은 관계가 있으며, 무기물들을 생산자가 다시 사용할 수 있는 상태로 만들어 주기 때문에 환원자라고도 한다.

❷ 환경요인

(1) 환경요인

① 환경요인 … 생물의 생활에 영향을 미치는 여러 가지 요소를 환경요인이라고 한다.

② 생물적 요인과 비생물적 요인

㉠ 생물적 요인 : 생활 주변의 살아있는 생물들을 의미한다.

㉡ 비생물적 요인 : 빛이나 온도, 공기 등의 기후요인과 토양이나 영양염류 등의 토양요인을 말한다.

(2) 생물과 환경

① 최적조건 … 생물이 생활하기에 가장 적합한 환경조건을 최적조건이라고 한다. 최적조건을 벗어나면 생물이 생활하기에 적합하지 않은 환경이 될 수 있는데, 생물의 생활을 불가능하게 하는 최고 및 최저의 환경조건을 최고조건, 최저조건이라고 한다.

② 한정요인 … 하나의 환경이 최적조건을 벗어나서 부족하거나 지나치게 되어 생물의 생장에 절대적 영향을 미치게 되는 것을 한정요인이라고 한다.

③ 적응과 순응

㉠ 적응 : 환경의 변화에 대응하여 생물의 생리적 작용이나 구조가 환경에 알맞도록 변화되어 나가는 현상을 적응이라고 한다. 증산작용을 억제하기 위해서 잎의 구조가 변한 선인장의 가시나, 청개구리의 보호색 등을 적응의 예로 들 수 있다. 적응은 유전된다.

㉡ 순응 : 단기간의 환경변화에 대응하여 비유전적으로 생물의 형태나 기능이 변화되는 것을 순응이라고 한다. 햇빛에 의해서 얼굴이 검어진 것은 순응의 대표적인 예이다. 순응은 유전되지 않는다.

④ 작용과 반작용, 상호작용

㉠ 작용 : 생물이 환경의 영향을 받는 것을 작용이라고 한다.

㉡ 반작용 : 작용의 반대현상으로, 생물이 환경에 영향을 주어서 환경을 변화시키는 것을 반작용이라고 한다.

㉢ 상호작용 : 여러 생물들이 서로간에 영향을 주고 받는 것을 상호작용이라고 한다.

(3) 빛과 생물

① 빛의 세기와 식물

㉠ 양지에서 자라는 식물들은 음지에서 자라는 식물들보다 보상점과 광포화점이 높고, 많은 빛을 필요로 한다.

㉡ 식물은 보상점보다 강한 빛이 있는 곳에서만 양분을 합성하면서 살 수 있다.

㉢ 보상점과 광포화점이 높은 식물은 당연히 많은 빛을 필요로 하기 때문에 빛이 많이 비치는 양지에 서식하게 되고, 상대적으로 적은 양의 햇빛을 필요로 하는 식물은 빛이 적은 음지에 서식하게 된다.

② **빛의 파장과 해조류의 분포** … 빛은 파장에 따라서 도달하는 바닷물의 깊이가 다르다. 파장이 짧은 빛은 바다 깊은 곳까지 도달할 수 있으며, 파장이 긴 빛은 그렇지 못하다. 바다의 해조류는 자신의 색과 보색관계에 있는 광선의 파장을 이용하는데, 파장이 도달하는 바다의 깊이가 서로 다르기 때문에 해조류의 분포도 파장의 분포에 따라서 수직적인 분포를 나타내게 된다.

③ **광주성과 식물** … 광주성이란 꽃눈의 형성과 같은 식물의 활동상태가 일조시간의 길이에 의해서 영향을 받는 것을 말한다.

㉠ **장일식물** : 하루의 일조시간이 길어질 때 꽃눈이 형성되는 식물로, 봄부터 초여름에 꽃이 핀다. 보리나 밀, 시금치, 무 등을 예로 들 수 있다.

㉡ **단일식물** : 하루의 일조시간이 짧아질 때 꽃눈이 형성되는 식물로 늦은 여름부터 가을에 꽃이 핀다. 벼, 국화, 코스모스, 담배 등을 예로 들 수 있다.

㉢ **중일식물** : 일조시간의 길이가 꽃눈의 형성에 별 영향을 주지 못하고, 주로 온도에 의해서 꽃눈의 형성이 영향을 받는 식물로 토마토나 옥수수, 목화, 민들레, 완두 등을 예로 들 수 있다.

④ **광주성과 동물** … 동물은 일조시간의 변화를 시각을 통해서 받아들이는데, 빛이 뇌하수체전엽을 자극하면 생식샘자극호르몬이 분비되어 성호르몬에 의해 생식활동이 일어난다.

㉠ **장일동물** : 밝은 빛에 의해서 산란이 촉진되는 동물로 참새, 닭, 꾀꼬리 등이 있다.

㉡ **단일동물** : 어둠에 의해서 산란이 촉진되는 동물로 송어, 노루 등이 있다.

(4) 온도와 생물

① 온도와 동물

㉠ **동면** : 뱀이나 개구리와 같은 변온동물이나 곰, 박쥐와 같은 일부 항온동물이 기온에 대해 적응하기 위해서 일정 기간 동안 동면을 한다.

㉡ **정온동물의 온도에 대한 적응**

- 베르그만의 법칙 : 추운 지방에 사는 동물은 큰 몸집을 가지고 있는데, 그 이유는 다량의 열을 내어서 일정한 체온을 유지하기 위한 것이다.
- 알렌의 법칙 : 동물의 몸의 말단부를 보면 추운 지방의 동물은 작고, 더운 지방의 동물은 크다. 그 이유는 몸의 말단부를 통해서 열의 손실이 일어나기 때문이다.

㉢ **계절형** : 계절에 따라서 몸의 크기, 형태, 체색 등에 변화가 생긴다.

- 호랑나비 : 여름형(여름에 태어난 것)이 봄형(봄에 태어난 것)보다 몸이 크고, 색도 진하다. 이것은 번데기 시절의 온도에 의해서 영향을 받은 결과이다.
- 물벼룩 : 겨울형이 여름형보다 몸의 크기가 작다. 온도가 높을수록 큰 몸집을 갖게 된다.

㉣ **생태형** : 같은 종이라도 사는 지역에 따라서 온도에 적응하기 위해 다른 형태로 변화하게 된다. 여우의 온도 적응양상을 보면, 북극여우의 경우 큰 몸집을 가지며(베르그만의 법칙), 추운 지방에 사는 것일수록 몸의 말단부가 작아진다(알렌의 법칙). 사막여우의 경우는 매우 작은 몸집을 가진다.

② 온도와 식물

㉠ **단풍** : 온도가 내려가서 초록색을 띠는 잎의 엽록소가 파괴되고, 카로틴이나 크산토필 등의 색소만 남게 되면, 이들 색소가 띠는 색인 노란색이나 붉은색으로 단풍이 든다.

㉡ **낙엽** : 온도가 내려가서 식물이 수분을 흡수하기 어렵게 되면, 수분의 손실을 막기 위해서 잎자루의 기부에 떨켜를 만들어 잎을 떨어뜨려서 낙엽을 만든다.

㉢ **나이테** : 계절에 따른 온도 차이가 큰 온대지방의 나무들은 온도에 따라서 생장속도가 달라진다. 그 결과로 따뜻할 때 생기는 춘재와 추울 때 생기는 추재로 구분되고, 이것이 매년 되풀이되므로 나무의 나이를 알 수 있는 나이테가 형성되는 것이다.

㉣ **춘화처리** : 개화를 촉진하기 위해서 저온처리를 하는 것을 춘화처리라고 하는데, 겨울밀을 일정 기간 저온처리한 후 봄에 심으면 개화, 결실하게 된다.

(5) 수분 조건과 생물

① 수분 조건과 동물

㉠ **육상동물** : 수분이 많지 않은 육상에서 살기 때문에 수분의 손실을 막을 수 있도록 체표면이 형성되어 있다. 곤충류나 포유류를 예로 들 수 있다.

㉡ **수중동물** : 수중에서는 수분의 손실을 막을 필요가 없기 때문에 체표면에 수분증발을 막는 조직이 발달되어 있지 않고, 알에는 껍질이 없다. 또 몸의 형태가 어류와 같이 수중생활에 알맞도록 형성되기도 한다.

② 수분 조건과 식물

㉠ **건생식물** : 사막이나 사구의 건조지에 사는 식물이다. 물을 얻기 위해서 뿌리를 깊이 내리거나 물을 저장하는 저수조직과 물의 증발을 막기 위해서 잎에는 큐티클층이 발달해 있다. 선인장을 예로 들 수 있다.

㉡ **중생식물** : 우리 주변의 평범한 환경에서 사는 식물로, 식물체의 각 부위가 균형있게 발달되어 있다.

㉢ **습생식물** : 습지에서 생활하는 식물이며, 수분을 얻기 쉬우므로 뿌리의 발달이 미약하다. 창포나 골풀을 예로 들 수 있다.

㉣ **수생식물** : 물 속에 살거나, 물 위에 떠서 사는 식물이다. 공기가 부족한 수중환경에 적응하여 몸 속에 공기의 통로와 저장소인 통기조직을 가지고 있으며, 줄기가 연하고 관다발과 뿌리의 발달이 미약하다. 해조류와 개구리밥 등을 예로 들 수 있다.

(6) 토양과 생물

① **토양** … 토양은 생물의 생활장소로 흙과 모래, 유기물로 이루어져 있다. 토양의 성질은 물리적 성질과 화학적 성질로 나눌 수 있는데, 이는 생물의 생활에 많은 영향을 미친다.

㉠ **물리적 성질** : 함수량, 통기성, 보수력, 입자의 크기 등이 있다.

㉡ **화학적 성질** : pH, 무기염류의 종류, 무기염류의 농도 등이 있다.

② **토양과 동물**…땅 속은 온도나 습도의 변화가 적고 자외선을 막아낼 수도 있다. 따라서 지렁이나 개미, 두더지 등의 서식처가 되며, 매미나 메뚜기 등의 곤충의 산란과 생육장소가 되기도 한다.

③ **토양과 식물**…토양은 식물체가 몸을 지탱하는 곳이며, 물과 무기양분을 공급받기도 하는 생활터전이다. 대부분의 식물은 pH 7의 중성토양에서 질 자란다.

(7) 공기와 생물

① **개요**…공기의 성분과 농도, 바람의 세기 등도 생물의 생활에 영향을 미친다.

② 공기

㉠ 산소

- 공기의 구성성분 중에서 산소가 차지하는 양은 약 20% 정도이다. 그러나 고도가 높아질수록 산소의 양이 적어지기 때문에, 산소를 얻기 위해서 높은 곳에 사는 동물일수록 폐활량이 크거나 적혈구의 수가 많아진다.
- 수중에서의 산소량은 시간과 계절에 따라서 달라지기 때문에 수중의 용존산소량은 수중생물의 분포에 영향을 미친다. 수중의 용존산소량이 급격히 감소하면 물고기들의 집단폐사의 원인이 되기도 한다.

㉡ 이산화탄소

- 공기 중에 약 0.03% 정도가 이산화탄소가 차지하는 비율이다. 공기 중의 이산화탄소의 양은 식물의 광합성에 한정요인으로 작용한다.
- 광합성 식물이 많이 모여서 군락을 이루는 곳에서는 낮에는 광합성으로 인해서 이산화탄소의 농도가 낮아지고, 밤에는 높아지는 일주변화를 나타낸다.

③ 바람

㉠ 바람은 꽃가루의 전달이나 종자의 살포에 필요하다. 그러나 너무 강한 바람은 오히려 생물의 생활에 해를 주기도 한다.

㉡ 높은 산에서의 삼림한계는 온도뿐 아니라 바람에 의해서도 영향을 받는다. 높은 산에서 나무가 누워 자라며 키가 작아지는 것도 바람의 영향이다.

02 물질의 순환과 에너지의 흐름

❶ 물질의 순환

(1) 순환물질

생태계를 순환하는 물질 가운데 가장 중요한 것은 탄소, 질소, 산소, 인, 물 등이다.

(2) 탄소의 순환

① 대기 중의 탄소는 대부분 이산화탄소의 형태로 존재한다. 생산자인 식물이 대기 중의 이산화탄소를 흡수하여 광합성 과정을 거쳐 유기물로 합성하면, 그 유기물이 소비자의 포식에 의해서 소비자에게로 옮겨져 먹이연쇄를 따라서 이동한다.

② 유기물로 합성된 탄소는 호흡을 통해서 이산화탄소의 형태로 배출되거나, 생물의 사체나 배설물 속의 탄소는 분해자에 의해서 분해되어 이산화탄소로 되돌아간다. 또는 생물의 사체나 배설물이 연소될 때에 이산화탄소로 되돌아가기도 한다.

(3) 질소의 순환

① 대기 중의 질소는 대부분 질소분자의 형태로 존재하는데, 이산화탄소와 같이 녹색식물에 의해서 곧바로 이용되지는 못한다.

② 대기 중의 질소는 뿌리혹박테리아나 아조토박터 등과 같은 질소고정세균들에 의해서 고정되어 녹색식물에 이용된다. 또는 공중방전에 의해서 산화질소를 형성하고, 이것이 빗물에 녹아 땅으로 스며들어가 질산염의 형태가 되어 식물에 이용되기도 한다.

③ 식물에 흡수된 질소는 질소동화작용에 의해서 단백질과 같은 유기물로 합성된다. 이렇게 합성된 유기질소화합물은 먹이연쇄를 따라 소비자에게로 이동하며, 호흡에 의해서나 사체가 분해됨으로 질소의 형태로 돌아가게 된다.

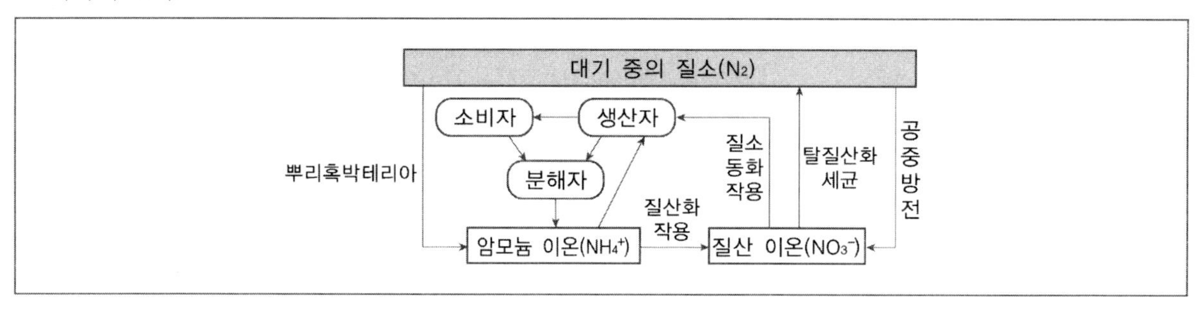

(4) 산소의 순환

식물의 광합성에 의해서 생성된 산소는 대기 중으로 배출되고, 이것이 동물의 호흡에 이용된다. 즉, 식물이 형성한 산소를 동물이 소비하여 대기 중의 산소농도를 유지하게 되는 것이다.

(5) 인의 순환

① 인은 지구의 지각에 묻혀있는 인광석이나 바다 밑의 퇴적물에 많이 들어있다.

② 인광석이나 퇴적물이 물에 녹아서 식물체에 흡수되어 이용된다. 식물체에 흡수된 인은 먹이연쇄를 따라서 소비자에게로 이동되고, 후에 사체가 분해자에 의해서 분해되어 인산염의 형태가 되어 다시 식물체의 속으로 흡수되어 이용된다.

(6) 물의 순환

① 비나 눈이 되어서 육지와 바다에 내리는 비는 다시 증발을 통해서 대기 중으로 돌아간다. 대기 중으로 돌아간 수분이 많아지면 다시 비나 눈이 되어서 내리는 순환을 거듭하게 된다.

② 생물이 물을 지속적으로 흡수하고 호흡이나 증산을 통해서 배출하는 과정을 통해서도 물의 순환이 이루어진다.

2 에너지의 흐름

(1) 에너지의 이동

① 생태계 내에서 물질은 생물과 환경 사이를 순환하지만, 에너지는 생산자에서 소비자로, 소비자에서 분해자로 한 방향으로만 이동한다.

② 생태계에서 이용되는 에너지의 근원은 태양의 빛에너지이다. 생산자인 녹색식물에 의해서 빛에너지는 화학에너지로 합성된다. 이 화학에너지가 먹이연쇄를 따라서 소비자에게 이동하게 되고, 생활에너지로 쓰이게 되며, 결과적으로 열에너지의 형태로 생태계 밖으로 배출된다.

③ 생물의 사체나 배설물에 포함되어진 화학에너지는 분해자의 생활에 이용되거나 열에너지로 전환되어 무기환경으로 방출된다.

(2) 영양단계와 생태피라미드

① **영양단계** … 생태계 내에서는 먹이연쇄를 따라서 에너지가 흐르게 되는데, 이렇게 에너지가 흐르는 여러 단계를 영양단계라고 한다. 영양단계는 생산자, 1차 소비자, 2차 소비자, 3차 소비자 등이 각각 1, 2, 3, 4단계를 이룬다.

② **생태피라미드** … 각 영양단계별로 생물의 개체 수나 생물량, 에너지량 등을 보면, 일반적으로 생산자가 가장 많고 상위단계로 갈수록 적어진다. 이것을 생산자를 밑으로 하여 영양단계별로 쌓아 올리면 피라미드 모양이 되므로 생태피라미드라고 한다.

㉠ 생태피라미드에는 개체 수를 기준으로 하는 개체수피라미드와 생물량을 기준으로 하는 생물량피라미드, 에너지량을 기준으로 하는 에너지피라미드가 있다.

㉡ 생태피라미드의 모양은 다량의 생산자가 소량의 소비자를 부양하며, 생태계에서 상위단계로 갈수록 에너지가 감소한다는 것을 잘 나타내고 있다.

(3) 에너지 효율

① 생태계 내에서 에너지가 이동될 때, 전 단계의 에너지가 다음 단계로 모두 이동되는 것은 아니다. 각 영양단계에서 에너지의 상당량은 생물의 생활에 이용되고, 나머지가 다음 단계로 이동하게 된다. 그러므로 유기물에 저장되어 있는 에너지량은 생산자에서부터 소비자, 분해자로 갈수록 적어진다.

② **에너지 효율** … 에너지가 각 영양단계로 옮겨갈 때 한 영양단계에서 다음 단계로 이동하는 에너지의 비율을 에너지 효율이라고 한다. 에너지 효율은 현 단계의 에너지 총량을 전 단계의 에너지 총량으로 나누어 100을 곱한 수로 구한다.

$$\text{에너지 효율} = \frac{\text{현 영양단계가 가지고 있는 에너지 총량}(E_2)}{\text{전 영양단계가 가지고 있는 에너지 총량}(E_1)} \times 100$$

③ 에너지 효율은 일반적으로 영양단계가 높아질수록 증가하는 경향을 보인다.

최근 기출문제 분석

2020. 10. 17. 제2회 지방직(고졸경채)

1 그림은 생태계에서 일어나는 질소 순환 과정의 일부를 나타낸 것으로, ㈎~㈐는 각각 분해자, 생산자, 소비자 중 하나이다. 이에 대한 설명으로 옳은 것은?

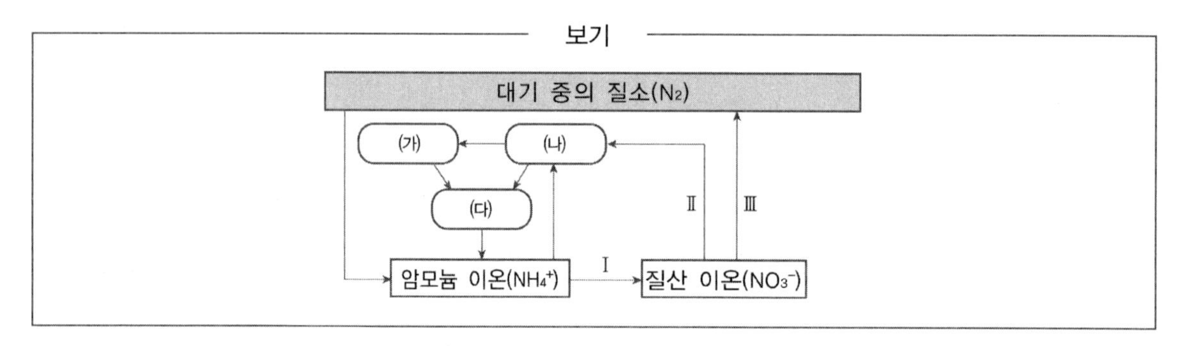

① 버섯은 ㈎에 해당한다.

② 탈질산화 세균은 과정 Ⅰ에 관여한다.

③ 과정 Ⅱ는 질소 동화 작용이다.

④ 과정 Ⅲ은 식물에 의해 일어난다.

TIP ㈎는 소비자, ㈏는 생산자, ㈐는 분해자이다.
① 버섯은 분해자에 속한다.
②④ 탈질산화 세균은 과정 Ⅲ에 관여한다.

Answer 1.③

2020. 6. 13. 제1 · 2회 서울특별시

2 **단일식물에 밤사이 짧은 섬광을 쪼여주었다. 〈보기〉의 1~5와 같이 적색광(R)과 근적외선(FR)에 노출시켰을 때, 개화 여부를 순서대로 바르게 나열한 것은? (단, 개화는 ○, 미개화는 ×로 표시한다.)**

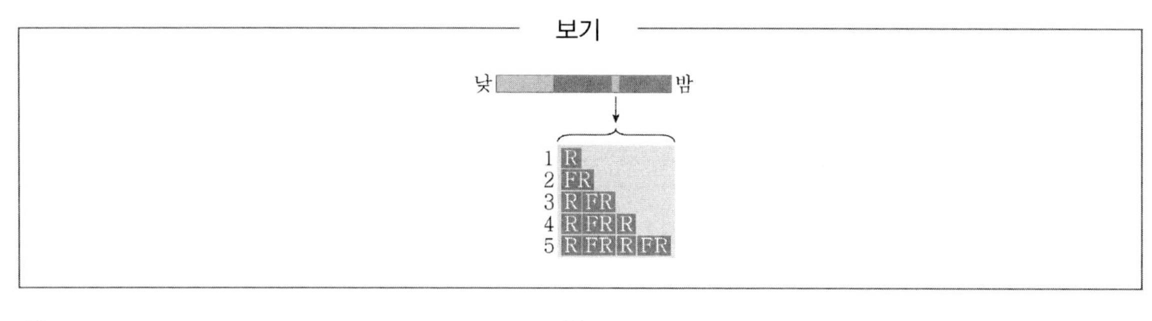

① ×○○×○　　② ○×○×○

③ ○○×××　　④ ××○××

TIP 단일식물은 한계 암기시간이 길어야 꽃이 피는 식물이다. 적색광(R)이 지속적인 암기 중간에 작용할 경우 짧은 밤 두 개로 인지하기 때문에 개화하지 않는다. 근적외선(FR) 작용 후 적색광(R)이 작용할 경우 P_{fr}을 활성화시켜 개화되므로 2, 3, 5에서는 개화하게 된다. 4번은 RFR 다음 R이 작용하므로 개화하지 않게 된다.

2019. 6. 15. 제2회 서울특별시

3 **시아노박테리아의 하나인 아나베나(Anabaena)에서 일어나는 질소고정에 대한 설명으로 가장 옳지 않은 것은?**

① 대기 중의 질소를 암모니아로 전환한다.

② 산소는 질소고정효소를 활성화시킨다.

③ 광합성 세포와 이형세포 사이에는 세포 간 연접이 형성되어 있다.

④ 이형세포에 질소고정효소가 있다.

TIP 질소고정효소는 산소에 노출될 경우 빠르게 불활성화된다. 그러나 남조류나 아조토박터와 같은 세균의 경우 혐기 조건에서는 살 수 없으므로 아예 내부에서 산소를 생성한다. 따라서 이런 세균들의 경우 각각의 영양세포와는 별개로 질소고정을 위해 특수하게 분화된 세포들이 사이사이에 존재하는데 이것을 이형세포라고 한다.

Answer 2.① 3.②

2019. 2. 23. 제1회 서울특별시

4 **질소는 단백질과 핵산의 주 원소이다. 대기 중의 질소를 직접 이용할 수 없는 식물은 미생물의 대사산물을 이용한다. 식물이 이용하는 질소대사산물을 생산하는 미생물을 〈보기〉에서 모두 고른 것은?**

보기

㉠ 질화세균(nitrifying bacteria)
㉡ 탈질화세균(denitrifying bacteria)
㉢ 남세균(시아노박테리아, cyanobacteria)
㉣ 뿌리혹박테리아(근립균, leguminous bacteria)

① ㉠㉡㉢
② ㉠㉡㉣
③ ㉠㉢㉣
④ ㉡㉢㉣

TIP ㉡ 탈질화세균은 질산을 질소로 변형시키므로 식물이 이용할 수 있는 암모늄과 질산을 생성하지 않는다.
※ 질소대사산물 생성 … 질화세균, 뿌리혹박테리아, 아조토박터, 남세균 등

2016. 6. 25. 서울특별시

5 **대기 중의 질소와 생명체의 질소화합물 사이에는 순환이 일어나는데, 다음 중 생태계 구성원에 의한 질소순환에 대한 설명으로 옳은 것은?**

① 식물은 대기 중의 질소를 이용하여 질산염이온을 합성한다.
② 질소고정세균은 대기 중 질소를 암모늄이온으로 만든다.
③ 질화세균은 질산염이온을 암모늄이온으로 전환시킨다.
④ 식물은 질산염이온을 공기 중의 질소로 전환한다.

TIP ① 식물은 대기 중의 질소를 직접 이용하지 못한다.
③ 질산염이온을 암모늄이온으로 전환시키는 것은 질산 환원세균이다.
④ 질산염이온을 공기 중의 질소로 전환하는 것은 탈질소세균이다.

Answer 4.③ 5.②

출제 예상 문제

1 **생태계의 4가지 구성요소로 옳은 것은?**

① 풀, 토끼, 사자, 온도
② 온도, 토양, 풀, 곰팡이
③ 빛, 풀, 토끼, 늑대
④ 빛, 풀, 메뚜기, 곰팡이

TIP 생태계의 4가지 구성요소 … 무기환경, 생산자, 소비자, 분해자로 구성된다.
㉠ 무기환경 : 산소, 물, 햇빛, 온도, 토양 등
㉡ 생산자 : 녹색식물, 광합성 세균 등
㉢ 소비자 : 초식동물, 육식동물, 대형육식동물 등
㉣ 분해자 : 세균, 균류 등

2 **다음 중 대기의 O_3의 기능은?**

① 복사
② 태양광선 차단
③ 자외선 차단
④ 지구의 열을 가두는 작용

TIP O_3의 기능 … 태양광선의 자외선을 대부분 흡수하여 지상의 생명체를 보호하는 역할을 한다.

Answer 1.④ 2.③

3 생물의 에너지효율을 나타낸 표를 보고, 생물농축현상이 가장 심하게 나타날 것이라고 예상되는 것은? (단, 표의 4가지 생물은 먹이사슬로 연결되어 있다고 가정한다)

구분	생물 ㉠	생물 ㉡	생물 ㉢	생물 ㉣
에너지효율	0.4%	9%	3%	5%

① 생물 ㉠
② 생물 ㉡
③ 생물 ㉢
④ 생물 ㉣

TIP 생물의 에너지효율과 생물농축현상은 모두 생태계 내에서의 영양단계가 높을수록 증가한다. 따라서 에너지효율이 높은 생물이 곧 생물농축현상도 심하게 나타나는 생물이다.

4 다음 중 생태계에 대한 설명으로 옳은 것은?

① 물질은 무기환경과 생물환경 사이를 순환한다.
② 에너지는 무기환경과 생물환경 사이를 순환한다.
③ 생태피라미드에서 가장 많은 개체 수를 가지는 것은 최종소비자이다.
④ 에너지효율은 영양단계가 높아질수록 감소한다.

TIP ② 생태계에서 물질은 무기환경과 생물환경 사이에서 순환되고, 에너지는 순환하지 않고 한 방향으로만 이동한다.
③ 생태피라미드에서 가장 많은 개체 수를 가지는 것은 생산자이다.
④ 에너지효율은 영양단계가 높아질수록 증가한다.

5 다음 설명 중 옳은 것은?

① 생태계는 자연에서 살아가는 생물들을 의미하는 생물적 요소들만으로 구성되어 있다.
② 생태계 내에서 에너지는 무기환경과 생물환경 사이를 반복적으로 순환한다.
③ 강물에 유기물이 많이 유입되면 호기성 세균이 증가하여 물 속의 용존산소량이 증가한다.
④ 광합성에 의해서 형성된 유기물의 총량을 현존량이라고 한다.

Answer 3.② 4.① 5.④

TIP ① 생태계는 생물적 요소와 함께 물이나 공기, 토양, 햇빛 등의 비생물적 요소로 구성되어 있다.
② 에너지는 순환하지 않고 일방적으로 한 방향으로만 이동한다.
③ 강물에 유기물이 많이 유입되어 호기성 세균이 증가하면 산소를 많이 소비하게 되므로 용존산소량이 적어진다.

6 생태계에서 분해자가 하는 역할로 옳은 것은?

① 유기물을 합성한다.
② 자연환경에 존재하는 독성물질을 정화한다.
③ 유기물을 무기물로 환원시킨다.
④ 개체군의 개체 수를 조절하여 생태계 평형을 유지한다.

TIP 분해자 … 생산자나 소비자의 사체나 배설물과 같은 유기물을 분해하여 무기물로 환원시켜 생산자가 다시 이용할 수 있는 형태로 만들어 준다.

7 다음 중 적응의 예가 아닌 것은?

① 선인장의 가시
② 땅강아지의 앞다리
③ 저위도지역 거주자의 그을린 피부
④ 청개구리의 보호색

TIP 적응은 유전적인 변화이지만 순응은 비유전적인 변화이다.
③ 순응의 예이다.

8 가을에 단풍이 드는 현상을 설명한 것으로 가장 적절한 것은?

① 잎 속의 수분이 빠져나가기 때문에
② 햇빛의 양이 줄어서 광합성의 양이 적어지기 때문에
③ 잎 속의 엽록소가 파괴되기 때문에
④ 잎 속에 과도한 양의 양분이 축적되기 때문에

TIP 식물의 잎이 녹색을 띠는 것은 엽록소 때문이다. 가을이 되어 엽록소가 파괴되면 엽록소로 인해서 나타내지 못하던 카로틴과 크산토필과 같은 색소만이 잎에 남게 되어, 이들 색소가 띠는 색인 노란색이나 붉은색으로 단풍이 드는 것이다.

Answer 6.③ 7.③ 8.③

9 춘화처리에 대한 설명으로 옳은 것은?

① 노화된 식물을 고온처리하여 수명을 연장시키는 것이다.
② 개화된 식물을 저온처리하여 수명을 연장시키는 것이다.
③ 겨울 동안에 따뜻한 온도에서 식물을 보관하여 봄에 개화를 촉진시키는 것이다.
④ 식물을 생육초기에 저온처리하여 두었다가 개화를 촉진시키는 것이다.

TIP 춘화처리 … 봄이 된 것과 같은 환경을 주도록 식물을 처리하는 것으로, 저온처리를 하면 겨울을 난 것과 같은 효과를 주어서 약 3, 4주 후에 파종을 했을 때 식물이 봄에 개화하듯이 쉽게 개화할 수 있도록 하는 것이다.

10 두 식물의 빛의 세기에 따른 광합성량의 변화에 대한 그래프이다. 다음 그림에 대한 설명 중 옳은 것은?

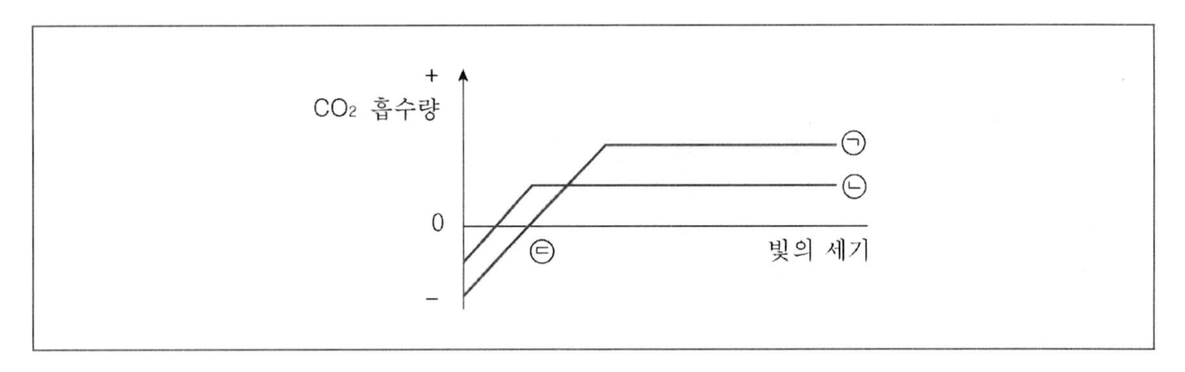

① 식물 ㉡의 호흡량은 식물 ㉠의 호흡량보다 크다.
② 식물 ㉡은 ㉠보다 양지에서 더 잘 살 수 있다.
③ 빛의 세기가 증가할수록 빛의 세기변화가 광합성량의 변화에 미치는 영향력은 적어진다.
④ 식물 ㉠은 빛의 세기 ㉢에서 광합성이 전혀 일어나지 않는다.

TIP ㉠ 양지식물 ㉡ 음지식물
보상점이 곧 식물의 호흡량임을 감안할 때 식물 ㉡의 호흡량이 식물 ㉠의 호흡량보다 적음을 알 수 있다. 빛의 세기 ㉢은 식물 ㉠의 보상점이다. 이 지점에서 광합성이 일어나지 않는 것이 아니라, 광합성을 통해서 얻어진 양분을 호흡에 사용하기 때문에 외관상 광합성량(순광합성량)이 없는 것이다.

Answer 9.④ 10.③

11 다음 중 생태계의 4가지 구성요소가 모두 포함되어 있는 것은?

① 벼, 참새, 개구리, 공기
② 공기, 물, 메뚜기, 곰팡이
③ 풀, 햇빛, 소, 닭
④ 벼, 참새, 곰팡이, 공기

TIP 생태계의 4가지 구성요소에는 생산자, 소비자, 분해자의 생물적 요소와 빛이나 공기, 물과 같은 비생물적 요소가 있다.

12 식물은 자연상태의 질소를 그대로 흡수하지 못한다. 다음 중 질소의 형태를 바꾸어 식물이 흡수할 수 있게 하는 데 도움을 주는 식물은?

① 콩
② 가지
③ 고추
④ 보리

TIP 콩과식물은 뿌리혹 박테리아 즉, 질소고정세균과 상리공생을 하여 공중질소를 고정시켜 녹색식물이 이용하도록 돕는다.

13 다음은 생태계 내에서의 먹이피라미드를 나타낸 것이다. 먹이피라미드에서 ㉡의 수가 갑자기 증가할 때 나타나는 현상으로 옳은 것은?

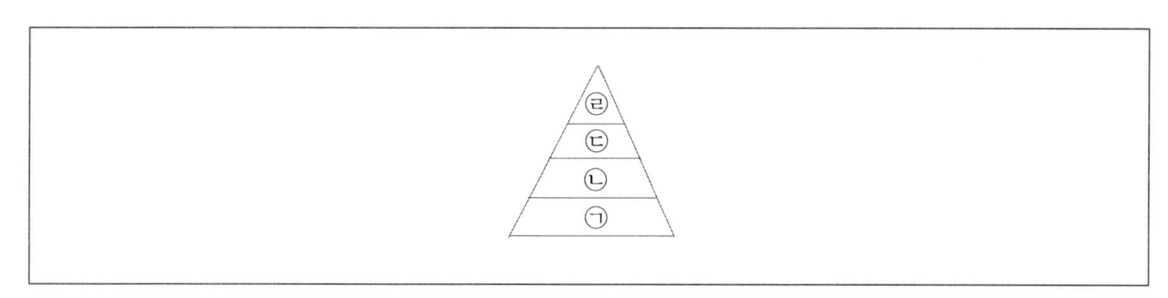

① ㉠의 수가 급격히 증가한다.
② ㉢의 수가 급격히 증가한다.
③ ㉢의 수가 급격히 감소한다.
④ ㉣의 수가 급격히 감소한다.

TIP 1차 소비자에 해당하는 ㉡의 수가 증가하면 ㉡의 먹이가 되는 생산자인 ㉠의 수가 감소하게 되고, ㉡을 포식하는 2차 소비자인 ㉢의 수가 증가하게 된다.

Answer 11.④ 12.① 13.②

14 다음 중 생태계에서 순환되는 물질이 아닌 것은?

① 탄소　　② 산소
③ 황　　④ 인

TIP 생태계에서 순환되고 있는 물질에는 탄소, 질소, 산소, 인, 물, 무기염류 등이 있다.

Answer 14.③

02 생태계의 평형

01 개체군과 군집

❶ 개체군

(1) 개체군

개체군이란 같은 종끼리 일정한 서식처에서 집단을 이루어 사는 것을 말한다. 생물들이 개체군을 이루고 사는 이유는 먹이를 얻거나, 적으로부터 자신을 보호하거나 또는 생식을 하는 데 유리하기 때문이다.

(2) 개체군의 특성

① 개체군의 밀도 … 일반적으로 개체군의 크기는 밀도로 표시한다. 밀도란 일정한 지역 내에 살고 있는 개체 수를 나타내는 것으로, 같은 지역이라도 먹이나 천적, 환경조건, 출생, 사망, 이입, 이출 등에 의해서 변할 수 있다.

$$\text{개체군의 밀도(D)} = \frac{\text{개체군의 개체 수(N)}}{\text{생활공간의 크기(S)}}$$

㉠ 상대밀도 : 실제로 그 개체군이 서식할 수 있는 면적을 기준으로 하는 밀도로, 생태밀도라고도 한다.
㉡ 조밀도 : 생활에 쓰이지 않는 공간까지 모두 포함한 전체 면적을 기준으로 하는 밀도이다.

② 개체군의 생장 … 생물이 자손을 낳아 증식하여 개체군의 밀도가 높아지는 것을 개체군의 생장이라고 한다. 먹이나 영양, 기온 등의 환경조건이 좋아지면 개체 수가 증가하고, 그렇지 않으면 개체 수가 감소한다. 그러나 환경조건이 좋아서 개체 수가 증가하다가도 어느 정도의 선을 넘어서 개체 수가 너무 증가하면 생존경쟁에 의해서 사망하는 개체 수가 늘어나 개체군의 생장은 멈추게 된다.

㉠ 개체군의 생장곡선 : 개체군의 생장은 처음에는 느리다가 어느 정도 지나서는 빨라진다. 그러다가 일정 수준에 이르면 더이상 생장하지 않게 된다. 따라서 개체군의 생장곡선은 S자를 그리게 된다.

㉡ **환경 저항**

- 이론적으로는 환경이 좋을 때 개체가 증식을 계속하여 개체군이 무한히 커질 수 있어야 하는데, 실제로는 그렇지 못하고 어느 시점에 이르러서 증가를 멈추는 S자형의 생장곡선을 그린다. 개체군의 생장을 제한하는 요소가 바로 환경 저항이다.
- 개체 수가 증가하면 생활공간이 좁아지고, 먹이의 부족현상이 일어나며, 개체간의 생존경쟁이 심해진다. 이러한 것들이 모두 환경 저항이 된다. 또한 노폐물이 증가하여 환경이 오염되는 것도 환경 저항의 하나로 볼 수 있다.

㉢ **개체군의 생장률** : 개체군의 생장의 크기를 단위시간에 증가한 개체 수나 개체의 중량으로 나타내는 것을 개체군의 생장률이라고 한다.

$$\text{생장률} = \frac{\text{증가한 개체 수}(\Delta N)}{\text{단위시간}(\Delta t)}$$

③ **개체군의 크기변화** … 일정한 지역에 살고 있는 개체군은 출생과 사망, 이입, 이출 등에 의해서 크기가 변한다.

㉠ **출생과 사망** : 출생과 사망은 개체군의 증가과 감소의 주된 요인이 된다. 일반적으로 출생과 사망은 1000개체 당 1년 동안의 평균출생수와 사망수로 계산하는 출생률과 사망률로 나타내는데, 출생률과 사망률의 수치가 비슷해야 안정된 상태의 개체군이라고 할 수 있다.

- 출생률 : 개체군의 발전을 나타내는 척도가 되는 수치이다. 개체군에서 단위시간당 새로 출생하는 개체 수의 비율을 출생률이라고 한다.
- 사망률 : 개체군의 쇠퇴를 나타내는 척도가 되는 수치이다. 개체군에서 단위시간당 사망하는 개체 수의 비율을 사망률이라고 한다. 생물의 수명에는 수명을 다하고 자연적으로 죽는 생리적 수명과 질병이나 포식 등에 의해서 죽는 생태적 수명이 있다.

㉡ **이입과 이출**

- 이입은 다른 장소에서 그 개체군으로 개체들이 들어오는 경우이고, 이출은 반대로 그 개체군에 소속된 개체들이 개체군에서 나가는 경우이다.
- 이입과 이출도 출생과 사망처럼 이입에 의해서 개체군이 증가하고 이출에 의해서 감소하며, 이입이 너무 많으면 밀도가 높아져서 개체군이 감소하는 결과를 가져오게 된다.

④ **생존곡선** … 일정한 시기에 태어난 개체 수가 시간이 지남에 따라서 얼마나 생존하는지를 생존개체 수로 나타낸 그래프를 생존곡선이라고 한다.

㉠ **굴형** : 태어나는 개체 수는 많으나 어린 시기에 많이 죽어서 살아남는 개체 수가 적은 유형으로, 곤충이나 어패류가 여기에 해당된다.

㉡ **히드라형** : 전 연령에서 사망률이 대체로 비슷하게 나타나는 유형으로, 조류나 파충류가 여기에 해당된다.

㉢ **사람형** : 태어난 개체 수가 대부분 자기 수명을 다하고 죽는 유형으로, 사람이나 대형포유류가 여기에 해당된다.

⑤ **개체군의 연령분포** … 개체군을 이루는 각 개체의 연령을 조사하여 개체군이 앞으로 어떻게 변할지를 알아 볼 수 있다. 개체군의 연령분포를 나타낼 때는 특정 연령층이 전 개체군에서 차지하는 비율을 구하여 차례로 쌓아 만든 연령피라미드가 많이 사용된다. 연령피라미드는 형태에 따라서 발전형과 안전형, 쇠퇴형의 3가지로 구분된다.

㉠ **발전형** : 나이가 어린 개체 수가 많은 수를 차지하는 개체군으로, 앞으로 개체군의 크기가 커질 것으로 예상할 수 있으며 출생률이 사망률보다 높다.

㉡ **안정형** : 각 연령층이 비슷한 비율로 구성되어 있는 개체군으로, 출생률과 사망률이 비슷하다.

㉢ **쇠퇴형** : 나이가 많은 개체 수가 많은 수를 차지하는 개체군으로, 앞으로 개체군의 크기가 작아질 것으로 예상할 수 있으며 사망률이 출생률보다 높다.

⑥ **개체군의 주기적 변동** … 개체군의 크기는 고정되어 있는 것이 아니라 변하는 것이다. 그 중에서도 어떤 요인에 의해서 주기적인 변동을 되풀이하기도 하는데, 개체군의 주기적 변동에는 계절적 변화에 따른 단기적 변동과 오랜 시간의 변화에 따른 장기적 변동이 있다.

㉠ **단기적 변동** : 봄에 바다에는 식물성 플랑크톤이 이용하는 무기원소들이 증가하기 때문에 결과적으로 식물성 플랑크톤의 수도 증가하게 된다. 그러나 플랑크톤이 많아지면 무기염류가 줄어들게 되고 플랑크톤의 수도 감소하게 된다. 플랑크톤이 감소하면 다시 무기염류가 넉넉하게 되어 플랑크톤의 수가 늘어나는 것을 반복하게 된다.

- 대발생 : 주기적 변동과는 달리 환경의 급격한 변화로 환경저항이 감소되어 개체 수가 폭발적으로 증가하는 것을 대발생이라고 한다. 적조현상은 대발생의 대표적인 현상이다.
- 적조현상 : 봄에 플랑크톤이 폭발적으로 증식하게 되면서 바닷물이 붉은색을 띠게 되는 현상을 적조현상이라고 한다. 적조현상은 주로 황조류에 의해서 일어난다. 적조현상은 산소를 부족하게 하여 물고기들이 숨을 쉬기 어렵게 하거나, 독성물질을 분비하여 어장에 피해를 입게 한다.

㉡ **장기적 변동** : 동물의 개체군 중에서는 수년을 주기로 변동을 보이는 것들이 있다. 캐나다의 어떤 삼림에서 스라소니와 눈신토끼의 개체군 변동을 조사한 결과에 따르면, 약 10년을 주기로 증가와 감소를 되풀이하는 것으로 나타났다. 이것은 개체군의 밀도와 생존조건에 의한 결과로, 피식자가 증가하면 이를 잡아먹는 포식자도 증가하고, 포식자가 증가하면 피식자가 감소함으로 포식자도 같이 감소하는 현상이 나타난다.

(3) 개체군의 구조

① 동종의 개체군에서의 상호작용

㉠ **텃세** : 어느 개체가 일정한 공간을 독점하고 다른 개체의 침입을 적극적으로 막는 것을 텃세라고 하며, 그 독점된 공간을 텃세권이라고 한다. 텃세의 원인으로는 먹이의 확보나 생활공간의 확보, 배우자의 독점 등을 그 이유로 들 수 있는데, 붕어나 꾀꼬리, 종달새, 송사리 등은 배우자의 독점을 위해서 텃세를 하며, 조류나 담수어 등은 먹이를 얻기 위해서 텃세를 한다.

㉡ **순위제** : 개체군의 구성원 사이에 힘의 강약에 의해서 서열이 정해지는 현상을 순위제라고 한다. 닭이나 토끼, 까마귀 등의 개체군에서 순위제의 현상을 볼 수 있다.

㉢ **리더제** : 개체군 내에서 전체의 행동을 인도하는 리더가 있는 구조를 리더제라고 한다. 집단의 리더는 먹이를 찾거나 외부의 적으로부터 자신들을 보호하는 모든 행동에 있어서 다른 개체들을 인도하는 역할을 한다. 철새들의 이동, 늑대나 원숭이, 사슴, 기러기 등에서 리더제를 볼 수 있다.

㉣ **분업제** : 리더제가 발전된 형태로, 개체들이 각자 역할분담을 함으로써 개체군 전체가 마치 하나의 개체처럼 행동하는 구조를 분업제라고 한다. 개미나 꿀벌의 개체군이 분업제의 현상을 볼 수 있는 대표적인 개체군이다.

㉤ **가족제** : 혈연적인 집단을 갖는 것을 의미한다. 사람이나 고릴라, 원숭이 등은 일생 동안 가족을 이루어 생활한다. 그러나 사자나 독수리, 족제비 등은 번식기와 육아기에만 가족생활을 한다.

② 이종의 개체군에서의 상호작용

㉠ **공생** : 두 종류의 생물이 서로 이익을 주면서 살아가는 관계를 공생이라고 한다.

- 상리공생 : 관계를 맺고 있는 양쪽이 모두 이익을 주고받는 경우이다. 개미와 진딧물, 콩과식물과 뿌리혹박테리아 등이 상리공생을 한다.
- 편리공생 : 관계를 맺고 있는 양쪽에서 한쪽만 이익을 얻고 다른 한쪽은 이익도 손해도 없는 경우이다. 해삼과 숨이고기, 대합과 대합속살이게 등은 편리공생을 한다.

㉡ **기생** : 어떤 생물이 다른 생물에 붙어 살면서 그 생물에게 해를 끼치며 사는 것을 기생이라고 한다. 이때 해를 주는 생물은 기생생물이라고 하고, 해를 당하는 생물은 숙주라고 한다. 기생생활을 하는 대표적인 생물로 여러 가지 기생충을 들 수 있다.

㉢ **중립작용** : 한 지역에서 두 종류의 개체군이 함께 생활하면서 서로 아무런 이해관계를 갖지 않는 것을 말한다. 먹이가 풍부한 초원 등 기린이나 얼룩말, 타조 등의 초식동물들이 모여사는 곳에서 흔히 중립작용을 볼 수 있다.

㉣ **포식과 피식** : 한 지역에 사는 두 개체군 사이에 먹고 먹히는 관계가 성립되는 것을 말하며, 먹는 생물을 포식자, 먹히는 생물을 피식자라고 한다.

㉤ **경쟁** : 이종의 개체군이 같은 지역에 살 경우 보다 유리한 생활환경을 차지하고자 경쟁을 하는 경우도 있다. 이같은 경쟁은 생활양식이 비슷한 개체군들간에 더 치열하게 벌어진다.

㉥ **분서** : 생활양식이 비슷한 개체군들이 생활공간을 서로 중복시키지 않고 나누어 사용하여 경쟁을 피하는 것을 분서라고 한다. 은어와 피라미는 분서를 통해 경쟁을 피하며 살아간다.

❷ 군집

(1) 군집

① **군집** … 한 지역 내에 모여 사는 개체군들의 집합체를 생물군집이라고 하는데, 일반적으로 식물개체군들의 집합체는 군락이라고 구별하여 부르기도 한다.

② **구성** … 군집은 유기물을 합성하는 생산자와 생산자를 포식하여 살아가는 소비자 그리고 생산자나 소비자의 사체나 배설물을 분해하는 분해자로 구성된다.

(2) 군집의 구조

① **종구성** … 군집을 구성하는 종의 수와 각 종에 속하는 개체 수의 구성상태를 말한다. 한 군집의 종구성은 많은 수의 개체를 가지는 우점종과 적은 수의 개체를 가지는 희소종으로 이루어진다.

㉠ **우점종** : 군집(군락)에서 가장 많은 개체 수를 가지며 넓은 면적을 차지하고 있는 종으로, 그 군집의 특징을 결정짓는 종이다.

㉡ **희소종** : 개체 수가 적어서 좁은 면적을 차지하는 종이다.

㉢ **지표종** : 그 군락의 특징을 나타내는 종을 지표종이라고 한다. 다른 군락에서는 볼 수 없고 특정한 지역이나 환경의 군락에서만 볼 수 있는 것이다.

㉣ **상관** : 군락의 외관상의 특징이다. 식물군집의 상관은 우점종에 의해서 결정된다.

㉤ **피도** : 식물의 상부가 지표를 덮고 있는 비율을 말한다.

㉥ **빈도** : 군집 내의 종의 분포비율을 말한다.

② **층상구조** … 식물의 군락은 수직적으로 몇 개의 층을 이루는 데 이러한 구조를 층상구조 또는 성층구조라고 한다. 삼림의 층상구조는 저위도지역에서 층수가 많고, 고위도지역으로 갈수록 층수가 적다.

㉠ **광합성층** : 교목층, 아교목층, 관목층, 초본층을 광합성층이라고 한다. 새나 곤충들이 생활하는 공간이 되기도 한다.

㉡ **임상층** : 낙엽이나 썩은 나무가 있다. 선태류와 균류, 지네, 거미 등이 사는 공간이다.

㉢ **지중층** : 부식질이 많은 곳으로 균류나 세균류, 지렁이 등이 사는 공간이다.

㉣ **추이대** : 한 군집과 다른 군집과의 사이에 특별한 경계가 없이 조금씩 구성이 변해 가는 중간지대를 추이대라고 한다.

(3) 먹이연쇄

① **먹이연쇄** … 생물군집 내에서 살아가는 생물들의 개체 사이에는 서로 먹고 먹히는 관계가 성립되어 연결고리를 이루는데, 이러한 연결고리를 먹이연쇄라고 한다. 먹이연쇄에서 포식자를 피식자의 천적이라고 한다.

② **먹이그물** … 규모가 큰 생물군집에서는 한 종의 생물이 다른 한 종의 생물만을 먹는 일직선상의 먹이연쇄는 거의 없다. 대부분 한 종이 여러 종의 생물을 먹음으로 서로 복잡하게 연결되는데, 이러한 복잡한 연결관계를 먹이그물이라고 한다.

③ **먹이피라미드** … 안정된 생물군집에서는 항상 포식자가 피식자보다 적기 때문에, 생산자부터 소비자의 단계를 쌓아가면 피라미드 모양을 이룬다. 이것을 먹이피라미드라고 한다.

④ **생태적 지위** … 생물군집을 구성하는 개체군이 먹이연쇄에서 차지하고 있는 위치를 먹이지위라고 하고, 어떤 공간을 점유하고 있는가 하는 것을 공간지위라고 한다. 생태적 지위는 그 개체군의 먹이지위와 공간지위를 합한 것을 의미한다.

(4) 군집의 조사

① **방형구법** … 조사대상지역에 방형구라고 하는 틀을 놓고 그 틀 속에 들어오는 개체 수를 조사하는 방법으로, 주로 초원의 군집조사에 이용하는데 밀도, 빈도, 피도 등을 측정할 수 있다.

- 밀도 = $\frac{\text{개체 수}}{\text{단위면적}}$
- 상대밀도(%) = $\frac{\text{특정한 종의 개체 수}}{\text{조사한 모든 종의 개체 수}} \times 100$
- 상대빈도(%) = $\frac{\text{어떤 종이 출현한 방형구 수}}{\text{조사에 사용한 전체 방형구 수}} \times 100$
- 상대피도(%) = $\frac{\text{특정한 종의 피도}}{\text{조사한 모든 종의 피도}} \times 100$

② **대상법** … 조사지역을 따로 구분하여 그 안에 포함되는 식물의 수와 종류를 조사하는 방법으로, 삼림의 군집조사에 이용한다.

③ **표지법** … 개체를 잡아서 표지한 후에 다시 놓아 준 다음에 일정 수의 개체를 잡아서 표지가 되어 있는 것과 표지가 되어 있지 않은 것의 비를 내서 전체의 개체 수를 추정하는 방법으로, 동물의 군집조사에 이용한다.

(5) 군집의 종류

① **개요** … 생물은 적합한 환경에서만 살 수 있으므로 지구상의 각기 다른 환경에는 각기 다른 독특한 군집이 형성된다.

② **삼림** … 목본식물의 군락으로, 온도가 높고 강수량이 많은 지역에 형성된다.

㉠ **열대** : 열대지역의 상록수로 된 열대다우림이 발달한다. 건기와 우기가 뚜렷한 지역에서는 건기에 낙엽이 지는 우록수림이 발달한다.

㉡ **아열대와 난대** : 상록활엽수로 된 조엽수림이 발달한다.

㉢ **온대** : 겨울에 낙엽이 지는 하록수림이 발달한다.

㉣ **아한대와 아고산대** : 잎이 뾰족한 침엽수림이 발달한다. 시베리아지역에 넓게 형성된 침엽수림은 특히 타이가라고 한다.

③ **초원** … 강수량이 적고 건조한 지역에 형성된다.

㉠ **열대** : 사바나라고 하는 열대초원이 발달한다. 열대초원에서는 벼과식물들 사이에서 간혹 나무가 자란다.

㉡ **온대** : 벼과식물만으로 된 온대초원이 발달한다. 온대초원 중에서 남부 러시아에 있는 대규모 온대초원을 스텝이라고 하며, 북아메리카에 있는 것을 프레리, 남아메리카에 있는 것을 팜파스라고 한다.

㉢ **한대** : 선태류나 이끼류가 여름철에만 잠깐 자란다. 이러한 곳을 툰드라라고 한다.

㉣ **습원** : 습지에 형성되는 초원으로, 선태류가 주로 분포하는 고층습원과 갈대나 줄풀들이 주로 분포하는 저층습원이 있다.

④ **황원** … 강수량이 적고 바람이 강한 곳에 발달한다. 밤과 낮의 온도 차이가 매우 심한 곳으로, 선인장과 같이 덥고 건조한 지역에 맞추어 특수하게 발달한 식물이 아니면 보통의 식물은 자랄 수 없는 곳이다.

⑤ **수계** … 식물군집과 동물군집으로 나누어진다.

㉠ **수계식물군집** : 해양식물과 담수식물이 있다.

- 해양식물 : 플랑크톤, 해조류
- 담수식물 : 플랑크톤(돌말, 반달말, 장구말 등), 부생식물(개구리밥, 생이가래 등), 부엽식물(수련, 마름 등), 정수식물(골풀, 벗풀 등), 침수식물(검정말, 붕어말 등)

㉡ **수계동물군집** : 생활모습에 따라서 구분된다.

- 플랑크톤 : 새우, 게 등의 유생으로 물의 흐름에 따라서 떠다닌다.
- 유영동물 : 물고기와 오징어, 문어 등으로 운동력을 가지고 헤엄쳐 다닌다.
- 부착동물 : 홍합, 멍게 등으로 물 밑 지면에서 고착생활을 한다.

(6) 군집의 천이

① **천이** … 군집이 시간이 지남에 따라서 일정한 방향으로 계속해서 변화되어 가는 현상을 말하는 것이다.

② 식물군락의 천이

㉠ **원인** : 환경이 변화되면서 새로운 환경에 적응하는 새로운 생물이 나타나기 때문에 천이가 일어난다. 천이의 초기에는 물과 토양이 천이에 중요한 영향을 미치는 환경요인이 되지만, 천이가 진행될수록 빛이 중요한 환경요인이 된다.

㉡ **천이계열** : 식물군락이 천이를 시작해서 마지막 안정된 군락이 되기까지의 과정을 천이계열이라고 한다. 천이의 과정에서 천이를 처음 시작하는 식물을 개척자라고 하고, 마지막의 안정된 상태를 이루는 군락을 극상이라고 한다.

㉢ 종류

- 1차 천이와 2차 천이

−1차 천이 : 식생이 전혀 없는 곳에서 시작하는 천이로서, 매우 오랜 세월 동안 진행된다.

−2차 천이 : 1차 천이의 극상이 손상되어 없어진 뒤에 진행되는 천이로서, 토양이나 양분 등이 충분한 곳에서 일어나므로 초원부터 시작해서 극상까지 진행되고, 속도가 빠르다.

- 건성천이와 습성천이

−건성천이 : 육상에서 시작하는 천이

−습성천이 : 수계에서 시작하는 천이

㉣ 과정

- 건성천이 : 암석의 표면이나 용암대지와 같은 나지에 개척자인 지의류가 출현하여 천이가 시작된다. 지의류가 유기물을 공급하고, 풍화작용을 통해서 토양층이 형성되어 수분을 보유할 수 있게 되면 선태류와 초본식물이 자라게 된다. 시간이 지나면서 토양층이 두꺼워지면 관목이 자라기 시작하고, 빛이 많이 비취는 곳에 사는 양수림들은 그늘에서도 살 수 있는 음수림에 의해서 도태되어 결국은 음수림이 천이의 극상이 된다.

나지 → 지의류(개척자) → 선태류 → 초원 → 관목림 → 양수림 → 혼합림(양수+음수) → 음수림(극상)

- 습성천이 : 수생식물이 습생식물로 발전하고 습생식물이 습지로 들어와서 개척자가 됨으로 천이가 시작된다. 습생식물로부터 초원이 형성되고, 천이가 계속되어 음수림을 극상으로 천이가 끝나게 된다.

빈영양호 → 부영양호 → 수생식물 → 습생식물(개척자) → 초원 → 관목림 → 양수림 → 혼합림(양수+음수) → 음수림(극상)

㉤ 경향

- 키가 작은 것에서 큰 것으로 변화한다.
- 일년생에서 다년생으로 변화한다.
- 각 단계에서 음지에 사는 것들이 나중에 나온다.
- 군락구조가 복잡하게 진행된다.

③ **동물군집의 천이** … 식물군락과 같이 뚜렷하고 일정한 경향은 없으며, 활발한 행동력이나 포식관계에 의해 여러가지 형태로 이루어진다.

㉠ **단기적 천이** : 계절변화나 생존경쟁에 따른 동물군집의 변동이 있다.

㉡ **장기적 천이** : 오랜 세월을 거친 동물군집의 천이는 그 영양과 서식장소인 식물군락의 천이에 따라 변화하고, 주로 개체의 개체 수가 증가하는 형태로 천이가 이루어진다.

02 생태계의 평형

❶ 생태계의 평형과 항상성

(1) 생태계의 평형과 항상성

① 생태계의 평형 … 생태계가 안정된 상태에서 생물군집의 종류나 개체 수가 거의 일정하게 유지되는 것을 평형이라고 한다. 생태계의 평형은 먹이연쇄의 평형에 기초한 생태피라미드의 균형으로 유지될 수 있다.

② 생태계의 항상성 … 생태계가 홍수나 가뭄과 같은 돌발적인 자연현상이나 새로운 생물의 침입 등에 의해서 일시적으로 파괴되더라도 어느 정도의 시간이 지나면 스스로 회복하는 기능을 갖는 것을 생태계의 항상성이라고 한다.

(2) 생태계의 평형유지조건

① 다양한 종이 복잡한 먹이그물을 형성해야 한다.

② 급격한 환경변화가 없어야 한다.

③ 천이 중인 군집보다는 극상인 군집에서 생태계의 평형이 더 잘 유지될 수 있다.

❷ 생태계의 평형을 파괴하는 원인

(1) 환경요인의 급격한 변화

홍수나 지진, 산사태, 급격한 기후변화 등 생태계 스스로의 조절능력을 벗어난 환경의 변화에 의해서 생태계가 파괴된다.

(2) 새로운 생물의 침입

천적이 없는 새로운 생물이 침입하면, 기존에 있던 생산자나 소비자의 증식에 영향을 미쳐서 생태계의 균형이 파괴될 수 있다.

(3) 환경오염

인간에 의한 환경파괴로 인해서 생물이 살아가는 데 적합하지 못한 상태로 환경이 파괴되어 생태계가 균형을 잃는다.

TIP 생물학적 다양성(biological diversity)

㉠ 유전적 다양성(genetic diversity) : 한 개체군 내에서 개체들 간의 유전적 변이, 그리고 지역의 특이한 환경에 대한 적응과 관련되어 생기는 개체군 사이의 변이를 유전적 다양성라고 한다. 만약 A라는 특별한 종에서, 한 개체가 사라진다면 그 종의 진화를 가능하게 하는 유전자를 잃는 것이다. 이처럼 유전적 다양성이 줄어든다는 것은 그 종에 있어서, 주위 환경에 적응하는데 치명적이다. 주위환경에서 살아남기 알맞은 유전자를 가진 종이 있을 확률이 줄기 때문이다.

㉡ 종 다양성(species diversity) : 생태계에서 종 다양성란 얼마나 종의 종류가 다양한가를 나타낸다. 미국의 멸종위기종법(ESA)에 의해서 종들 중에서 멸종위기종(endangered species ; 이들이 분포하는 전체 또는 상당한 부분에서 멸종의 위험에 처한 종)과 멸종위협종(treatened species ; 예견할 수 있는 미래에 멸종위기를 맞을 수 있는 종)을 분류할 수 있다.

㉢ 생태계 다양성(ecosystem diversity) : 생태계 하나하나는 그것만의 특징을 가지고 있다. 또한 이런 특징들은 생물권 전체에 영향을 주며, 생태계 간에도 상호작용이 많이 있다. 예를 들어, 해양 생태계에 거주하는 식물성 플랑크톤의 경우 광합성을 하고, 자신의 껍질(중탄산염)을 만드는데 많은 양이 CO_2를 사용한다. 이는 온실효과를 크게 완화시킬 수 있다. 현재 어떤 생태계들은 이미 인간들에 의해서 심각하게 훼손되었다. 습지와 같은 자연 생태계들의 경우, 이미 50% 이상이 간척되어 다른 생태계(주로 농지)가 되었다.

최근 기출문제 분석

2020. 10. 17. 제2회 지방직(고졸경채)

1 **그림의 (가)와 (나)는 각각 어떤 개체군의 이론적 생장 곡선과 실제 생장 곡선을 나타낸 것이다. 이에 대한 설명으로 옳은 것만을 모두 고르면? (단, 이입과 이출은 없다)**

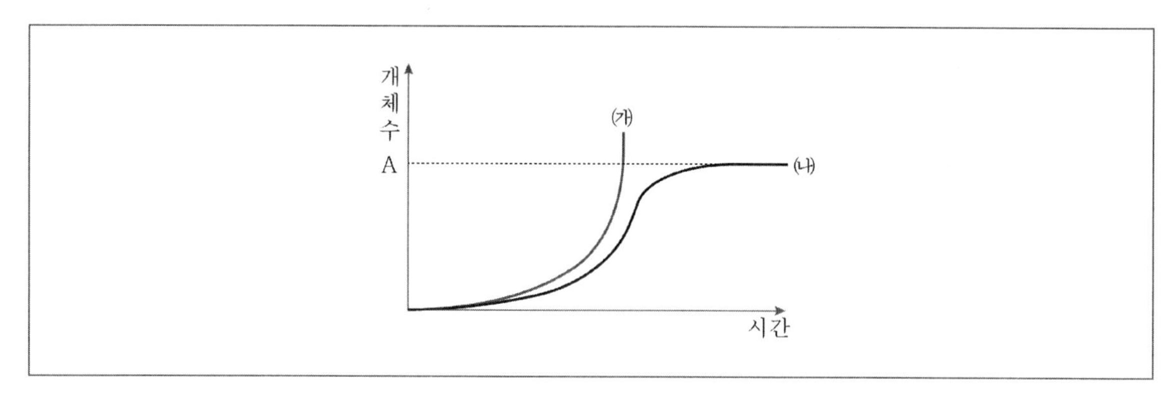

㉠ A는 환경 수용력이다.
㉡ (가)는 실제 생장 곡선이다.
㉢ (나)가 S자형을 나타내는 이유는 환경 저항 때문이다.

① ㉢
② ㉠㉡
③ ㉠㉢
④ ㉡㉢

TIP (가)는 이론적 생장 곡선(J자형)이고, (나)는 실제 생장 곡선(S자형)이다.
A는 환경 수용력이고 (가)와 (나) 그래프가 일치하지 않는 것은 환경 저항 때문이다.

Answer 1.③

2020. 10. 17. 제2회 지방직(고졸경채)

2 **다음에 해당하는 흰동가리와 말미잘 간의 상호 작용으로 가장 적절한 것은?**

> 흰동가리는 말미잘의 촉수 사이로 헤엄쳐 다니면서 말미잘의 보호를 받고, 말미잘은 흰동가리의 먹이 일부를 먹고, 촉수 사이의 찌꺼기와 병든 촉수 제거에 흰동가리의 도움을 받는다.

① 기생
② 상리 공생
③ 편리 공생
④ 포식과 피식

TIP 흰동가리와 말미잘은 서로에게 유익한 영향을 미치므로 상리 공생 관계이다.

2020. 10. 17. 제2회 지방직(고졸경채)

3 **(가)~(다)는 각각 유전적 다양성, 종 다양성, 생태계 다양성 중 하나이다. 이에 대한 설명으로 옳은 것만을 모두 고르면?**

구분	특징
(가)	특정 생태계에서 발견되는 생물종의 다양성
(나)	서식지에 살고 있는 모든 생물과 비생물 간 상호 작용의 다양성
(다)	한 개체군 내의 개체들 간 형질의 다양성

> ㉠ (가)가 높을수록 생태계가 안정적으로 유지된다.
> ㉡ (나)가 증가할수록 (가)는 감소한다.
> ㉢ (다)가 높은 종은 환경 조건이 급변하거나 감염병이 발생했을 때 생존율이 높다.

① ㉠ ② ㉡
③ ㉠㉢ ④ ㉡㉢

TIP (가)는 종 다양성, (나)는 생태계 다양성, (다)는 유전적 다양성이다.
㉡ 생태계 다양성이 증가하면 종 다양성도 같이 증가한다.

Answer 2.② 3.③

2019. 6. 15. 제2회 서울특별시

4 〈보기 1〉 실험 결과의 해석으로 옳은 것을 〈보기 2〉에서 모두 고른 것은?

보기 1

미생물학자인 광전(Kwang Jeon) 박사는 단세포성 원생생물인 아메바(Ameoba proteus)에 대한 연구를 수행하던 중에 실수로 아메바 배양세포의 일부가 간균에 의해 오염이 되었다. 몇몇 전염된 아메바는 금방 죽었지만, 일부 아메바는 생장은 느렸지만 살아남았다. 광전 박사는 호기심에 오염된 배양세포를 5년 동안 유지한 후에 관찰을 해보니 오염된 아메바 자손들은 간균의 숙주 세포가 되었고, 생장 상태도 양호하였다. 그러나 감염되지 않은 아메바의 핵을 제거한 후, 감염된 아메바의 핵을 이식하면 감염되지 않은 아메바는 모두 죽고 말았다.

보기 2

㉠ 이 실험은 엽록체나 미토콘드리아와 같은 세포 내 소기관이 내부 공생의 결과라는 증거이다.
㉡ 간균의 숙주세포가 된 아메바는 일부 유전자를 상실하였다.
㉢ 간균의 일부 유전자가 숙주세포가 된 아메바의 핵으로 이동하였다.
㉣ 숙주세포인 아메바의 생존을 위해 간균이 필요하다는 것을 보여준다.

① ㉠㉡
② ㉡㉢
③ ㉠㉡㉣
④ ㉡㉢㉣

TIP 숙주세포인 아메바의 생존을 위해 간균이 필요함을 보여주는 실험으로 간균의 숙주세포가 된 아메바는 일부 유전자를 상실하더라도 살아갈 수 있었다. 간균의 일부 유전자가 아메바의 핵으로 이동하지는 않는다. 엽록체나 미토콘드리아처럼 외부에 있던 물질이 세포 내 소기관에 들어와 공생한다는 증거가 된다.

Answer 4.③

출제 예상 문제

1 **물고기가 살고 있는 어항 속에서 가장 많은 수가 존재하는 생물군집은?**

① 식물성 플랑크톤　② 동물성 플랑크톤
③ 1차 소비자　④ 2차 소비자

TIP 일반적으로 생태계 내에서 가장 많은 수를 차지하는 것은 영양단계가 가장 낮은 것이다. 상위영양단계로 갈수록 개체 수가 감소해야 그 생태계가 지속적으로 존재할 수 있다.

2 **다음 내용들 중에서 개체군의 특징에 해당하지 않는 것은?**

① 개체군의 밀도　② 개체군의 생장형
③ 천이의 과정　④ 연령의 조성

TIP 하나의 개체군을 구분짓는 특징으로는 밀도와 개체군의 크기, 생존곡선, 생장곡선, 주기적 변동, 개체군의 연령조성 등이 있다.

3 **하나의 개체군의 생장이 무한히 진행되지 못하고 어느 시점이 되어서 그 생장이 둔화되어 S자형의 생장곡선을 가지게 되는 이유는?**

① 군집의 천이　② 환경 저항
③ 환경 적응　④ 한정 요인

TIP 개체군의 생장곡선이 처음에는 급격히 증가하는데, 어느 정도까지 증가하게 되면 환경의 저항을 받아서 그 증가속도가 둔화된다. 환경의 저항이 되는 요인들에는 생활공간의 부족, 먹이의 부족, 환경오염 등을 예로 들 수 있다.

Answer 1.① 2.③ 3.②

4 다음 중 개체군의 크기변화의 요인이 되는 것은?

① 텃세 ② 이입
③ 분서 ④ 경쟁

TIP 개체군의 크기가 변하는 요인으로는 개체의 출생과 사망, 이입과 이출 등이 있다.

5 어떤 개체군의 연령분포를 알아보고자 한다. 개체군의 연령분포와 관계가 깊은 것은?

① 출생률과 사망률 ② 이입과 이출
③ 개체군의 밀도 ④ 상대빈도

TIP 개체군의 연령분포는 그 개체군을 구성하는 개체들의 사망률과 출생률에 의해서 정해진다.

6 플랑크톤은 계절에 따라서 그 수가 증가하고 감소하는 계절적 변동을 한다. 다음 중 플랑크톤의 계절적 변동에 가장 큰 영향을 미치는 요인은?

① 빛의 파장 ② 빛의 세기
③ 영양염류의 양 ④ 해조류의 양

TIP 플랑크톤은 그 먹이가 되는 영양염류의 양에 의해서 그 수가 변화하게 된다. 영양염류의 양이 증가하면 식물성 플랑크톤의 양도 증가하고, 영양염류가 감소하면 플랑크톤의 양도 감소하게 된다.

7 군집이 우점종에 따라서 외관상 다른 모습을 보이는 것을 무엇이라고 하는가?

① 극상 ② 천이
③ 상관 ④ 형태

TIP ① 천이계열에서 마지막 인정상태를 이루는 군락을 말한다.
② 시간이 지남에 따라 군집의 구성과 특징이 달라지는 변화를 보이는 것이다.
③ 군락이 우점종에 따라 외관상 다른 모습을 보이는 것이다.

Answer 4.② 5.① 6.③ 7.③

8 다음 중 한 개체군에서 그 수가 가장 많아 개체군을 대표할 수 있는 종을 나타내는 것은?

① 우점종 ② 희소종
③ 지표종 ④ 표준종

TIP 우점종 … 한 개체군에서 우위를 차지하며 그 개체군을 점유하는 종을 말한다.

9 두 개체군이 서로 상호작용할 때 한 개체군이 다른 개체군에 심각한 피해를 준다면 이들의 관계에 대한 설명으로 옳은 것은?

① 편리공생 ② 상리공생
③ 경쟁 ④ 포식과 피식

TIP ① 두 개체군 중 한쪽은 이익을 얻고 다른 한쪽은 이익도 해도 없는 것을 말한다.
② 두 개체군이 서로 이익을 주고받음으로 단독생활을 할 때보다 유리하게 생활하는 것이다.
③ 생태적 습성이 비슷한 개체군은 서로 차지하려고 하는 생활공간과 먹이가 같기 때문에 경쟁이 일어난다.

10 생태적 습성이 비슷한 개체군 사이에서 주로 볼 수 있는 상호작용의 형태로 옳은 것은?

① 경쟁 ② 공생
③ 질서 ④ 기생

TIP ② 두 개체군이 서로 이익을 주고 받으며 살아가는 관계이다.
④ 한 개체군이 다른 개체군에 붙어 해를 끼치는 것을 의미한다.

11 다음 중 생태적 지위에 해당하지 않는 것은?

① 생산자 ② 소비자
③ 분해자 ④ 개척자

Answer 8.① 9.④ 10.① 11.④

TIP ④ 천이의 과정 중 가장 먼저 등장하는 식물을 말하는 것이다.
한 개체군이 먹이연쇄에서 차지하는 위치인 먹이지위와 어떤 생활공간을 점유하는가 하는 공간지위를 합한 것을 생태적 지위라고 하며, 생태적 지위는 생산자와 소비자, 분해자의 단계로 구분된다.

12 음수림의 극상이 산불로 인하여 파괴되었을 경우 이 삼림의 천이계열 초기에 나타나는 변화로 옳은 것은?

① 지의류가 개척자가 된다.
② 초원이 개척자가 된다.
③ 양수림이 개척자가 된다.
④ 관목이 개척자가 된다.

TIP 산불이 난 자리에서 일어나는 천이를 2차 천이라고 하는데, 2차 천이는 일반적으로 초원에서부터 시작을 하며, 1차 천이보다 그 속도가 빠르다.

13 다음 그림에서 ㉠은 식물성 플랑크톤의 계절적 변동을 표시한 것이다. ㉡이 나타내는 것은?

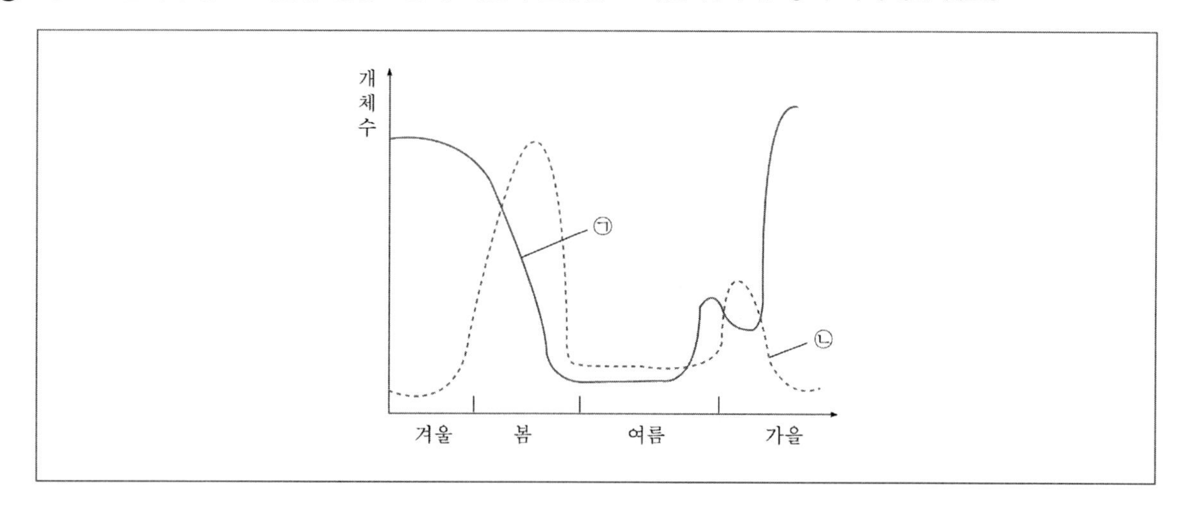

① 표면의 수온
② 빛의 세기
③ 물속의 영양염류의 양
④ 동물성 플랑크톤의 양

TIP 식물성 플랑크톤의 계절적 변동은 영양염류의 양의 많고 적음에 의해서 영향을 받는 것이다.

Answer 12.② 13.③

14 **다음 중 잔류독성이 있는 농약이 먹이연쇄를 따라 이동할 때 체내에 축적되는 농약의 농도가 가장 높은 생물은?**

① 플랑크톤
② 작은 물고기
③ 큰 물고기
④ 물오리

TIP 영양단계가 높을수록 체내에 축적되는 농약의 농도가 높아진다.

15 **다음 중 환경 저항이 존재하는 조건에서의 개체군의 생장곡선으로 적당한 것은?**

①
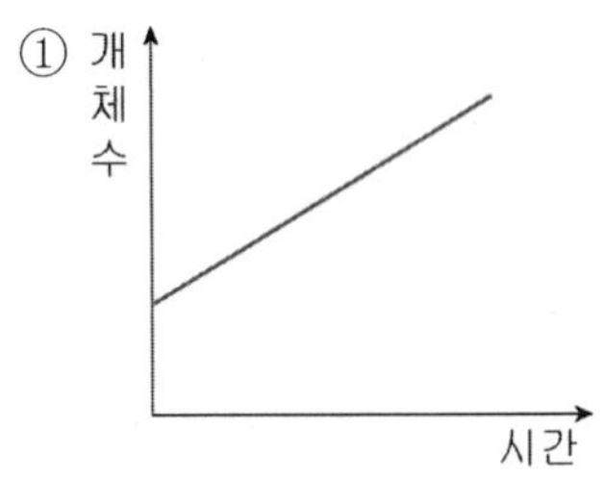

②
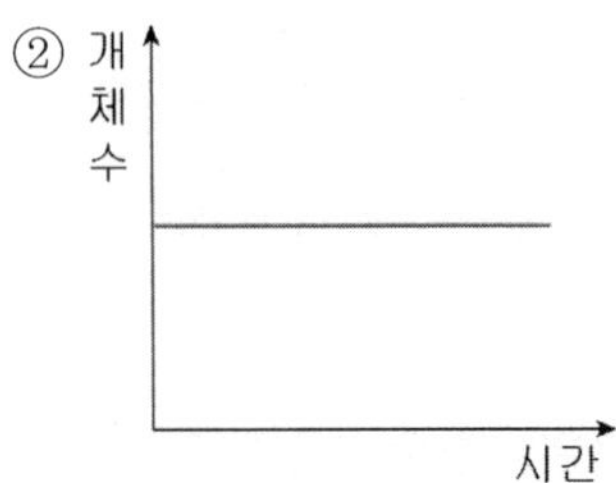

③
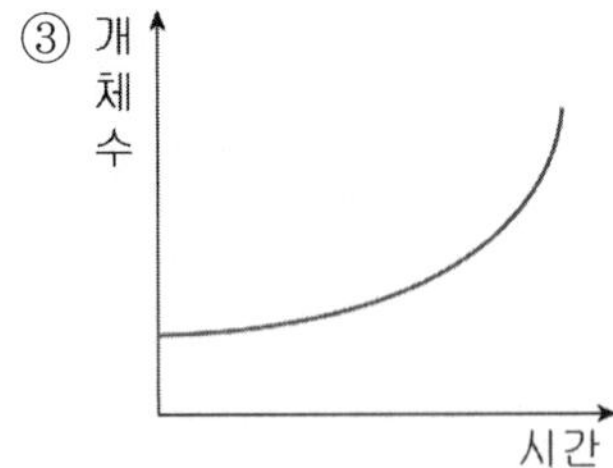

④
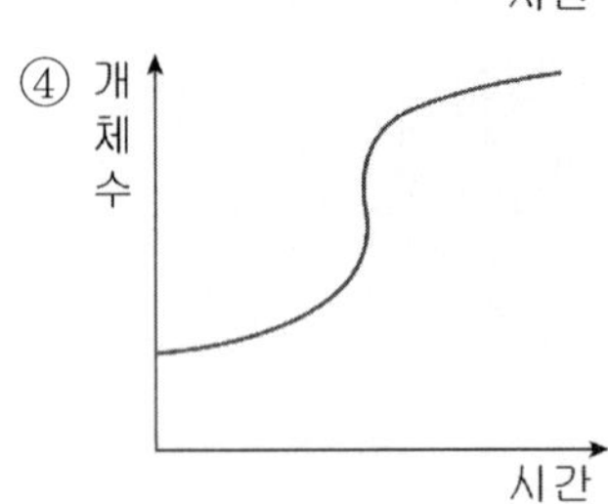

TIP 개체군의 생장곡선은 처음에는 빠르게 증가하다가 그 증가가 점차 둔화되고, 어느 시점에 이르면 더이상 증가하지 않는 S자형의 곡선을 그린다.

Answer 14.④ 15.④

16 **동종의 개체군 내에서 볼 수 있는 상호작용의 유형에 해당하는 것은?**

① 경쟁　　② 분서
③ 순위제　　④ 공생

TIP ①②④ 이종의 개체군 내에서 나타나는 상호작용이다.
※ 순위제 … 동종의 개체군 내에서 불필요한 경쟁을 피하기 위해 힘의 서열을 정해 놓은 것이다.

17 **다음 중 어패류나 곤충의 생존곡선의 특징에 대한 설명으로 옳은 것은?**

① 많은 수의 개체가 태어나서 대다수가 초기에 사망한다.
② 연령에 따라서 개체의 사망수가 일정하여 직선에 가까운 생존곡선을 갖는다.
③ 적은 수의 개체가 태어나서 대부분 수명을 다하고 사망한다.
④ 많은 수의 개체가 태어나서 일정 시기마다 집단적으로 사망하는 계단형의 생존곡선을 갖는다.

TIP 어패류나 곤충 등은 많은 개체가 태어나지만 초기 사망률이 높은 굴형의 생존곡선을 갖는다.

18 **다음 중 가장 안정된 구조를 가진 개체군의 연령피라미드로 볼 수 있는 것은?**

① 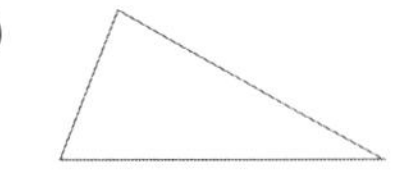
② 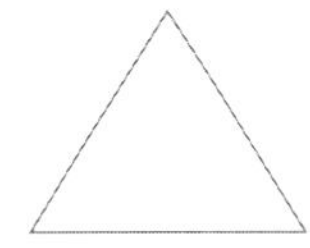
③ 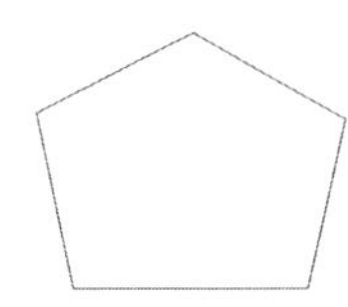
④ 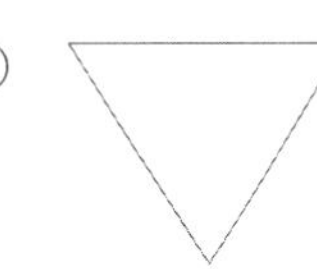

TIP 개체군을 구성하는 각 연령층이 일정한 비율로 분포하는 집단이 안정된 구조를 가지는 집단이다.

Answer 16.③ 17.① 18.②

19 다음 중 초원에서의 먹이사슬로 옳은 것은?

① 메뚜기 → 개구리 → 뱀
② 무치 → 제비 → 노루
③ 개구리 → 참새 → 독수리
④ 벼 → 메뚜기 → 소

TIP 먹이사슬 … 생물군집 내 살아가는 생물들 사이에서 서로 먹고 먹히는 관계를 나타내는 연결고리를 말한다.

20 다른 종류의 개체군보다 서로 비슷한 개체군에서 경쟁현상이 심하게 나타나는 원인에 해당하지 않는 것은?

① 먹이조건이 비슷하다.
② 생활방식이 비슷하다.
③ 개체군의 연령분포가 서로 비슷하다.
④ 생태적 지위가 비슷하다.

TIP 비슷한 생활장소를 선호하며, 비슷한 먹이조건을 가지고 있는 개체군 사이에서는 보다 유리한 생활조건을 차지하기 위해서 경쟁이 심화된다.

21 다음 중 발전형의 연령구조에 대한 설명으로 옳지 않은 것은?

① 출생률이 사망률보다 높다.
② 개체군 내에서 어린 개체가 차지하는 비율이 높다.
③ 개체군의 구조가 안정적이다.
④ 앞으로 개체군의 크기가 커질 것으로 예상된다.

TIP 발전형의 연령구조를 갖는 개체군은 집단 내에 어린 개체가 많이 있어서 앞으로 이들이 성장하여 번식을 왕성하게 하면 개체 수가 급격히 증가하여 개체군의 크기가 매우 커질 것으로 예상된다.

Answer 19.① 20.③ 21.③

22 다음은 개체군의 생장곡선을 나타낸 것이다. ㉠에 해당하는 요인은?

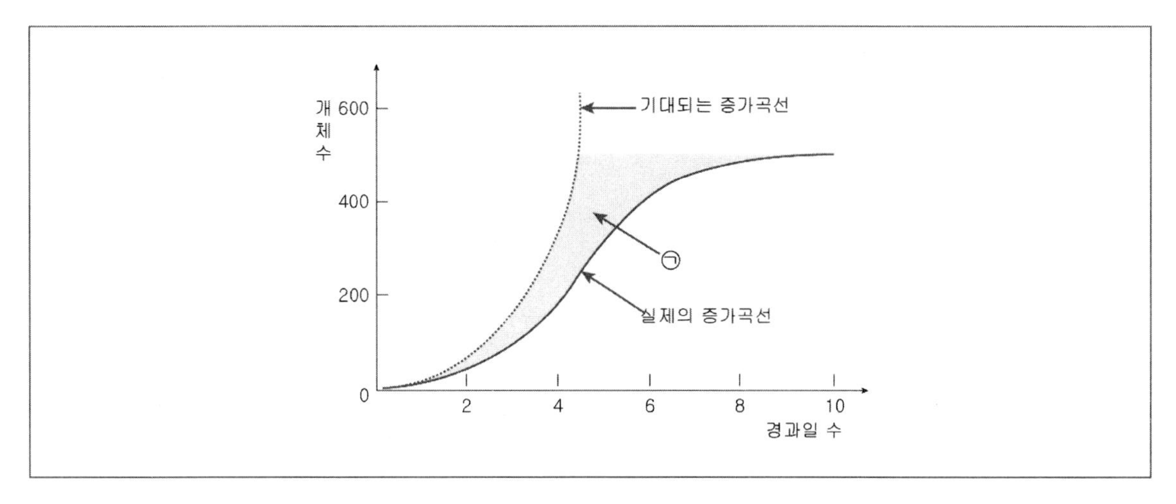

① 제한 조건 ② 최고 조건
③ 환경 저항 ④ 환경 적응

TIP ③ 이론적 생장곡선과 실제의 생장곡선을 차이 나게 하는 원인이 되는 것으로 개체군의 생장을 제한하는 요소이다.

※ 환경 저항의 요인

㉠ 먹이와 생활공간의 부족
㉡ 노폐물과 질병의 증가
㉢ 생존 경쟁과 천적의 증가

Answer 22.③